땅과 사람

관계와 질서의 변화

땅과 사람
관계와 질서의 변화

글 **손용택** × 그림 **남상준**

　'인간은 태어날 때부터 지리학자다'라는 말이 있다. 누구나 미지의 세계와 지역에 대해 호기심을 갖고 여행하거나 한걸음 나아가 제대로 살피기 위한 답사를 원하기 때문이다. 필자는 어린시절 경기도의 북쪽 휴전선이 가까운 면 단위 시골에서 자랐다. 고향인 면 소재지가 가장 큰 대처인 줄 알고 자랐다. 지금은 행정소속이 포천시에 들어갔으나 55년 전 당시 고향 마을은 때묻지 않은 시골이었고, 발전 속도가 더뎌 현재도 변화의 폭을 별반 느끼기 힘들다. 어쨌든 필자가 자란 고향은 어린 마음이 아는 모든 세계였다. 감수성이 예민한 초등학교 4학년까지 전원 속에서 친구들과 뛰놀며 부모형제의 농사일에 따라나서 들판 길을 치달았다. 대학원에서 농업지리와 농촌문화 연구에 몰두하며 가르치는 일에 특별한 관심을 두는 저변의 이유다. 인간은 환경과 시대의 소산임이 분명한 것 같다.

　지역을 연구대상으로 지역성을 밝히는 학문이 지리학이다. 물산의 분포를 따지고 흐름을 파악하며 끊임없이 변화해가는 지역에 대해 왜 그런가를 밝히려는 학문이다. 인간은 지리학자의 기질을 누구나 가지고 있으므로 어떤 면에서는 궁금증이 같다. 우리의 환경은 복잡한 현실 세계처럼 보이지만 일정한 질서와 법칙이 있으며, 이러한 일반적 법칙과 질서를 밝히고 경향을 추적하는 것이 (계통)지리학이라 생각한다.

답사를 좋아하고 즐기는 필자는 해안지방과 도서지방 답사길에 오르면 지금도 가슴이 설렌다. 50대 초반부터 만 60에 이르는 약 10년 동안은 아예 지역을 골라 눌러앉아 방학 때마다 살았다. 지역성을 몸으로 직접 체험하기 위함이다. 최근에 코비드-19로 방해받기도 하고 조심스러워져 속도는 늦추어졌을 뿐 여전히 진행형이다. 전국을 누비고, 야생동물처럼 영역표시를 해 살아본 장소에 대해서는 반드시 한 편씩의 논문을 만들고자 노력하고 있다.

연구기관과 대학원에 몸담고 있어 이런저런 이유로 아시아권, 유럽 지역을 많이 답사한 행운도 얻었다. 필자의 글들은 이와 같은 경험과 답사의 소산이다.

농산업이든 제조업이든 서비스업이든 관계를 맺어야 하는 모든 제도적 밀집이 잘 이루어진 곳에서 연결망과 구성원의 신뢰를 바탕으로 협치가 이루어져야 하고 질서와 흐름, 그리고 변화를 정확히 읽어내야 경쟁에서 이길 수 있다. 어우러져 흘러가는 지리 현상들은 알고 보면 이러한 메커니즘을 바탕으로 돌아간다.

필자가 그동안 써온 논문들을 일부는 다듬고 윤문하여 주제별로 묶어 독자들 앞에 내어 놓으려니 조바심이 인다. 질적인 면에서 많이 부족하여 용기를 내야만 했다.

1장은 토종 소나무인 춘양목(황장목 또는 금강송)과 고흥 석류를 사례로 지역특산 분포를 다루었다. "왜 그 지역에 독특한 물산이 나는가?"라는 질문은 지리학의 고전적인 흥미를 유발한다. 2장은 농촌의 변화양상에 주목했다. 1970~1980년 기간의 수도권 농촌 지역의 농업지역구조를 추적했고, 시(市)가 되기 이전의 여주의 경제지리 구성 내용들의 실상을 살폈다. 그리고 비교적 근래에 전남 구례의 예술인 마을을 사례지역으로 농촌의 활성화 노력을 면밀히 검토했다. 전자 두 편은 오늘날 메트로폴리탄 거대 도시군으로 성장한 수도권의 과거 모습을 일깨워 상기시킬 수 있을 것이며, 후자 한편은 지리산 둘레길을 배경으로 한 특수마을의 조성사례를 조명한 것이다. 3장은 우리나라가 근대화에 눈뜨기 시작하는 여명기에 세계의 문화 문명에 대한 지리적 인식을 일깨운 최한기의 [지구전요] 분석을 통해서, 그리고 '코리안 리포지토리' 내용을 중심으로 개화기 국내에서 활동한 외국 선교사들의 눈을 통해 한국이 어떻게 비추어졌는가를 역사와 지리적 측면에서 조명해 보았다. 4장에서는 우리의 구비 설화에 등장하는 풍수지리 내용과 그동안 한국의 지리학 연구동향 및 과제의 지평을 살폈다. 경제지리와 지역지리 학술지를 분석 대상으로 했다. 이를 통해 독자들은 간접적이지만 지리학의 성격과 연구동향을 살필 수 있을 것이다. 5장은 거대 이웃 국가인 중국의 광둥성 광저우 시(市)에 대해 지리적 시각에서 2011년을 전후한 변화와 발전양상을 살폈고, 중국 동북지방 연변 조선족 자치주의 미작농업 정착과정과 조선족 동포들의 의식세계를 들여다 보았다. 큰 나라 중국을 샅샅이 알려고 하거나, 모두 안다고 하는 것은 매우 어리석은 일이지만 사례지역에 대한 지리적 조명을 통해 주마간산이 될지언정 큰 이웃을 이해하기 위한 시도라고 할 수 있다. 6장은 한반도 주변 이웃나라 중국의 지리교과서 변화양상을, 그리고 일본 사회과 교과서 내용의 제국주의 전범국 재무장 조짐을, 새 천년을 전후한 시기(1980년~2000년대 초반)를 중심으로 전환의 시대적 관점을 살폈다.

본서는 대학원생과 대학생, 그리고 일반인들이 읽기에 적합할 것으로 사료된다. 학문의 깊이나 넓이가 일천하여 부족한 부분들에 대해 독자 제현의 따가운 질정(叱正)을 받아들일 마음의 준비가 되어 있다.

이 책이 나오기까지 여러 사람의 도움을 받았다. 그 중에서도 내 연구실을 문턱이 닳도록 들락거리며 눈이 불편해진 지도교수를 돕기 위해 그림과 표의 작성에, 또한 윤문 과정에 많은 시간을 내어 도와준 남상준 군에게 특히 고마움을 전한다. 집에서 노트북 잡고 씨름하며 뽑아 놓은 원고를 읽어주고 스캐닝해주며 알뜰히 살펴준 김소령님과 강차장님께도 감사한 마음 가득하다. 과 내에서 건강이 불편해진 동료 선배 교수를 배려해 오랜 기간 온갖 궂은 일을 묵묵히 해내시며 과를 이끌고 있는 정치영 선생님께도 마음의 빚이 크다. 지면을 빌어 감사와 고마움을 전해드린다. 아울러 본서 출간을 흔쾌히 허락해 주신 한국학술정보㈜의 채종준 사장님께 감사의 인사를 드리는 바이며, 바쁜 일정 속에 출판이 성사되도록 가교역할을 해주신 양동훈 대리님, 그리고 편집작업에 매달려 윤문과 글자체 교열, 교정에 끝까지 고생을 아끼지 않으신 한국학술정보 편집자 여러분께 감사의 말씀을 전하지 않을 수 없다.

2021년 10월
청계산 운중동 연구실에서
손용택

| 차례 |

제4장 풍수설화와 지리학 연구동향

제5장 중국 광동과 연변지역의 변화와 의식세계

제6장 주변국 교과서의 시대적 관점

제 1 장

우리 고장의 지역 특산

01

삼림자원의 시장화 성쇠:

봉화군 춘양목을 사례로

춘양목(일명 금강송)은 향과 재질이 좋으며 곧고 단단하여 예부터 재목으로 왕실의 수요가 높았다. 봉화군을 포함한 경상도 및 강원도 일대와 전라도 일부 지역에서 성했으나 오늘날 명맥만 유지하고 있는 현실이다. 토종 소나무인 춘양목(심재부의 누런색을 따서 일명 黃腸木)은 과거 '황장금산(黃腸禁山)' 또는 '황장봉산(黃腸封山)' 정책에 힘입어 보전이 양호했고 분포지의 확산까지 이루어졌었다. 오늘날 생태환경의 변화, 그리고 수입 원목과 목재 대체재가 보편적으로 이용되면서 춘양목의 시장화는 쇠락의 길을 걸었다. 봉화군 일대에서는 춘양목 테마파크 조성 등 전통을 기리고 친환경적인 관광 경관을 꾸며 홍보에 힘써 관광수입원 제고에도 노력을 기울이는 등 특성화를 꾀하고 있다. 관과 민이 합심하여 춘양목의 전통을 잇고 친환경적인 아름다운 경관을 살리며 다목적 관광자원으로 개발하는 등 지속적인 노력을 경주하고 있다.

1. 서론

춘양목(春陽木)이라는 수종의 소나무가 따로 있는 것은 아니다. 춘양목이란 경상북도 봉화군 춘양면을 중심으로 한 반경 60km 내외 주위의 산지에 자라고 있는 소나무들을 일컫는 말이며, 일명 금강송 또는 적송(赤松)이라고도 한다. 1945년 광복 전까지만 해도 태백산맥을 중심으로 울창한 삼림에는 하늘을 찌를 듯한 소나무가 많이 자라고 있었다. 이러한 곳에 자라는 춘양목은 색깔이 붉고 직사광선에도 변함없이 무늬가 고와 널리 이용되면서부터 각광을 받기 시작하였다.

궁궐, 사찰, 관청은 물론 부호들의 주거 공간 건축자재로 이용되고 관재 및 가재도구에 쓰이면서 그 개발이 점차 활기를 띠었었다.

태백산 북쪽 강원도 지방은 운송에 어려움이 많아 개발이 늦었고, 남쪽에는 춘양면, 소천면(小川面)을 중심으로 하여 낙동강을 이용한 뗏목이 용이하여 개발이 일찍 시작되었다. 육로가 개발되기 전이라 낙동강 상류에서 벌채된 춘양목은 뗏목으로 안동 및 평야 지대로 운반되어 전국적으로 공급되었다. 나라의 관리나 삼림에 종사하는 사람들은 이 춘양목을 개발하기 위하여 태백산 근처인 소천(小川) 쪽으로 모여들었는데 그 곳이 바로 당시 춘양면이었고, 춘양목으로 알려진 적송이 춘양으로 집산(集産)되고 실려 나갔으므로 춘양목이라는 이름이 더욱 알려지게 되었다.

태백산 일대에는 일제 강점기만 하여도 춘양목이 울창하게 우거져 있었으나 2차 대전 당시 군용으로 쓰이면서 대량 벌채의 수난을 당하였다. 울창하던 삼림은 점차 황폐해졌으며 벗겨진 산에는 계획된 조림이 이루어지지 않았다. 광복을 맞으면서 이곳에 얼마 남지 않았던 춘양목 마저 마구 베어져 벌거숭이로 변하게 되었다. 점차 육로의 개발에 이어 영동선 철도가 개통됨에 따라 춘양목은 춘양, 소천역 등에서 산처럼 쌓여 영동선을 이용해 영주를 거쳐 서울과 부산으로 수송되어 널리 이용되었다.

각광을 받던 춘양목은 오늘날 소천면 남회룡리 일대에 일부 우거진 상태로 과거의 흔적을 보일 뿐이다.

현재 전국적으로 분포하고 있는 춘양목의 규모는 경북 봉화군에 1,200정보, 울진군 불영 계곡 주변에 800정보, 강원도 삼척 정선과 영월 일대에 1,500정보 정도인데 태백산 주위의 자연환경 속에서 오랜 세월을 자라오는 동안 우수한 품종이 유지되고 군락을 형성한 것으로 보인다.[1]

1) 연구목적 및 필요성

봉화군의 춘양목은 그 지명도가 높다. 일찍이 알려진 유명한 목재 자원이다. 우리 속담에 '억지 춘양'이란 말이 생겨난 것도 바로 이 춘양목을 목재로 실어 나르기 위해 철도의 방향을 억지로 춘양면까지 우회하도록 한 것에 기인한다.[2] '춘양목'의 영향력은 이제 그 명성만 남았을 뿐, 경기가 쇠락한 것은 오래전의 일이 되었다.

본 연구의 목적은 다음과 같다. 우리나라에서 재질의 우수성으로 지명도가 높았던 '춘양목' 경기의 성쇠를 시대적 변화와 함께 연계하여 고찰해 보는 것은 대단히 의미 있는 일이다. 나아가 '춘양목'에

---

1) 可谷封山周回一白六十里 自官門一白八十里
   自東至西大畴里四十里 自南至北牛額山五十里
2) 辛鍾遠, 1995, 강원도의 禁標·封標, 博物館誌 第2號, 江原大學校博物館, 52

대한 시장화 성쇠 과정의 연구는 봉화의 지역 정책적 차원에서 반드시 필요한 것이며, 정리해 놓아야 할 부분이다. 그리고 FTA와 관련하여 춘양목을 사례로 한 본 연구는 이 지역 농산물의 연구들과 함께 지방자치단체의 지역성을 밝혀 볼 수 있는 중요한 주제가 될 수 있을 것으로 본다. 아울러 '춘양목'에 대한 시장화 연구를 통해, 우리나라 농어촌 지역의 특산물과 독특한 자원 등을 시장화 연구사례로 삼을 수 있는 실험연구로서 의미가 있으며, 지방자치단체의 지역경제 활성화 방안에 대한 시사점을 얻을 수 있다.

2) 연구 내용 및 방법

연구의 내용으로는 첫째, 선행 연구 및 문헌과 기록을 통해 토종소나무로서 그 재질이 우수한 '춘양목'의 분포지역이 어떠했으며, 어떻게 관리되었는지를 조사한다. 둘째, 춘양목의 경기가 과거와 오늘이 다른 성쇠의 길을 걷게 된 원인을 조사한다. 셋째, 국가정책 내지 지역 정책적 차원에서 춘양목의 관리는 과거에 어떻게 수행되었고 오늘날에는 어떠한지를 알아본다. 넷째 춘양목 숲의 재건과 춘양목에 대한 활용가치의 제고 방안은 무엇인지를 지역 특산물과 관광적 측면 등 여러 요소를 연계하여 강구해 본다. 특히 지역경제 활성화에 어떻게 도움이 될 수 있을 것인지, 무엇을 중점적으로 관심을 기울여야 하는지 생각해 본다.

연구방법으로는 첫째, 현지의 답사를 통해 오늘날의 현황을 조사한다. 둘째, 군청의 삼림과 담당 직원 및 관계자들과의 인터뷰를 통해 현지 사정을 확인하고 춘양목 경기가 쇠락의 길을 걷게 된 대체적 경위 등을 조사한다. 셋째, 관련 참고문헌 및 선행 연구와 기록

등을 조사하여 과거의 춘양목 생산과 관리, 수요에 대한 흐름을 파악한다. 넷째, 설문지를 작성 배포하여 봉화군 및 주변 일대의 현지주민들이 생각하는 춘양목에 대한 관심과 대책 등을 조사한다. 다섯째, 삼림 경제적 측면에서 수입 원목과 기타 전통목재를 견제하며 다시 입지를 확보할 만한 '춘양목'의 경기 부흥책은 과연 가능한 일인가를 종합 검토해 본다. 여섯째, 미래를 내다보고 춘양목 경기 활성화가 반드시 필요한 것이라면 어떤 방향의, 어떤 노력을 기울여야 할 것인가에 대해 다른 요소들과도 연결하여 대안을 탐색하여 본다. 일곱째, 결론부에서 이들 내용을 종합 정리한다.

2. 문헌과 기록에 나타난 춘양목 자원 관리

경상북도 봉화군 춘양면 일대에서 군락을 이루고 많이 생산되어 춘양목이라 불리었던 우리나라의 토종 소나무 황장목은 재질이 단단하고 목재의 향이 좋으며, 줄기가 곧아 훌륭한 재목으로 옛날부터 사랑을 받던 나무였다. 금강송(金剛松)이라고도 불리었던 춘양목은 목재의 속, 즉 붉은 색을 띤 심재(心材) 부분이 굵기의 80% 이상을 차지하는 아름다운 색의 단단한 재질로 되어있어 일명 '황장목(黃腸木)'으로 불리기도 한다. 오늘날 봉화군의 알려진 토산물 가운데 황장판(黃腸板)의 명맥이 이어지고 있다.3)

과거에는 귀한 자연목을 보호하기 위해 정책적으로 일반인들의 발길을 금하기도 하였는데, 황장목에 관해서 강원도에서 금표(禁標) 또

---

3) 牛額山 在郡南百十里 自金峀山東來 李朝封黃腸 下有龍湫飛瀑'

는 봉표(封標)의 표석이 속속 발견되고 있다. 이들 유물은 전통시대의 임업 정책이나 토산물 정책을 살펴보는 실제 수단으로서 소중한 것이다. 이들 표석에 대해서는 이미 행정기관이나 언론 또는 보고서를 통해 세상에 알려진 바 있고, 몇 편의 논문이 나온 바도 있다.

금표, 또는 봉표에는 여러 종류가 있을 수 있다. 사찰이나 태봉(胎封) 등 신성하고 권위 있는 구역의 접근을 막는 것, 유배지에 임의로 출입을 금하는 것, 좋은 재목을 마련하기 위해 지정된 숲의 출입을 금하는 것, 산삼을 임의로 채취하지 못하게 하는 것 등이 그러한 예가 될 것이다.

황장에 대한 금표 기록에는 읍지류(邑誌類)로서 ≪關東邑誌≫(1871) 춘양부지에 관련 내용이 자세히 나온다. 본 읍지 산천조(山川條)에 다음과 같은 내용이 있다.

> 황장산, 부(府)의 동남(東南) 장양면(長陽面)에 있는데 (官門으로부터) 150리이며, 둘레는 80리이다. 매번 봉판 (封板)에 당(當)한 때에는 이 산에 들어가 판목(版木)을 잘라서 옮겨 바친다. 그래서 소중함이 (다른 산과) 저절로 다르다.[4]

부사직역조(府使職役條)에 '송금감관칠인(松禁監官七人) 황장감관일(黃腸監官一)'이라 한 뒤, 다음의 내용이 있다.

> 황장판(黃腸板), 상제(常制) 1립(立)과 별제(別制) 1립(立)은 장양면·수입면(長陽面·水入面) 양면(兩面)에서 나무를 베어 물로 내려 보내는 일을 담당케 하되 상납 시(上納時)에 (面民이) 이 나무를 따르게 하였다. 7~8월에도 역시 양면(兩面)에서 나무를 베어 뗏목을 만들어 물에 띄워 보내게 하였다. 그러므로 각종 잡비(雜

---

4) "僑谷山黃腸 新羅朝採伐黃腸木云"

費)를 마련할 대책이 없었다.

병자년(丙子年) 어사(御使)가 감영(監營)을 순시할 때 (面民이 訴狀을) 올리자, 변통(變通)하여 뗏목을 만들어 물에 띄워 보내는 폐해(弊害)를 중지시키고, 양면(兩面)에서 전(錢) 120냥을 거두어 소 4마리를 사서 육로(陸路)로 실어 운반하여 상납하게 하되, 소는 싼 값으로 사서 경사(京司)에 (황장목을) 바칠 때에 비용으로 사용하도록 할 일을 법식(法式)으로 정하여 준수, 시행토록 하였다.

병인년(丙寅年, 1770) 부사 김광백(金光白)이 황장목을 바칠 때 별제(別制) 1립을 경사(京司)로부터 덜어 울진(蔚珍)으로 이송(移送)시켰기 때문에 다만 상제(常制) 1립(立)만을 바쳤다. 을유년(己酉年, 1789) 부사(府使) 강인(姜寅)이 바칠 때에도 역시 경인년의 예와 같이 하였다. (이에 따라) 양면(兩面)의 폐해가 전에 비해 크게 줄었다(關東邑誌, 382쪽).

그리고 정약용의 목민심서에서도 기록이 보인다.

사유림일지라도 마음대로 벌채를 못하게 하는 것은 국유림과 다름이 없다. 국유림은 차라리 썩어 버리더라도 가져다 써서는 안 된다. 황장목을 하산시킬 때 생기는 갖가지 폐단은 가려내도록 해야 한다. 장사치들이 벌채 금지된 산판의 솔을 몰래 베어다가 파는 수가 있는데, 이를 법대로 단속하고 재물 욕심은 버리도록 하는 것이 좋을 것이다. (牧民心書 工典六條 山林條)[5]

목민심서의 공전육조(工典六條) 산림조(山林條)에 나오는 내용으로 미루어 보면, 황장목이 귀한 재목이었으므로 벌목 시에 갖가지 폐단이 있었음을 짐작할 수 있다.

19세기 후반에 지은 김종언(金宗彦)의 '척주지(陟州誌)' 권 2, 산림조(山林條)에는 삼척지방의 6개 황장봉산을 빠짐없이 기록하였다.[6]

---

5) 장정룡, 1994, '삼척군지명유래지', 141
6) 辛鍾遠, 앞의 논문, 53

이들 여섯 개의 산은 '관동지(關東誌)' (1829-1831)의 총론 上, 황장조(黃腸條)에 보이는 황장봉산(黃腸封山)과 동일한데, 그 표현은 '황장봉산(黃腸封山)', '봉산(封山)'과 같이 다양하다.7) '관동지(關東誌)'에는 가곡산(柯谷山)을 '가곡(可谷)'이라고 썼는데, '대동지지(大東地誌, 1864), 산림조(山林條)에도 '可谷山 南一白里'라 하였다. '柯谷(川)'은 원래 삼척군 원덕면(遠德面)에 속해 있었는데 1986년에 인근 지역을 합쳐서 가곡면으로 승격하였다. 이 면의 오목리(梧木里)는 '조선 시대 봉산으로 임산물이 많이 생산되었다'라고 한 것으로 보아 신종원(辛鍾遠, 1995)은 이 주위가 가곡산(可谷山) 봉산(封山)으로 여기고 있다. 이 외에도 '관동지(關東誌)' 총론, 황장의 삼척육처 중에 나오는 "가곡봉산 주변 백육십 리, 관문(官門)으로부터 일백팔십 리, 동쪽으로부터 서쪽까지 대치리 40리, 남에서 북에 이르기까지 우액산 오십 리"로 서술한 곳이 있다.8) 여기서 말하는 '대치리'는 오목리의 북쪽 마을이며 심의승의 삼척군지(1916) 오목리 조에도 '오목천은 대치에서 발원하며'라고 하였다. 이는 곧 오목리가 가곡산 봉산 지역이라는 것을 말하는 것이다.9) 가곡 봉산의 북단인 우액산에 대해서도 최만희의 '척주지'(1946) 산천조에서 확인되지만10) 우액산은 현재 사용하지 않는 이

---

7) 上産條에 "黃腸木; 小達面에서 난다. 黃腸木은 6立이다. 別制 2立은 平海郡에 運納하고, 常制 1立은 杆城縣 運納, 別制 1立과 常制 2立은 本郡이 運納한다. 每立에 運軍 20을 두며, 每名마다 1兩씩을 준다. 旌善水邊까지는 陸路로 150里이며, 京江까지는 水路로 750里이다. 運價 및 沙格糧은 每板 13兩이며, 封進雜費는 43兩7錢이다. 以上은 民戶로부터 차례로 거두어 바친다."(辛鍾遠, 1995, 강원도의 禁標・封標, 博物館誌 第2號, 江原大學校博物館, 53쪽 본문 및 각주 인용. 여기서 밑줄 친 사격 은 뱃사공과 그 결꾼을 말한다). 본 내용은 신종원 교수가 바로잡아 조정한 것이며, 원문은 다음과 같다. "黃腸木; 出小達面, 赤松; 黃腸木六立 別制二立平海運納 常制一立杆城運納 別制一立常制二立本郡運納 每立運郡二十名 每名一兩式 至旌善水邊陸路七百五十里 運價及沙格糧每板十三兩 封進雜費四十三兩七兩七錢 以上以民戶次第收捧

8) 可谷封山周回一白六十里 自官門一白八十里 自東至西大
   峙里四十里 自南至北牛額山五十里

9) 辛鍾遠, 上揭論文, 52

10) '牛額山 在郡南百十里 自金坮山東來 李朝封黃腸 下有龍湫飛瀑'

름이며 이천(理川) 2리(里)와 오목리 사이로 추측될 뿐이다.

'강원도지'(1940) 권3, 상산, 삼척조에 "교곡산에서 신라 시대 황장목을 벌채하여 경주까지 운반했다"라는 기록이 있다.[11] 교곡(橋谷)이란 지명은 '여지도서'(1760), 삼척(三陟), 방리 조(坊里條), 근덕면(近德面)에 "橋谷里 自官門南距二十里"라 나오고, 속지명은 '다리실'이다. 위에서 언급했던 삼척군 황장산 6개 처 가운데 근덕면에 속한 것은 궁방산(宮坊山)이다. 궁방산은 근덕면 궁촌리(宮村里)에 소재하는데 '군방산이라고도 하며 서남쪽에 있는 산으로 조선조 때 국유림으로 봉산이었음'이라는 설명이 있다. 교곡산이 궁방 봉산의 구역(周回六十里)에 속하는지는 알 수 없다.

崔晚熙 篇, '眞珠誌'(1963)의 上産條에 황장목이 소달면에서 난다고 했으며, 소달면은 현재의 도계읍이다.

소달산은 소달리(일명 서하리, 서라리) 뒤에 있는 산이다. 강원도 화천군(華川郡) 상서면(上西面)의 지명에서도 황장목과 관련한 지명을 확인할 수 있다. 즉 상서면의 "다목리(多木里)는 조선 시대에 황장목을 많이 심어서 나라에서 쓰려고 금양하는 황장갓이 있었으므로 나무가 많다는 뜻으로 다목(多木)이라 하였고, 여기서 황장갓이란 다목리에 있는 산으로 조선 시대에 나라에서 재궁(梓宮)으로 쓰는 황장목을 금양하는 곳"이다.[12] 화천 즉 양천현의 황장봉산은 水洞里封山과 長佐洞封山의 두 군데가 있었는데, 다목리는 이들 중 어느 하나인 것으로 보고 있으며 장좌동에 대해서는 현재 그 지명을 추적할 수가

---

11) "僑谷山黃腸 新羅朝採伐黃腸木云"

12) 한글학회, 1967, '한국지명총람 2, 강원 편', 579

없다.13)

황장금표로서 가장 일찍이 알려진 것은 원주시 학곡리 구룡사(九龍寺) 경내에 있는 것을 확인할 수 있다.14) 종래까지 '황장금표(黃腸禁標)' 네 자(字)만 읽어왔지만, 근래에 '금(禁)' 자와 '표(標)' 자 사이에 조그만 글씨로 '동(東)' 자가 새겨진 것이 밝혀졌다.15)

구룡사 근처에서 또 하나의 황장금표가 발견되어 소개되었는데, 구룡사 입구의 주차장으로부터 포장도로를 따라 100여 미터 내려오다가 좌측 언덕 아래로 비포장 옛 도로 옆에서 황장금표를 발견하여 조사자(최광식)는 '제2 금표'로 명명하였다. 이 금표에 대해서도 '黃腸'과 '禁山' 자 사이에 '外' 자 하나가 더 쓰여있는 것이 나중의 조사에서 밝혀졌다.16)

영월에서는 수주면(水周面) 두산(斗山) 2리의 '황장금산(黃腸禁山)' 비석이 소개된 바 있다.17) 당시 마을의 촌로 이형래(李亨來) 씨의 증언에 의하면 이 비석은 순조 2년(1802)에 세워진 것이라 한다. 이곳 마을 이름은 '황정동(黃亭洞); 두만리 서쪽에 있는 마을'이라고 나오며, 금표비 옆에 있는 다리 이름도 '황정교'로 새겨져 있다.18) 이것은 곧 '황장'→ '황정'으로 변한 것임을 추측할 수 있다. 1994년에 영월에서 다시 황장금표가 발견되었는데, 비스듬히 누운 2~3m 크

---

13) 이에 대해서는 '關東邑誌' 原州, 佛宇, 九龍寺條에 '卽黃腸所封之地'라고 나와 있다. 辛鍾遠, 1995, 강원도의 禁標·封標, 博物館誌 第2號, 江原大學校博物館, 53 재인용

14) 너비 110, 높이 47, 둘레 270cm의 자연석에 새겼으며, 1979년에 강원도 기념물 제30호로 지정되었다

15) 최광식, 1994, "최근 발견된 蔚珍 김光里 黃腸封界 標石 판독문과 그 내용", 제37회 전국역사학대회 발표요지, 89

16) 위의 글. 금표의 크기는 가로 30, 세로 25cm 정도.

17) 영월군, 1982, '寧越의 香氣', 380.

18) 한글학회, 1967, '한국지명총람 2' 263.

기의 자연 괴석(塊石)에 '原州獅子黃腸山 / 禁標'라고 새겼다.[19] 글자 크기는 15~20cm이다. 이 황장산에 대한 조사보고를 잘못하여 군수 김정하(金鼎夏)는 경자년(庚子年, 1660)에 유배를 간 일까지 있었다.[20] 이로써 보면, 당시 황장목 관리 및 그 실태조사가 얼마나 엄격하였는지 짐작할 수 있다.

강원도 인제(麟蹄) 지방에서도 '황장금산(黃腸禁山)' 내용이 새겨진 돌이 발견되었다. 지난 날 인제 지방의 뗏목에 대한 제조방법 및 운송 등에 대한 조사를 하는 과정에서, 인제군 북면 한계리 안산(鞍山)에 새겨진 '黃腸禁山 自西古寒溪至東界二十里'라고 새겨진 축대 돌이 세상에 밝혀졌다.[21]

1990년대에 들어와서 황장금표에 관한 본격적인 연구가 시작되었다. 박봉우는 '소나무, 황장목, 황장금표'[22] 및 '황장목(黃腸木)과 황장봉산(黃腸封山)'이라는[23] 일련의 논문을 발표하여 이들 황장과 관련된 용어를 정의하고 아울러 전통시대의 금송(禁松) 정책에 대하여 서술하였다. 내용의 주요 부분을 소개하면,

> 황장목은 우리나라의 소나무 중에서도 몸통 부분이 누런색을 띠고, 재질이 단단하고 좋은 나무로서, 그 심재부를 취하여 제조한 목재는 주로 왕실의 관을 만드는 재궁용(梓宮用)으로 쓰인다.
> 금산(禁山)은 국가적 필요에 의하여 목재 자원 특히 소나무를 배양하기 위하여 가꾸는 산이라고 할 수 있다. 여기서 국가적 필요

---

19) 이 금표는 한림대학교 박물관, '영월군의 역사와 문화유적'에 소개되었다.

20) 金鼎夏 戊戌八月十八日到任 庚子十一月 以原州黃腸査官 査報不明之告仍就理 帶職而還 竟被定配 (규장각도서 17517, '寧越府邑誌; 同 10958 '寧越郡邑誌, 영월선생안)

21) 강원대학교박물관, 1986, '麟蹄 뗏목', p.14. 발견된 돌의 크기는 가로 30, 세로 40cm의 규모이다.

22) 숲과 문화연구회, 1992, '숲과 문화', 1(2)

23) 숲과 문화연구회, 1993, '소나무와 우리 문화' 토론회 발표문

란, 한성부에서는 경관유지의 풍수적 필요에 의해서 사산(四山)을 중심으로 하여 금산을 경영하였으며, 각 도에서는. 주로 병선(兵船)의 제조 및 수리에 필요한 목재를 확보하기 위한 것이었으며, 소나무를 양성하고 벌금(伐禁)하는 이유는 오랜 세월을 기다려야 비로소 필요한 재목을 얻을 수 있기 때문이다....(중략). 이러한 금산(禁山)은 숙종 25년(1699) 이후 봉산(封山)으로 개칭되어 소나무의 배양 육성을 계속 담당하게 되는데, 이때 주로 외방 금산이었던 곳을 봉산으로 하였다....(중략). 금산이나 봉산은 모두 나라에서 필요로 하는 목재 자원의 확보와 배양을 위하여 사사로운 벌목을 금하고 있는 산으로 정의할 수 있으며, 원칙적인 의미상 차이는 없다고 할 수 있다.

이어서 박봉우는 '속대전(續大典)', '만기요람(萬機要覽)', '대동지지(大東地誌)'에 나타난 전국의 봉산을 일람표로 작성하였다.[24] 분석 결과 황장봉산은 강원도가 전국의 약 2/3 이상을 차지하는 것으로 나타났고, 강원도를 제외하고는 경상도와 전라도에 봉산이 있는 것으로 밝혀졌다.

1994년에 경상북도 울진군 서면(西面) 소광리(召光里) 속칭 장군터에서 봉표가 발견되었다. 가로 195, 세로 245, 높이 86cm 크기의 돌에 글자 크기는 8cm 정도로 새겼다. 최광식은 이 봉표에 대하여 정확한 판독을 시도한 뒤, 조선 시대 황장봉산의 설치 시기, 황장봉산의 운영과 관리에 대하여 자세한 연구를 행하였다.[25] 이 봉표는 지금까지 발견된 것 중 가장 자세한 것으로서 산지기(山直)의 이름까지 적혀 있으며 '금산사목(禁山事目)' 시행에 따른 실상을 잘 보여준

---

24) '속대전(續大典, 1786)'의 분석 결과는 전국 32곳 중 강원도가 22곳, '만기요람(萬機要覽, 1808)'의 경우는 전국 60곳 중 강원도 43곳, '대동지지(大東地誌, 1864)'는 전국 41곳 중 강원도 32곳으로 각각 집계되었다. 辛鍾遠, 1995, 강원도의 禁標・封標, 博物館誌 第2號, 江原大學校 博物館, 55 재인용.

25) 최광식, 1994,"최근 발견된 蔚珍 召光里 黃腸封界 標石 판독문과 그 내용", 제37회 전국역사학대회 발표요지

다.26) 최광식의 연구에 의하면, 조선 시대 전기까지는 황장목이 있는 산을 금산(禁山)으로 금양(禁養)하였는데, 숙종 6년(1680)에 비로소 봉산제(封山制)가 실시되었다고 하여, 종래까지 통용되어온 숙종 25년(1689)설을 수정하였다. 한편 봉산제의 실시 배경에 대해서는 다음과 같이 말하고 있다.

17세기 중반 이후 산지(山地)에 대한 이용증대와 그에 따른 빈번한 산송(山訟) 등과 관련이 있다고 생각된다. 남벌과 화전뿐만 아니라 산림을 묘지로 이용하여 사유화하는 것을 막는 데 일차적인 목적이 있었을 것이다. 또한 조선 전기 수조권을 기반으로 한 토지지배 형태에서 조선 후기 소유권을 기반으로 하는 토지지배 형태로 바뀌면서 국가도 산림에 대한 주체로 나서는 일단을 보여주는 것이 아닌가 한다. 이러한 현상은 시기가 지남에 따라 봉산의 숫자가 증가하고, 그 구역이 확대되어가는 데서 추론할 수 있는 것이다.

한편, 최근에 발견되거나 확인된 금표, 봉표 및 관련 자료들을 보면 다음과 같다.

- 강원도 삼척군 원덕(遠德)읍 이천(理川) 3리(里) 금표; 1994년 이천 폭포 상류에 있는 느티나무 서낭당 옆에 '금표'라고 새겨진 비석이 발견되었다. 금표로부터 서쪽에는 거주와 입산 금지가 철저히 지켜졌다는 전언(傳言)이 있고, 인근의 '四金山 황장목 목도꾼 소리'가 남아있다.27)

---

26) 봉표 원문은 다음과 같다. 우면에 종서(縱書)로, "黃腸封界地名生達 峴安一王山 大里 堂城 四回" 그리고 좌면에 종서(縱書)로, "山直命吉"

27) 장정룡, 1994, '三陟地名由來誌', 94~95.

- 평창군 미탄(美攤)면 한치(汗峙)의 봉표; 1996년 10월 평창군 미탄면 평안(平安) 2리 속지명(俗地名) '한치'에서 황장봉표가 확인되었다. 원래 위치는 이곳에서 평안 1리 쪽의 굴 앞 길가에 있었으며, 현재는 민가의 길옆 꽃밭 정원석으로 세워진 채 있다. '封山東界'라 얕게 새겼다.[28]

- 양양군 현북(縣北)면 법수치(法水峙)리 용화사(龍華寺) 입구의 금표; 1996년 11월 22일 확인된 금표이다.[29] 법수치에서 면옥치로 가는 신작로에서 용화사로 꺾어 들어가는 위치의 도로 축대(築臺)로 박혀 있다. 예전에 이 축대 밑으로 길이 나 있었던 것으로 짐작할 수 있으며, '금표'라고만 세로로 쓰여있고, 전체 글자 크기는 가로 17, 세로 37.5cm이다.

양양의 황장봉산에 대해서는 '만기요람', '대동지지'에 '二處'로 기록되어 있으며, '관동지지'에는 좀 더 자세하다.[30] 문헌 사료와는 별도로 양양의 황장목에 대해서는 구비전설로도 남아있어 이를 통해 황장산의 위치나 황장의 쓰임새 및 용어 등이 의외로 밝혀지기도 한다.

3. 춘양목의 성상(性狀); 외형과 재질

우리나라의 소나무보다 더 넓은 분포 구역과 분포 면적을 가진 식물종은 없다. 소나무가 자라고 있는 환경 인자를 보면 다양하다.[31]

---

28) 辛鍾遠, 1995, 강원도의 禁標·封標, 博物館誌 第2號, 江原大學校博物館, 59. 신종원 교수는 1994년 7월 강릉대학교 장정룡 교수로부터 제보를 받고, 1995년에 확인하였다.

29) 辛鍾遠, 1995, 위 논문 59. 신종원 교수가 1994년 7월 제보를 받고 강릉시청 녹지과의 이남규 씨가 1987년 동부영림서에 근무 당시 함께 처음 확인.

30) '관동지지'에, 箭林洞封山周回三百五十里 自官門一百里 東至盈德七十里 西至春川界七十里夫淵山封山周回三百里 自官門八十里 東至等無洞六十里西至面玉峙六十里 南至江陵界七十里 北至獐洞八十里

춘양목이란 춘양 부근에 나는 좋은 소나무만을 지칭하는 것은 아니고 강원도, 경북 북부 등 태백산맥계의 우량 소나무를 통칭한 것으로 해석된다.[32]

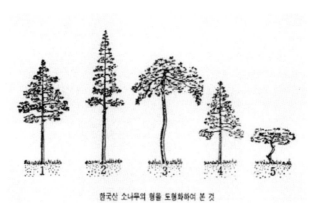

한국산 소나무의 형을 도형화하여 본 것

1. 동북형   2. 금강형   3. 중남부평지형   4. 위봉형   5. 안강형

출처; 임경빈, 2001, 소나무 빛깔있는책들 175, 64

<그림 1> 한국산 소나무의 유형

---

31) 1928년 우에끼 박사는 우리나라 소나무의 지역형을 여섯 가지로 제시한 바 있다. 여섯 가지 지역형이란 동북형, 금강형, 중남부평지형, 위봉형, 안강형, 중남부고지형을 말한다. 이 가운데 금강형의 장점을 지닌 것이 춘양목이며, 춘양목은 일명 황장목(黃腸木), 또는 금강송이라고도 한다. 여섯 지역형 중 금강형 소나무가 가장 주목을 받고 있는데 그것은 재질이 치밀하고 연륜 폭이 좁고 아름다운 데 있다. 가구재, 건축재, 가공재로 가장 귀하게 여겨지고 있다. (임경빈, 2003, 소나무, 빛깔 있는 책들 175, 63~64)

32) 한 예로 경북 울진군 서면 소광리에 있는 금강송 군락지 역시 춘양목이라 할 수 있으며, 이 곳은 관광지로 빠른 속도로 널리 알려졌다. 군락지는 숲길을 가로지르는 총연장 600m의 산책로, 금강송과 일반 소나무의 재질 차이를 한눈에 알아볼 수 있도록 비교 전시한 표본전시실 등을 갖추고 있다. 1,610ha 규모로 어린나무부터 500년이 넘는 나무까지 모두 50만 그루에 육박하는 소나무들이 거대한 숲을 이루고 있다. 높이 30m가 넘는 나무가 즐비하고 직경 60cm가 넘는 나무만 1,673그루이다. 그러나 2005년 여름부터 극성을 부리기 시작하여 전국적으로 퍼지고 있는 재선충 피해에 대해 이곳에서도 절치부심하고 있다. (2005. 9. 남부산림관리청 울진국유림 관리소)

<그림 2> 소나무형의 분포 지역

출처: 임경빈, 2001, 소나무 빛깔있는 책들, 175, 65

　　과거에 춘양 지방에서 결 좋은 소나무가 많이 생산되었고, 상품으
로서의 거래가 많아서 좋은 소나무는 춘양목으로 일컫게 된 것으로
간주된다. 춘양목으로 만든 가구나 기구는 변형됨이 없이 오래가고
결이 아름다워서 귀중하게 여겨져 왔다.[33] 언뜻 보기에 소나무 종류
는 식별이 잘 안되는 것이 일반적이다. 그러나 자세히 보면 춘양목
(赤松)과 육송(陸松, 금강송 외의 일반 소나무를 통칭)은 분명한 차이점이

---

33) 임경빈, 2003, 소나무, 빛깔 있는 책들 175, 서울; 대원사, 66

있다. 일반적으로 춘양목은 수간이 곧고 키가 크다. 특히 수관부를 제외한 줄기에 해당하는 수간이 높은 것이 특징이다. 이에 비해 육송은 수간이 구불구불하여 다양한 모양을 띠며, 수간의 높이 역시 다양한 편이다.[34]

소나무 잎들이 무성한 상층부의 수관 모양을 비교해 보면, 춘양목의 수관 폭은 좁을 뿐만 아니라 수관의 꼭대기가 타원형을 이루는 것에 비해, 일반 소나무인 육송은 수관 폭이 몸체에 대한 비율로 보아 춘양목보다 상대적으로 큰 편이고 원뿔형의 일반화된 모양을 보인다. 또한 중심 줄기를 중심으로 하여 옆 가지들이 가늘고 성글게 뻗은 것이 춘양목이며, 옆 가지가 지나치게 뚜렷하여 때에 따라서는 중심 줄기와 곁가지의 구분이 안 되기도 하는 것이 육송의 외형 특징이다. 바늘 모양의 뾰족뾰족한 잎들이 짧은 것이 춘양목이고, 긴 잎들이 육송인 것도 차이점이다. 거북등처럼 무늬가 선명하며 반시계방향으로 비스듬히 틀어 올라가는 수피 무늬는 춘양목에 나타나며, 육송에서는 수직 상태의 골이 파진 수피 무늬에, 그 방향 역시 수직 상태를 보인다.

그리고 춘양목은 전반적으로 수피 층이 얇고, 육송은 두꺼운 것이 특징이다. 춘양목은 수간 밑동으로부터 2~3m 높이까지 흑갈색을 보이다가 그 이상에서는 적색을 띠기 시작하는 것이 일반적인데 반해, 육송은 분포지역에 따라 수피의 색이 다양하여 그 색의 패턴에 규칙성을 찾을 수 없다. 성장 속도 면에서 춘양목이 훨씬 더딘 편이다. 나이테의 모양으로 보면 생장 속도가 일정하고 균일한 것을 알

---

34) 경북 봉화군 춘양면에는 춘양목을 관리하는 성창기업 부설의 임업관리사무소가 있으며, 이곳에서는 일반 소나무(육송)와 춘양목(금강송)을 식별하는 기준을 만들어 놓고 이들을 참고로 춘양목을 관리하고 있다.

수 있다. 춘양목은 대체로 산지의 능선부에 분포하여 자란다. 춘양
목이 자라는 임지의 토양은 대체로 사질토에서 잘 자란다. 한편 육
송은 성장 속도가 분포지에 따라 다양한 편이며 나이테 모양도 균일
하지 않다. 육송은 자라는 임지의 토질이나 분포지역이 다양하며 규
칙성이 없다.

재목으로서의 목질을 보면, 춘양목의 심재부는 부드러운 적색을
띠고 단단하면서도 가볍다.[35] 재질은 건조 시에도 뒤틀림이 없고 나
이테의 폭이 좁으며 일정한 편이다. 목재로서의 생명이 일반 육송보
다 긴 편이다. 한편 육송은 심재부가 회백색을 띠고 재질 역시 재목
에 따라 일정치 않으며 대체로 연하고 수분함유가 많아 무거운 편이
다. 육송은 춘양목에 비해 재목으로서의 생명력은 짧은 편이며, 건
조 시 뒤틀림이 심한 편이다.

4. 춘양목의 현 상황과 주민 인식

춘양면을 중심으로 인근 주변 43개 읍, 면장을 대상으로 설문 조
사하여 22개 마을로부터 회신을 받아 분석하였다.[36] 경상북도 봉화
는 춘양면 일대를 중심으로 과거 '춘양목'으로 대단히 명성을 떨쳤

---

35) 심재부의 부드러운 적색으로 인해 춘양목을 일명 황장목(黃腸木)이라고도 부른다. 2장(章)에서
   살펴본 것처럼 과거의 문헌 또는 기록에는 '황장목', '황장판', '황장' 등으로 나타나는 것으로
   보아 '춘양목'은 그 후 생산집결지의 지명을 따서 나중 붙여진 이름으로 판단된다.
36) 2004년 8월 10일에 뿌려 약 3주간 회수하였으며, 회수율은 51%에 이른다. 설문지역; (봉화
   군)-석포면, 재산면, 소천면, 춘양면, 물야면, 봉성면, 법전면, 명호면, 봉화읍, 상운면, (영월군)-
   상동읍, 하동면, 중동면, 영월읍, 남면, (정선군)-신동읍, 사북읍, 동면, 정선읍, 북평면, 임계면,
   (영양군)-일월면, 수비면, 청기면, 입암면, 석보면, 영양읍, (영주군)-부석면, 단산면, 순흥면, 풍
   기읍, 평운면, 문수면, 이산면, 봉현면, 안정면, 장수면, (안동군)-녹전면, 도산면, 예안면, 와룡
   면, 임동면, 임하면

던 곳으로 유명하다. 봉화군의 춘양목은 과거 한때 이 지역 일대의 경기를 활성화했으며, 춘양지역의 재목을 실어 나르기 위해 철도를 끌어들였고, 이로 인해 "억지 춘양"이라는 말을 남기기도 했다. 그러나 오늘날에는 과거의 명성만이 들려올 뿐, 명맥만 남기고 과거의 흥했던 모습을 찾을 길이 없다. 과거에 유용한 자원으로서의 춘양목 분포와 관리, 수요 등에 대해 알아보는 과정이 의미가 있듯, 춘양목 경기가 쇠락한 오늘날 현지 주민들의 춘양목에 대한 인식을 짚어보고, 현장에서 어떠한 노력을 기울이고 있으며, 현실적으로 바람직한 대안은 무엇인지 등에 관한 내용을 살펴본다. 과거의 춘양목이 중요했던 만큼, 오늘을 사는 춘양목 본고장 지역주민들의 이에 대한 의식 또한 춘양목 경기의 미래를 점칠 수 있는 중요한 요인이 될 수 있기 때문이다.

1) 춘양목에 대한 인식: 봉화군 춘양면 일대를 중심으로[37]

춘양면을 중심으로 한 지역주민들에 대해서 춘양목을 얼마나 알고 있는가를 물었다. 질문에 답변한 모두에서 공통된 답은, 명성을 익히 들어서 잘 알고 있으며 재목으로서의 아름다움, 고가로 팔렸던 훌륭한 상품 목재였다는 점 등 비교적 상세히 알고 있는 것으로 답하였다.[38] 이는 과거 '춘양목'의 지명도가 대단한 것이었고, 그만큼 훌륭

---

37) 설문대상의 범위를 전국적으로 하지 않고 봉화군 및 그 주변 일대로 국한하여 실시하였다는 점, 그리고 쇠퇴 원인을 묻는 부분에서는 순수 생태학적 접근의 전문적 내용이 아니었다는 점 등은 제한점이다. 그러나 현지의 주민들이 춘양목에 대하여 현재 어떤 마음 자세를 가지고 있는가를 알아보고 지자체에서 추진하는 방향에 올바른 지평을 제시하기 위한 기초 조사로서는 유용할 것으로 판단된다.

38) 응답자는 읍, 또는 면장을 대상으로 했으므로 비교적 40대 이상의 나이가 든 사람들일 것이며,

한 재목으로 각광을 받았음을 방증하는 답변이라고도 할 수 있다.

한편, 과거에 춘양목 생산에 참여하였거나 혹은 들어서 알고 있는 춘양목 생산지(분포지)에 대해 확인하고 표시해 달라는 설문에 대해서는 대부분의 단위 지역에서 그 지역별 차이는 있지만 춘양목이 분포했고, 생산되었던 것으로 답하고 있다. 이로 미루어 보면, 춘양면 일대를 중심 생산지로 하여 인근의 단양, 영양, 안동, 영월, 영주, 정선 등 인근의 여러 군 지역, 특히 강원도에 속하는 대부분 지역에서도 춘양목이 생산되었음을 지역주민들의 답변을 통해서 확인할 수 있었다.

춘양목의 경기쇠퇴 원인을 묻는 설문에 대해서는 다양한 원인으로 답을 하고 있지만, 가장 많은 답을 한 것은 현실적으로 '외국 수입 원목에 밀려 경기가 침체할 수밖에 없었다'가 26.1%를 점하여 가장 많았고, '정부 및 지방자치단체에서 관심을 소홀히 하였다'라는 지적이 21.7%, 그밖에도 '과거에 미래를 생각하지 않고 당장의 수요에 충당하기 위해 지나친 남벌을 했기 때문'이라고 답한 경우가 17.4%,[39] 일제 강점기 때 일제의 남벌에 의해 경기쇠퇴의 치명적 원인이 되었다고 보는 견해가 15.2%, 그리고 지역주민들의 무관심과 관리 소홀로 인한 원인도 한몫 했다는 자기반성적인 대답도 15.2%에 달한다.[40] 기타, 다른 원인으로 답한 것에는 계획적이고 체계적인 관리 뒷받침이 없는 정부의 무관심이 원인이라고 생각한다

맡은 직책상 지역에 대한 의식과 정보에 있어서 일반인들보다 열성이 있을 것으로도 판단된다.

39) 정치의 혼란기 불안정한 틈을 타 관리 감독이 소홀할 때 몰염치한 불법 남벌도 한몫 했을 것으로 추측할 수 있다. 즉, 봉금(封禁) 내지 금산(禁山) 정책과 같은 강력한 정부 차원의 관리 감독이 소홀해진 시대적 배경이 원인의 하나일 수 있다.

40) 질문내용에는 들어있지 않았지만, 생태적 간섭에 의해 춘양목의 분포지역이 점차 줄어들게 되었다는 임학 또는 생태학적 해석도 있다.

는 답(영주시 영주1동)과 춘양목에 대한 홍보 부족(봉화군 춘양면)으로 상품 가치가 하락하는 것이 간접적인 원인이 되었기 때문이라고 답한 경우 등이 있다.

미래에 춘양목의 경기를 되살리는 방안에 찬성한다는 답은 응답자의 95% 이상이 공감대를 형성하며 긍정적 반응을 보였다. 재목으로서 시장성이 있고, 우수성을 인정받기 위해 취해야 할 바람직한 방법을 묻는 질문에 대해 다양한 답들이 나왔다. 그 가운데 봉화군청 등 정부 차원의 지원 하에 집중 관리를 위한 전문단지를 조성하여 육성할 필요가 있다는 답이 29.3%로서 가장 많았다. 이는 춘양목에 대한 지역주민들의 사랑과 과거의 경기가 흥했을 때의 향수 및 자긍심과도 관련된다. 기타 답변으로서 '춘양목'에 대한 지역민의 사랑과 지자체의 적극적인 관심이 필요하다고 강조한 경우와 별도의 법인을 설립하고 경제성 있는 사업을 병행해 가면서 활성화를 꾀해야 한다는 응답도 있었다(영주시 영주1동). 한편, 춘양목의 장점으로서 "첫째, 무닛결이 매우 아름답다, 둘째, 한국적인 춘양목 특유의 나무 향이 훌륭하다, 셋째, 한국의 고건축 재료로서 손색이 없다. 넷째, 한국의 산하를 아름답게 하는 풍광이 훌륭한 수종으로서 춘양목을 능가할 것이 없다" 등의 춘양목 장점들에 대한 지역주민들의 긍정적이고 다양한 반응을 알 수 있었다.

2) 춘양목 경기 활성화를 위한 현장(봉화)의 노력

오늘날 쇠퇴해 버린 춘양목의 경기를 활성화하기 위한 대안들로서는 어떤 것들이 있을 것인가? 우리나라의 각 지역 지자체 정부에서는 갖가지 지역 문화와 자연 환경적 특성을 바탕으로 지역 나름대로 독특한 축제문화를 개발하고 홍보하고 있다. 지역의 이미지를 만들어 나가고, 나아가 관광객을 유치하여 지역경제의 활성화를 위해 노력하고 있다. 다음의 내용은 봉화군청에서 구상하고 있는 내용이다.

(1) 봉화군 일대에 춘양목 테마파크의 조성

첫째, 춘양목 박물관을 만들어 춘양목의 발육단계 설명 및 춘양목에 관련된 자료를 수집하여 전시하고, 춘양목 분재나 묘목 생산 및 보급과 조경수로써 관광 상품화를 추진하고 있다. 구체적으로 분야별로 구분하여 제1전시실에 산림자원과 기술, 제2전시실에 산림과 인간, 제3전시실에 세계의 소나무, 제4전시실에 봉화 춘양목 주제관 등의 자료를 각각 전시할 계획을 입안하고 있다.

그밖에도 임업 자료실, 학습 표본실, 특별 전시실을 만들어 관련 영상물의 상영 또는 전시를 통해 관광객들에게 홍보한다.

둘째, 춘양목 광장을 조성하고, 중앙광장을 마련하여 춘양목 축제 등의 문화공연 행사 및 다양한 볼거리를 제공하는 공간을 마련한다. 춘양목 묘목장을 조성하여 묘목이 자라는 과정을 보여주고 관광객들에게 묘목을 판매하는 시설을 조성하여 판매를 병행함으로써 춘양목에 일반 시민 관광객들이 더욱 가깝게 접근할 수 있도록 해준다.

셋째, 춘양목 수련원을 만들어 도시민들의 휴식공간으로 활용하며, 대학생들의 MT, 기업체 연수 및 체육대회와 워크숍 장소, 그리고 각종 단체의 수련회 장소로 활용할 수 있다.

나아가 청량산 명호천의 급류를 헤치며 즐거움을 맛볼 수 있는 래프팅, 계곡 트레킹, 서바이벌게임, 인공암벽 타기 등 다양한 연계 프로그램을 개발하여 이곳을 찾은 관광객들이나 일반인들이 여러 날

묵으며 즐길 수 있도록 한다.

넷째, 춘양목 쉼터와 잔디 운동장을 조성하여 도시민과 가족 단위 방문객에게 춘양목 생태체험을 할 수 있도록 한다. 아울러 약수터, 썰매장, 산악자전거 및 트레킹 코스를 조성하여 연계 프로그램이 되도록 한다.

(2) 봉화군 일대에 춘양목 고택촌 공간 조성

조선 시대에 궁궐에서 쓰이던 나무는 거의 춘양목을 사용하였고, 최근에는 유명 사찰이나 고궁의 보수 등에 사용하고 있을 정도로 한옥용 재목으로 인기 있으며 인정받는 원목이라는 점에 착안한 구상이다. 고택촌의 공간 조성을 통해 춘양목을 이용한 목조 주택의 문화공간을 느낄 수 있도록 한다. 이러한 고택촌의 목조 주택 공간의 조성을 통해 이곳을 방문하여 숙박하도록 함으로써 춘양목으로 만든 주거 공간을 몸으로 느끼도록 한다. 질이 단단하고 낙엽송처럼 곧게 수직으로 자라므로 국내 생산의 가장 좋은 목재로 인정받은 춘양목을 고택촌 체험시설을 통해 느끼도록 해 주는 것이다. 조성된 고택촌 공간은 학생이나 일반인을 대상으로 고택촌 생활 체험이나 예절 및 유교 사상 교육을 위한 프로그램을 개발하여 연계 운영하는 방안도 생각할 수 있다. 나아가 춘양목 고택촌의 중심부에 춘양목의 이미지를 부각하고 상징적 의미를 위한 광장이나 조각 전시장 등을 설치하여 휴양 및 문화공간으로 조성하여 효과를 더욱 크게 할 수도 있다.

그리고 천연자원인 소나무 숲과 백두대간의 산길을 이용한 산책로 및 산악 트레킹 공간 등을 개설하여 연계시킬 수도 있다. 일반인들의 방문을 통해 알려지게 되면, 춘양목 관련 학술세미나 등을 개최하여 춘양목의 유래나 성장 과정, 분포도, 우수성 등에 관해 적극적인 홍보 활동을 전개할 수도 있을 것이다.

3) 지자체 계획(안)에 대한 비판적 검토와 제안

위에서 설명한 봉화군청의 계획(안)은 여러 가지로 많은 생각을 거듭하고 노력하여 다듬어 내놓은 내용이다. 의미가 있으며 다양성도 있다. 그러나 다음에 제시하는 기준에 기초해서 근본적인 생각을 해볼 필요가 있으며, 따라서 필요한 경우 보완 내지 수정의 과정을 거칠 필요가 있다.

첫째, 경북 봉화지역은 교통이 불편한 깊은 산골 오지라는 점(또는 그러한 이미지)을 극복하거나 또는 그러한 이미지를 역으로 이용할 만한 대안은 있는가? 산골 오지마을에 울창한 춘양목 숲이 우거져 있다면, 그 자체만으로도 발길은 끊이지 않을 것이다. 그런데 현실은 춘양목의 명성만 남아있을 뿐 춘양목 자체에 대한 것은 볼거리가 별로 없다. 따라서 춘양목 이미지를 중점화하기 위해서는 지금부터 철저한 춘양목 관리를 통해 우거진 숲을 복원하는 길이 최우선이다. 과거의 봉금 내지 금산 정책을 통해 춘양목이 우거지고 확대되었듯이, 그에 버금가는 강력한 의지의 집중 관리가 있어야 한다. 여기에 관과 민의 협력이 절대적으로 요구된다. 이렇게 철저한 관리와 의지로 시작된다면 남은 일은 시간이 지나면 상황들이 좋아질 수밖에 없다. 이와 같은 기본조건이 갖추어진 바탕 위에 앞에서 설명한 봉화군청의 청사진이 뿌리를 내린다면 대부분의 계획은 성공으로 갈 것이다. 오지마을의 주변에는 넓고 깊은 숲이 있어 사람을 불러들이는 매력적인 유인자가 반드시 있어야 하는데 그것이 바로 우거진 미래의 춘양목 숲이다. 숲이 우거지면 이를 바탕으로 일반인들에게 익히 알려진 속담과도 같은 "억지 춘양"의 이미지를 철도교통과 삼림자원의 관계를 맺어 관광 자원화하는 방안이다. 경북 산골 오지마을에 철도교통이 돌아나가는 것은 낭만적인 일이다. 돌아나가는 길에 모든 사람이 들러 며칠간을 자면서 쉬어가고 싶은 숲속 마을로 만드는 일이다. 이런 이미지를 성공시키려면 혼잡한 이미지의 관광 마을 이미지는 별로 좋지 않다. 춘양목의 본고장인 만큼, 우선 춘양목 숲이 우거지게 할 절대적 방안을 늘 고민하여야 한다.

둘째, 춘양목 숲이 깊고 넓게 이루어진 여건을 전제로 하고, 이곳에서 전통적으로 강세를 보이며 외부에 알려진 농작물들과 임산물들을 상품화할 수 있는가? 공기 맑고 조용한 깊은 농촌 마을에서 춘양목 숲과 어울릴 특산물 상품이 있어 관광객들의 마음을 더욱 끌 수 있어야 한다. 이렇게 해서 연계된 조화로운 이미지가 상품화의 가치를 높이고 이곳에서 생산되는 무공해 친환경 농작물 및 임산물은 이곳만의 긍정적인 관광요소로 커다란 시너지 효과를 만들어 낼 수 있다.[41]

셋째, 지역주민들이 일부 우려했던 것처럼 수입 원목이나 기타 대체재와 춘양목을 차별화 시킬 분명한 전략이 있어야 한다. 누구나 춘양목에 매력을 느껴 상품화했을 때 찾을 수 있도록 해야 한다. 춘양목만으로 가능하고 부가가치를 높일 수 있는 상품을 개발하여야 한다.

---

[41] 봉화지역은 전통적으로 사과가 유명하다. 이를 청정지역 춘양목 숲과 연계시켜 상품화시키는 일은 그리 어려울 것 같지 않다.

넷째, 대단위 춘양목 숲이 조성되고 이곳만의 특용작물, 깊은 계곡에 흐르는 물 등으로 연상되는 이미지 상품에 성공적이어야 한다. 그리하여 원근의 대도시에서 피곤한 심신의 피로를 풀기 위해 자주 이곳을 방문하도록 해야 한다. 깊은 숲속의 조용하면서도 편안하며 깨끗한 시설이 갖추어진 곳에 긴장과 경쟁 사회 속에 지친 도시민들이 쉬어갈 수 있고, 머릿속에 아름다운 추억으로 남아있어서 다시금 이곳을 찾도록 만들어야 한다.

다섯째, 춘양목 외에도 이곳을 대표할 만한 이념적, 정신적 이미지 관광 상품은 무엇이며, 이들과 춘양목을 조화롭게 연결할 방안은 없는가를 고민해야 한다. 그런 의미에서 퇴계 선생과 그 일문 제자들이 성지처럼 찾았다고 하는 청량산의 산행을 이미지 상품화하여 부각하는 노력이 필요하며[42], 유교 문화가 깊숙한 전통으로 여전히 살아있는 이곳에서 '낭만과 로맨스의 스토리'를 발굴해 내어 외부세계에 상품화하는 전략이 있어야 한다. 예를 들면 이곳에서만의 독특한 '성춘향과 이몽룡' 같은 순정의 스토리를 발굴해 내고 이를 지역 스토리로 완성하는 작업이 있어야 한다. 또한 초등학교 교과서에 실린 의좋은 형제의 예화가 바로 이곳 봉화군 근처에 현장이 있다는 것 등 이미 익히 알려진 긍정적 장소 이미지들을 관광 상품화하려는

---

42) 옛날 청량산 여행자들은 청량산과 이황의 각별한 인연 때문에 이황과 혈연 및 학연 그리고 지연으로 연결된 이들이었다. 이황의 제자이자 집안사람이었던 권호문, 그리고 김득연·신지제·김중청·김영조·유진·허목·배유장·권성구·김도명 등이 이황의 제자들과 학연 또는 혈연으로 얽혀있는 인사들이었다. 이들은 대부분 안동과 그 부근에 거주하는 이들이었고, 그밖에 퇴계 학풍을 이은 남인(南人) 계열의 이익·정범조 등이 있으며, 이황의 학문에 존경심을 가진 소론(小論) 계열의 강재항·권이진, 노론(老論) 계열의 송환기·성대중·성해응·송병선 등이 있다. 이들은 대부분 충청도와 경기도 출신들이어서 당파와 지역을 초월하여 이황을 존경하고 따르는 이들이었고 이것이 산행의 중요한 동기가 되었다. (정치영, 2005, "유산기로 본 조선 시대 사대부의 청량산 여행", 한국지역지리학회지, 11(1), 58~59). 이처럼 청량산과 관계된 인물과 그들이 즐겨 찾아 쉬어가던 봉우리와 정자 등 적재적소에 알기 쉬운 설명과 함께 그들의 글(필적)을 남겨 장소 이미지화하여 관광객들에게 유림문화의 상품으로 제공한다.

노력이 필요하다.[43)]

5. 결론

본 연구는 우리나라에서 재질의 우수성으로 지명도가 높았던 '춘양목(학명 금강송)' 경기가 과거에 비해 상대적으로 매우 쇠락하게 된 원인을 살펴보고, 전통을 살려 새롭게 지역의 특성화를 위한 한 방편으로 부흥시킬 수 있는 방안이 무엇인가를 고민해 보기 위한 연구이다. 부차적으로 우리에게 알려진 전통적 소나무 춘양목의 역사를 문헌과 기록들을 살펴 시대별로 어떻게 관리하고 활용하였으며, 춘양목의 특징은 어떤 것이며, 그 분포는 어떠했는가를 정리해 보았다.

춘양목(심재부가 붉어 일명 黃腸木)은 향과 재질이 좋으며 곧고 단단하여 예부터 훌륭한 재목으로 왕실의 수요가 높았다. 봉화군을 포함한 경상도 및 강원도 일대와 전라도 일부 지역에서 성했으나 오늘날에는 명맥만 유지하고 있는 현실이다. 토종 소나무인 춘양목은 과거 금산(禁山) 또는 봉산(封山) 정책에 힘입어 보전이 양호했고 분포지의 확산까지 이루어졌었다. 그러나 오늘날에는 여러 가지 원인 때문에 과거의 명성만을 남기고 많이 쇠퇴한 모습을 여실히 보여준다.

다른 나라와의 교역이 쉽지 않았던 옛날에, 춘양목은 국내 생산의 훌륭한 재목으로서 독보적인 가치를 지녔던 것으로 보인다. 재목으로서 더없이 훌륭한 춘양목은 왕실에서도 각광을 받았으므로 나라

---

43) 과거 초등학교 교과서에 등장했던 '의좋은 형제' 이야기이다. 추수가 끝난 들판에서 달밤에 논에 쌓아놓은 곡식단(추수 전 말리기 위해 쌓아놓은 볏단)에서 형은 손아래 동생을, 동생은 식구가 많은 형을 생각하며 볏단을 날라다 상대방 곡식단에 보태주려다가 들판에서 서로 마주쳐 형제간의 우애를 나누는 이야기를 말한다.

에서는 춘양목 군락지를 '황장금산(黃腸禁山)' 또는 '황장봉산(黃腸封山)'으로 정해 금표(禁標) 또는 봉표(封標)를 세워 일반인들이 접근하지 못하도록 철저히 관리하였다. 훌륭한 재목으로 성장할 수 있는 제도적 뒷받침이 확실했었음을 알 수 있다. 과거에도 분포지는 강원도 일원이 중심이었으며, 경상도와 전라도 일부에서도 군락지가 형성되었음을 기록을 통해 알 수 있다. 이러한 분포지의 전통은 오늘날에도 이어져 춘양목이 자라고 있는 곳은 2/3 이상이 강원도에 해당한다.

생태적 간섭과 관리의 소홀 등으로 분포지역이 좁아지고 있는 현실이다.[44] 게다가 오늘날 수입 원목과 값비싼 목재를 대신한 대체재가 보편적으로 이용되면서 춘양목의 시장화는 쇠락의 길을 걸었다. 봉화군 일대에서는 춘양목 테마파크 조성 등 전통을 기리고 친환경적인 관광 경관을 꾸며 홍보에 힘써 관광수입원 제고에도 노력을 기울이는 등 특성화 노력을 하고 있다. 관과 민이 합심하여 춘양목의 전통을 살리고 친환경적인 아름다운 경관을 조성하며 다목적 관광자원으로 개발하는 등 지속적인 노력을 경주하고 있다.

봉화군의 춘양목을 주제로 지역 특성화를 구상할 경우 몇 가지 중점적으로 고려할 점은 다음과 같은 것들이다. 첫째, 춘양목 숲을 조성하기 위한 장기 플랜을 세워 지속적으로 노력하여야 하며, 둘째, 그러한 바탕 위에 지역 특산의 농작물과 임산물을 함께 상품화시킬 방안을 강구하고, 셋째, 교통의 접근성을 높이는 방안을 지자체 차원에서 노력해야 한다. 철도가 춘양면을 돌아나가므로 이를 이용해

---

44) 특히 최근에는 재선충의 병충해로 인해 소나무의 피해가 전국적으로 확산하는 등 심각성을 더하고 있다.

서 자연환경을 바탕으로 한 '경관 상품화 전략'을 세울 필요가 있다.

현대인들은 경쟁적인 삶 속에서 늘 긴장하며, 따라서 자연을 그리워한다. 피로와 쌓인 스트레스를 자연을 찾아 달래고 마음을 비우며 자연을 맘껏 호흡하고자 한다. 주어진 천혜의 자연환경을 가꾸면서 주어진 경관에 이념과 가치를 부여하고 이미지화에 성공하기 위해서는 이러한 장소를 찾아 심신을 달래고 지역의 독특한 볼거리와 먹거리, 생각할 거리 등에 의미를 되새기며 좋은 추억을 간직할 수 있도록 해 주어야 한다. 자연과 더불어 충분히 휴식을 취하고, 일터로 편안히 돌아갈 수 있도록 해주는 곳, 그곳이 봉화군 춘양면의 춘양목 숲과 어우러진 투어 마당이기를 기대해 본다.

02

지역특산 고흥석류와 그 시장화:
사회과교육의 관점에서

고흥의 석류는 아열대의 따듯한 남부지방 기후환경을 바탕으로 자라는 과일이다. 비타민을 비롯해 풍부한 약리 성분을 함유하고 있어 국내수요도 매우 유망하며 성공적인 시장 잠재력이 있다. 석류는 값비싼 외국산 수입을 줄이고 폭발적인 내수 시장에 대처할 블루오션이다. 지난 10여 년간 고흥의 석류는 품종개량에 힘썼고 영농법인을 만들어 마을 주민들의 자발적 운영을 통해 지역특산 성공사례로 자리매김에 성공했다. 영농법인의 상품개발과 공급, 판로망 개척과 상품 출하 시기 조절, 체험 학습장으로의 활용 가능성은 지역특산 단지화와 시장화의 성공을 유도한 이유이다. 기후환경을 바탕으로 한 과역면 노일리 외로 마을의 석류 생산 성공사례는 중등 사회과교육(지리교육) 지역화 학습의 내용으로 활용가치가 충분하다.

1. 서론

반도 내부의 영역은 상당 부분이 근대 이후 본격적으로 간척사업이 이루어져 넓어진 개간지이다. 과거 고흥반도는 호리병을 닮은 형상이다. 초입은 폭이 좁은 반면 내려갈수록 넓어진다. 개간 전 과거에는 바닷물이 반도 안쪽에 깊숙이 들어왔으므로 현재보다 면적이 협소했다.

조선 시대 고흥군의 이름은 흥양현이었다. 오늘날의 전남 고흥군 고흥읍 옥하리 일대는 조선 시대 이래 반도의 중심지 역할을 하던 곳이다. 흥양현의 읍치가 있던 곳으로 1914년 고흥으로 지명이 바뀔 때까지 고흥은 조선 초기부터 흥양현으로 불리었다. 흥양현으로 통합되기 이전의 고을 명은 태강현과 남양현이다. 삼국시대부터 유구한 역사가 있던 마을들이다. 현재 고흥군 동강면 대강리에 위치했던 태강현의 읍치가 있던 곳에는 대강리 산성이 축조되어 있었고 산성 아래에는 작은 성안 마을이 있다. 산성에서 동북쪽 2km 거리의 사동마을에 수령 600년의 우람한 느티나무 두 그루는 태강현의 옛 흔적이다.

오늘날 고흥은 2개 읍과 7개 면으로 되어있다. 가장 먼저 읍으로 승격한 곳은 도양읍(일명 녹동)이고 다음이 군청소재지인 고흥읍이다. 일명 녹동이라 부르는 도양읍(지도상의 표기)은 고흥반도를 대표하는 항구로서 한때는 7, 8만 인구가 북적이며 경기 활성화를 보였던 곳이다. 각종 수산물의 집산지이며 청정한 바닷물과 일조시수가 전국적으로 수위인 빛나는 항구이다. 고흥읍은 반도의 중앙에서 서쪽으로 자리한 군청소재지이다. 군내의 각 곳을 연결하는 교통의 중심지이다. 고흥읍과 도양읍에 이어 가장 큰 면 단위로서 금산(金山)면(거금도)을 들 수 있다. 거금도는 우리나라에서 완도와 울릉도 다음으로 큰 열한 번째의 큰 섬이며 섬 전체가 금산면을 이루고 면 소재지로 가장 큰 마을은 대흥리이다. 거금도의 중심봉우리인 적대봉 골짜기의 한편에는 지금도 채석업이 한창 진행 중이다. 채석은 두부모를 자르듯 질서정연하게 진행되며 운동장처럼 넓게 계단식으로 돌을 채취한다. 채석을 마친 곳곳에 태양광 전지 밭이 들어선 모습은 장관이다.

이밖에 알려진 곳으로 우주발사기지가 있는 외나로도(外羅老島), 한센인들의 요양처인 소록도, 우리나라 유자 생산 1번지라 할 풍양면, 그리고 석류 생산의 본산 과역면 등이 있다.

한반도의 남쪽 고흥반도를 차지하는 고흥군은 전통적으로 농수산업 기반산업(60%)의 의존도가 높다. 특히 유자와 석류는 지역 특산 과실로 자리를 잡았다. 본 연구의 주된 목적은 석류 과일이 고흥의 확실한 지역특산 과일로 자리를 잡고 주민 생활과는 어떻게 관련되어 있는지를 살피는 것이다. 후자는 시장화 전략이 어떻게 전개되고 주된 관심과 고민이 되는 내용을 살펴보는 것이다. 아울러 석류에 대한 관련 연구가 너무 부족하므로 이웃한 경쟁 과일인 유자에 대한 선행 연구도 살펴 석류연구의 이해를 돕는다. 고흥은 전국 제1의 생산지인 석류(전국대비 64%)와 유자(전국대비 44%)의 생산 특구로서 자리매김했고 시장 활성화에 앞장서고 있다. 2000년도 자료에 따르면 석류의 국내 생산 자급률은 불과 8.1%였고 91.9%를 외국에서 수입하였다. 수입대상국은 이란, 우즈베키스탄 등 대여섯 나라에 집중된다. 고흥의 석류 생산의 중요성과 시장화 전략, 그리고 미래의 과제를 살핀 후 그 연구 결과를 사회과교육 수업내용으로의 적용(지역화 수업)을 시도해 보는 것이 본 연구의 흐름이다. 연구방법은 다음과 같다. 첫째, 연구 지역인 고흥의 지리적 개관을 서론에 개략적으로 정리한다. 둘째, 사전 문헌 조사를 통해 고흥의 석류의 선행 연구를 살펴 정리하고 재배 조건, 생산현황과 시장화의 현재를 살핀다. 종래 석류에 대한 연구가 절대 부족하므로 고흥의 경쟁적 특산 과일인 유자에 대한 선행 연구를 함께 살펴 연구의 이해와 외연을 넓힌다. 셋째, 고흥군의 농업기술센터, 친환경석류영농법인 등 유관기관을 방문해 석류 생산에 대한 자료를 구하고 담당자와의 면담을 통해 현황을 파악한다. 넷째, 유관기관을 통해 관련 전문영농인 추천을 받고 방문해 면담한다. 이들과의 대담을 통해 고흥 석류의 일반현황을 파악한다.[1] 다섯째, 고흥군청의 '경제유통과', '농업축산과'를 통해 통계자료를 구하고 석류 시장의 현황을 면담한다. 여섯째, 친환경고흥석류영농법인 감사직을 맡고 있으며 직접 석류농장을 운영하는 서ㅇㅇ(57세) 씨와의 면담과 농장 방문을 통해 고흥군 과역면 노일리 외로 마을의 석류 시장화 상황을 파악한다. 끝으로 이상의 절차를 거쳐 분석한 내용을 종합정리하고 하나의 장을 마련해 사회과교육 1차시 지역화 수업 적용을 탐색한다. 이들을 정리하여 결론을 대신한다.

2. 관련 연구 검토

본 장에서는 기후특성이 비슷한 특산 과일인 유자와 석류 관련 연구를 선행 연구로서 함께 다룬다. 유자와 석류는 고흥을 대표하는 이미지 과일이다.

우리나라에서 농경의 시작은 신석기시대 말기에서 부분적으로 시

---

1) 이를 위해 연구자는 2019년 4월 21일~25일 기간에 농업기술센터와 친환경고흥석류영농법인 및 서ㅇㅇ(57세) 씨 농장을 방문 답사했다.

작되어 보편화한 시기는 BC 4,000년경으로 보고 있다. 중국의 기록에 따르면 신라에서는 잣과 호두, 석류를, 고려 시대에는 복숭아, 오얏, 매화, 앵두, 잣, 살구, 포도, 대추, 배, 귤, 유자, 은행 등을 재배하였다. 조선 초기의 세종실록지리지(1454)와 신증동국여지승람(1492)에는 개암, 아가위, 복분자, 비자, 잣, 은행, 대추, 밤, 감, 석류, 살구, 복숭아, 호두, 모과, 귤, 유자, 앵두, 포도, 능금 등 오늘날의 과일 대개가 포함된다.2) 이후 추가로 더해진 것이 있다면 비파와 무화과이다. 이 두 가지 과실은 추위에 매우 약한 과실로서 제주도, 전라남도, 경상북도 일부 등지에서 재배된다. 이러한 기록을 보면 석류 생산은 많은 양은 아니지만, 우리 역사에서 일찍이 재배된 과실 품종임을 알 수 있다. 유자와 석류 및 감 등 위에서 열거한 모든 과일들은 우리들의 식생활을 풍부하게 한다. 이들 과실의 소비량은 곧 생활 수준의 척도가 되기도 한다.

남부지역 과실 중 유자에 대한 선행 연구들은 그 성분과 효능에 집중되는 경향을 보인다. 산지별 유자의 이화학적 특성과 유리당 및 향기 성분을 비교한 연구를 보면 유자의 산지에 따라 차이를 보인다.3) 유자는 과피, 과육, 종실(씨앗) 등 세 부위를 모두 취하며 버릴 것이 없다. 유자 과실의 총 중량에 대한 과육의 비율은 거제도 및 고흥 개량종과 남해 재래종에서 과피보다 높게 나타난다. 그리고 산지별 유자의 크기는 재래종이 크며 과피의 색도는 고흥산 유자가 진하다. 남도의 유자 생산지는 거제도, 여천, 고흥 등 세 곳이 주산지이다. 한편 남해 지역에서만 재배된 유자 사이에서 보이는 이화학적

---

2) 강춘기, 1990, 우리나라 과실류의 역사적 고찰, 한국식생활문화학회지, 5권 3호, 301~312.

3) 이수정 외 5인, 2010, 산지별 유자의 이화학적 특성, 유리당 및 향기 성분, 한국식품영양과학회지, 제39권 1호, 92~98.

특성 차이는 토양과 수확 시기 및 재배 조건 등에 따라 영향을 받는 다는 연구 결과도 있다.[4] 같은 지역이라도 지질과 농사 방법 및 수확 시기에 따라 성분이 달라지는 것은 유자 농업이 섬세한 기술과 관리를 요함을 알 수 있다. 남부지역 유자 재배 농가의 재배실태를 파악한 연구를 보면 1998년에 전남 고흥, 여천, 경남 남해 등 3개 지역 90개 농가를 대상으로 일반현황, 재배현황, 출하 등에 대해 조사한 연구 결과가 있다.[5] 전국적인 유자 생산량은 1985년도에 1,543 M/T이었으나 1998년에 19,826 M/T로 약 13배 증가하였다. 주산지인 고흥, 여천, 남해 등도 1995년에 5,853 M/T의 생산량을, 3년 후인 1998년에 7,345 M/T로 늘었다. 당시 재배 규모는 200주 미만의 농가가 여천군(현재는 여수시에 포함) 54%, 남해군 35%, 고흥군 25%로서 여천군이 영세했다. 유자 농업은 방풍림을 조성해 정온상 태를 유지하는 것이 유리하다. 그런데도 당시 이들 지역은 83% 이상이 방풍림 없이 재배하였다. 유자의 전지 전정 최초 시기는 재식 후 4년 이후부터가 좋다. 시기를 맞추어 전지 전정을 실천한 곳은 고흥군 82%, 여천군 78%, 남해군 73%의 농가로 나타난다. 유자나무 식재 후 시비하기 전 깊이갈이를 해주어야 하는데 2년에 1회 56%, 1년에 1회 15%, 3년에 1회 8%로서 전체 79% 농가가 깊이갈이를 시행하였다. 2월 하순, 5월 하순, 8월 하순에 10a당 1kg의 표준시비량보다 요소비료를 더 많이 시비한 것으로 조사되었다. 유자 재배 농가 중 78%가 관수를 하고 있으며 대체로 여름과 겨울철에

4) 이수정 외 2인, 2010, 남해 유자의 이화학적 품질특성 비교, 농업 생명과학연구(경상대학교 농업 생명과학 연구원), 제 44권 제 5호, 81~90.
5) 권병선 외 1인, 1999, 남부지역에서의 유자 재배 및 출하실태, 순천대학교 논문집, 제18권 제1호, 167~175.

3회 이상이다. 사질토는 1회에 15톤 정도를 3일 간격으로, 점질토는 1회 50톤 정도를 10일 간격으로 관수한다. 유자의 출하는 인근 시급 지역에 46%를, 25%는 농협에, 포전 출하는 15% 정도이다. 유자차 출하는 1.5kg, 3.0kg들이 유리병으로 상품화하여 서울 가락동 시장에 50%, 부산 유통업체에 20%, 인근 지역에 30%를 출하한다. 유자 종류 및 부위별 품질특성을 조사한 연구도 있다.6) 유리당, 유기산, 비타민 C, 항산화 합성 상태 등을 알 수 있다. 유리당은 3종에서 검출되었고 과피, 과육, 종실에 들어있다. 유기산은 5종에 들어있으며 과피, 과육, 종실에서 각각 다른 특징으로 검출된다.

석류는 유자보다 기후 적응 분포 대가 넓다. 호남지방에 100세 이상 장수 노인들이 가장 많이 사는 고을 네 군데를 꼽으면 구례, 곡성, 순창, 담양을 든다. 이 네 고을 중에 구례와 담양에서도 석류재배가 행해진다. 이 두 곳은 지리산지 등 60~70%가 산지로 둘러싸인 내륙분지 지형의 마을들이다. 일찍이 담양에서는 조선 시대 특작물로 석류, 모과, 감 등이 재배되었다는 기록도 있다.7)

고흥의 우수한 석류 효능을 활용한 고흥 석류 체험 프로그램을 개발하여 차별화된 문화관광상품으로 개발하려는 노력도 행해진다.8) 단기적으로는 인지도를 확산시키는 일이 중요하므로 고흥의 이미지와 석류를 연관시켜 다양한 체험 관련 상품을 개발하는 것이다. 나아가 중장기 계획과 전략을 세워 지속적인 홍보와 함께 체험 프로그

6) 이종은 외 5인, 2017, 유자 재배방법에 따른 부위별 화학적 성분 및 항산화 활성, 한국식품저장 유통학회지, 24권 6호, 802~812.

7) 김미혜 외 1인, 2013, 담양 관련 음식 고문헌을 통한 장수 음식 콘텐츠개발, 한국식생활문화학 회지, 28권 3호, 261~271.

8) 이기웅 외 1인, 2014, 고흥 석류산업과 연계한 관광상품 개발방안, 동북아 관광 연구, 10권 3호, 137~154.

램을 확산시켜 전국적인 문화관광 명소로 알리는 일도 중요하다.

3. 석류의 생산과 시장화

1) 석류의 재배역사와 특성

석류의 원산지는 이란, 아프가니스탄, 인도 북부지역 등으로 알려져 있다. 이란에서 인도 북부의 히말라야를 연결하는 지역이라 할 수 있다. 기원전 3,000년경 이란과 터키에서 재배를 시작한 것으로 추정된다. 고대에도 지중해 지역, 중동, 인도에서 널리 재배된 것으로 본다. 중국에서는 2,000년 전부터 재배되기 시작하여 1,000년 전에 석류에 대해 분류하여 기록했는데 신 석류와 단 석류 두 가지 또는 신 석류, 단 석류, 쓴 석류 세 가지로 기록하였다. 우리나라의 석류는 8세기경 중국에서 전래하였을 것으로 추정한다.[9]

석류는 즙이 많은 과육을 식용으로 취하기도 하고, 한방에서는 열매껍질을 석류피(石榴皮)라는 약재로 이용하여 설사, 이질 및 구충제로 사용하기도 한다. 종자유에는 복합지방산이 함유되어 있어 천연에서 얻을 수 있는 매우 효과 있는 항산화제 중 하나이다. 동맥경화성 병반을 분해하는 성질이 있으며 과육에는 운동신경과 시신경에 효과가 좋은 비타민 B_1과 지능저하, 기억력 감퇴, 알츠하이머 등 질병 예방에 좋은 B_2가 함유되어 있다. 석류의 과피에는 다량의 타닌 및 식물성 에스트로겐을 포함하는데, 껍질에 포함되어 있는 엘라그산은 강력한 항산화제로 피부 미백과 주름생성 억제에 효과가 있어

---

9) 임영철, 최영상, 윤영복, 2018, 고흥군농업기술센터 석류재배 매뉴얼, 3~4.

여성들에게 인기 있다. 석류 복용 후 효과로는 폐경기 전 여성의 노화 방지, 피부의 탄력유지, 근육 강화, 비만 감소 등을 비롯해 저항력 향상에 도움을 준다.[10)

2) 석류재배의 자연조건

석류는 아열대 과수로서 열대와 따뜻한 온대기후에서 잘 자란다. 최상의 품질을 지닌 석류는 서늘한 겨울과 덥고 건조한 여름의 기후 환경에서 생산된다. 일 기온이 섭씨 24~28도에서 수정이 잘 이루어지고, 섭씨 18~26도이면 과실의 생장과 종자발육에 적합하다. 석류의 내한성은 종에 따라 다르며 보통 섭씨 –8도에서 –12도 정도이다. 대체로 석류의 수체(樹體) 조건에 따라 섭씨 –11도 이하로 내려가지 않도록 주의를 한다면 피해를 심하게 받지 않는다. 어린나무는 내한성이 약하여 때에 따라 섭씨 –5도에서도 동해를 받고 심할 경우 고사하기도 한다. 석류의 고온 내성은 매우 강하여 섭씨 38도 이상에서도 견딘다. 현재 한계 저온은 확실하게 알려진 것은 없지만 저온이 없는 열대지방에서 잘 자라는 것으로 알려져 있다.[11)

석류 과일의 착색은 일조량과 매우 밀접한 관련이 있다. 남향사면의 석류나무 과실착색은 북향보다 좋고 동일한 나무에서도 남향이 수관 겉 부분의 과실착색이 훨씬 양호하다. 석류재배 지역의 연간 일조시수는 2,000시간, 특히 9월의 일조량이 200시간 이상인 지역이 가장 적합하다. 합리적인 재식밀도, 적합한 전정 작업, 병충해 및 해충의 방재는 건강한 나무를 만드는 관건이다.[12)

---

10) 임영철, 최영상, 윤영복, 2018, 고흥군농업기술센터 석류재배 매뉴얼, 5.

11) 위의 책, 17~18.

석류는 천근성(뿌리가 얕게 퍼짐)으로 강한 바람에 매우 약하다. 태풍이나 강풍에 나무가 넘어지거나 뽑히기도 하고 낙엽이 심하다. 특히 석류 과실은 비바람을 맞게 되면 과일 껍질이 상처를 받아 부패하여 낙과하거나 착색상태가 불량해진다. 따라서 반드시 지주를 세우고 바람이 심한 지역은 피하거나 방풍림을 조성한 후 심는 것이 안전성을 확보할 수 있다. 석류는 나무의 아래쪽이 잘 퍼지고 잘 자라는 성질이 있으므로 비스듬히 자랄 경우 아래쪽에서 나온 새 가지가 기존의 원줄기보다 강하게 자라는 경향이 있다. 아래쪽 부분의 순 제거와 원줄기의 정립 재배가 중요하다.[13]

석류 과수원은 평탄한 지형에 토양이 촉촉하고 비옥하며 배수 상태가 좋고 관개 조건이 좋아야 한다. 특히 물 빠짐은 중요하다. 물이 잘 빠지는 사질양토 또는 양토가 좋으며 배수가 불량할 때는 미리 암거 배수시설을 한 후 나무를 심는 것이 좋다. 토양은 약산성을 좋아하므로 우리나라에 맞는 편이다.[14]

고흥 석류는 유자와 더불어 지역 특산으로 자리매김한 과실이다. 전국수준에서, 나아가 아시아 시장을 노려볼 만한 훌륭한 과실이다. 고흥반도 여러 곳에서 생산 가능하지만 자본, 기술, 생산, 열의 등 다방면에서 선도하는 곳은 과역면 노일리 외로 마을이다.[15]

---

12) 앞의 책, 19.

13) "서OO" 씨와의 면담내용을 정리해 기록(2019. 4. 22. 15시 20분 그의 농장에서)

14) 임영철, 최영상, 윤영복, 2018, 고흥군농업기술센터 석류재배 매뉴얼, 20.

15) 고흥군 농업기술센터 및 친환경고흥석류영농법인 등에서 인정하고 추천한 마을(2019. 4. 20-21일 심층 면담.)

<그림 3> 고흥석류의 생산지 분포

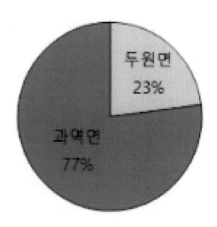

<그림 4> 주 생산지의 석류 생산량 비율

3) 석류 영농 전문가와의 면담

친환경고흥석류영농법인 감사직을 맡고 있으며 석류에 대해 선진 마을로 앞장서고 있는 과역면 노일리 외로 마을의 영농 전문인으로서 마을 영농인들의 멘토 역할을 맡은 "서○○(57세)" 씨와의 면담16) 기회를 가졌다.

오늘날 외로 마을의 성공적인 변화는 어떻게 가능했냐는 질문에 대해 그는 "오랜 세월 동안 석류 생산에 열정을 지닌 몇몇 전문영농인들의 노력의 결과라고 봅니다."라고 답했다. 아열대 과수인 석류는 열대와 따뜻한 온대기후에서 재배가 이루어지므로 철저한 편남성 과수인 유자보다는 위도상의 분포한계가 좀 더 넓은 편이다. 이는 곧 경쟁에서 비교 우위의 유리한 성장 조건이 되기도 한다. 전국에서 일조시수가 많은 지역에 속하는 고흥은 원산지 환경에 가장 유사한 곳이라 할 만하다. 부드러운 바람과 풍부한 일조량은 외로 마을이 지닌 천혜의 석류 생산적지이다. 방풍에 유리한 완만한 사면을 가진 바닷가 넓은 분지이며 토양도 배수가 잘되는 약산성의 유리한 조건이다. 과역면 노일리 외로 마을이 국내 석류 생산의 모범적 선도마을이 될 수 있는 이유이다.

---

16) 2019년 4월 22일 오후 3시 - 오후 5시까지 서○○ 씨의 귀농 교육장에서 면담을 진행하였다.

<사진 1, 2> 서○○ 씨의 농가 겸 귀농 교육장과 교육장 안내 푯말

"서○○' 씨에 의하면

"구약성서에도 나오는 석류의 역사는 인류의 역사와 함께했고 전 세계를 시장으로 할 수 있는 지구적 차원의 과실입니다. 우리나라는 늦게 눈뜬 셈이지요. 우리나라의 석류 생산 활성화는 이제부터 시작입니다. 우선 내수충족의 선결과제에 활성화의 가능성을 봅니다. 석류 과실의 인체에 좋은 여러 가지 성분은 상품 가치가 충분하기 때문에 국내 여성 수요자를 고려하면 최대 5만 톤 이상을 생산해야 합니다. 현재의 국내 생산량은 360여 톤에 불과하거든요."

기후여건이 맞는 과역면, 두원면을 중심으로 해서 재배지역의 확대 성패 여부는 기술투자와 유통시장에 대한 정확한 정보라고 힘주어 말하는 '서○○ 씨의 답변은 지극히 당연하다. 소비량의 대부분을 수입에 의존하는 내수문제의 해결은 급선무이다. 오랜 역사와 함께 익히 잘 알려진 석류의 생산은 품질관리와 함께 생산량의 증가를 꾀하는 것이 고흥 석류의 미래이며 희망이다.

<표 1> 우리나라 시, 도별 석류 생산량(2015~2017)

구분/연도	2015		2016		2017	
	생산액 (원)	생산량 (Kg)	생산액 (원)	생산량 (Kg)	생산액 (원)	생산량 (Kg)
대구광역시	30,000,000	5,000	111,217,000	1,700	6,425,000	440
광주광역시	3,920,000	560	1,709,940	280	1,199,990	100
울산광역시	8,111,940	1,121	0	0	3,080,000	539
강원도	900,000	120	0	0	0	0
충청남도	735,000	105	49,302	9	150,000	10
전라북도	12,250,000	850	847,800	150	505,000	65
전라남도	-	297,521	-	219,568	-	345,388
경상북도	8,820,000	1,215	34,745,876	6,217	23,308,000	1,858
경상남도	53,001,000	7,533	43,555,386	4,873	49,484,400	7,308
(합 계)	117,737,940	314,025	192,125,304	232,788	84,152,390	355,708

출처: 통계청

현재 국내 생산 360톤, 수입산 약 1만 톤으로 국내수요를 충당하고 있다. '서○○' 씨에 따르면,

"지금의 수요추세로 볼 때, 생산량과 가격의 합리화를 기한다면 국내수요를 최대 5만 톤까지 예측 가능하다고 봅니다. 워낙 고가의 석류 가공상품들도 1만 톤 이상을 수입해서 국내수요에 충당하는 현실이거든요."

현재 국내 생산이 360톤에 머무르는 현실은 희망 있는 미래를 예측할 만하다. 현재 국내의 석류 생산지 가운데 고흥군은 국내 시장의 64.7%를 장악한다. 그중에 과역면의 외로 마을은 고흥 전체 생산량의 70%를 차지한다. 외로 마을은 문자 그대로 석류 마을이다. 연중 충분한 일조량이 확보되고 특히 과피 착색기인 가을 햇살이 좋으며, 부드러운 구릉성 산지들이 산재하여 완만한 경사의 분지들로

이루어진 지형조건은 과역면 외로 마을을 국내 석류 생산의 메카로 만들어냈다. 물론 여기에는 전문영농인의 열정과 그들에 의한 기술 개발 및 자본투자, 그리고 끊임없는 신품종 연구에 몰두한 연구개발 영농의 결과이다. 또한 외로 마을의 농민들로 구성된 소수인력의 순발력 있는 작목반(3인-10인)을 구성하여 품종개량, 영농방법, 생산량 증대 등에 힘을 쏟아 경쟁력을 높이고 있다. 고흥군의 어느 마을보다 높은 고가의 품질 높은 석류 생산을 해내고 있다.[17]

<표 2> 석류의 과실특성 국내외 비교

품종명	무게(g)	횡경(mm)	당도(%)	산도(%)
이란산	307.3	82.6	19.0	0.10
중국산	171.1	79.5	15.6	4.68
야마모토	209.5	76.1	15.1	4.53
담양실생	248.0	89.5	13.4	3.25
고흥1호	318.4	86.8	17.1	4.24
고흥2호	303.0	86.0	16.7	4.60

(출처: 전남농업기술원 과수연구소, 필자 재구성)

이는 순발력을 더한 "규모의 경제"에서 승리이다. 이렇게 본다면 고흥의 석류 생산은 품질유지와 함께 생산량을 끊임없이 늘려야 하고 타 지역으로의 기술이전 및 정보제공의 '인큐베이터' 역할을 해내야 할 일이 국내 석류 시장을 살려내고 선도할 수 있는 과제이다. 국내뿐 아니라 아시아와 지구촌 시장에서도 석류는 황금어장에 비견될 인체에 유익한 너무나도 귀한 과실이요 상품이기 때문이다.

---

17) 서○○ 씨에 의하면 외로 마을의 석류는 품질을 상중하로 나누어 kg당 5,000, 7,000, 9,000원 표준 가격으로 소비자에게 공급된다. 반면 외로 마을 외의 고흥 여타 지역의 석류상품판매가는 3,000원 선을 유지하는 것이 현실이다. 이로 보면 외로 마을의 석류는 그 품질이나 생산, 판매, 보급에 있어서 고흥군의 선진 지역특산 마을이라 할 만하다.

<사진 3> 서○○ 씨의 석류농원

4. 사회과교육(지리교육)의 지역화 단원 적용

고흥의 석류 생산에 대해 현장에서의 적용은 초등학교와 중고등학교의 관련 단원에서 가능하다. 여기서는 비교적 상세화 적용이 가능한 고등학교 한국지리의 관련 단원에 초점을 맞추고 고흥군 과역면의 석류 생산과 시장화 전략을 사례내용으로 가상의 1차시 학습지도안을 구안해 보았다. 관련 단원은 고등학교 한국지리 3단원 2절과 5단원 2절이다.[18]

---

18) 한국지리 3단원 2절. 기후와 주민 생활, 5단원 2절은 농업과 농촌

<표 3> 학습지도안 예시

수업 제목	고흥 석류 생산과 시장화	
수업 목표	자연과 주민 생활은 밀접한 관련성을 지닌다.	
	교사 활동	학생 활동
도입(5분)	특산 과일은 무엇인가? (특산 과일로 성공하는 조건을 자연 조건, 인문 활동으로 구별해 설명할 수 있다.)	교사의 질문에 답한다.
본시학습	① 외로 마을에서 석류가 지역 특산으로 자리 잡을 수 있는 중요한 이유. ② 10년이 경과하면서 외로 마을의 지역 특산으로 석류 생산이 성공한 이유. ③ 과학적 시장조사 ④ 석류농장을 체험학습의 장으로 활용	자연환경과 인문 활동을 구분하여 생각해 보기.
정리(5분)	본시 학습의 내용을 정리, 요약한다.	교사의 정리내용을 이해하고 숙지한다.
준비물	석류 과수원의 사진 또는 동영상 화면, 고흥석류친환경영농조합 법인 건물과 간판 사진 또는 법인의 가공공장과 일하는 사람들의 동영상 화면.	

도입(5분): 과일 생산, 특히 아열대 과일 생산에 절대적 영향을 미치는 자연조건은 무엇일까요. 생산된 우수한 과일들을 효과적으로 시장에 내다 팔아 수익을 올리기 위해서는 어떤 점들을 고려해야 할까요. 이 시간에는 고흥의 석류 생산을 사례로 해서 이상의 질문을 놓고 생각할 점들을 토의해 보기로 합니다.

본시 학습(40분): 생각해 보기 – ① 고흥군 과역면 노일리 외로 마을에서 석류가 지역 특산으로 자리 잡을 수 있는 중요한 이유. ② 10년이 경과하면서 외로 마을의 지역 특산으로 석류 생산이 성공한 이유(서○○ 씨의 10여 년 전에 마을로 들어와 마을 어른 중 석류 생산에 고심하던 한 분을 멘토로 고심 끝에 성공한 내용을 토의내용 가운데 제시). 25가지나 되는 품종들을 개량하고 선별해 3종으로 통합하여 품질향상을 기함. 친환경 영농법인에 가입하고 다수의 마을 주민들을 회원으로 참여시켜 주인의식을 갖게 하며 순발력 있는 작목반을 운영함. 각종 상품을 개발해 저장성을 높이고 제품의 다양성을 기함. 예를 들어 석류꽃향(즙과 과채 음료), 퀸석류플러스(과채 음료), 여자의 과일(과채 쥬스), 고흥석류진액골드(앰플), 크리스피롤(과자) 등을 만들어 상품으로 전국에 판로개척. ③ 컴퓨터를 활용한 시장조사와 판로망 구축 및 출하 시기, 상품 공급 시기 등을 조절해 과일 생산량과 상품량을 판로망에 균형을 맞춤. ④ 석류농장을 체험학습의 장으로 개방하여 홍보를 병행. (학생들로부터 나오는 여러 가지 대안과 답변을 경청하며 이상의 네 가지 요인을 천천히 설명하여 성공 요인으로 제시함.)

<사진 4> 친환경석류영농법인 전경[19](전남 고흥군 두원면 중대길 21-15)

정리(5분): 과일 생산에는 자연조건(기후 등)이 매우 중요하다. 생산 과일의 품질향상을 위해 끊임없는 품종개량과 정비, 노력을 기울여야 한다. 정확한 판로망의 시장조사를 통해 그에 맞는 출하 시기, 상품개발과 공급, 홍보 전략이 필요하다.

연구 결과를 50분 간의 지역화 수업을 통해 석류라고 하는 지역특산은 어떻게 성공할 수 있는가를 보여줄 수 있다.

이상과 같이 부드러운 해풍과 따뜻한 햇볕 속에서 자란 고흥석류는 식물성 에스트로겐과 타닌, 펙틴질 등 약리 성분이 뛰어나며 새콤달콤한 맛이 풍부한 웰빙 과일이다. 갱년기 증상, 혈액순환 장애, 빠른 노화 방지, 피부미용에 좋기 때문에 국내 수요가 폭발적으로 늘고 있는 과일이다. 특히 여성 수요자들에게 커다란 관심을 끌고 있음을 적절한 부연 설명을 통해 이해시킬 수 있다.

다음의 내용은 본 연구 결과를 바탕으로 사회과교육의 지역화 학습 후 기타 정리용으로 학생들에게 제시할 수 있다.

정리 1) 다음은 국내 시, 도별 석류 생산의 비교표입니다. 이 표에서 생산량이 가장 높은 지역은 어느 지역인가요? 그 지역은 외로 마을과 관계가 있나요?

---

19) 법인의 규모는 대표 1, 감사 2, 이사 5명이고 사무직 3, 가공직 3(상용근로자 총 6명), 270여 회원 농가 출자로 만들어진 법인이다. 회원당 500만 원의 회원가입비 겸 출자액을 내도록 하고 있다.

구분\연도	2015		2016		2017	
	생산액 (원)	생산량 (Kg)	생산액 (원)	생산량 (Kg)	생산액 (원)	생산량 (Kg)
대구광역시	30,000,000	5,000	111,217,000	1,700	6,425,000	440
광주광역시	3,920,000	560	1,709,940	280	1,199,990	100
울산광역시	8,111,940	1,121	0	0	3,080,000	539
강원도	900,000	120	0	0	0	0
충청남도	735,000	105	49,302	9	150,000	10
전라북도	12,250,000	850	847,800	150	505,000	65
전라남도	-	297,521	-	219,568	-	345,388
경상북도	8,820,000	1,215	34,745,876	6,217	23,308,000	1,858
경상남도	53,001,000	7,533	43,555,386	4,873	49,484,400	7,308
(합 계)	117,737,940	314,025	192,125,304	232,788	84,152,390	355,708

정리 2) 다음 내용은 외로 마을의 석류농장 전문영농인의 대답 내용입니다. 이 내용을 통해 국내 석류 생산이 미래의 블루오션 자원이 될 가능성을 이야기해보세요.

"구약성서에도 나오는 석류의 역사는 인류의 역사와 함께했고 전 세계를 시장으로 할 수 있는 지구적 차원의 과실입니다. 우리나라는 늦게 눈뜬 셈이지요. 우리나라의 석류 생산 활성화는 이제부터 시작입니다. 우선 내수충족의 선결과제에 활성화의 가능성을 봅니다. 석류 과실의 인체에 좋은 여러 가지 성분은 상품 가치가 충분하기 때문에 국내 여성 수요자를 고려하면 최대 5만 톤 이상을 생산해야 합니다. 현재의 국내 생산량은 360여 톤에 불과하거든요."

정리 3) 다음 기준표에서 국내외 석류의 품질을 비교 설명해 보세요.

품종명	무게(g)	횡경(mm)	당도(%)	산도(%)
이란산	307.3	82.6	19.0	0.10
중국산	171.1	79.5	15.6	4.68
야마모토	209.5	76.1	15.1	4.53
담양실생	248.0	89.5	13.4	3.25
고흥1호	318.4	86.8	17.1	4.24
고흥2호	303.0	86.0	16.7	4.60

정리 4) 다음 내용은 외로 마을 석류농장의 전문영농인의 대답 내용입니다. 이 내용을 통해 국내 석류 생산과 시장전략의 미래를 설명해 보세요.

> "지금의 수요추세로 볼 때, 생산량과 가격의 합리화를 기한다면 국내 수요를 최대 5만 톤까지 예측 가능하다고 봅니다. 워낙 고가의 석류 가공상품들 1만 톤 이상을 수입해서 국내수요에 충당하는 현실이거든요."

5. 결론

전라남도 남쪽 여수반도와 마주 보는 고흥반도는 오랜 동안 간척사업을 통해 면적이 넓어졌다. 남쪽 바다로 쑥 빠져 넓어진 호리병 모양의 유서 깊고 많은 지리적 변화를 겪은 고장이다. 오늘날 외나로도의 우주발사기지가 만들어지면서 우주랜드로 지역 이미지를 쇄신하고 있다.

아열대성 과실인 석류는 반도의 목이 잘록한 곳, 즉 양쪽에 바다를 가까이 한 지협의 과역면과 두원면에서 그 생산이 성하다. 또한 석류는 생산분포 면에서 비교적 너른 범위에 걸치는 아열대 과일이다. 십 수년간 고흥의 과역면과 두원면, 특히 과역면 노일리 외로마을은 지역 특산물 생산에 기술과 요령을 축적하여 이곳의 고흥석류는 최상의 품질을 만들어내는 데 성공하였다. 그러나 현 석류상품의 인기에 비해 국내 생산은 턱없이 부족하고 외국으로부터의 수입에 의존하는 것이 대세이다. 거꾸로 이는 미래의 국내 석류 생산과 시장의 확대 분야는 무궁무진한 가능성의 개척 분야임을 시사해 준다. 현장조사와 면담 및 현장에서의 매뉴얼 등을 분석하고 정리하여 석류 생산의 영농주체인 우리 전문 농업인들이 유념해야 할 내용, 즉 미래의 과제를 정리하면 이러하다.

첫째, 석류의 성공적인 생산과 그 확대이다. 이를 위해 품종개량과 질 좋은 석류 생산을 위해 기후 조사와 조건분석, 토질, 재배방법 등을 지속적으로 개발해야 한다.

둘째, 합리적이고 과학적인 시스템에 기초한 시장화 전략을 수립하고 성취하도록 해야 한다. 우선 국내수요를 충족시키고 나아가 해외시장으로의 수출상품으로 키워나가기 위한 유통전략을 면밀하고 체계적으로 수립, 추진해야 한다. 상품생산에 못지않게 마케팅, 홍보, 유통 전략의 수립과 지속적인 추진 없이는 수지를 맞추기 어렵다.

셋째, 생산량 확대와 홍보 전략 양자를 성공적으로 끌어내기 위해서는 기술과 자본투자를 바탕으로 한 연구개발에 지속적인 박차를 가하는 일이다. 석류 생산을 농생명 과학적 연구개발 주력상품으로 힘을 모아 추진할 때 성공을 기약할 수 있다.

넷째, 지역 내에서는 젊은 농업전문인 양성과 이들의 과학적 생산시스템의 기술 습득을 추구해야 한다.

다섯째, 다양한 가공상품 생산 및 이에 대한 홍보를 통해 지속적 수요창출을 도모해야 한다.

오늘날 고흥 두원면에 소재한 친환경고흥석류영농법인에서 추진하는 일련의 운영시스템은 미래의 성공을 위한 기초이다. 이러한 시스템의 지역확산은 절대적으로 필요하다.

한편, 고흥의 지역 특산물인 석류 생산과 시장화 연구는 사회과교육, 특히 지리교육과 관련해 지역화 단원에서 가르칠 수 있는 사례이다. 특히 고흥군 과역면 노일리 외로 마을의 석류 생산은 지역특산 단지화의 성공 케이스로 그 연구 결과를 소개할 수 있다.

예컨대, 고흥석류의 뛰어난 약리 성분과 새콤달콤한 맛의 웰빙 과일로서 갱년기 증상, 혈액순환 장애, 빠른 노화 방지, 피부미용에 좋은 효능을 보여 국내수요가 폭발적으로 늘어나는 등의 사례들을 통하여 경제적으로 성공한 특산 과일의 사례를 설명할 수 있으며 특히 여성 수요자들에게 커다란 관심을 끌고 있음을 적절한 설명을 통해 이해시킬 수 있다. 또한 지역화 단원의 체험학습의 장으로 특산 과일에 적합한 기후환경과 지역성을 이해하고 나아가 과학적 시장조사를 통한 시장흐름을 지역화 단원에서 가르칠 수 있다. 그리고 경관작물로서의 문화 관광적 가치를 높이고, 지자체의 후원을 유도하며 체험학습 농장운영시스템을 운영하여 학생을 동반한 가족 수요층을 꾸준히 창출할 수 있다.

제 2 장

농촌의 변화

경기도 농업구조의 변화(1970~1980)

1. 서론

1) 이론적 배경과 연구목적

지표 공간에 전개된 복잡한 농업사상(農業事象)에 대하여 지역 질서를 발견하려는 연구는 1925년 이래 미국을 중심으로 농업지역 구분이라는 수단을 통하여 활발히 전개되어 왔다.[1] 이때부터 지역 구분은 농업지리 분야에 중심과제가 되었으며 우리나라에 있어서도 몇 편의 연구가 발표된 바 있다.[2] 그러나 이들 연구의 대부분이 균등지역(Uniform Region)에 입각한 농업지역 연구이며, 이에 관하여는 많은 비판과 반성이 따르고 있다. 특히 지표설정의 혼란을 피할 수

---

1) James, P. E. and Jone, C. F. 1954, *American Geography: Inventory and Prospect*, Syracuse University Press, Chapter 10.

2) 다음의 연구들이 있다.
   서찬기, 1962, "경영 면에서 본 남한의 농업지역 구분," 경북대학교 논문집, 제6권, 327~381.
   길용현, 1966, "한국 작물결합지역의 연구," 지리학총, 제1호, 경희대학교 문리과대학 지리학과, 5~18.
   이정면, 1966, 한국 농업지역 설정에 관한 연구(상), 지리학, 제2권, 대한지리학회, 1~13.
   이상석, 1985, 농작물의 지역적 특화에 관한 판별분석, 전남대학교 석사학위 논문, 72.
   최창조, 1974, 한국 농업의 작물특화지역 분류에 관한 방법론적 고찰, 서울대학교 석사학위 논문, 26.
   Dege, E. 1975, "지역계획을 위한 수단으로서의 사회경제적 연구-한국의 농업지역을 예로 하여 -," 지역개발논문집, 6집, 경희대학교, 53~69.

없는 균등지역의 설정에 대한 대안으로서 제기된 것이 농업사상의 공간 질서(Spatial Order)를 이해할 수 있는 기능지역(Functional Region) 또는 결절지역(Nodal Region)의 개념인데, 이것이 곧 "농업지역의 권구조(圈構造)"이다.

농업생산의 권구조에 관해서는 과거 Von Thunen에 의해 모델이 정립된 이래로 여러 학자에 의해 실증연구가 행하여졌고 2차 대전 이후 산업화와 도시화의 추세 속에 이 방면의 연구는 더욱 활발해지고 있다.

농업지역 연구에 있어서 권구조에 입각한 접근은 등질 지역의 입장에서 접근한 연구에 흔히 나타나는 나열적 지역 구분이 아니라, 개개의 농업지역이 전체와 부분과의 관련하에서 조직화하고 체계화될 수 있기 때문에 공간 질서를 발견하는 데 매우 효과적인 접근방법이 되고 있다.[3] 또 이것은 지역연구에 있어서 반드시 고려되어야 할 지역 본연의 성질 즉 핵심부(Core)와 주변부(Periphery) 및 그 중간의 점이부(Transitional Zone)를 이해하는 데 결정적인 도움이 된다. D. Whittlsey가 말한 것처럼[4] 전형적인 지역적 특색이 나타나는 장소로서의 지역의 핵심을 부각하여 고려 대상으로 삼는 것은 지역 특색을 파악하는 데 유효한 방법이다. 이러한 점에서 土井喜久一(이하 Doi)는 농업연구에 있어서 권구조의 의의는 크다고 하였다.[5] 더구나 작물의 복합관계가 매우 복잡하여 신대륙의 상업적 단일경작지역에서와 같이 선(線)에 의해서 간단하게 농업지역을 구분할 수 없는 한

3) 서찬기, 1971, "한국 농업의 지역 구조에 관한 연구-입지분석을 중심으로-", 학술연구보고, 3권, 문교부, 3~5.

4) Whittlesey, D. 1954, The Regional Concept and The Regional Method, *Amer. Geogra.; Inventory and Prospect*, 19~70.

5) 土井喜久一, 1963, "大都市周邊의 地域構造", 人文地理, 人文地理學會, 15(6), 622.

국의 수도권에 있어서는 이러한 지역의 본질에 입각한 접근방법이 농업지역의 성격을 파악하는 데 있어서 적절한 접근방법으로 생각된다.

그런데 선진국의 농업지역 권구조에 관한 연구는 위에서 언급한 바처럼 당연히 기능 지역을 바탕으로 하고 대도시 또는 대도시지역 중심의 연구가 가능하겠지만 우리나라처럼 미맥(米麥) 위주의 주곡 농업체계에서는 권구조의 실증이 그렇게 쉽지는 않다. 그래서 타 지역보다 도시화가 왕성한 수도권의 경기도 지역을 본 연구의 대상 지역으로 삼았다.

본 연구는 작물결합에 의한 농업의 유형이 과연 어떻게 나타나고 있으며, 거리에 따른 대도시(서울) 중심의 집약도는 어떠한지를 알아보고 최종적으로 토지이용의 현황을 살펴 수도권 농업지역의 전체적, 종합적 구조를 첫째, 균등지역의 차원(결합지역), 둘째, 결절지역의 차원(집약도 분석), 셋째, 경관론의 차원에서 파악하려는 것이 목적이다. 여기서 "~구조(構造)"라는 것은 여러 부분을 상호 연결하는 관계의 집합이라 정의할 수 있고, 최근에 와서 많이 쓰이는 시스템과 같은 것을 의미한다. 이러한 연구는 수도권의 과밀화 현상을 해결하고 바람직한 방향의 개발정비를 위해서 매우 유용한 작업이라 생각된다.

2) 지역 범위와 방법

농업지역 구조에 관한 연구대상의 지역을 남한 전체로 하였거나, 도 단위 지역을 연구한 사례가 여러 편이 있었고, 수도권을 중심으로 한 낙농업, 원예농업 등의 근교농업에 대한 연구논문도 1960년대와

1970년대를 통해 여러 편 발표된 바 있다.[6] 이러한 연구의 맥락을 이어 순수 농업지역 구조의 성격을 작물결합과 집약도 및 경관론적 입장에서 밝히고자 하였다. 본 연구에서는 연구의 성격상 수도권 지역의 서울특별시, 인천광역시 및 시급 이상의 도시지역은 분석의 대상에서 제외하였고, 수도권 정의상 범주에 들어가는 강원도 철원군도 여기에서 제외했으며, 분석의 단위 지역은 읍, 면으로 정하였다. 그것은 이에 합당한 통계자료의 구득과 처리가 가능하기 때문이다.

수도권을 대상으로 삼은 이유는 이곳이 우리나라에서 도시화가 가장 활발하고 지난 10여 년(1970~1980) 간에 농업구조에 있어서도 뚜렷이 변했으리라 예상되기 때문이며, 집약도 구조와 상업화 수준 및 경관구조에 있어서 타 지역보다 뚜렷한 성격을 나타낼 것이기 때문이다.

연구방법으로는 첫째, 미맥(米麥) 단작의 영농 형태인지 다각 경영 형태인지를 알기 위해 작물결합을 조사하였고, 둘째로 집약도 분석을 위해 노동, 자본과 기술의 투입, 토지이용의 상태를 조사하여 거리에 따른 집약도의 배열상태를 살펴보았으며, 셋째로 상업화 수준을 알기 위해 농산물 판매액을 기초로 상업적 토지생산성과 상업적 농가율을 조사하고 겸업화 구조를 살폈고, 마지막 단계로 토지이용 상황을 알기 위해 지목별 토지이용, 경작지의 규모를 조사하였다. 각각의 내용 분석에 있어 1970년~1980년 간의 변화를 비교하였는

---

6) 다음의 논문들이 있다.
   김건석, 1977, "경기도 지역 원예농업의 특성과 구조분석", 지리학총, 제3호, 경희대학교, 1~15.
   박복선, 1971, "서울 근교의 낙농 지역에 관한 연구", 지리학총, 제2호, 경희대학교, 61~74.
   이학원, 1974, "서울을 중심으로 한 낙농 입지에 관한 연구", 지리학, 제10호, 대한지리학회, 61~81.
   전성대, 1968, "도시농업에 대한 지리학적 연구: 도시권을 중심으로", 지리학, 제3호, 대한지리학회, 19~29.

데 여기에 동원된 자료는 농수산부 발행의 농업센서스 보고서이다.

여기에서 농작물결합지역의 추출(抽出)은 Weaver의 방식을 기초로 하여 이를 수정 보완한 Doi의 방법을 원용하였다.

2. 작물결합지역구조

1) J. C. Weaver의 방법과 그 수정

농업 활동의 공간 분포는 모든 지리학적 탐구의 출발점으로서 여러 가지 규모에 따라서 상이하고 다양하게 표현되는 농업 유형을 인식하는 것이 중요하다. 농업 유형의 표현은 분류 및 선택기준과 밀접한 관계가 있으므로 어떠한 분류기준을 사용하는가와 어느 정도의 규모를 대상으로 하느냐에 따라 영향력을 달리한다.

농업경영에 있어서 결합 관계의 중요성에 대해서는 일찍이 Aereboe[7] Brinkmann에 의해서 강조된 바 있으며 특히 작물의 다각화 경향이 뚜렷한 우리나라에 있어서는 작물결합 관계의 연구가 농업 공간의 성격 파악을 위한 불가결의 과제로 다루어지고 있다.[8] 작물의 결합 관계, 토지이용 등을 객관적으로 이해하는 데 편리한 결합분석법(Combination Analysis Method)이 1954년에 Weaver[9]에 의해 창안된 이래 다수의 지리학자들에 의하여 이 방법이 세계 각지의 연구에 적용된 바 있고, 우리나라에도 일찍이 도입된 바 있다.[10] 그러나

---

7) Aereboe, P. F. 1932, Kleine Landwirtschaftliche Betriebalehre, Berlin. (永又繁雄 譯, 農業經營學, 地球出版社, 東京, 1953).

8) 서찬기, 1971, 앞의 책, 37.

9) Weaver, J. C. 1954, "Crop-Combinations in the Middle West", *Geographical Review*, Vol. 44, 175~200.

Weaver의 결합분석방법에서 몇 가지 결함이 발견되어 이 방법은 J. T. Coppock,[11] D, Thomas,[12] Rafiulla,[13] 幸田淸喜久一[14] 등에 의해서 수정되었는데 Doi(土井)는 비교적 간편하고 수학적 근거가 있는 방법으로 J.C. Weaver의 방법을 수정하였다.[15] 서찬기는 그의 학술연구보고에서[16] Doi의 방법과 Weaver의 방법을 비교하여 우리나라의 Crop-Combination 공간변화를 살피고 있는데, Weaver의 방법은 결합작물 수가 지나치게 복잡한 데 비하여 Doi의 방법은 동일자료를 이용하되, 훨씬 간편하고 특성 있게 작물결합형이 나타남을 지적하고 있다. 따라서 Weaver의 방식은 미국의 중서부 지방처럼 작물결합이 단순한 지역에서는 효과적이겠지만 우리나라의 경우는 Doi(土井)의 방법을 적용해 보는 것이 복잡 다양한 작물결합을 단순화시켜 일목요연하게 특성을 살필 수 있는 합당한 방법임을 기술하고 있다.

2) 1970년과 1980년의 작물결합

(1) 1970년의 사례

1970년의 작물결합을 알아보기 위해 '70년도 농업센서스[17]로부

---

10) 서찬기, 1958, 경상북도 농업지역 연구, 경북대학교 대학원, 대구.

11) Coppock, J. T. 1964, "Crop, Livestock, and Enterprise in England and Wales", *Economic Geography*, Vol. 40, 65~81.

12) Thomas, D. 1963, Agriculture in wales during the Napoleonic Wars, University of Wales Press, Cardiff.

13) Rafiulla, S.M. 1965, A new approach to Functional Classification of Towns, The Geographer, Aligar Muslim University, Geographical Society, India, 40~53.

14) 幸田淸喜久一, 1966, "日本工業分化의 地域的 類型", 東京敎育大學 硏究報告X, 17~65.

15) 土井喜久一, 1970, "Weaver 組合의 分析法 再檢討와 修正", 人文地理, 22(5/6), 502~585.

16) 서찬기, 1971, 앞의 책, 37~39.

터 미곡(米穀), 맥류(麥類), 잡곡(雜穀), 두류(豆類), 서류(薯類)의 수확 면적을 취했고, 시설 작물은 재배 면적자료[18]를 뽑았다. 단, 여기서 각 작물을 일일이 열거할 경우 종류가 너무 복잡 다양하므로 크게 여섯 계열로 나누어 미곡류에 논벼와 밭벼를, 맥류에 보리와 쌀보리 및 밀과 호밀을, 잡곡류에는 조와 옥수수 및 기타 잡곡을, 두류에는 콩과 팥 그리고 땅콩 및 기타 두류를, 서류에는 감자와 고구마를, 시설 작물에는 토마토와 오이 그리고 참외 및 수박과 상추, 고추, 쑥갓, 꽃, 기타 원예, 양송이 등을 포함시켜 모든 작물을 6 계열 속에 망라하였다. 이렇게 하여 이들 6 계열의 작물 수확 면적 총합이 총 수확 면적의 약 100%에 접근하므로 절차상 무리가 없다고 본다. J.C. Weaver의 방법은 이론적 작부율과 실제적(=實地的) 작부율의 편차를 제곱하여 결합작물의 수로 나누어주는 이른바 표준편차와 유사한 산출 방식이 적용되고 있음을 특징으로 한다. 그런데 이 방법에서 문제 되는 것은 작물결합의 수가 많을수록 대표적 결합 유형으로 낙착되기 쉬운 결점이 있다. <표 4>는 양주군 장흥면의 산출 실례인데 J.C. Weaver의 방법에 따를 때는 R(벼), B(맥류), S(두류), P(서류), G(잡곡류), V(시설 작물류)의 6종 결합으로 나타난다. 이러한 결점을 보완한 것이 Doi의 방법으로 그는 산출 과정에서 결합작물의 가짓수로 나누어 주는 과정을 제거하였다. 따라서 Doi의 산출에 따르면 이곳은 벼(R) 단작으로 나타나는데, 큰 차이가 아닐 수 없다. 이러한 방법으로 경기도 지역 읍, 면별 193개 단위 지역의 대표 작물군을 조사하여 살폈다.

---

17) 1970년 농업센서스 보고서, 농림부.

18) 시설 면적과 재배 면적의 두 가지 자료 중 재배 면적을 취했음.

<표 4> 경기도 양주군 장흥면의 작물결합 산출표

	R	R	B	R	B	S	R	B	S	P	R	B	S	P	G	R	B	S	P	G	V
A	71.0	71.0	12.3	71.0	12.3	7.2	71.0	12.3	7.2	6.9	71.0	12.3	7.2	6.9	2.4	71.0	12.3	7.2	6.9	2.4	0.2
B	100	50	50	33.3	33.3	33.3	25	25	25	25	20	20	20	20	20	16.7	16.7	16.7	16.7	16.7	16.7
C	841	441	1421.3	1421.3	441	681.2	2116	161.3	316.8	327.6	2601	59.3	163.8	171.6	309.8	2948.5	19.4	90.3	96.0	204.5	272.3
D	841	1862.3		2543.5			2921.7				3305.5					3630.9					
D/n	841	931.1		847.8			730.4				661.1					**605.2					

주: A=실지 작부율, B=이론적 작부율, C=/A-B/제곱, D=C의 합, n=작물군의 수, R(미곡류), B(맥류), S (두류), P(서류), G(잡곡류), V(시설 작물류), *841 = Doi 방법에 따른 최소치, **605.2 = Weaver 방법 결과의 최소치.

1970년의 Doi에 의한 작물결합 변량분석 결과는 도서지방인 옹진군을 제외하면 미곡(R)과 맥류(B), 두류(S) 등의 세 작물군이 R, RB, RBS의 결합 상태로 주종을 이루고 있으며 미곡(R)만으로 이루어진 R(벼) 우세지역에 시흥, 고양, 이천, 김포, 강화 등지로 나타나고 있는 바, 전통적인 경기미의 주산지가 이에 일치한다. 이밖에 파주와 안성, 용인 및 양주 일대에서도 상당수의 단위 지역이 미곡류 (R) 단작 지역으로 나타나고 있다. 전국적으로 생산되는 두류(S)는 미곡류(R), 맥류(B)와 결합하여 여러 단위 지역에서 대표 작물군으로 나타나고 있는데, 이는 경기도 지역뿐 아니라 전국적인 추세로 살필 수 있다. 위에서 언급한 미곡류(R) 우세지역을 제외하면 여타의 지역에서 대표 작물군으로 RBS 또는 RSB의 지역이 많이 나타난다. 단지 평택과 화성 같은 저평한 답작 지역에는 비교적 두류(S)의 결합도가 약한 것으로 나타난다. 한 가지 특이한 결과적 사실로서 지적할 수 있는 것은 Doi(土井)의 방법에 의한 작물결합에 있어서 5개 작물군이나 6개 작물군 같은 가지 수가 많은 작물결합지역은 전혀 나타나지 않고 있으며, 옹진을 제외한 포천의 청산면, 창수면과 가평의 북면 등 3개 단위 지역에서만 4개 작물군의 결합이 나타날 뿐이고 여주 북내면, 화성 태안면의 두 지역이 5개 작물군 결합지역이며 여

타의 모든 지역은 결합계열 가지 수가 3개 작물군 이하라는 사실이
다(그림 5).

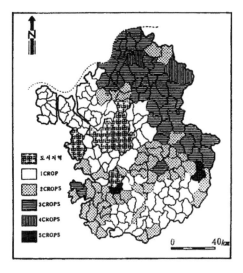

<그림 5> 1970년 작물결합지역(Doi 방법)

(2) 1980년의 사례

1980년도의 작물결합을 알아보기 위해 1970년도와 마찬가지로
1980년 농업조사보고서[19]로부터 일반 작물은 수확 면적을, 수확 면
적이 따로 등재되어 있지 않은 시설 작물은 재배 면적을 각각 자료
로 뽑아 실제 작부율을 조사하였다.

1980년 작물결합에서 Doi의 방법에 따른 결과는 도서지방인 옹
진을 제외한 여타 지역에 압도적인 미곡 우세를 보인다(그림 6).

---

19) 1980년 농업조사, 농수산부.

벼농사는 어느 지역에 있어서나 비교 우위성을 지니고 있을 뿐만 아니라 국민의 주식원이자 농가 소득의 주종을 이루는 것이기 때문에 서울의 대소비시장에 판매한다는 요인으로 거리에 따른 지역 차에 따라 더 생산되거나 덜 생산될 수 없는 것이기 때문이고,[20] 10년 전에 비해서 각 농가의 벼농사에 대한 비교 우위성이 높아졌기 때문에 이러한 경향으로 나타난 것 같다. 이밖에 주목할 만한 사실은 1970년도 당시에는 미곡류 다음으로 주곡 작물의 위치를 지켜오던 맥류가 10년이 지나는 동안 상대적 비율의 현격한 저하로 대표 작물군에서 자취를 감추었다.

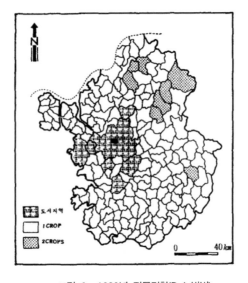

<그림 6> 1980년 작물결합(Doi 방법)

10년이 지나는 동안 맥류의 작부 면적 점유율이 현저히 감소한다

20) 허신행, 1984, 지역농업과 복합영농, 한국농촌경제연구원, 133~138.

는 것은 소득의 향상으로 보리가 열등재로 전락함에 따라 수익성이 상대적으로 떨어져 나타나는 현상으로 여겨진다. 그리고 1970년도에 RBS나 RS 지역에서와 같이 다수의 두류(S) 작물결합지역이 1980년에 이르러 도서 지역을 제외하면 수도권 북동부 지역의 8개 지역으로 축소하고 있는데, 이는 전국에 걸쳐 논두렁이나 밭에서 간작, 혼작, 윤작의 형태로 재배되는 부작물(副作物)로서 어느 일정 지역에 특화시키는 것이 현실적으로 어려운 과제이며 토지이용 면에서도 경합 작물이 많이 등장했을 뿐 아니라 수익성 면에서 뒤떨어지며 재배에 있어서도 많은 노동력을 필요로 하기 때문에 점차 식부면적이 감소하는 추세로 볼 수 있다.[21]

3) 10년 간(1970~1980)의 작물결합지역 변화

1970년도의 미곡류 우세지역이 90개 단위 지역에서 10년이 경과하는 동안 두 배나 되는 180개 단위 지역으로 증가하였는데, 이는 각종 농작물 중에서도 주곡 작물인 동시에 투자 수익이 큰 미곡류에 대한 강한 집착과 비교 우위성으로 작부 면적비의 확대 결과를 가져온 것으로 볼 수 있다. 2개 작물군 결합지역의 수에 있어서는 RB 결합지역이 1970년의 26개 지역에서 1980년에는 옹진의 송림면, 백령면의 2개 지역으로 줄어들었다. RBS (또는 RSB) 결합지역도 1970년의 47개 지역(부천의 덕적면만 BRP)에서 1980년의 1개 지역(옹진 영흥면)으로 줄어들었다. 도서 지역을 제외한다면 RB 및 RBS(또는 RSB) 결합지역은 전무해진 것으로 1970년의 차위 주곡 작물 자리를 점했

---

21) 허신행, 1984, 앞의 책, 52~58.

던 맥류가 점차 사라져 버렸음을 시사해 준다. RS 결합지역은 1970
년의 28개 지역에서 1980년의 10개 지역으로 줄어들었고 분포 특징
에 있어서 1970년에는 수도권의 동남 방향이 우세했는데 1980년에
는 이 같은 특색이 사라지고 수도권 동북쪽으로 약간 전개될 뿐이다
(그림 7). 이는 경기도의 서남쪽 해안에 면한 주변 지역들의 수리 간
척사업 완비와 이에 따른 남동 지역으로의 미곡류 우세 확장으로 경
쟁에서 밀려난 결과이며 따라서 동북 방향의 가평과 포천의 잡곡 세
력 잔존 지역에 일부 나타나는 것으로 여겨진다. Doi의 방법에 따른
결과에서 특기할 만한 사실은 4개 작물군 이상의 다수 작물군 결합
지역이 매우 적다는 점인데 1970년과 1980년이 같은 경향이며 6개
작물군 결합지역은 전혀 나타나지 않는 것도 공통점이다. 1980년의
결과를 보면 옹진의 대청면이 BRSP 결합을 나타내며, 덕적면이
RSBPG 결합을 보일 뿐인데 도서 지역을 제외한다면 4개 작물군 이
상의 결합지역이 전무하다.

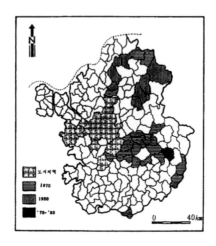

<그림 7> RS 결합지역의 변화(Doi 방법)

Doi의 방법에 따른 결과를 요약해 보면, 미곡류 우세지역이 10년의 세월이 흐르는 동안 뚜렷한 작부 면적 비율의 증가세를 보이고 두류가 결합한 RS 결합지역은 완만한 속도이긴 하지면 계속 감소하고 있으며 동남에서 동북쪽으로 전개 방향이 변하고 있고 이러한 경향은 앞으로도 당분간 계속되리라 여겨진다.

3. 집약도(集約度) 분석 및 상업화(商業化) 구조

1) Thünen 권(圈) 검증사례

(1) 외국의 연구사례

Von Thünen의 이론은 근본적으로 집약도 배열에 관한 이론이고 도시를 중심으로 성립하는 지대(地代)와 집약도(集約度)와의 관계를 모형화한 것이다. 이와 같은 튀넨의 지리적 세계상이 발표된 이래 많은 학자들이 동심권의 세계상을 현실에서 찾으려고 노력하였다. 튀넨 권에 대한 현실 연구는 규모 면에서 다양하다고 볼 수 있는데, 작게는 농장이나 촌락에서 찾을 수 있고, 크게는 도시나 국가, 대륙적 규모의 차원에서도 확인이 가능하다. Chisholm은[22] 농가와 농장을 중심으로 해서 거리에 따른 권(圈)구조 성립을 논하였고, Th. E. Engelbrecht[23]는 1883년에 북미의 농업 지대에서 이를 검증한 바 있다. 대체로 농민의 소유지가 분산적이거나 경영 규모가 클수록 농

---

22) Chisholm, M. 1967, Rural Settlement and Land Use, Hutchinson, 47~48.

23) Engelbrecht, Th. H. 1883, Der Standort Landwirtschaftweige in Nortamerika, Landwirtschaftliche Jahrbücher, Berlin, 459~509.

가와 경지 사이의 평균 거리는 멀어지지만 일상 농업에 근대적 교통 수단이 동원되지 않는 한 인간의 육체적 역량에는 한계가 있기 때문에 평균 거리는 어느 나라이건 거의 비슷하다.

Finland의 경우 거주지로부터 농장까지의 평균 거리는 대략 1.0~1.1km인 것으로 알려져 있고,[24] 네덜란드의 Utrecht 지방이 0.8km, Nort-Brabant 지방이 1.4km로서 평균 거리는 1.1km인 것으로 알려져 있다.[25] Buck는 중국의 토지이용에 대한 대규모 조사를 통해 거의 1,700여 농장을 사례로 농가와 농장 사이의 평균 거리를 조사한 바 0.6km로 나타남을 밝히고 있다.[26] 독일의 W. Müller-Wille은 촌락으로부터 경작지까지 퇴비를 운반하는 데 소요되는 등시간대를 지도로 표시하고 1시간 대에 이르면 퇴비의 투입량이 급격히 감소하는 것을 확인하였다.[27] 거리가 증가함에 따라 집약도가 낮아지는 것은 조생산(粗生産)과 순생산(純生産)의 체감으로도 나타난다. 핀란드의 농가를 사례로 한 A. Wuala, T.J. Virri, S. Suomela의 각각의 연구 결과는 농가로부터 거리가 멀어짐에 따라 조생산이나 순생산이 점차 체감하는데 조생산보다는 순생산이 거리 체감률이 크다는 것, 거리가 먼 곳에 있는 경작지일수록 그 생산성이 토양의 비옥도와 직접 관련되며, 가까운 곳에 있는 경작지일수록 비옥도 이외의 다른 요인과 관계된다는 것을 알게 되었다.[28] 거리에의 대응은 두 가지

---

24) International Journal of Agrarian Affairs, 1952, The consolidation of farms in six countries of Western Europe, 18.

25) Hofstee, E.W. 1957, maps 10 and 11 in his book, *Rural Life and Rural Welfare in the Netherlands*.

26) Buck, J.L. 1937, *Land Utilization in China*, 183.

27) Müller-Wille, W. 1936, Die Ackerflulen in Landesteil Birkenfeld(dissertation), Bonn.

28) Chisohlm, M. 1967, *Rural Settlement and Land Use*, John Willey and Sons, 54~56.

방법이 있을 수 있는데, 하나는 동일 생산물을 보다 낮은 집약도로 생산하거나 다른 하나는 경영 형태를 바꿔 낮은 집약도로 생산할 수 있는 작물로 대체하는 것이다. 북부 인디아의 Abadi 촌 연구는 후자에 관한 사례인데 P.M. Blaikie는 논하기를 주요 동력원으로 가축을 동원하고 내왕이 도보에 의존하는 지역이므로 토지이용이 질서 정연한 권(圈)구조를 나타내게 되며 촌락을 중심으로 0.5~1.0mile 간격을 갖게 되는 농업 지대 7개 권(圈)들은 촌락 가까이에 소맥과 Chifter를 재배하고 촌락에서 멀어질수록 조생산 작물에 해당하는 Bajra와 Jowar를 재배함을 밝히고 있다.[29] R.L. Morrill의 인디아 Bauria 촌에 관한 연구에서는 경영 규모가 작은 자급 농업에서도 거리의 증대에 따라 비료 및 노동 투입이 체감하며, 따라서 작물의 종류도 촌락 인근에서는 채소와 상업용 망고가 재배되고 멀어질수록 여름철의 수수, 겨울철의 보리, 그리고 사탕수수, 벼가 재배될 뿐 아니라 휴한지가 존재한다. 벼의 재배가 촌락으로부터 격리된 곳에서 행해지는 것은 관개에 편하도록 호수나 수로에 연하여 논이 분포하기 때문이다.[30]

R.M. Prothero의 북부 나이지리아 Soba 촌에 관한 연구 내용에 촌락을 둘러싼 마을 울타리 내부에는 채소류가 주의 깊게 집약적으로 재배되는 채원(菜園)이 있고 울타리 바깥쪽 0.8~1.2km 범위까지는 면화, 담배, 낙화생, 기네아옥수수 등을 연이어 재배하고 있는데 이곳 경지는 지력 유지를 위해 시비 및 방목이 행하여짐을 밝히고 있다.[31] 이와 비슷한 연구는 아프리카의 가나 및 세네갈의 농촌에서

---

29) Blaikie, P.M. 1971, "Organization of Indian Village", *Transaction of I.B,G.* No. 52, 15.

30) Morill, R.L. 1970, *The Spatial Organization of Society*, Wadsworth Pub. Co. Belmont, 30~31.

31) Prothero, R.M. 1957, "Land Use at Soba, Zaria Province, Northern Nigeria", *Economic*

도 검증되었고, 인디아의 Uttar Pradesh에서도 검증된 바 있다.

1969년 Horvath[32])는 Addis Ababa 주변의 토지이용 유형을 분석하였다. 2개의 뚜렷한 자연적 지형의 기복과 서로 다른 기후, 서로 다른 토양이 나타나는 지역인 동시에 서로 다른 생활방식을 가진 네 집단의 인종이 사는 곳이므로 토지이용과 거리와의 관련성은 완벽하다고는 할 수 없겠지만, 도시의 건축재와 연료 문제를 해결하기 위해 지난 19세기 말까지 Addis Ababa 인접 지역에서 유칼리 삼림이 식부되었다. 채소류는 관개의 필요성 때문에 하천을 따라 길게 뻗은 지대에서 재배되지만, 역시 도시근교에 입지해 있으며, 우유 생산 지역은 기후가 냉량하고 작물 재배가 적합하지 못한 곳의 특정 인종 집단에 제한되어 있으나 도시로의 신속한 접근이 가능한 도로를 따라 집중해 있음을 밝히고 있다.

세계적인 규모로 볼 때, 선진세계는 마치 Von Thünen의 고립국 중심도시와 비슷한 효과를 지닌다는 개념은 1969년 Peet[33])에 의해 제시된 논제의 핵심이었다. 그는 서부 유럽과 미국 동북부를 "세계 도시"로 간주하였다. 그리고 그는 그러한 선진세계를 중심으로 일련의 작물 지역의 경계가 외곽으로 이행하는 현상 즉, "세계도시"의 수요가 증대됨에 따라 처음에는 미국 내륙 지방, 다음에는 남부 대륙으로 작물 지대의 경계가 확대되는 현상은 마치 세계적인 규모의 차원에서 볼 때 Von Thünen의 동심원이 존재하는 것과 같은 경우라고 주장하였다. 이와 비슷한 사고(思考)로서 1925년 Jonasson도

Geography, Vol. 33, 72~86.

32) Horvath, R.J. 1969, "Von Thünen isolated land and the area around Addis Ababa", *Annals of A.A.G.*, 59, 308~323.

33) Peet, J.R. 1969, "The spatial expansion of commercial agriculture in the nineteenth century; a Von Thünen interpretation", *Economic Geography*, 45, 33~39.

Von Thünen 모델을 대륙적 차원에서 적용한 바 있다.34) 그는 북서유럽을 하나의 커다란 연합도시로 간주하였는데, 연합도시화된 지역에서는 실제로 곡물 재배를 위한 경지 면적은 감소하였고 원예작물과 낙농 지역으로 변했으며 덴마크와 네덜란드는 그러한 실증 지역이라 할 수 있다. 이렇게 해서 영국의 남동부 및 베네룩스 3국을 중심으로 하여 8개 작물의 생산량에 의해 측정된 값을 기준으로 거리에 따른 집약도 배열을 주장하였다.

한편, 거리와 집약도의 역전된 관계를 논하고 있는 Sinclair35)는 색다른 이론을 전개하고 있다. 오늘날 눈에 띄게 급성장하는 도시화의 물결과 이에 따른 도시팽창의 결과 Von Thünen의 동심원 지대가 역전되어 도시로부터 거리가 멀어질수록 농업 활동의 집약도는 증가한다는 가설을 세웠다. 도시팽창이 예상되는 근교 지역일수록 농업적인 투자가 이루어지지 않고 투기의 대상인 놀리는 땅으로 남아있게 되는데, 일정한 거리가 떨어진 곳, 즉 투기의 영향을 벗어난 지점에서부터 비로소 단계적인 농업 토지이용이 전개된다는 것이다. 현대 도시화 물결의 근교 지역 토지이용 현상을 날카롭게 파헤쳐 분석한 것이라 할 수 있다.

(2) 한국의 연구사례

지금까지 19세기 후반부터 20세기 후반에 이르는 외국의 연구사례들을 살폈다. 연구사례에서도 그러했지만, 실제로 토지이용 형태는 Von Thünen의 시대에도 엄밀한 동심원은 아니었고, 오늘날과

---

34) Bradford, M.G. and Kent, W.A. 1978, *Human Geography*, Hutchinson, 39.

35) Sinclair, R. 1967, "Von Thünen and Urban Sprawl", *Annals of A.A.G.*, 57, 72~87.

같은 산업화되고 고도로 도시화된 사회에서는 더욱 그것을 기대할 수 없다. Von Thünen의 분석 방법이 특히 중요시되는 것은 부분 균형 접근으로, 초기의 과학적 접근방법의 대표적인 예라는 점이다. 그는 현실에서 검증되는 토지이용의 규범적 유형(normative pattern)을 가정했다. 규범적 유형이란, 많은 주어진 전제하에서 합리적으로 기대할 수 있는 유형을 말한다. Von Thünen의 전제 중에서 가장 중요한 것은 토지이용은 시장으로부터의 거리에 좌우된다는 것으로, 특히 이 점이 주의를 집중시켜야 할 기본 개념이다.[36] 이러한 흐름에 힘입어 우리나라에서도 수 편의 연구논문이 1970년 대와 1980년 대에 이르면서 활발히 발표되었다. 허우긍(許宇亘)[37]은 김해평야 지역의 사례연구를 통해 오늘날 교통의 발달에 따른 시간 및 공간 거리의 제약 완화로 대도시를 중심으로 한 근교 농업권이 더욱 거리를 확장하여 수송 원예농업 즉, 원교농업으로의 성향을 보여준다고 논하고 있는데 이는 곧 농업경영 형태의 특정 작물 재배지역에 대한 권구조(圈構造) 확대로 간주할 수 있는 것이다. 또한 이학원(李鶴源)[38]은 서울을 중심으로 한 낙농 지역의 연구를 통해 낙농 입지의 분포 특색이 도심을 중심으로 한 동심원적 권구조 형태로 확대 발전되고 있음을 밝히고 경춘 가도 및 경원 가도 변을 따라 왜곡되는 권구조를 인정하여 오늘날 농업경영의 권구조 형성에 교통 요인이 커다란 변수로 작용함을 시사하였다.

　한편 서찬기(徐贊基)[39]는 한국 농업의 지역 구조에 관한 연구를 통

36) Tidswell, V. 1976, *Pattern and Process in Human Geography*, 金仁 譯, 79.

37) 허우긍, 1973, 지방 도시근교의 원예 농업지역 특성과 지역분화-김해평야 사례연구, 서울대학교 석사학위 논문.

38) 이학원, 1973, 서울을 중심으로 한 낙농 지역, 서울대 교육대학원 지리교육학 전공.

해 작물 특화도의 공간변화에 있어 변형된 권구조의 존재를 인정하되, 채소와 과수를 예외로 한다면 권구조의 핵심에 대도시가 존재하지 않음을 지적하고 핵심과 각 권역 사이에 기능적 관계도 없음을 주장하였다. 많은 세월이 경과한 오늘날 더욱 상업화되고 다각화된 추세를 고려해 볼 때 이러한 주장은 재고해 볼 비판의 여지가 있다.

김건석(金建錫)[40]은 한국 시설 원예농업 지역의 특성과 산지 형성 동향을 밝히는 연구에서 서울을 중심으로 한 경기도 지역의 시설 원예 농업권이 확대되어가고 있음을 논하고 교통 입지의 유리성을 이용하여 주요 간선 도로변과 고속 도로변을 따라 더욱 확대됨으로써 오늘날 농업 지대의 권구조 형성에 역시 교통 요인의 커다란 영향력을 인정하고 있다. 또한 춘천시를 중심으로 한 토지이용의 동심원 지대형성을 밝히려 시도한 김종은(金鍾銀)[41]은 중심지에 대한 거리의 접근도에 따라 토지이용의 입지와 토지이용 지역에 대한 공간 질서 규명의 중요성을 주장하였으며 지형, 경사, 토양, 농업 소득과의 관계를 계량적 방법으로 처리하여 분석한 결과 춘천시를 중심으로 미작과 채소가 Von Thünen의 권구조를 이루고 있음을 밝히고 있다.

2) 집약도(集約度) 분석

(1) 노동 투입(勞動投入)

Chisholm은 세계의 후진 지역에서 거리와 단위당 농업투입 노동

39) 서찬기, 1975, 한국 농업의 지역 구조에 관한 연구, 경북대학교 대학원 박사학위 논문.

40) 김건석, 1979, "한국 시설 원예 농업지역의 특성과 산지 형성 동향", 지리학총, 제7호, 경희대학교, 19~33.

41) 김종은, 1983, '농업적 토지이용에 관한 지리학적 연구', 지리학연구, 제8집, 한국지리교육학회, 71~97.

량과의 관계에 대한 가설을 설정했다.[42] 핀란드의 경우 소유경지는 농가로부터 거리가 멀어질수록 순산출량(純産出量)은 감소함을 밝혔는데, 특히 경지의 소유형태가 분할되어 있을 때 이러한 현상이 잘 나타난다. Chisholm은 산출량이 감소하는 것은 오직 거리 때문이라고 주장하고 있으며 이것은 분명히 후진 지역의 취락 주변 토지이용 유형을 암시한 것이다. 이때 투입 노동량은 표준인 일수(standard man days)라는 균일한 측정방법에 의해서 산출된 것이다. 시대적 상황과 장소에 엄연한 차이가 존재함을 고려하면서 필자는 다음과 같이 노동 투입 집약도를 살펴보았다.

수도권 지역의 농업 노동 투입 집약도 측면에서 서울을 중심으로 어떠한 양상이 나타나는가를 살피기 위해 1970년과 1980년의 농업 센서스를 기초로 각 읍, 면별 단위 지역의 ha당 농업 노동 인구수를 조사 비교하였다.

<표 5> 노동 투입(단위: 인/ha)

연도 \ 투입	2인~2.5인	2.5인~3인	3인 이상	계
1970년	43개 지역	13개 지역	5개 지역	61
1980년	55개 지역	19개 지역	8개 지역	82

출처: 1970/1980년의 농업센서스(도서 지역 제외)

여기에서 도서 지역을 제외하고 ha당 2인 이상의 단위 지역 수를 조사해 본 결과 2인~2.5인 지역이 1970년의 43개 지역에서 1980년의 53개 지역으로, 2.5인~3.0인 지역은 양주군의 장흥면을 비롯한

---

42) Chisholm, M. 1962, *Rural Settlement and Land Use,* Hutchinson, pp. 47~73, 124~151.

13개 지역에서 동두천 읍을 포함한 19개 지역으로, 3인 이상 투입된 단위 지역은 양주군의 미금면을 비롯한 5개 지역에서 장흥면을 포함한 8개 지역으로 증가하였다. 이들 지역 중에서도 노동 투입 정도가 비교적 높다고 할 수 있는 2.5인/ha 이상의 지역들은 대부분 도시근교 지역들로서, 특히 서울을 중심으로 한 주변 지역에 나타난다.

분포 특색을 살피기 위해 서울의 시청 지점으로부터 각 해당 단위 지역까지의 거리를 구한 후 평균 거리를 반경으로 한 권(圈)을 그려본 결과 1970년의 경우에는 반경 약 30km 범위에, 1980년의 경우는 35km 범위로 나타났다(그림 8).

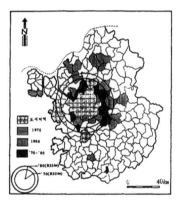 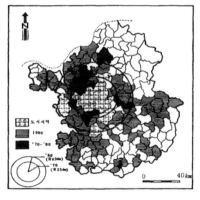

<그림 8> 노동 투입(2.5인 이상/ha)   <그림 9> 시설 농가의 분포(시설 농가율 3% 이상 지역)

여기서 농업 노동 인구란 14세 이상의 취업별 농가 인구 중 가사, 학생, 기타 인구를 제외하고 농업에만 종사한 사람과 농사 이외의 일에도 종사하였을 경우 농사에 종사한 기간이 긴 경우 및 14세 이상으로 돈벌이를 위하여 농사 이외의 일 또는 영업에 연 누계 30일

이상 종사한 사람, 즉 겸업 종사 인구를 포함하여 계산하였으되 두 분야의 종사 기간이 같을 때는 농업수입이 많은 겸업 인구를 취하였다. 계산 결과 1970년의 193개 지역에 대한 단위 지역 평균 노동 투입은 ha당 1.89인이며, 1980년의 195개 지역에 대한 단위 지역 평균 노동 투입은 2.05인이었다. 계속된 인구의 증가에도 불구하고 10년의 기간 동안 단위 지역 평균 노동 투입의 차이가 이 정도에 그친 것은 1960년대 이후부터 두드러진 이농 현상이 수도권 지역에서 더욱 심각했던 사실을 반영한 것이라 보인다. 결과적으로 요약해 보면, 1970년~1980년에 이르기까지 10년 동안에 이루어진 도시화와 교통의 발달은 노동의 집약적인 투입 범위를 확대하고 있으며 대도시를 중심으로 권구조(圈構造)를 보인다는 사실이다.

(2) 자본(資本)과 기술투입(技術投入)

자본과 기술의 투입에 따른 투자 수익의 결과를 파악해 보는 작업이 바람직한 것으로 기대되며 여러 가지 기준 지표를 설정할 수 있겠으나 여기서는 간접적인 대안으로 상업적 성격을 띤 시설 작물의 재배 농가 수를 단위 지역별로 비교 검토하며 거리에 따른 집약도를 공간적으로 살펴보는 것과 역시 자본과 기술결합의 성격을 지닌 낙농가 비교 즉, 젖소 사육현황을 단위 지역별로 비교하여 공간적 분포를 살펴보는 것도 의미 있는 일이라 생각된다.

시설 농가(施設農家)

수도권의 각 읍, 면별 총 농가 중에 시설 작물 재배 농가 수의 비율을 조사하여 본 결과 2%~3% 비율에 해당하는 지역이 1970년의 경우 193개 단위 지역 중 양주군의 회천면을 비롯한 18개 지역으로 나타났고 1980년에 이르러 23개 지역으로 늘어났으며, 3% 이상인 지역은 15개 지역에서 108개 지역으로 현저히 증가하였다.[43] 이것은 곧 10년의 기간이 경과하는 동안 영농의 다각화와 상업화가 뚜렷이 진전되었음을 시사하는 것이다. 1980년의 3% 이상에 해당하는 108개 지역을 좀 더 구체적으로 언급하면, 3%~15% 지역이 74개 지역, 15%~25%가 19개 지역, 25% 이상인 지역이 15개 지역으로 나타났다. 거리에 따른 분포의 특징은 1970년의 경우 3% 이상인 지역이 대도시를 중심으로 근교 지역에 집중 분포하고 있으나 10년이 경과하는 동안 비율의 급격한 증가 및 분포지역의 확대를 보여주고 있는 바, 3% 미만의 지역인 서울 동북부의 가평 및 포천을 제외한 전역으로 확대되었음을 알 수 있다(그림 9).

낙농가(酪農家)

1980년도의 농업센서스로부터 195개의 단위 지역인 각 읍, 면별 젖소 사육 두수를 농가당 사육 두수 비율로 계산하여 비교하였다. 농가당 1.5마리 이상의 젖소를 기르는 농가는 양주군의 장흥면, 남양주군의 미금읍, 별내면, 화도면, 와부읍이 있고 시흥군의 수암면과 광명출장소를 합해 모두 7개 지역으로 나타났다.[44] 낙농가의 전국적인 현황을 비교할 때 경기도 지역이 비율 면에서 압도적인 것은 주지의 사실이지만 그중에서도 이들 7개 지역과 같이 서울을 중심으로 한 대도시 근교 지역임을 뚜렷이 살필 수 있다. 1마리 이상 1.5

---

43) 1970/1980 비교할 때, 최대 증가 폭 비율 값으로 3%를 기준 잡았음.

44) 농가 평균 최다 두수 지역 순으로 4% 이내 지역의 1.5마리 이상을 기준으로 함.

마리 미만의 해당 지역은 13개 지역으로 양주군의 백석면, 남양주군의 구리읍, 진건면, 평택군의 송탄읍, 고덕면, 화성군의 봉담면, 태안면, 시흥군의 군포읍, 소하, 과천, 의왕, 소래 등지로서 역시 서울을 중심으로 한 근교 지역과 서울의 남부지역 일부에 그와 같은 사육현황이 나타나고 있다. 이밖에 0.5마리~1.0마리 지역은 양주군의 동두천읍을 비롯한 32개 지역, 4가구당 1마리~2마리까지 기르는 지역이 양주군의 회천면을 비롯한 49개 지역, 10가구당 1마리 이상~4마리 미만의 젖소 사육 지역이 여주군의 여주읍을 비롯한 51개 지역 등으로 나타나는데 경기도 지역의 평균 1가구당 0.05마리에 비추어 볼 때 농가당 0.5마리 이상 사육하는 단위 지역은 비교적 낙농비율이 높은 것으로 간주할 수 있다. 이처럼 비교적 높은 비율인 0.5마리 이상 지역의 분포 특징을 살펴볼 때 소비지(서울특별시) 인접 지역과 교통이 발달한 간선도로 주변에 두드러짐을 알 수 있다. 이것은 곧 낙농업 발달의 조건을 그대로 반영한 실증적 결과라 보인다. 동시에 이러한 분포 특색은 간접적이기는 하나 자본과 기술의 집약도가 대도시(서울)를 중심으로 근교 지역에 권구조(圈構造)를 나타내되 교통로에 의해 일부 왜곡된 결과를 보임을 알 수 있다(그림 10).

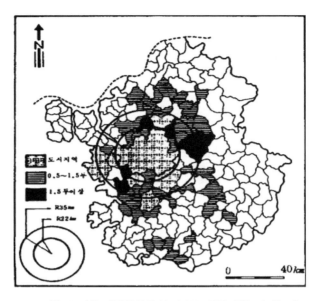

<그림 10> 낙농가(酪農家)의 분포(1980, 단위: 젖소 마리/농가)

시설 농가와 낙농가를 기초로 한 자본과 기술투입의 집약도 및 분포 특색의 결과를 요약해 보면 다음과 같다.

1970년과 1980년의 시설 농가율 조사 결과 10년(1970~1980)이 경과하는 동안 비율의 증가 및 분포의 뚜렷한 확대를 가져왔으며 확대 패턴은 1970년의 대도시를 중심으로 한 근교 지역 권구조에서 1980년의 서울 동북부를 제외한 수도권 전 지역으로 크게 확대되었고 1980년 낙농가율의 조사 결과 서울을 중심으로 한 근교 지역에 집약되어 권구조를 나타내되 교통 요인에 의해 왜곡된다.

(3) 토지이용(土地利用)의 집약도(集約度)

토지이용의 집약도 분석을 위해 1980년 농업센서스로부터 밭과 논의 총 경지 면적에 대한 농작물의 재배 면적45) 비율을 조사하여 각 읍, 면별로 경지이용률을 비교하는 한편 1980년 수도권 지역 논 면적에 대한 이모작 논 면적의 비율, 즉 이모작률을 조사하였다.

경지이용률의 경우 우리나라 전체 평균은 약 117%인데 경기도 지역은 109.2%이며 이 중에서 115% 이상의 비교적 높은 경지이용률 지역은 서울의 시청으로부터 평균 반경 28km의 권역을 나타내고 간선도로변을 따라 서울의 북부지역과 남부지역으로 확대된다(그림 7). 또한 서울의 남쪽에 안성읍을 중심으로 평균 반경 약 12km 범위에도 나타나는데 이것은 수도권 남부의 기후와 서울을 연결하는 교통조건의 반영이라 생각된다. 105% 미만의 비교적 낮은 경지이용률 지역은 서울의 동북부인 가평군, 포천군 지역과 남동부인 여주군, 이천군, 용인군 일대에 나타나고 있는 것으로 보아 결국 서울특별시를 중심으로 한 수도권 북부와 남부지역은 경지이용률이 비교적 높고, 동부 지역은 기후, 지형 및 시장 접근성의 상대적 불리 때문에 대체로 낮은 경지이용률을 보인다고 할 수 있다. 이 중에서도 동북부 지역인 포천군의 창수면, 영중면, 일동면, 이동면과 가평군의 하면 지역은 100% 미만의 낮은 경지이용률을 보인다. 이모작률이 1.0% 이상인 지역의 총수는 195개 지역 중 27개 지역으로 전체 수의 약 14%를 점하고, 이들 지역은 서울을 중심으로 한 평균 반경 30km 권의 근교 지역과 수도권 남부의 안성읍을 중심으로 평균 반경 10km 권역에 나타나는데 이것은 경지이용률의 조사에서 나타나듯이 유사한 현상 즉, 기후와 접근성의 영향에 기인한 것이라 사료된다. 한편 이모작률의 조사 결과 이모작 논이 전혀 없는 단위 지역

---

45) 시설 작물은 재배 면적, 일반 작물은 수확 면적을 취했음.

이 총 195개 지역 중 63개 지역이고 1.0% 미만의 작은 비율 지역까지 합할 경우 168개 지역으로 나타나는데 이는 경기도 지역이 남부의 영남과 호남지방에 비해 논의 이모작이 성하지 못함을 단적으로 말해주는 것이며 일차적으로 자연조건의 제약 즉, 기후의 차이 때문으로 여겨진다. 그러나 시간이 경과할수록 대소비지(서울)를 겨냥한 토지이용의 집약적 이용률은 계속 증가할 것으로 내다볼 수 있다.

(4) 시장거리(市場距離)와 집약도(集約度)

지금까지 집약도의 분석을 위해 노동 투입, 자본과 기술투입, 토지이용 집약도 등을 각각의 항목과 기준을 정하여 살펴보았다. 이들 하나하나의 결과를 유기적으로 결합하여 종합적 권구조를 살필 수 있다면 매우 바람직한 연구 결과를 얻을 수 있을 것이다. 이와 같은 목적을 달성하기 위해서는 각 항목에 등급과 평점을 부여한 후 종합적인 계산, 비교의 절차가 따라야 한다. 우선 1980년 기준으로 195개의 단위 지역을 각 항목별 최상위값으로부터 최하위값에 이르기까지 순서대로 배열한 후 195개 지역의 5%에 해당하는 순위 10번째 단위 지역까지는 가중치 5점을, 5%~15%에 해당하는 순위 지역까지는 4점을, 15%~35%의 순위까지는 3점을, 35%~60% 순위까지는 2점을, 60% 이상 끝 순위 지역까지는 1점의 가중치를 주었다. 그런 후 각 단위 지역별 계산 항목인 노동집약도, 낙농가율, 시설 농가율, 경지이용률 등의 4개 항목 가중치를 모두 합하여 종합 평점을 구하였다. 단위 지역별 종합 평점의 계산 결과 최하 4점 이상 최고 19점(남양주군 미금읍)까지 나왔으며 15점 이상의 높은 평점 지역은 195개 지역 중 양주군의 동두천읍을 비롯한 11개 지역인 것으로 나타났다. 이들 11개 지역의 분포 특징은 동두천을 제외한 10개 지역이 서울의 시청을 중심으로 평균 반경 20km 내외에 분포하여 권구조를 형성한다. 또한 비교적 높은 평점인 10점~15점 범위 지역은 양주군의 주내면(13점)을 비롯한 51개 지역으로서 서울의 시청을 중심으로 평균 반경 32km 주위에 대부분 분포하며 교통 노선을 따라 남북으로 더욱 확장된 분포 특색을 보여준다(그림 11).

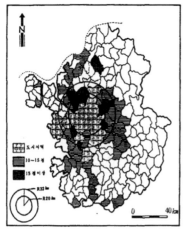

<그림 11> 수도권 농업집약도
권구조('80, 단위: 평점)

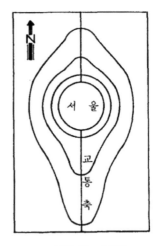

<그림 12> 수도권
농업집약도 권구조 개념('80)

이처럼 종합적인 가중치 분석의 결과 각각의 기능 항목별 조사에서 나타났던 서울 중심의 권구조가 더욱 확연히 드러났으며 여기에 교통 요인의 영향력이 더욱 뚜렷이 나타났다. 서울의 동북부 지역인 가평군, 포천군 지역은 지형 및 교통 장애 요인으로 집약도가 떨어지는데 특히 경지이용률, 낙농가율에서 현저하다. 이러한 경험적 사실을 간단한 공간 모형으로 그려 보면 <그림 12>와 같다.

3) 농업의 상업화 및 겸업화 구조

농업의 상업화 수준 역시 접근성과 밀접한 관계가 있다. 도시지역에 인접할수록 상업화 수준이 높을 것이라 상상할 수 있기 때문이다. 여기에서는 경지 면적당 농산물 판매액을 상업화 수준으로 보았다. 아울러 읍면별 총 농가 수에 대한 연간 50만 원 이상의 판매 실적을 올린 농가 수46)의 비율도 참작하였다. 이 밖에 경기도 지역 내의 농가 중 농사 이외의 일에 종사하는 사람이 있는 농가를 가려 그 정도를 비교함으로써 1970~1980년 동안의 변화를 알아보았다.

첫 번째 과정의 상업적 토지 생산성에 있어서 1970년 당시 단보당 5천 원 이상의 연간 판매액을 올린 단위 지역은 양주군의 동두천읍을 비롯한 16개 지역으로 나타났고 2천~5천 원의 해당 지역은 양주군의 회천면을 비롯한 32개 지역으로 나타났다. 이들 지역의 분포는 서울의 시청을 중심으로 반경 23.4km 지점에 권구조를 보임으로써 서울 근교 지역에 상업적 토지 생산성이 높은 것으로 나타났고 아울러 서울의 남부, 평택읍을 중심으로 평균 반경 9.2km의 작은 권역이 형성되고 있다(그림 13).

---

46) 상업 농가 성격으로 판매액 50만 원을 기준 삼았음(1970). *상업적 농가율 = 50만 원 이상 판매 농가/총 농가 x 100

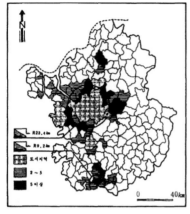 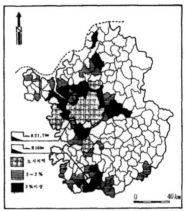

<그림 13> 상업적 토지 생산성(1970)   <그림 14> 상업적 농가의 분포(1970)

평택 중심의 작은 권구조는 이 지방의 도시화 과정을 시사함과 동시에 Von Thünen 권의 위성도시와 흡사한 구조를 나타내는 것이다. 이러한 분석 결과를 보완하는 자료로서 각 읍, 면의 단위 지역별 총 농가에 대한 연간 50만 원 이상의 농산물 판매 실적을 올린 농가 수를 조사 비교하였더니 결과는 유사한 경향을 나타냈다. 1970년의 수도권 읍, 면별 총 193개 단위 지역 중에 상업적 농가율 3% 이상인 지역이 양주군 동두천읍을 비롯한 27개 지역, 2%~3% 해당 지역이 양주군 회천면을 비롯한 31개 지역으로 나타났으며, 3% 이상의 단위 지역들은 서울의 시청으로부터 평균 반경 21.7km 지점에 권구조를 형성하고 상업적 토지 생산성 조사에서와 마찬가지로 평택읍을 중심으로 평균 반경 10km 지점 주위에 작은 권구조를 형성하고 있다(그림 14).

1970년의 상업적 토지 생산성이 비교적 높은 지역과 상업적 농가 성격이 두드러진 단위 지역들의 분포 특색을 공간 개념으로 나타내면 <그림 15>과 같다.

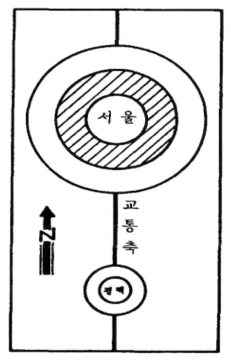

<그림 15> 수도권 상업화 수준의 공간
개념(1970)

　두 번째 과정으로서 겸업화 구조를 살펴보았다. 돈벌이를 위해 농사 이외의 다른 일 또는 농업에 연 누계 일수 30일 이상 종사한 사람이 있는 가구를 겸업농가로 볼 경우 이 중에서 농가 전체의 수입으로 보아 겸업 수입보다 농업수입이 많은 가구를 제1종 겸업농가라 하고 농가 전체의 수입으로 보아 겸업 수입이 농업수입보다 많은 가구를 제2종 겸업농가로 정의할 때, 겸업 수입이 많은 제2종 겸업

농가의 인구 비율을 단위 지역별로 조사 비교해 봄으로써 도시화 추세에 대한 근교화(Suburbanization) 과정을 알아볼 수 있기 때문이다.

만 14세 이상 농사에 단 하루라도 종사한 사람을 농업 인구로 하여 각 읍, 면별 농업 인구에 대한 제2종 겸업 인구의 비율을 조사하였다. 제2종 겸업 인구율은 10년이 경과하는 동안 뚜렷한 증가를 확인할 수 있는데 1970년의 경우 겸업 인구율 10% 이상 단위 지역이 전무한 반면 1980년에 이르러 양주군의 장흥면을 비롯한 11개 지역으로, 5%~10% 지역은 23개 지역에서 58개 지역으로 크게 증가하였다. 1970년과 1980년의 공통적인 특색으로 제2종 겸업 인구 비율이 높은 지역이 읍 단위 지역 또는 군내(郡內)의 기능 중심지들임을 알 수 있는데, 순수 농업에서 겸업화의 과정을 거쳐 도시화 내지 도시의 근교화로 변동되는 모습을 볼 수 있다. 특히 1970년에는 이러한 경향이 읍이나 군청소재지를 중심으로 군데군데 비지적 현상(飛地的現象)을 나타냈으나 1980년에는 서울 주변 지역을 상당히 넓게 cover 하고 있음을 볼 수 있다. 결국 겸업화의 지역 구조는 소도시성 기능지역(小都市性機能地域) 중심의 겸업화 구조가 서울 주변으로 크게 확대된 겸업화 구조로 변함으로써 나타난 농촌의 도시화 내지 근교화 현상의 반영인 것이다(그림 16, 17).

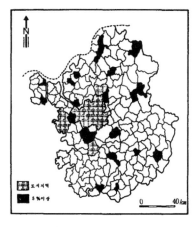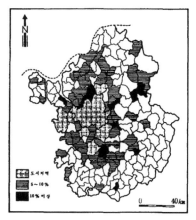

<그림 16> 1970년의 겸업화 수준
(겸업 인구/총 인구×100)

<그림 17> 1980년의 겸업화 수준
(겸업 인구/총 인구×100)

4. 토지이용의 변화

1) 토지이용 구분

수도권 19개 군지역(郡地域)의 지목(地目)별 토지이용 상태를 조사하여 공간적 질서가 어떻게 나타나는지 알아본다. 지목별 이용 상태를 파악하기 위해 지적통계(地籍統計)[47]에 등재된 25종(種)의 지목(地目) 중에 가장 비중이 높은 전, 답, 과수원, 목장용지, 임야, 대지 등 6개의 지목을 추출하였다. 여섯 가지 지목 비율을 군(郡)별로 비교한 것이 표 7이다. 우선 전(田)의 비율만을 살펴볼 때 비교적 우세한 곳은 수도권 북부의 연천이 20.2%, 남동부의 이천이 20.1%, 남서부

---

47) 지적통계, 1985, 내무부, 228~231.

서해에 연한 화성이 18.2%로 각각 나타난다. 밭 비율이 작은 지역은 가평(6.3%)과 양평(7.9%)을 들 수 있는데 이들 두 지역은 밭 비율이 작은 반면 임야가 차지하는 비율이 가장 많은 곳이다. 논이 비교적 많은 비율을 차지하는 곳은 평택(51.1%), 김포(42.4%), 강화(38.1%), 고양(32.0%), 화성(28.6%), 이천(28.5%) 등 이른바 경기평야에 해당하는 지역들이며 화성과 이천은 논과 밭이 모두 비교적 많은 비율을 점하는 곳이다. 논의 비율이 작은 군은 임야비율이 높은 포천(9.1%), 가평(3.9%), 양평(9.7%) 등이다. 결국 논과 밭의 비율은 삼림의 면적에 관계되고, 이것은 동시에 지형의 고저(高低)와 경사를 반영한다. 과수원용지는 19개 군이 모두 작은 비율을 보이나 그 중 비교적 우위를 점하는 군에 공통으로 0.3%씩의 비율을 보이는 평택, 이천, 김포 지역이 있다. 이곳은 1980년도 중반을 전후해 배, 포도의 재배가 늘어난 곳이다. 여섯 가지 지목 중 목장용지는 비교적 작은 비율이지만 그중 안성(0.7%), 이천(0.3%), 평택(0.3%)이 서울 인근에서 양축이 활발하게 이루어지는 곳들임을 보여준다(표 6).

지목별 비율에서 최다 수치를 나타내는 임야지는 논과 밭의 비율이 상대적으로 작은 가평, 양평, 포천, 광주, 남양주 지역과 도서지방인 옹진이 70% 이상의 비율을 점하고, 임야비율이 최소인 곳은 평택(29.9%)이다. 여섯 가지 지목들 중 대지(垈地)는 도시지역에 인접할수록 높다. 평택과 시흥, 고양이 각 3% 이상을 나타낸다.

결국 수도권에 있어 토지이용의 특성은 첫째, 지형의 고저와 경사에 따른 논과 밭의 비율, 둘째, 도시화된 인접지일수록 크게 나타나는 과수와 목장용지 및 대지의 지목들임을 알 수 있다. 단, 후자는 서울의 남부 및 동남부 쪽으로 갈수록 현저한 편이다.

<표 6> 군별, 지목별 토지이용(단위: %)

지목 군	전	답	과수원	목장	임야	대지
양 주	14.2	15.8	0.1	0.2	67.8	1.8
남양주	10.5	10.5	0.1	0.2	76.9	1.8
여 주	14.7	19.7	0.1	0.2	63.7	1.5
평 택	15.2	51.1	0.3	0.3	29.9	3.1
화 성	18.2	28.6	0.1	0.1	50.6	2.4
시 흥	16.0	23.0	0.01	0.1	57.1	3.7
파 주	16.3	21.9	0.03	0.02	59.8	2.0
고 양	11.9	32.0	0.2	0.2	52.5	3.2
광 주	10.7	10.9	0.2	0.1	76.6	1.5
연 천	20.2	10.8	0.02	0	67.7	1.2
포 천	12.6	9.1	0.01	0	76.9	1.3
가 평	6.3	3.9	0.03	0.01	88.8	0.8
양 평	7.9	9.7	0.03	0.12	81.1	1.0
이 천	20.1	28.5	0.3	0.3	48.8	2.1
용 인	11.3	17.5	0.03	0.003	69.1	2.1
안 성	12.7	25.3	0.2	0.7	59.1	1.9
김 포	13.3	42.4	0.3	0.03	41.7	2.3
강 화	11.6	36.1	0.02	0.03	49.9	2.3
옹 진	11.5	11.9	0.02	0.2	75.1	1.3

출처: 1985 내무부 지적통계

2) 경작지의 규모

앞에서 활용한 지적통계에서 논과 밭에 대한 지목만을 추출한 후 지목별 면적을 지번 수로 제(除)하여 필지당 논과 밭의 규모를 비교 하였다(표 7).

군 \ 지목	전	답
양 주 군	1,724.5	1,884.0
남 양 주 군	1,352.9	1,452.6
여 주 군	1,534.8	1,831.0
평 택 군	1,203.8	1,997.3
화 성 군	1,303.4	1,617.5
시 흥 군	1,195.4	1,609.1
파 주 군	1,556.7	2,016.3
고 양 군	965.7	2,022.3
광 주 군	1,329.0	1,462.2
연 천 군	3,031.8	2,430.8
포 천 군	2,160.4	1,865.4
가 평 군	1,825.7	1,486.7
양 평 군	1,403.6	1,557.9
이 천 군	1,541.5	1,924.1
용 인 군	1,300.1	1,655.1
안 성 군	1,333.8	1,788.7
김 포 군	1,099.0	2,164.1
강 화 군	1,008.3	1,977.8
옹 진 군	1,087.1	1,137.1

출처: 1985 내무부 지적통계

필지당 밭의 규모가 큰 지역은 북동부의 연천, 포천, 가평 등이고 작은 지역은 도서 지역인 옹진과 서울 주변의 고양, 김포, 강화 등지로 나타났다. 한편 필지당 논의 규모는 군별로 큰 차이가 없는 편이지만 비교 우위의 지역들로는 연천, 고양, 파주, 김포, 평택, 이천 등지를 들 수 있다. 비교적 논의 규모가 작은 지역은 서울 주위의 남양주, 광주의 두 지역과 북동부의 가평 및 도서 지역인 옹진 등이다.

결국 경지의 규모가 크고 작은 것은 농업의 집약도를 단적으로 표현한다. 서울에 가까운 고양, 남양주, 광주 등지가 집약적이고, 서울 북동부의 산간 전작 지대가 조방(粗放)적 경영인 것은 거의 상식적으로도 식별되기 때문이다. 밭이 필지당 1.5ha 이상인 곳은 대체로 서울의 북부 지역과 여주, 이천 지역에 해당한다.

5. 결론

1970년과 1980년 경기도 농업센서스를 바탕으로 한 수도권의 농업을 대상으로 작물결합에 의한 농업의 유형과 서울을 중심으로 한 거리에 따른 집약도의 분석 및 농가와 토지이용 현황을 조사하여 수도권 농업지역 구조의 성격에 대해 다음과 같은 결론을 얻었다.

첫째, 면적자료를 바탕으로 한 작물결합의 조사 결과 10년(1970/1980)의 기간 동안 수도권 내 농업지역에서 맥류와 두류 결합지역이 축소된 반면 미곡류의 비율이 높아지며 단작화되고 있다. 이는 다작농업의 비중이 증대될 것이라고 애당초 기대했던 가설과 상반되는 것인데, 시간이 지날수록 증대되는 미작 농업의 상대적 우위성 때문이라 판단된다. 그러나 이러한 추세는 1990년대와 2000년대 수도권 농업의 미래전망에서는 그 양상이 달라질 수 있을 것으로 본다.

둘째, 투입 노동집약도의 분석 결과 수도 서울을 중심으로 권구조를 나타내며, 10년이 경과하는 동안 노동집약도의 비율은 계속 높아졌고 도시의 확대와 함께 집약적 경작의 범위가 넓어지고 있다.

셋째, 자본과 기술 집약도를 살피기 위한 시설 농가율 및 낙농가율의 분석 결과 서울 근교 지역에서 10년 간(1970/1980) 비율의 현저한 증가와 함께 분포 범위도 확대되었다. 특히 간선도로망을 따라 활발히 확대되는 것은 교통발달과 밀접히 연관됨을 시사한다.

넷째, 토지이용의 집약도 분석을 위한 1980년의 경지이용률 및 논의 이모작률 조사 결과 경지 이용의 집약도는 지형 및 교통과 관계 깊어서 수도권의 동부 지역은 비교적 낮은 이용률을, 서울의 북부 및 남서부 지역은 높은 이용률을 보여준다. 동부 지역은 지형, 서울의 북부 및 남서부 지역은 교통과 관련된다.

이모작률의 경우 남부지방과는 달리 기후조건의 제약으로 수도권 전반에 걸쳐 토지 이용률은 낮지만 서울 근교 지역과 안성읍 중심의 수도권 남부지역에 높게 나타난다. 이것은 기후와 밀접한 연관이 있다.

다섯째, 단위 면적당 농산물 판매액의 상업적 토지 생산성을 1970년 기준으로 조사한 결과 주요 도시의 근교 지역이 높은 것으로 나타났고, 농산물 판매액을 기준으로 한 상업적 농가율의 조사 결과 역시 도시지역을 중심으로 한 집약도 구조를 보인다. 순수 농업수입보다 부업 수익이 높은 제2종 겸업 인구는 10년 간(1970~1980)의 도시화 추세에 비례하여 비율이 급격히 높아졌음을 확인했다.

여섯째, 수도권의 토지이용 특성은 지형의 고저와 경사에 의해 논과 밭의 비율이 달라지고 도시 인접 지역일수록 과수원, 목장용지, 대지의 비율이 높게 나타나며 서울 남부 및 동남부 지역에 이러한 현상이 더욱 뚜렷하다.

일곱째, 경지 규모는 근교 지역인 고양, 남양주, 광주 등지가 소필지(小筆地)의 특색을 나타내고 북동부의 산간 전작 지대가 비교적 큰 필지로 나타난다.

본 연구의 서론에서 언급했던 것처럼, 농업지역 연구에 있어서 권구조에 입각한 접근은 등질 지역의 입장에서 접근한 연구에 흔히 나타나는 나열적 지역 구분이 아니라, 개개의 농업지역이 전체와 부분과의 관련하에서 조직화되고 체계화될 수 있기 때문에 공간 질서를 발견하는 데 매우 효과적인 접근방법임을 알 수 있었다. 또 이것은 지역연구에 있어서 반드시 고려되어야 할 지역 본연의 성질 즉 핵심부(Core)와 주변부(Periphery) 및 그 중간의 점이부(Transitional Zone)를 이해하는 데 결정적인 도움이 된다는 것도 알게 되었다. D. Whittlsey가 말한 것처럼 전형적인 지역적 특색이 나타나는 장소로서의 지역의 핵심을 부각하여 고려 대상으로 삼는 것은 지역 특색을 파악하는 데 유효한 방법인 것이 수도권 농업지역 구조를 밝힌 본 연구에서 더욱 확연해졌다.

결국, 이와 같은 맥락에서 우리나라의 수도인 서울을 중심으로 한 수도권 지역의 농업구조를 파악하기 위한 본 연구는 자본, 기술, 노동집약도, 그리고 상업화 수준, 겸업화 수준, 토지이용의 특징 등 여러 가지 척도 면에서 핵심지역과 주변 지역 간의 기능적 관계를 이해할 수 있으며, 여기에 영향을 미치는 것은 인문조건 특히 교통과 자연조건인 기후, 지형 등이 함께 영향을 미치고 있음을 알 수 있었다.

04

여주의 경제지리 변화(1991~2001):
토지이용, 주민생활, 생활공간의 입지변화를 중심으로

　　본 연구는 수도권 농촌지역인 여주지역의 토지이용 변화, 생활실태의 변화, 생활공간의 입지변화를 살펴 급격하게 변화하고 있는 생활공간의 지역성을 규명하였다. 여주지역의 토지이용은 농촌 토지이용의 감소와 도시적 토지이용의 완만한 증가세를 보인다. 완만한 속도의 도시화를 나타내는 기능으로서 관광농업이 나타나고 농업 외 겸업 활동이 비교적 활성화되고 있다. 여주지역 육로교통(고속도로 통과)의 발달은 생활 공간상의 입지이동에 큰 영향을 주었다. 수도권 외곽의 농촌이던 이곳은 도시화가 더딘 곳이었지만, 곧 전철 등의 개통 등 교통의 발달과 함께 도시화가 가속화될 지역이라 할 수 있다. 치밀한 도시계획이 수행될 때, 쾌적한 도시 주거환경 지역으로 변모할 것이 예상된다.

1. 서론

1) 연구 동기

최근 인문지리학의 연구 경향 중 지역 지리 연구에 많은 관심이 주어지고 있는 것을 주목할 수 있다. 세계화와 지방화가 동전의 앞면과 뒷면의 관계인 것처럼 지방자치의 활성화에 힘입은 지역의 개성 있는 발전은 곧 세계화의 지름길로 가는 것과 같다.

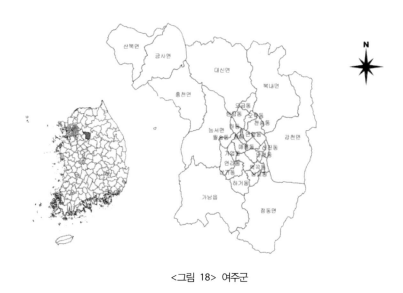

<그림 18> 여주군

수도권의 인구 증가와 교통의 발달에 힘입어 수도권 농촌지역은 급속도로 변화하여 가는 과정에 있다. 그 동안 변화속도가 수도권의 타 지역들에 비해 완만한 곳은 동부 및 동북부 지방이었다.[1] 이보다

---

[1] 손용택, 1996, "대도시 주변 농업 공간의 구조변화; 수도권을 사례로", 동국대학교 박사학위 논문, 미간행.

는 덜 하지만 동남부의 여주 및 이천 지방도 수도권 농촌지역으로서 비교적 발전속도가 더딘 편이었다. 특히, 여주는 조선조 역사 유적이 많이 남아있는 관광지로서도 그 의미를 찾을 수 있는 곳으로서 발전 잠재력이 충분한 곳이라고 볼 수 있다. 수도권 전철이 여주지역을 연결하여 서울까지 1시간대 이내로 거리 마찰을 좁힐 수 있을 경우 이 지역의 발전속도는 가속화될 것으로 전망된다.

따라서 본 연구에서는 이러한 여주지역에 대한 토지이용과 주민들이 생각하는 생활 거주공간으로서 선호의 정도를 살펴 그 결과를 정리해 놓음으로써 여주지역 발전 방향의 미래를 예측할 수 있을 뿐만 아니라 주민들의 의식을 반영한 바람직한 발전 방향을 제시할 수 있는 기초연구로서 의미를 부여할 수 있을 것이다.

2) 연구의 내용과 방법

연구의 내용으로는 첫째, 최근 10년 동안의 여주군의 토지이용 변화를 조사하여 수도권 농촌지역의 도시화 정도를 파악하고자 한다. 둘째, 여주지역의 현주소를 진단하고, 미래의 바람직한 발전 방향은 무엇인지 예측해 보기 위해 설문조사를 실시하고, 이를 해석한다. 셋째, 지형도 상에서 특정 사례 마을들을 택해, 과거와 오늘날의 생활공간 입지의 변화를 추적한다. 끝으로 이상의 연구 내용을 바탕으로 여주지역의 미래를 예측하고, 대안을 제시한다.

연구의 방법으로는 첫째, 여주지역의 토지이용 변화를 살피기 위해 군 통계연보를 바탕으로 지목을 조사하였다. 농촌적 토지이용과 도시적 토지이용으로 분류하여 그 지목 면적, 필지 규모와 필지 수의 변화를 살폈다. 둘째, 설문조사를 통해 수도권농촌 지역 마을의 농업 활동 실태와 주민들의 의식을 조사하였다. 조사내용은 이농실태, 관광농업과 취미농업, 겸업 활동 실태, 농촌주민들이 생각하는 문제점 등이다. 셋째, 여주(驪州)의 과거 지형도(1965, 1975, 1984)와 현 지형도 (2003)상에서 사례 마을을 정하고 이들 마을들의 시계열적 생활 공간 상의 입지이동과 변화를 살폈다. 사례 마을은 시가지 지역, 나루터 취락, 늪지 마을, 내륙 배산임수촌, 도로변 마을을 각각 택했다.

본 연구에서의 제한점은 다음과 같다. 첫째, 설문지를 뿌리고 회수된 설문지의 회수지역 분포와 양이 고르지 못하며, 표집의 규모가 충분치 못한 한계를 지닐 수 있다. 둘째, 지형도상의 마을입지에 대한 변화 관찰은 다소 현실성이 떨어질 수 있다는 한계를 안고 있다.

2. 토지이용 변화

여주의 토지이용 변화는 이 지역의 변화 발전을 살필 수 있는 주요 기준이 될 수 있다. 시간이 경과하면서 농촌적인 토지이용과 도시적인 토지이용의 증감이 어떻게 달라지고 있는지를 살피는 것은 이 지역의 동태적인 변화양상을 추적할 수 있다.[2] 여기서는 편의상 농업적 토지이용에 해당하는 지목으로서 전, 답, 임야, 과수원, 목장 용지를, 도시적 토지이용의 지목으로는 대지, 공장용지, 도로, 유원지, 체육 용지 등을 골라 그 변화양상을 비교, 설명하고자 한다.

여주군의 밭 면적을 기준으로 한 농업적 토지이용은 1991년부터

---

2) 여주통계연보에 의하면 토지 지목별 현황에 전, 답, 과수원, 목장용지, 임야, 광천지, 염전, 대지, 공장용지, 학교용지, 도로, 철도용지, 하천, 제방, 구거, 유지, 수도용지, 공원, 체육 용지, 유원지, 종교용지, 사적지, 묘지, 잡종, 미복구 등으로 세세하게 분류하고 있다.

2001년에 이르기까지 작은 비율이긴 하지만 계속 줄어왔다. 답의 경우는 1996년 통계에 의하면 약간 늘었다가 다시 줄었으나 2001년도 기준으로 보면 1991년의 수준을 거의 유지하는 편이다. 임야는 소폭이기는 하지만 밭과 마찬가지로 계속 줄어드는 양상을 보여주고 있다. 그러나 과수원 면적과 목장용지의 면적은 10년 기간 동안 계속 증가추세를 보인다. 이들을 모두 합한 농촌적 토지이용은 전반적으로 줄어드는 추세이다.

결국 여주군의 토지이용은 도시화의 압력을 받아 점차 도시적 토지이용으로 잠식되어 가는 외측 접지라고 볼 수 있다.[3] 다만 여주이천 쌀의 명성을 이어오듯 논농사에 대한 농민들의 애착과 자부심으로 논의 면적은 정체 상태를 유지한 채 논농사 기술은 크게 향상되고 있는 것으로 보이며, 대도시 소비시장을 향한 과수 농업과 낙농업은 여전히 강세를 보여 조금씩 증가추세를 보이지만, 향후 더욱 도시화가 진전되면 이 기능 역시 축소되면서 더욱 더 거리가 멀어진 수도권 농촌의 외곽으로 밀려날 것으로 예측된다. 1990년대 중반 수도권 전체 지역을 대상으로 한 연구에서 이러한 패턴이 입증된 바 있다.[4]

---

3) 수도권의 서울특별시를 중심으로 시 경계에 접한 군이나 시를 내측접지, 그리고 내측접지 외곽의 수도권 교외 지역을 외측접지로 분류하여 설명한 것이다.(손용택, 1996, 대도시 주변 농업공간 구조의 변화; 수도권을 사례로, 동국대 박사학위 논문)

4) 손용택, 1996, "대도시 주변 농업공간의 구조 변화; 수도권을 사례로", 동국대 박사학위 논문, 미간행, 48-62.

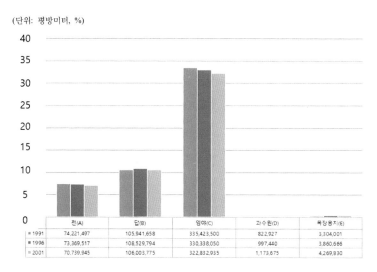

	전(A)	답(B)	임야(C)	과수원(D)	목장용지(E)
1991	74,221,497	105,941,658	335,423,500	822,927	3,304,001
1996	73,369,517	108,529,794	330,338,050	997,440	3,860,666
2001	70,739,945	106,003,775	322,832,935	1,173,675	4,269,830

<그림 19> 여주군의 농업적 토지이용 변화

(단위: 백만m²)

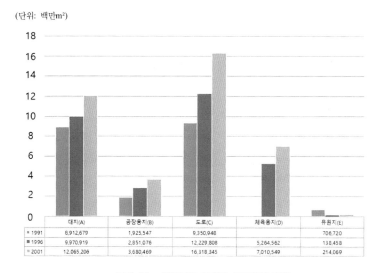

	대지(A)	공장용지(B)	도로(C)	체육용지(D)	유원지(E)
1991	8,912,679	1,925,547	9,350,948		706,720
1996	9,970,919	2,851,076	12,229,808	5,264,562	138,458
2001	12,065,206	3,680,469	16,318,345	7,010,549	214,069

<그림 20> 여주군의 도시적 토지이용 변화

여주군의 지목 가운데 대지, 공장용지, 도로용지, 체육 용지, 유원지 등 도시적 토지이용 면적은 전반적으로 늘고 있다. 이들 지목 가운데 유원지 정도만 줄었다가 다시 회복되는 추세를 보이고, 도시적 토지 이용 모든 지목에 걸쳐 증가추세를 보여준다. 도시적 토지이용이 증가하고 있다는 것은 여주군 지역이 꾸준히 도시화의 압력을 받으며 진행 중인 것을 의미한다.

(단위: 백만m²)

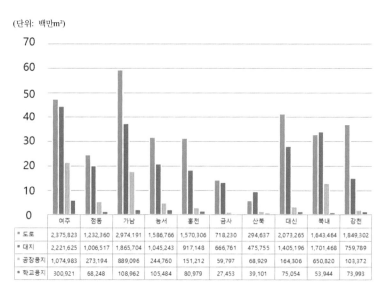

	여주	점동	가남	능서	흥천	금사	산북	대신	북내	강천
■ 도로	2,375,823	1,232,360	2,974,191	1,586,766	1,570,306	718,230	294,637	2,073,265	1,643,464	1,849,302
■ 대지	2,221,625	1,006,517	1,865,704	1,045,243	917,148	666,761	475,755	1,405,196	1,701,468	759,789
■ 공장용지	1,074,983	273,194	889,096	244,760	151,212	59,797	68,929	164,306	650,820	103,372
■ 학교용지	300,921	68,248	108,962	105,484	80,979	27,453	39,101	75,054	53,944	73,993

<그림 21> 여주군 읍, 면별 도시적 토지이용 지목 면적(2001)

10개의 읍, 면 단위 지역들 가운데 대지가 차지하는 비율이 높은 지역들은 여주읍, 가남면, 흥천면, 북내면 등이다. 공장용지가 차지하는 비율이 높은 지역들은 여주읍과 가남면이 다른 지역을 단연 압도한다. 도로용지의 비율이 높은 지역으로는 역시 여주읍과 가남면, 흥천면 등의 지역들임을 알 수 있다. 이를 종합해 보면 여주군 내의

10개 읍, 면 단위 지역 가운데 앞서가면서 도시화를 견인하는 곳들은 여주읍과 가남면, 홍천면 등임을 알 수 있다.

반대로 이들 10개의 단위 지역들 가운데 밭이 차지하는 비율이 높은 곳은 능서면, 홍천면, 가남면, 대신면 등이다. 논의 비율이 높은 지역들은 홍천면, 능서면, 가남면 등이다. 그리고 임야면적의 비율이 높은 지역은 산북면, 강천면, 금사면, 점동면 등의 순이다. 가남면과 홍천면은 국지적으로 도시화가 빠르게 진전되는 지역이면서도 농업적 토지이용과 관련한 지목의 면적이 넓은 단위 지역들임을 알 수 있고, 능서면, 산북면, 강천면, 금사면, 점동면 등은 순수 농업적 토지이용의 지목 면적이 넓으면서 외측 접지의 농촌적 경관을 잘 보전하고 있는 것으로 예측할 수 있다.

(단위: 백만m²)

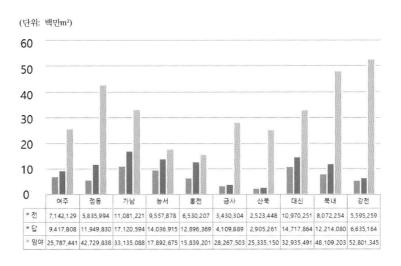

	여주	점동	가남	능서	홍천	금사	산북	대신	북내	강천
전	7,142,129	5,835,994	11,081,221	9,557,878	6,530,207	3,430,304	2,523,448	10,970,251	8,072,254	5,595,259
답	9,417,808	11,949,830	17,120,594	14,036,915	12,896,369	4,109,889	2,905,261	14,717,864	12,214,080	6,635,164
임야	25,787,441	42,729,838	33,135,088	17,892,675	15,839,201	28,267,503	25,335,150	32,935,491	48,109,203	52,801,345

<그림 22> 여주군 읍, 면별 농촌 토지이용 지목 면적(2001)

3. 주민들의 생활 변화

1) 이농(離農)

여주군의 각 읍, 면의 자연마을(행정단위 리)에 대한 설문지 조사를 통해 외측 접지의 농업에 대한 이농상태를 파악할 수 있었다.[5]

<표 8> 여주지역의 이농 현황

지 역	이촌 농가	폐농가	폐농지
여주읍 매룡리	1농('01년)	없음	없음
흥천면 신근리	없음	없음	없음
흥천면 하다리	2농('01년), 7농('02년), 10농('03년)	5채	없음
흥천면 외사리	2농('03년)	없음	없음
점동면 관한리	없음	없음	없음
점동면 당진2리	2농('01년), 1농('02년), 2농('03년)	1채	200-500평
점동면 삼합2리	없음	없음	2000평 이상
대신면 가산1리	없음	3채	없음
능서면 내양1리	2농('02년), 3농('03년)	4채	없음
능서면 마래리	없음	1채	없음
강천면 적금2리	없음	1채	없음
강천면 부평1리	1농('02년)	없음	500-1,000평
금사면 궁리	없음	없음	없음
금사면 도곡리	없음	5채	1,000-2,000평
가남면 건장리	없음	없음	없음
북내면 운촌리	없음	1채	100평 내외

출처: 필자의 설문조사

---

5) 읍, 면별 단위 지역 9개에 속한 행정 리를 대상으로 무작위 추출하여 2003년 12월 10일에 설문을 뿌리고 12월 31일까지 들어 온 16개 마을의 응답을 분석하였다(산북면 제외).

여주읍 매룡리, 흥천면 신근리, 하다리, 외사리, 점동면의 관한리, 대신면의 가산 1리, 능서면의 내양 1리, 점동면의 당진 2리, 삼합 1리, 강천면의 적금 2리, 금사면의 궁리, 능서면의 마래리, 도곡리, 가남면의 건장리 등 자연마을의 이장을 맡고 계신 분들로부터의 답변을 토대로 하였다.

설문조사에 응한 여주군의 16개 자연마을 가운데 근래 3년(01년-03년) 간 이촌 농가가 나타난 마을은 6개이다. 흥천면의 하다리 마을에서는 2001년도에 2가구, 2002년도에 7가구, 2003년도에 10가구 등 최근까지도 이농 현상이 두드러지게 나타나고 있다. 흥천면의 외사리에서도 2003년도에 2가구의 이농이 있었다. 이농 가구가 나타나는 5개 마을 중 2개가 흥천면 소재의 마을이고, 점동면의 당진 2리, 능서면의 내양 1리, 강천면의 부평 1리 등의 마을에서 이농 농가가 나타남을 알 수 있다.

한편, 마을 내에 이농 이후 버려진 채로 있는 폐농가 분포 상태를 조사한 결과 16개 자연마을 가운데 절반이 넘는 8개 마을에 폐농가가 있는 것으로 밝혀졌는데 흥천면 하다리와 금사면 도곡리에 각 5채씩 폐농가가 나타나고 능서면 내양 1리에서 4채, 대신면 가산 1리에 3채, 그 밖의 마을들에서 1채씩의 폐농가 분포를 보인다.

또한 일손이 모자라거나, 수익성 면에서 채산성이 맞지 않아 버려진 상태의 폐농지 유무를 묻는 설문에 대해서는 16개 마을 중 5개 마을에서 폐농지가 있다고 답하였다. 100평 내외에서 2,000평 이상까지 급간을 다양하게 두고 묻는 설문에 대해 5개 마을의 폐농지의 규모는 최소 100평 내외부터 2,000평 이상까지 다양한 분포를 보인다.

<표 9> 여주지역의 관광농업과 취미농업

지 역	관광농업 종류	주말농장
여주읍 매룡리	없음	없음
흥천면 신근리	없음	없음
흥천면 하다리	예절교육 서당, 도자기 체험장	없음
흥천면 외사리	없음	없음
점동면 관한리	인터넷 주문 농산물 직판	없음
점동면 당진2리	없음	없음
점동면 삼합1리	인공 낚시터	없음
대신면 가산1리	없음	없음
능서면 내양1리	없음	없음
능서면 마래리	없음	없음
강천면 적금2리	없음	없음
강천면 부평1리	없음	없음
금사면 궁리	농장 가두매점	200-300평
금사면 도곡리	농장 문전판매	100-200평
가남면 건장리	인공 낚시터	없음
북내면 운촌리	인공 낚시터	없음

출처: 필자의 설문조사

이상의 내용으로 볼 때 수도권 농촌의 외측 접지에 해당하는 여주
군의 마을들 가운데 도시화가 더딘 외지 마을들에서는 지금도 활발
히 이농 현상이 벌어지고 있음을 알 수 있다.

16개 자연마을 가운데 관광농업이 행해지는 곳은 7개 마을이므로
약 절반에 가까운 마을에서 관광농업이 행해지고 있다.6) 관광농업
으로는 도자기 체험장, 예절교육장으로서의 서당운영, 인터넷 주문

---

6) 관광농업이란 농촌에서 행해지는 취미농업, 주말농장, 인공 낚시터, 농산물이나 과일의 가두
매점 또는 문전판매 등 중심도시(서울) 외곽의 접지에서 행해지는 도시민 관광객을 상대로 하
는 농촌 기반형 상업 활동을 일컫는다.

농작물 직판, 인공 낚시터, 농장 가두 매점, 농장 문전판매 등으로 나타난다. 이러한 종류의 관광농업들은 도시화가 왕성한 대도시 주변의 농촌지역에서 흔히 나타나는 기능들과 일치한다. 곧 여주군의 마을들에서도 대도시 주변의 관광농원 형태가 나타나고 있음을 알 수 있고 도시화가 진행 중임을 나타낸다.

한편, 취미농업으로서의 주말농장이 운영되는 곳은 16개 마을 가운데 금사면의 두 곳뿐이다. 주말농장의 운영이 뚜렷하지 않은 것은 대도시로부터의 거리가 멀어 이러한 기능이 활발히 일어나기에는 적절치 않은 것으로 판단된다.

마을 단위의 주요 소득원이 무엇인가를 묻고, 보기로서 관광, 공업 활동, 상업 활동, 농업 활동, 기타 등의 항목을 주고 고르도록 하였다. 16개 마을 가운데 15개 마을에서 주요 소득원은 농업 활동에 의한 것이라고 답함으로써 지역 경제활동의 기반은 여전히 농업 활동에 의존하는 농촌적 성향을 띠고 있음을 알 수 있다.[7] 읍, 면 소재지를 제외한 여주군 농촌 마을들의 생계의 주축은 여전히 농촌경제에 의존하고 있음을 알 수 있겠고, 한편 이렇게 응답하고 있는 이면에는 주민들의 정서상 농촌사회에 대한 미련과 함께 심리적 안정감과 같은 정서적 뿌리를 두고 있는 영향도 있을 것으로 여겨진다.

그것은 다음에서 논하는 것과 같이 겸업(부업) 활동에 대해 구체적으로 묻고 비율을 물어보는 질문에 대한 답을 통해서 순수 농업 활동에만 의존하고 있지 않음을 확인할 수 있기 때문이다.[8]

응답한 16개 마을 중에 겸업(부업)을 행하고 있는 농가가 있는 마

---

7) 강천면 적금 2리에서만 기타란에 잘 모르겠다고 답하였다.

8) 농업 외 소득이 순수 농업 소득보다 적은 경우를 1종 겸업, 많은 경우를 2종 겸업으로 분류한다.

을은 13개 마을이나 된다. 일정 거리를 두고 겸업(부업) 활동이 행해지는 장소는 여주군 내의 여주읍 또는 인근의 면 소재지, 여주군과 접해있는 이천시와 장호원읍 등지이다. 겸업 활동이 마을 내에서 행해질 경우는 도보 30분 이내의 거리가 대부분이고, 마을 밖 일정 거리를 둔 겸업 활동 장소까지의 교통소요시간은 버스로 30분에서 1시간 정도의 거리를 넘지 않았다.9) 이와 같은 패턴은 1990년대 중반 수도권 농촌지역 전체를 대상으로 조사한 결과와 크게 달라지지 않은 것임을 알 수 있다.10)

한편, 전체 농가 중에 겸업(부업) 활동으로 인한 소득이 농업 소득보다 높은 농가(2종 겸업농가)의 비율이 얼마나 되는가를 묻는 질문에 대해서 12개 마을 중 10% 정도라고 답한 곳이 6개 마을, 30% 정도라고 답한 마을이 3개 마을, 50% 이상이라고 답한 마을이 3개 마을이었다.

부업으로 행해지는 일들은 날품팔이(막노동), 인근 이천시의 현대전자서비스센터에서의 아르바이트, 작은 회사 경비, 가내수공업, 식당 주방 아르바이트, 포장지 접기, 비닐하우스 작업, 포대(자루) 만들기, 공장, 골프장 아르바이트, 마늘 까기, 도자기 공장 등 다양하다.

이상을 통해 볼 때 수도권 농촌지역 중에서도 외측 접지에 속하는 여주군의 설문에 답한 16개 마을 가운데 12개의 마을에서 겸업 활동이 이루어지고 그 장소는 인근의 시나 읍, 면 소재지를 중심으로

---

9) 외지에서 겸업(부업)에 종사할 때 소요되는 교통 시간의 급간은 '① 도보 30분 이내', '② 버스(자가용)로 30분 이내', '③ 버스(자가용) 1시간 정도', '④ 버스(자가용)로 1시간 이상과 같이 네 개 급간을 두었다. 그리고 겸업(부업) 일거리로서 전국 각지의 일터를 찾아 떠돌아다니는 노무자의 경우는 여기서 논외로 함.

10) 손용택, 1996, "大都市 周邊 農業空間의 構造變化; 首都圈을 事例로", 동국대학교 박사학위 논문, 미간행, 124-129.

행해지고 있으며 소요시간은 30분에서 1시간 정도 소요된다. 겸업 (부업) 활동으로 인한 소득이 순 농업 소득보다 높은 농가의 비율은 10%에서 50% 이상까지 다양한 폭을 보였다.

<표 10> 여주지역 주민들의 겸업 활동

(겸업농가/전체 농가)

지 역	겸업농/전체농	겸업 장소	이동 소요시간	2종 겸업 소득률
여주읍 매룡리	7/45	여주읍	도보 30분 이내	30%
흥천면 신근리	12/20	여주읍, 이천시	버스 30분 이내	50% 이상
흥천면 하다리	10/102	이천시, 여주읍	버스 30분 이내	10%
흥천면 외사리	25/200	외사리 마을	도보 30분 이내	10%
점동면 관한리	11/57	장호원읍, 점동면	버스 30분 이내	10%
점동면 당진2리	없음	-	-	-
점동면 삼합1리	5/36	점동면	도보 30분 이내	10%
대신면 가산1리	3/58	여주읍	버스 30분 이내	-
능서면 내양1리	7/52	여주읍, 능서면	버스 1시간 이상	50% 이상
능서면 마래리	70/110	여주읍, 이천시	버스 1시간 정도	30%
강천면 적금2리	없음	-		-
강천면 부평1리	5/48	강천면, 전국(노무)	버스 30분 이내	10%
금사면 궁리	없음			-
금사면 도곡리	5/46	광주군 실촌면	버스 30분 이내	30%
가남면 건장리	10/10	가남면, 이천시	도보, 버스(30분)	50% 이상
북내면 운촌리	5/110	가남면, 여주읍	버스 1시간 정도	10%

출처: 필자의 설문조사

한편 설문에 응답한 16개 마을에서 농업 또는 농촌사회의 여러 문제점과 관련하여 가장 염려되는 일은 무엇인지 묻는 설문에 대해 외국 농산물 수입개방으로 농업 활동이 무력해지고 있다는 응답이 가장 많았다.[11] 그리고 도시화 바람을 타고 외지 사람들이 들어와 마을의 미풍양속이 무너지고 풍기문란 등 사회 환경이 나빠지고 있다는 답과 공장 등이 들어서고 아파트가 무질서하게 들어서는 등 아름다운 자연환경이 없어지고 마을이 점차 오염되고 있어 걱정된다는 답도 나왔다.[12]

그 밖에 수변구역이라는 제한조건 때문에 모든 경제활동을 할 수가 없게 되었을 뿐만 아니라 재산권까지 침해받고 있어서 앞으로의 삶이 막막하다는 답과 함께 평당 30만 원을 넘던 땅값이 수변구역 규제조치 이후 현재는 3만 원에도 거래가 되지 않을 만큼 상황이 바뀌어 버렸음을 예로 들고 있다. 한편 1차 산업의 경시 풍조로 인해 농민들의 생산의욕 저하와 정부 정책에 대한 불신이 강하게 표출되고 있다. 마을을 지키며 9대째 사는 모 이장은 농촌경제의 피폐화를 지켜보며 과연 농업에 계속 종사해야 하는지 의문이 생기고, 농촌인구 고령화에 따른 일손 부족 현상의 심화, 농기계 공급가격의 불합리(농민들은 상대적으로 고가로 인식) 등은 더욱 농민들의 마음을 무겁게 한다. 정부에서 한두 개 기업의 공적자금 투입액을 농촌에 투자할 경우 농가 부채 탕감의 해결 실마리를 찾을 수 있음에도 1차 산업의 경시 풍조로 해결되고 있지 않다고 불만을 토로하기도 한다. 게다가 외지인들이 논밭과 임야를 투기로 마구 사들이고 있으므로 농촌의 땅값이 계속 상승하는 것도 문제점으로 지적되고 있다. 젊은 노동인력이 빠져나가 농촌 일손이 모자라는 노령화 문제에 대해 '젊은이들이 사라지니 마을 내에 아기 울음소리가 없다'라는 대답은 수도권

---

11) 15개 마을의 이장님들 답 중 62%를 점한다.
12) 전체 답 중 이에 대한 것은 각각 9.5%를 점한다.

농촌지역에서도 이러한 곳이 있음을 실감케 한다.

사는 마을이 마음 편하게 정붙이고 살 만한 곳이라고 생각되는 면이 있다면 무엇인지 묻는 질문에 대해 오랫동안 서로 의지하며 믿고 살 수 있는 좋은 이웃이 많아서 좋다고 답한 경우가 제일 많았다.[13] 이어서 공기도 맑고 푸른 산이 많으며, 맑은 물이 흘러 살기 좋다는 내용에도 많은 사람들이 동의하였다.[14]

4. 생활공간의 입지변화

여주읍의 생활 지역 공간변화를 살피기 위해 1965년도부터 2003년에 이르는 기간 동안 일정 연도에 간행된 1:25000 지형도를 바탕으로 몇 개의 마을을 골라 변화를 추적하였다.[15] 도시화 되어가는 정도를 살피기 위해, 여주읍에 속하는 마을들 중 과거 나루터 취락으로 발달했던 '우만이(又晩里)' 취락과 '브라우' 취락, 그리고 남한강 모래강변 안쪽에 위치한 늪지 마을인 '연촌'(淵村), 강가로부터 비교적 안으로 들어와 있으면서 산 아랫마을로 입지한 매룡리 '용강골', 여주 읍의 남쪽을 거치는 국도, 즉 오늘날의 영동고속도로 변의 마을인 '멱골' 등의 지형도 상에 나타난 가구 수의 밀집도와 변화를 통해 흥망성쇠를 추적하고 원인을 해명해 보고자 하였다.

---

13) 설문의 답 중에 53%가 본 항목에 동의함.

14) 본 내용에 대해서는 응답자의 47%가 동의를 표함.

15) 애초 일정한 간격을 두고 간행된 지형도상의 공간변화 모습을 비교해 보고자 하였으나 지형도 구득의 어려움이 있어 65년, 75년, 84년, 2003년의 지형도를 비교하게 되었다. 특히 90년대 중반에 간행된 지형도를 구해 함께 비교하지 못한 점은 아쉬움이 있다.

1) 읍내 시가 지역(상리上里, 하리下里, 창리倉里)

여주군에서 가장 인구집중이 뚜렷하고 시가지화도 분명하여 도시화가 진행되고 있는 곳은 예나 지금이나 여주읍이고 읍내에서도 남한강 변의 옛 여주나루 부근의 상리(上里), 하리(下理), 창리(倉理)를 중심으로 한 일대이다. 그러나 경제개발 5개년 계획이 입안되어 궤도에 오를 무렵인 1965년도의 이 지역은 가구의 뚜렷한 밀집 양상은 보였지만 도시적인 토지이용 면모로서의 시가지화된 모습을 보이기에는 이른 단계였다. 10년 후인 1975년도의 이 일대는 북쪽에 남한강 변을 면하고 지척에 여주나루를 둔 상리와 하리는 괄목할 만한 시가지화된 모습을 보이게 된다. 남쪽의 창리 일부도 시가지화된 토지이용의 모습을 보이게 된다. 이 당시 여주군 전체에서 포장된 도로는 여주읍의 남쪽을 지나가는 50번 국도뿐이다.16) 그 후 9년이 지난 1984년이 되면 이 일대는 건물지대로 자리 잡으면서 명실공히 시가지(built-up area)로 더욱 확대된 변화 모습을 보여준다. 시가지 내의 도로망은 격자 상의 질서정연한 모양을 띤다. 당시 지형도 상의 4번 도로(수원-강릉 간 고속국도)와 상리, 하리, 창리의 시가지를 남북으로 관통하는 7번 국도가 포장되어 간선도로의 역할을 한다. 이후 19년이 경과한 후 2003년도에는 이 일대의 시가지화는 더욱 뚜렷하여지고 건물 및 상가지대가 크게 확장되며 포장도로는 거미줄처럼 여주읍 내를 연결하여 발달된 모습을 보여준다.

---

16) 이 도로가 후에 수원-강릉 간을 잇는 영동고속도로가 된다.

<표 11> 사례 마을의 호(戶)수 변화(단위: 호)

구 분	나루터 취락		강변 늪지촌	내륙 배산임수촌	노변 마을
	우만이 마을	브라우 마을	연촌(淵村)	용강골	먹골
1965	38	33	8	12	23
1975	30	35	24	18	28
1984	39	34	22	17	30
2003	9	8	4	4	8

출처: 1965년, 1975년, 1984년, 2003년 국립지리원 간행 1:25000 지형도에서 취함

2) '우만이'와 '브라우' 마을(나루터 배후 취락)

여주 나루 인근의 배후지 마을로 발달한 상리, 하리 등은 오늘날
의 여주읍 내 중심가로 크게 발달하면서 주변의 창리까지 합하여 도
시적인 시가지로 변화된 반면, 규모는 작지만 같은 나루터의 배후지
마을로 발달하여 1965년, 1975년, 1984년의 지형도상에 마을의 커
다란 흥망성쇠 없이 일정 규모를 유지하던 '우만이' 마을과 '브라우'
마을은 19년 후인 2003년도에 호수가 1/4 이하로 줄어들었으며 명
맥만 유지하는 남은 호(戶)수마저 드문드문 흔적만을 남겨 여실히 몰
락한 마을로 바뀐 모습을 보여준다. 남한 강변에 발달했던 나루터
취락들이 육로교통이 발달하면서 현대식 교각을 갖춘 완벽한 다리
가 놓이고 거미줄과 같은 포장 간선도로망이 발달하면서 상대적으
로 쇠락의 길을 걷게 된 수운 교통의 명암을 보는 것 같다. 육로교통
이 흥하고 수운 교통이 기울면서 나타나는 시운이라 보인다.

<사진 5> 우만리 나루터

(촬영시기: 2013년 4월)

3) 강변 늪지 마을('연촌' 淵村)

강변 늪지촌인 '연촌'(淵村)은 1965년도만 하더라도 마을 규모가 8호에 그쳐 괄목할 만하게 발달한 마을은 아니었다. 그러나 1975년과 1984년도에는 약 세 배 정도가 커진 20여 호를 유지하다가 2003년도에는 과거 이상으로 몰락한 마을로 쇠퇴해 버린다. 이 '연촌'이야말로 시대상을 그대로 반영하는 영고성쇠로 보인다. 즉 경제발달 수준이 궤도에 오르기 전인 1960년대 전반만 하더라도 강에 대한 치수가 그리 용이하지 않았을 것이며 따라서 홍수 범람에 따른 대책이 완벽하지 못했을 것이므로 마을의 성장에 한계가 있었을 것이다. 다만 늪지를 활용한 논농사를 위해 일정 호수의 마을이 유지되었을 것으로 본다. 그러다가 경제발전에 박차를 가하는 시기인 1970년대를 거치면서 농어촌의 새마을 운동 등으로 마을의 모습이 일신하게 되고 정부 정책의 새로운 드라이브가 걸린 안전하고 편리한 새마을로 발달, 변모하면서 1980년대까지 '연촌'은 규모를 유지하였을 것이다. 그러나 세월이 지나면서 우리나라의 많은 농촌이 겪었듯이 이농의 바람이 불어닥치고 읍내나 대도시로 마을 주민들이 속속 떠나면서 호수가 크게 줄어들었을 것으로 판단된다.

4) 내륙 배산임수촌(용강골 또는 용광골)

내륙의 낮은 구릉을 끼고 입지한 마을인 경기도 여주군 여주읍 매룡리의 '용강골'은 늪지촌인 '연촌'의 흥망성쇠처럼 드라마틱하지는 않다. 수도권 농촌지역의 외측 접지에 해당하는 마을이며, 낮은 구릉을 옆에 끼고 있고 남한강의 작은 지류가 멀지 않은 곳을 흐르고 있어 농사에도 커다란 어려움이 없을 것으로 보이는 곳이다. 실제로 마을 근처 가까이에 이르도록 논으로 일구어 주변은 논농사가 행해지는 곳이기도 하다. 그러므로 마을이 입지하기에 적합한 작은 농촌 마을이라 할 수 있다.[17]

<그림 23> 용강골 마을 일대의 개관(2003년)

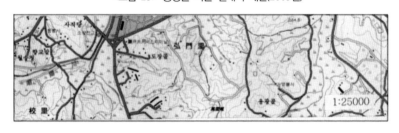

---

17) 지명 '용강골'은 2003년도 간행 지형도에 '용광골'로 나오는데 어느 것이 오기인지는 알 수 없다.

마을의 호(戶)수도 1965년의 12호에서 1975년의 18호, 1984년의 17호에 이르기까지 세월이 흐르는 동안 그다지 커다란 변화를 보이지 않았다. 그러다가 19년 후인 2003년도에 4호로 급격하게 호수가 줄어든 것은 다른 사례 마을들에서도 설명한 것처럼 이 시대에 우리 농촌에 불어닥친 이농의 여파를 반영한 것이라 할 수 있다. 일찍이 이 지역은 환경적으로는 안전하고 심리적으로도 편한 곳이라 할 수 있다. 이러한 환경을 입증하듯 2003년도 지형도상에는 '용강골' 마을 앞에 과거에 없던 작은 절 '명불사'가 들어 앉았다. 마을의 입지가 풍수에서 흔히 말하는 배산임수의 형국을 이루고 있기 때문에 외지의 사람들이 이사 들어와 살고 싶어 할 만한 마을이라 여겨진다.

5) 노변 마을(몌골)

'몌골'은 남한강의 작은 지류를 지척에 두고 있으면서 여주군 내에서 가장 일찍이 포장되고 이 지역을 경유하여 강릉까지 연결되는 국도변에 위치한 마을이다. 후에 영동고속도로가 되는 이 길은 1965년도에는 없었고, 따라서 '몌골'은 중요한 간선도로인 이 도로가 생기기 전부터 자연 발생한 마을이라 할 수 있다.

마을 호(戶)수의 증가 상황도 65년도에 23호, 75년도에 28호, 84년도에 30호로 서서히 증가하다가 19년 후인 2003년도 지형도상에서는 8호로 줄어들었다. 국도가 들어서기 전의 입지로 말하자면 양호한 배산임수의 조건이 '용강골' 못지않다. 오히려 남한강의 지류와 본류의 물을 당겨 관개용수로 이용하려 한다면 용강골보다 물에 가까이 있는 위치로 인해 더욱 유리한 입지라고도 할 수 있다. 후에 인근에 길이 놓이게 되었을 때 그만큼 타지와의 접근성이 좋아졌을 것이므로 어떤 면에서는 마을이 더욱 발달할 수 있는 조건이 되었을지도 모른다. 그러나 그것은 영동고속도로처럼 유통량이 큰 도로가 되기 이전 상태의 국도일 때 가능한 이야기일 것이다. 그 길이 포장 도로화되고 마침내는 영동고속도로로 기능이 확대되고 유통량이 커지면서 '멱골'의 주민들 입장에서는 시끄럽고 겁나는 '괴물'을 마을 앞에 둔 셈이고 쉽게 중간에 끼어들어 이용할 수도 없는 대로가 되었으므로 직접 접근하여 이용할 수 없다는 면에서는 접근성에서 멀어졌다는 불편함을 초래하였을 것이며 마을의 어린이들이나 풀어먹이는 가축의 처지를 생각한다면 정서적, 심리적으로 위험천만하다고 생각될 수 있을 것이다. 이와 같은 압박감이 작용하는 데다가 한국의 많은 농촌 마을들이 겪었듯이 이촌향도 현상이 예외 없이 '멱골'에도 거쳐 갔다고 추정해 볼 때, 2003년도 지형도 상의 마을의 호(戶)수가 크게 줄어든 것이 해명된다.

이상 다섯 군데의 사례 마을들은 경기도 여주군 여주읍이라고 하는 범위 내에 분포하는 생활공간들이다. 남한강이 굽이돌아 흐르는 강변을 가까이 둔 마을들이고, 크고 험하지는 않지만 수도권 내에서 가평과 양평에 이어 비교적 산지가 많은 자연환경의 절대적 입지를 바탕으로 성립한 마을들이다. 초기의 남한강을 중심으로 한 수운 교통의 발달로 흥했다가, 이후 육로교통의 발달로 쇠락의 길을 걷는 나루터 취락들의 흥망성쇠를 볼 수 있다.

강변 늪지촌은 수변 환경의 위험을 염두에 둔 주민들의 환경 인식의 대응방식에 따라 발전과 쇠퇴의 모습을 보였을 것으로 추정했다. 배산임수의 상대적인 내륙마을과 고속국도변 마을의 성장과 몰락의 원인을 설명해 보았다. 연구기간 동안의 생활공간의 변화는 대단히 변화무쌍하고 역동적이라 할 수 있다. 향후 이 지역의 시가지는 더욱 확대될 것이고 농촌과 관계된 기능과 토지이용은 계속 감소할 것으로 예측된다.

<사진 6> 오늘날의 여주역(경강선)

출처; 중앙신문(2019.6.9일자)

<그림 24> 경강선 노선

출처; 뉴시스(2019.4.22일자)

5. 결론

본 연구는 수도권 농촌지역인 여주지역의 토지이용 변화, 생활공간 변화, 생활실태의 변화 등을 살펴 급격하게 변화하고 있는 생활공간의 사례를 살펴 지역성을 규명코자 한 것이다. 여주지역을 사례로 한 본 연구 결과는 전국 대도시 주변의 교외 지역에서 나타날 수 있는 특징들을 살필 수 있는 사례연구이다.

본 연구에서는 농촌 성격이 강한 지목(예: 전답, 임야)과 도시적 성격이 강한 지목(대지, 공장용지, 도로용지 등)의 필지 변화와 면적변화를 중심으로 토지이용의 변화를 살폈고, 또한 설문지 조사를 통해 주민생활의 실태를 알아봄으로써 주민들이 느끼는 당면 문제점과 반대로 긍정적인 요소가 있다면 주거 선호 조건으로 무엇을 꼽을 수 있을 것인지를 조사하였다. 연구지역에 대한 시계열적인 생활 공간상의 입지변화를 지형도를 통해 추적하였다. 분석 결과 다음과 같은 결론을 얻었다.

첫째, 10년 동안 여주의 인구는 약간의 등락은 있었으나 전반적으로 인구가 감소하고 있다. 대도시를 향한 이농의 결과, 즉 사회적 감소에 기인한 것으로 보인다.

둘째, 읍 면별 단위 지역에 따른 다소 불규칙성은 인정되지만 농업적 토지이용(전, 답, 임야, 과수원, 목장용지 등)은 약간씩 줄어드는 경향을, 반대로 도시적 토지이용(대지, 공장용지, 도로, 유원지, 체육 용지 등)은 대체로 약간씩 증가하는 경향을 보인다. 즉, 도시화가 완만히 지속적으로 진행되고 있음을 알 수 있었다.

셋째, 도시화가 더딘 마을에서는 이농 현상이 두드러져 농촌 마을의 인구가 줄어들고, 동시에 폐농가와 폐농지가 나타났다. 관광농업이 서서히 출현하고 있으며, 농외 겸업 활동이 증가하고 있다. 즉, 도자기 체험장, 예절교육장, 인터넷 주문, 농작물 직판, 인공 낚시터, 농장 가두 매점, 농장 문전판매 등 관광 농업성 관련 기능들이 나타나기도 한다. 응답한 마을 가운데 80% 이상이 농업 소득보다 겸업소득이 높은 마을로 나타나 겸업 활동이 활성화되고 있음을 알 수 있다. 농촌사회 주민들이 가장 우려하는 것은 농산물 수입개방으로 인한 농업경제의 무력화를 들고 있다. 오로지 긍정적인 요소는 정든 이웃과 쾌적한 환경 속에서 살아온 점을 들고 있다.

넷째, 가장 급속히 변한 것은 교통로의 발달이고, 이에 따라 주거 생활공간인 마을의 입지변화가 괄목할 만하다.

이상의 내용을 요약건대, 여주지역은 수도권의 외측 접지에 해당하는 곳으로 농촌적 성격과 도시적 성격이 혼재하는 곳이며, 도시화의 속도는 완만한 편이다. 도시화의 가속도가 붙기 직전의 가변적 지역이라 할 수 있으므로 교통의 발달에 따른 도시화의 급물살을 대비한 계획이 제대로 수행될 때 쾌적한 도시 주거환경 지역으로 변모해 갈 것으로 기대된다.

오늘날 경기도 분당의 신분당선 판교역에서 여주역까지 이어주는 경강선 전철(2016년 9월 24일 개통)은 여주시에 활력을 넣고 있다. 서울의 아파트 가격이 치솟고 전월세 파동으로 인해 수도 서울의 베드타운으로서 기능 분담의 역할이 더욱 커지고 있으며 서울 강남권과 성남시 판교 일대 및 용인시 등지에 일터를 둔 젊은 층의 통근 역세권으로 부상중이다. 여주역에서 성남시 판교역까지 대략 1시간정도 거리이므로 출퇴근이 용이한 거리이다. 향후 가까운 시점에 경강선이 원주까지 연장 연결계획(개통 목표시기: 2023년)이 실현되면 강원도 최대 인구 규모 도시이며 종합도시로 성장한 원주(2021년 9월 기준 인구 35만 6천 명)와의 접근성이 좋아져 여주의 활발한 경제활성화는 더욱 가속화될 것으로 기대된다.

본 연구의 통계처리 기간(1991~2001)으로부터 20년이 지난 현재 여주의 지역변화는 예측 이상의 빠른 속도를 보이고 있음을 감지할 수 있다.

농촌마을 젠트리피케이션 연구:
구례군 광의면 온당리 당동 예술인
마을을 사례로*

연구지역인 구례군 광의면 온당리에 있는 당동(堂洞) 마을은 옛 남악사(南岳寺)가 있던 자리라는 뜻에서 유래한다. 10년 전 19가구의 작은 마을이 '예술인 마을' 31가구가 들어서고 새로운 이웃들이 추가로 들어오면서 65가구 마을로 발전했다. 이곳은 지리산 둘레길이 지나는 곳에 접해 외지인들의 발길이 잦고 햇볕이 잘 드는 아름다운 지리산의 넓은 완경사면에 입지한 것이 외부인들을 흡인하는 주요 요인이다. 군(郡)의 제안과 마을 지도자의 의지가 합하여 빚어 낸 '농촌 젠트리피케이션'의 전형이다. 이웃 마을(온동)에 30가구 전원주택 단지 조성을 계획하고 있는 것은 그 영향력의 확산이다. 마을의 비상주 가구는 물론 예술인 마을 13호의 상주 가구를 포함해 당동 65가구 주민들 중에는 대도시와 당동을 왕래하며 생활하는 '멀티 해비' 주민들도 다수 확인된다. 의무 주거 기간 종료 후 예술인 마을을 떠나는 주민도 나타난다. 작품전시 활동의 불편함과 적적함이 주 배

---

* 본 글은 2018년도 한국학중앙연구원 단독논문게재형 과제 '농촌마을 재활성화 공간의 특성연구 -전남 구례군 광의면 온당리 예술인 마을을 사례로-를 수행한 것임.

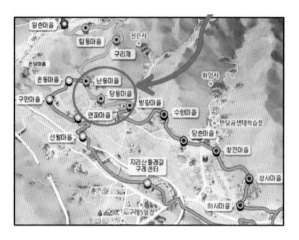

<그림 25> 지리산 둘레길 당동마을(예술인마을 소재)
출처: 지리산 둘레보고 홈페이지

출요인이다. 일반인도 입주 가능하나 작업실과 화랑을 낀 공간배치
는 불편하며 턱없이 높아진 지가와 주택가격은 예술인 입주희망자
에게도 높은 문턱이다.

1. 서론

산업화와 도시화 물결 속에 우리의 농어촌은 도시도 시골도 아닌
주소 불명의 장소로 변하거나 난개발로 인해 정체성의 혼란이 가속
화되고 있다. 그렇다고 해서 전통적인 모습과 풍속이 그대로 남아있
는 것이 바람직한 것만은 아니다. 역사는 변화를 반영하고 새로운
문화가 지역사회에 꽃피는 것은 지역 발전의 정책 방향이 어떻게 정
해지고 진행되는가가 관건이다. 그 결과로서의 삶의 공간을 추적하
여 특성을 밝혀보는 일은 지리학적으로 흥미로운 관심사이다.

1) 연구목적과 방법

연구지역이 있는 구례는 일반인들에게 지리산 오르는 길목으로 예부터 익히 잘 알려진 곳이다. 대체로 남도의 순수 마을들은 이렇다 할 사회 인프라, 이를테면 공항이나 철도, 고가고속도로 등 교통 인프라의 발달 속도가 더딘 편이다. 다행히 구례는 공항은 없으나 기차 편과 버스를 이용한 접근성이 양호한 곳이고 지리산으로 인해 천혜의 아름다운 자연환경이 잘 보전된 지역이라 할 수 있다.[1] 구례는 또한 남도의 인심이 온전히 살아있고 약초와 산채를 알아주며 청정 농산물이 생산되는 등 농산촌의 면모를 잘 간직한 곳이기도 하다. 지리산과 섬진강으로 인해 구례의 각 마을들은 아름답고 웅장한 자연환경을 접할 수 있는 공통점을 지닌다. 구례군은 작은 군이다. 그러나 자연환경이 수려하고 역사 문화유적이 산재해 포근하고 안정된 고장이다. 그래서 귀농 귀촌을 꿈꾸는 도시민들에겐 선호지역으로 여겨진다. 귀촌 귀농의 인기 지역으로 알려지면서 연 평균 1천여 명의 귀촌 귀농 인구가 밀려오고 또한 귀농 귀촌의 어려움으로 되돌아 나가는 사람이 8백여 명에 이른다고 지역민들은 말한다. 인구도 많지 않은 편이지만 면적에서 경북 울릉군 다음으로 작다. 당연히 22개 전라남도 행정 자치구역 시와 군 단위 중 가장 작다. '작은 것이 아름답다'라는 슈마허의 말은 구례에 정확히 맞는 말이다. 지리산으로 둘러싸인 분지에 입지한 구례는 적당히 작고 산지로 둘

---

[1] KTX, 새마을호, 누리로, 무궁화호 등을 포함해 상행 하행 각 21회씩이다. 버스노선도 구례에서 서울 남부터미널까지 하루 11회, 강남 센트럴시티까지 하루 1회 등 상행 하행 각 12회가 닿고 소요시간은 통상 3시간 10분을 잡고 있다. 우리나라에서 가장 먼저 1호로 지정된 지리산국립공원의 관문인 동시에 화엄사, 천은사 등 유명 사찰과 사성암, 운조루 등 관광명소, 산수유 축제로 유명한 산동마을과 교통이 편리해진 노고단 성삼재 등 가볼 곳이 많은 천혜의 관광지이며 국민의 사랑을 받는 청정지역이고 살기 좋은 장수 지역으로 알려진 곳이기도 하다.

러싸인 까닭에 순수한 농촌, 때로는 산촌의 모습을 간직하고 있는 마을들이 많다. 지역민들 중 혹자는 좁은 분지의 작은 고장이라 발전에 한계를 보인다고 여기는 사람들도 있지만 외지인들에게는 오히려 장점으로 비치기도 한다. 지리산을 끼고 섬진강이 흐르므로 들녘과 골짜기마다 순수한 청정지역 마을들이 산재하기 때문이다. 이 마을들은 친자연 환경의 어메니티가 높아 귀촌과 귀농의 적지로 여겨진다. 대도시 사람들의 지친 몸과 마음을 치유해 줄 수 있으므로 그들에게는 와서 살고 싶은 희망지역이 될 수 있다.

　본 논문의 연구지역은 구례에서도 아름다운 마을로 회자하는 곳이다. 구례군 광의면 온당리 당동 예술인 마을이다. 연구자는 당동의 예술인 마을을 전원주택단지의 한 분파로 간주하여[2] 당동의 마을 성격과 전원주택단지의 형성 배경 및 그 공간적 특성을 밝혀보려는 데 연구목적을 둔다. 연구지역인 온당리 당동 마을은 구례 화엄사 가는 길목 마을이다. 향이 좋아 햇볕이 잘 드는 지리산 완경사의 탁 트인 곳에 입지한다. 사시사철 계절의 아름다움으로 어메니티가 높은 마을이다. 사시사철 자연의 변화는 장관이다. 여름밤에는 물소리와 풀벌레 우는 소리로 자연의 교향곡이 울려 퍼지고 밤하늘의 달과 별은 머리 위로 쏟아진다. 가을철 단풍은 장엄하여 가슴을 설레게 하고 마을 머리 과수원마다 주황색 감들이 열려 풍성함을 선사한다. 겨울철 하얀 눈이 잠시 쌓였다가 녹아버리는 들녘엔 푸른 보리와 마늘이 때 아닌 푸른 들판을 이룬다. 밤마다 멀리 보이는 읍내의 불빛과 찻길의 달리는 불빛들이 환상적이다. 지리산을 배경으로 빛

---

2) 우리나라에는 예술인 마을, 박사 마을, 교사 마을(충남 금산), 한옥 마을 등 전원생활을 꿈꾸는 전문주택단지들이 전국에서 생겨나고 있다.

어진 남도 마을의 계절별 그림들이다. 환경이 아름다운 당동 마을에 변화와 혁신의 바람이 불어 10년 전에 예술인 마을이 조성되기 시작해 31가구가 들어서면서 자연 속에 박힌 보석처럼 예쁜 예술인 마을이 되었다. 지리산 완경사면에 완성된 작품으로 빛난다.3) 지리산 완경사면 마을에 닥친 변화의 단면을 들여다보고 온당리 당동 예술인 마을은 어떻게 조성되고 발전할 수 있었으며 추진 동인(動因)은 무엇인지, 문제점들은 없었는지, 있다면 어떠한 문제점들을 내포하고 있는지, 주택과 마을 공간의 특징은 어떠한지, 어떤 요인들이 입주민을 끌어들였고(흡인요인), 어떤 불편함을 느끼고 있는지(배출요인), 연구지역 마을을 바라보는 주변(타자)의 시선은 어떠한지 등을 연구 내용으로 한다. 연구 내용을 밝혀 농촌 전원마을의 '젠트리피케이션' 현상을 살피고자 함이 목적이다. 한편 연구방법은 첫째, 연구지역 파악을 위해 답사를 수행한다. 답사를 통해 마을의 자연적 인문적 입지 조건을 살필 수 있다. 둘째, 관계되는 사람들을 대상으로 질문지를 조사한다. 예술인 마을 주민들과 이웃 주민들, 마을의 지도자(예술인 마을 촌장, 당동 이장, 이웃 마을 온동 이장), 구례군청과 광의면 면사무소의 관계 공무원, 연구지역 콜택시 기사 등 관계되는 사람들에게 질문지 조사를 행한다. 질문지를 바탕으로 흡인요인, 배출요인, 마을 조성배경, 타자의 시선 등을 조사하기 위함이다. 마을 주변 타자의 시선과 관점을 조사함은 농촌의 젠트리피케이션 성공 여부를 가르는 하나의 객관적 관점을 살피기 위함이다.

셋째, 필요하다고 인정되는 사람들과 면담을 행하여 질문지 외적

---

3) 지역에 따라 차이가 있긴 하지만 보통 20가구 이상이면 전원주택단지 마을의 조성이 가능하다. 이 정도 규모일 때 지자체의 도움을 요청할 수 있기 때문이다. 당동 예술인 마을은 31가구이므로 필요충분조건을 갖춘 마을이다.

인 내용을 경청하고 분석한다. 31가구 마을 크기에 상주인구는 더욱 적은 수(13가구)이므로 면담과정은 필수적이다. 선별 인사는 예술인 마을의 운영위원과 촌장, 65가구 전체 당동의 전임 이장(개발 기간 중 8년 이상 이장직 수행), 예술인 마을 주민, 연구지역 콜택시 기사 등 연구자가 판단한 주요 인사들로 한다.

비상주 주민들은 주말과 휴가철에 오가므로 주말을 이용해서 이들과 면담을 실시한다.4) 타자의 시선에 대해서는 질문지 조사에 이어 면담을 통해서 더욱 깊은 내용을 알아낼 수 있으므로 필요 인사들과 면담을 행한다.

본 연구의 제한점은 질문지 조사와 해석, 심층 면담자의 선별 및 면담내용의 분석 등에 연구자의 주관적 기준을 적용할 수밖에 없다는 점을 미리 밝힌다.

2) 관련 연구의 검토

젠트리피케이션이란 슬럼화된 도심의 재개발과 지역 활성화에서 나온 말이다. 젠트리피케이션과 관련한 국내연구로는 수도권에 관한 연구가 많이 눈에 띈다. 예를 들면 서울시 젠트리피케이션에 관한 연구(최종석 외, 2018), 서울시의 상업 젠트리피케이션 속도연구(윤윤재 외, 2016), 강남의 역류성 젠트리피케이션(김필호, 2015), 삼청동길의 젠트리피케이션 현상연구(김봉원 외, 2010), 서울시 젠트리피케이션 종합대책(정은상, 2016), 성남시 젠트리피케이션의 발생 및 대응방안(조현수 외, 2016), 인천광역시의 신포동 젠트리피케이션 현상 연구(김준우,

---

4) 연구자는 2018년 5월 26~27일, 6월 15~16일, 7월 13일~16일, 9월 7~11일 등 4회의 답사를 통해 질문지 조사와 심층 면담을 실시했다.

2018) 등이다. 이밖에 전주 한옥마을의 젠트리피케이션 현상과 지역 갈등에 관한 연구(황인욱, 2016), 한국의 젠트리피케이션 유형과 사례(박태원 외, 2016), 문화특화지역의 상업적 젠트리피케이션 과정과 장소성 인식변화(김희진 외, 2016), 도시 재생과 젠트리피케이션 대응 방향(최명식, 2017), 발전주의 도시화와 젠트리피케이션 그리고 저항의 연대(신현방, 2016), 신개발 젠트리피케이션 관점에서 주택재개발 사업에 따른 장소 애착과 공동체 의식 및 주거만족도에 관한 연구(박새롬 외, 2016) 등 다양하다.

이처럼 젠트리피케이션은 도심 재생을 위한 개발의 의미에서 출발하였지만 최근에는 농촌의 인구 증가 및 재활성화와 관련하여 조심스럽게 '농촌 젠트리피케이션'의 용어를 사용하는 연구가 등장하기 시작했다. 오랫동안 촌락은 도시에 대한 타자로서 정적이고 자연적이며, 전통적인 공간으로 상상되어 왔다. 그러나 최근 여러 선진국에서는 인구학적 변화, 촌락 어메니티 향상, 교통과 통신의 발달 등 다양한 요인으로 인해 이도향촌 및 촌락의 인구 재증가 현상이 나타나고 있다. 우리나라의 수도권농촌 지역도 이미 이와 같은 경험을 통해 경기도의 인구 증가는 파격적이었다. 그밖에도 광역시급 주변의 농촌에서도 인구가 증가하는 지역을 발견할 수 있게 되었다. 지리학을 포함한 사회과학에서는 이를 주로 인구이동의 측면에서 '역도시화'라는 개념으로 설명해 왔지만 개념적 모호함을 밝히지 못하고 지속해 왔다. 보다 최근에는 사회 지리적 시각에서 개념적 정확성이나 접근방법을 둘러싸고 논쟁의 여지를 남기고 있으나 역도시화와 별도로 이와 같은 현상을 '촌락(농촌) 젠트리피케이션'이라는 틀에서 분석하기 시작했다(박경환, 2017). 그런데도 보다 근본적으로는 두 개념의 관계를 어떻게 설정하는가의 문제가 잔존하고 있다. 그리고 촌락의 인구 재증가를 둘러싼 두 가지 접근의 특성과 공통점, 차이점 등을 검토하고 있다. 현대 촌락의 지리적 변화를 이해하는 데에 이를 어떻게 해석하는 것이 적합할지를 모색할 필요가 있다.

2000년대 들어 우리나라는 소득 수준이 높아지고 여가가 증가함에 따라 삶의 질적인 면에 대한 일반인들의 관심이 높아졌다. 웰빙과 다운시프트5)의 라이프스타일을 추구하는 사람들이 많아져 도시 생활에서 지친 심신 스트레스를 자연환경을 통해 치유 받고 마음의 여유를 찾을 수 있는 전원생활을 찾게 됨으로써 전원 수요가 급증하는 추세이다. 우리나라도 미국, 일본과 같은 나라들처럼 은퇴인구의 수가 늘고 있고 인구노령화가 급속해지고 있어 이와 관련된 여러 현상들과 대안의 필요성이 정책적인 문제로 대두되고 있다. 현시점에서 은퇴인구의 주류층은 1950년대 중반부터 1960년 초까지 태어났던 현재 나이 60대 안팎의 베이비붐 세대들이다. 이들은 본인과 가족과 나라를 위해 치열했던 삶의 현장에서 이제 막 은퇴하기 시작한 세대로서 전원생활이 주는 심신의 치유와 전원적 여유로움을 찾기 시작한 전원생활의 수요층들이라 할 만하다. 뿐만 아니라 최근에는 전원생활에 대한 수요가 30, 40대의 젊은 층에서도 확산하고 있다. 친자연적인 전원생활에 대한 다양한 수요에 따라 주거 공간이나 일시적으로 머무르기 위한 농장 시설들도 나타나는데, 이를테면 컨테이너 하우스, 아트하우스(FRP 특수 플라스틱으로 조립), 목조 조립주택, 비닐하우스 등

---

5) 다운시프트(down-shift)란 경쟁과 속도에서 벗어나 여유 있는 자기만족의 삶을 추구하는 사람들을 일컫는 말이다. 영국 BBC방송이 스트레스가 많은 고소득 직종에서 보수는 적지만 근무시간이 적은 직업으로 옮겨가거나 각박한 도시에서 여유로운 지방으로 자리를 옮긴 사람들을 보도하면서 붙여진 이름이다.

다양한 공간 형태로 진화하고 있다. 특별히 교통여건이 좋아짐에 따라 비싼 대도시 근교보다 원거리 시골까지 공간 범위의 확대 현상이 뚜렷해지고 있다. 거의 전국을 대상 범위로 하며 심지어 도서 벽지까지 찾아가는 이들도 나타난다. 최근에 새로운 라이프스타일로 대두되고 있는 '멀티 해비테이션(Multi-habitation, 이하 멀티 해비)'도 이러한 맥락에서 이해할 수 있다. 시골에 집을 두되 도시에서 근무함에 따라 두 군데의 삶을 동시에 함께하는 현상을 일컬음이다.

농촌 지역의 활성화를 위한 각종 축제와 홍보 마케팅, 전문화, 특성화 등 지자체 정부에서는 도시인을 주 수요층으로 겨냥한 다양한 노력을 기울인다. 근대적 의미로 일컫는 '촌락성(rurality)' 즉 시골스러움의 특성은 도시에 대한 상대적이고 타자적인 성격을 지닌다. 공동체적이며 자연 친화적이고 평화로운 환경에서 심신을 편히 할 수 있고 긴장과 경쟁의 삶의 현장인 도시로부터 떨어져 있다는 지리적인 생각(상상을 통해 즐기는 것)만으로도 굴레에서 벗어난 자유로움을 느낄 수 있다(Hoggart 1990; Woods 2009). 과거에는 시골이라고 하면 사회적으로나 지리적으로나 도시하고는 뚜렷하게 분리된 성격의 지역으로 개념이 설정되었다. 그렇지만 이렇게 근대성에 바탕을 두었던 도시성과 촌락성(시골스러움)의 이분법적 구분은 서양의 선진자본주의 국가들에서 탈산업화가 진전되면서 그러한 도시성/촌락성의 경계는 거의 없어지거나 매우 흐려지고 있다(Mormont 1990; Woods 2009). 1차 산업을 위주로 하는 시골의 로컬 생산 기능이 여전히 행해지고 있으면서 도시로부터 온 여행객을 위한 여가, 관광, 오락, 체험 활동 등을 제공하는 서비스업의 성장이 두드러져 동시에 진행되고 있는 현실이다. 아울러서 교통 및 통신의 발달이 가속화되면서 당연히 도시세력권이 크게 확대되었다. 따라서 자연히 농업 활동에 기반을 둔 전통적인 시골 주민들의 생활양식과 도시적인 생활양식 간의 구별이 점점 더 모호해지고 있다(Phillips 1998; Woods 2009). 대부분의 지방 자치단체 정부에서는 시골의 지리적 정체성을 상품으로 내기 위한 노력을 경주하고 있으며 그 지역만의 특성을 강조하려는 장소 마케팅 전략을 경쟁적으로 펼치고 있다. 도시로부터 시골 지역으로 경제적, 사회적, 인적 자본을 끌어당기려는 정책에 경쟁적으로 절치부심하고 있는 것이다. 이와 같은 오늘날의 우리 농어촌의 변화는 도시에 대한 상대이자 이에 맞서는 대립 관계로 가는 것이 아니고 도시와의 역동적인 상호작용 속에서 이해할 필요가 있다. 시골에서의 전원 주택단지 형성은 도시 중상류층이 앞장서 전입하는 인구이동이 대부분이고 지방의 지자체에서도 이를 환영한다. 그러므로 이들이 거주하는 주택 및 기타 주거환경의 뚜렷한 특징, 그리고 이들의 공간 모빌리티 유연성과 시골 주민들과 차이가 나는 차별화된 생활양식의 특징 등을 고려할 때 젠트리피케이션6)이라는 개념으로 접근할 수 있다(Phillips 2005; 2010). 물론 도시로부터의 이주민들 중에는 모양 상 주거지는 시골에 두고 있으면서 도시 내의 직장으로 출퇴근을 하고 있으며 도시적인 생활양식을 유지하고 있다는 측면에서는 교외화라는 거시적 변화로도 이해할 수 있다. 그렇다고는 하나 이러한 상당수 도시의 이주민들은 시골에서의 공동체성이나 시골의 자연

---

6) 지역 전체의 구성과 성격이 변하는 것을 의미하기도 하며, 본래는 낙후 지역에 외부인이 들어와 지역이 다시 활성화되는 현상을 뜻하기도 한다. 최근에는 외부인이 유입되면서 본래 거주하던 원주민이 밀려나는 의미로 쓰이기도 한다. 도시지리 설명에서는 우선 임대료가 저렴한 구도심에 독특한 분위기의 개성 있는 상점들이 들어서면서 진행된다. 이들 상점들은 입소문을 타고 유명해지면서 유동인구가 늘어나고 대규모 프랜차이즈 점포들도 들어서고 임대료가 오르는 현상으로 설명하기도 한다.

친화성과 같은 시골 고유의 어메니티를 추구하여 이주하였다는 측면에서 볼 때, 나아가 이들 이주민들이 거주하는 전원주택단지들이 어쩔 수 없는 촌락성을 동시에 반영하고 있다는 측면에서 이들이 사는 시골의 공간을 도시권역에 포함하여 말하기에는 연결고리가 약하다.

교외화와 달리 역도시화로도 설명할 수 있는데, 이는 대개 도시화가 상당히 고도화된 단계에서 나타나는 현상이다(Berry, 1976). 도시로부터의 이주자들이 도시 생활에 상당한 거부감이나 회의를 느끼고 시골이 갖는 다양한 어메니티를 적극적으로 즐기면서 전유하려는 태도를 지닌다는 점에서 교외화와 차이점은 분명하다. 우리나라에서 2000년대 이후 나타나는 귀농 귀촌을 위해 시골 지역으로 주거를 옮기는 것은 이러한 사례와 닮은 것이라 할 만하다. 특히 우리나라의 경우에 대도시 주변 촌락을 중심으로 하여 전원주택이라 불리는 새로운 주택 경관의 등장이 매우 뚜렷하다. 목조한옥, 컨테이너에 각종 사이딩 주택, 빌라형 주택, 고쳐 사는 농가(리모델링 농가) 등 다양한 주택 종류들을 여기에 포함할 수 있을 것이다. 이제는 대도시권 주변에서뿐만 아니라 전국적으로 범위가 확대 추세이다. 주택 및 대지의 규모가 상대적으로 크고 경관 측면에서는 기존의 농가 및 단독주택들과는 뚜렷이 구별된다. 대체로 주택단지들이 적게는 10여 호에서 많게는 50여 호 정도까지 단지형 방식으로 공급되고 있다. 이른바 '전원주택단지'라 불린다. 앞서 지적했듯이 대도시 주변을 중심으로 했던 전원주택단지는 전국의 농어촌으로 범위의 확산을 보이는 추세이다. 역시 도시민들을 끌어들이기 위한 지방정부의 전략이다. 대체로 지방정부에서 최근 선호하는 규모의 기준은 20가구

이상이다. 이렇게 제도적이고 조직적인 행위자들이 주도하는 농촌 젠트리피케이션은 도시에서와 같이 개별 토지 및 건축물 소유자가 주도하는 방식과는 다르다.

앞에서도 말했듯이 흔히 지리학(사회지리학)에서 젠트리피케이션이라 함은 '도시 슬럼 지역의 재개발을 통한 활성화'를 의미했다. 그러나 이제는 이와 같은 현상은 전국의 농어촌 어디에서든지 지역의 활성화를 추구하기 위해서 귀촌 귀농 현상의 흐름을 타며 나타나고 있다. 대도시로부터 지나치게 멀리 떨어진 원거리 지역일 때 '교외화'로 설명하거나 부르기는 어렵다. 또한 우리나라의 경우 아직 전국적으로 도시화가 고도로 활성화되고 도시세력권이 확대된 상태라고 보기는 무리이므로 '역도시화'로 부를 수도 없다. 소수의 연구에서 '촌락 젠트리피케이션'이라는 용어를 쓰기 시작한 이유이다. 연구자는 광역시급 이상의 대도시에서도 멀리 떨어진 농어촌에서 여러 선진국에서와 마찬가지로 인구학적 변화, 촌락 어메니티 향상, 심미성의 만족 추구, 50% 이상의 도시 중산층의 유입과 입주민 구성, 교통과 통신의 발달, 이웃 마을로의 영향 확대 등 다양한 현상을 보이면서 이도향촌 및 촌락의 인구 재증가 현상을 부추기며 전국 도처에서 점점이 나타나기 시작한 현상을 '농촌(촌락) 젠트리피케이션'으로 부르는 입장에 서서 본 연구를 진행하고자 한다.

수려하고 장엄한 지리산 환경과 맑은 섬진강이 흐르는 마을로 알려진 고장 구례의 농촌 마을들은 귀촌 귀농 지역으로 각광을 받으면서 그 변화의 폭이 커지고 있다. 특히 광의면 온당리 당동 마을은 귀촌한 예술인들로 구성된 특수한 마을로 성장하였다.7) 예술 분야의

---

7) 전남 구례군 광의면 온당리는 온동, 난동, 당동 등 세 개 마을로 이루어진다. 10년 전만 해도

전문인들이 모여든 마을이므로 주제를 가진 농촌 젠트리피케이션의 사례로서 공간 특징을 규명해 볼 만한 연구의 대상이다.

2. 예술인 마을 조성배경

지리산과 섬진강이 어우러져 아름다움을 더하면서 귀농, 귀촌을 손짓하는 매력적인 구례는 분지로 이루어진 고장이다. 그 가운데 작은 마을 연구지역은 햇볕 잘 드는 지리산 완사면에 입지한 보석같이 아름다운 마을이라 주말이나 휴가철만이라도 와서 쉬었다가 가고 싶은 편안함과 여유로움이 돋보이는 곳이다. 이러한 장소적 특징은 흡인력을 가지고 예술인들을 끌어모으는 데 성공했다. 바로 지리산 산록 완사면 마을 온당리 당동 예술인 마을이다. 구례(求禮)군의 광의(光義)면 온당리는 온(溫)동, 난(蘭)동, 당(堂)동 세 곳의 자연마을로 구성된다. 지명의 뜻을 새겨보면, 구례는 예의를 찾고, 예의를 드러내는 고장이며, 의로움을 밝히는 마을이 광의면이다.

이 세 마을 중 당동이 제일 작았고 19호 수에 불과했으나 오늘날에는 65호의 큰 마을로 변했으며 쾌적하고 살기 좋은 마을로 거듭나고 있다(당동 마을 전 이장 이00 씨, 78세).

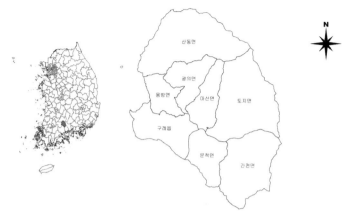

<그림 26> 전라남도 구례군 광의면

출처: 구례군청

온동은 양지바르고 따듯한 동네란 뜻이다. 난동은 난초와 같은 예쁜 화초들이 꽃동네를 이루는 동네란 의미이다. 그래서 난동에는 야생화단지를 만들어 지역의 정체성을 장소 마케팅 하고 있다. 이렇게 온당리의 온동, 난동은 따듯하고 양지바른 지리산 완경사면의 향이 좋은 마을들이다. 그런데 당동 마을은 그중에 마을 이름이 독특하다.

온당리 당동 마을의 유래비를 보면, 옛날 이 마을에 남악사(南岳寺)가 있던 곳, 즉 당(堂)을 지어 산신제를 올렸던 곳이고 그 전통이 남아 당동이라 불리고 있음을 밝혔다.

지리산신제를 올리는 남악사는 현재 화엄사 앞에 임시로 장소를 마련해 두고 있으나 본래는 구례군 광의면 온당리 당동 마을에 있었다는 것이다. 이를 위해 마을 사람들은 관공서에 근거자료를 알리고 학자들의 의견을 경청해 가면서 본래의 위치에 남악사를 복원하고자 노력하고 있다. 신라 시대에는 국가적 오악에 토함산, 지리산, 계룡산, 태백산과 충청도의 공산을 쳤었다. 고려 시대의 오악으로는 남원(구례는 당시 남원현에 속함), 강릉, 해주, 안변, 서울을 꼽았다. 남원현의 구례는 곧 지리산이 있는 곳을 의미하고 중악에 있는 서울은 곧 남산을 의미했다. 한편 조선 시대에 중요한 국가적 악에는 삼각산, 송악산, 지리산, 비백산을 꼽았다.[8] 이상에서 지리산은 시대를 불문하고 남악사 사당을 두고 산신제를 올렸던 명산임이 분명하다.

<사진 7> 조성 이전의 마을(구례군청 산업경제국 지역경제과 농업개발팀 제공)

---

8) 이들 내용은 허흥식(2001), 조선 초 산천단묘의 제정과 위상, 단군학 연구 4; 허흥식(2006), 한국 신령의 고향을 찾아서, 집문당; 문동규(2011), "지리산신제"에 대한 철학적 숙고-하이데거 사유를 중심으로, 범한철학, (50)2, 143-165. 등에서 확인할 수 있다.

<사진 8> 조성된 예술인 마을(구례군청 산업경제국 지역경제과 농업개발팀 제공)

그리고 그중에서도 온당리의 당동은 남악사의 신당을 모셨던 곳
으로 추정되는 특별한 의미를 지닌 곳이다. 그만큼 온당리의 당동은
유서 깊고 아름다우며 장소로서의 길지(吉地)였음을 추정할 수 있다.

당동 마을에 예술인 마을이 조성되는 과정을 알기 위해 마을 주민
의 이야기에 귀를 기울였다.

XX갤러리 카페의 손00 여인(62세)은 카페의 사장이다. 후술하겠지
만 입주 초기 멤버인 그녀를 통해 마을에 대한 많은 얘기를 들을 수
있었다. 당동 마을 전체 65가구 중 31가구가 예술인 마을을 구성하
고 34가구는 원래의 자연마을 원주민들과 새로 인근에 이사 온 사
람들이다. 예술인 마을 31가구 중 현재 상주하는 가구는 13가구이며
다른 이들은 주말 또는 휴가철에 드나든다. 예술인 마을 조성 초기
에 추진 동력이 된 출발그룹은 모 미술대학 소수의 교수팀(7인)이
다.9) 이들이 토지매입에 적극성을 띠면서 마을 이름도 '화가 마을'

로 하자는 의견에 힘을 실었었지만 나중 '예술인 마을'로 정착되었다. 그러나 마을 조성이 가능했던 진정한 출발 동력은 관(군청)에서 관계 직원이 나와 제안한 것에서 시작된다. 제안을 적극 검토하고 받아들인 마을 리더는 당시(2008년) 이장직을 맡고 있던 이00(남, 당시 68세) 씨다. 30가구 이상이면 28~32억 정도를 지원해 마을의 기반 시설을 완비하도록 지원해 준다는 제의를 추진 동력의 출발점으로 한다. 여기서 주목할 점은 마을 조성의 방식이다. 두 가지로 설명하는데 첫째는 공공기관 주도형이고, 둘째는 입주자 주도형이다. 조성 방식에 따라 지원 체제의 일사불란함 여부가 결정된다. 입주자 주도형은 주택조합을 결성해 입주를 원하는 주민들이 추진 주체가 되는 방식이다. 구성원 간의 협의 과정이 복잡하고 의견통일이 쉽지 않아 일사불란한 추진 동력에서 떨어질 수밖에 없다. 예술인 마을 조성은 관(군청)에서 먼저 제안하여 주도한 방식으로 볼 수 있으므로 추진 동력을 받은 경우이다. 마을 주민들은 입주자들이 적극성을 띠었으므로 '양자 혼합형' 운운하지만 엄밀하게는 관 주도형이다. 제안에 자신을 얻은 마을 이장은 팔을 걷고 나설 발판을 구축하고 힘써 리드할 수 있었다. 이00 씨의 가장 어려웠던 점은 마을부지마련이었다고 한다. 이에 대해서는 후술하기로 한다. 관에서의 제안을 계기로 조성이 시작된 것은 분명하기 때문에 관으로서의 군청과 광의면 면사무소 관계 공무원을 만나 면담을 요청했다. 공기관이 예술인 마을 조성에 구체적으로 어떤 일을 지원했는지, 조성 이후 마을을 어떻게 바라보고 있는지 알아보기 위해서다.10) 군청의 서00(여, 38세, 지역경제

---

9) 이00(78세, 온당리 전임 이장)의 증언에 의한 것이다. 그는 온당리 당동에 예술인 마을을 유치할 당시부터 약 10년 간 이장직을 맡아 성사시킨 산파역을 담당했다. (면담일 2018년 7월 15일 오후).

과 농업개발팀) 씨는 관련 서류를 꼼꼼히 살핀 후 만나주었다. 쇠락한 마을 당동이 인구가 증가해 활성화되기를 바라는 것이 군의 기본 입장이며 조성 후 10년째인 현재 성공적으로 보고 있다. 19호였던 조성 이전 당동마을이 65가구로 늘어난 것은 어쨌든 예술인 마을이 만들어진 이후 확대된 결과이기 때문이다. 마을 기반시설 조성에 지원한 규모액도 확인했다. 군에서는 예술인 마을의 촌장직과 운영위원장을 맡은 인물의 인적 변동사항을 정확하게 파악하고 있다. 당동 예술인 마을 조성 이후 관의 입장은 마을이 깨끗하고 아름다워 이웃 마을들에 좋은 영향을 끼치고, 찾는 이들이 늘고 있어 마을은 더욱 발전할 것으로 미래를 예측했다. 당동을 적격지로 선정한 이유, 즉 입지 조건에 대해서는 대체로 같은 관점이었다(후술하므로 여기서는 생략함). 당시 농업진흥지역이었던 토지를 대지로 지목변경 허가, 상하수도 토목공사 시행, 입주민 원에 의해 전신주와 전기 줄의 지중설계 등은 주요 지원내용이다. 초기 입주 의무기간은 예술인 자격을 갖춘 사람들만 입주하도록 한 지역제(zoning) 실시도 군의 의지 반영이다.

한편 광의면 면사무소의 송00(남, 60) 총무계장과의 면담도 실시했다. 예산 지원은 군청에서 주관하고, 면사무소에서는 예술인 마을 주민들의 생활과 직결된 크고 작은 불편함에 대한 민원내용을 경청하고 해결해 주는 일이 주무이다.

현재 구례 읍내에 거주하는 그에게 외지인들이 귀농 귀촌 대상지 추천을 의뢰하면 최적지는 어디인지 물었다. 구례의 모든 곳이 좋지만 그는 온당리가 최적지라고 답했다. 햇볕 잘 들고 광활한 완사면

10) 2018년 9월 10일 군청의 서00(여, 38), 광의면 사무소의 총무계장 송00(60, 남)을 면담.

에 탁 트인 마을입지로 가장 좋은 것이 이유이다. 지리산이 북서풍을 막아주고 앞으로 섬진강이 굽이돌아서 흐르며, 물 빠짐이 아주 좋은 곳, 배산임수의 풍수지리 마을이란 점이 결정적인 이유다. 부연 설명으로서 온동, 난동, 당동의 세 마을이 합쳐진 행정 동명 온당리의 지명을 들었다. 지리산 배경의 완사면에 볕도 잘 드는 지역이니 권하고 싶은 마을 터로는 가장 좋다고 했다. 발전하고 있는 온당리의 미래에 좀 더 바라는 바가 있다면 무엇인가를 물었다. 예술인이든 일반인이든 계속 상주인구가 늘어나 활성화되는 마을이었으면 좋겠다고 답한다. 한편 마을 조성의 배경을 좀 더 이해하기 위해 당동 예술인 마을을 일궈낸 전 이장 이OO(남, 현 78세) 씨와 면담한 내용을 음미해 볼 필요가 있다. 2007년 고향인 당동에 돌아와 1년 후 2008년 이장직을 맡고 군청의 제의에 예술인 마을을 만들기로 마음먹었다. 50대 후반(1998년)의 나이로 사업차 상경할 당시 마을은 30호였다. 2007년도에 고향에 돌아오니 고향 마을은 더욱 작아져 19호의 쇠락한 모습에 곳곳의 빈집들이 을씨년스러웠다. 노후를 기대려고 내려 온 고향 마을 모습에 마음이 아팠다. 1년 뒤 이장직을 맡았다. 그러던 차에 군청의 제의가 들어왔고 고향 마을 부흥의 의지를 실현하기 위해 관의 제의를 선뜻 받아들였다. 농촌 마을 재활성화를 꾀하려는 군청의 때맞춘 제의는 젠트리피케이션의 적정한 시점이었다. 이장은 팔을 걷어붙이고 개발에 앞장서기 시작했다. 고향 마을의 지형지물을 손금 보듯이 알고 있는 그는 초벌 청사진 윤곽을 그려내는 데 어려움이 없었다. 건축설계 담당자와 협의해 가며 수차례 수정을 거듭한 끝에 청사진을 완성할 수 있었다.[11] 예술인 마을

---

11) 당시 19호밖에 없는 쇠락한 마을 주변의 논둑길 밭둑 길을 살펴 가며 물 흐름과 들어설 마을

이 들어설 부지 내에 공원을 조성하는 일에 일단 5천만 원의 예산을 입주민들이 앞장서 쾌척하여야 했다. 이는 예술인 마을을 조성하기 위해 입주 마을 사람들이 자발적으로 참여해 만들어내야 할 전제조건이었다.[12] 이렇게 해서 공원 시설로서 마을 내에 조각공원이 만들어지고 기존의 농수 관개수로용 저수지를 호수처럼 다듬어 미관을 정비했다. 00 대학교 미술대학의 일부 뜻을 함께한 입주 교수팀이 중심이 되어 우선 땅을 매입하기 시작한 때는 2008년 12월부터였다. 당시 현지 지가는 평당 1만 원 꼴이었다. 시골 정서상 외지인에게 매매를 꺼렸으므로 현지 땅값의 3배인 평당 3만 원씩을 제안해 부지 16,000평을 확보(52,890 제곱미터)하는 데 3년이 걸렸다. 당시의 가시밭 들판 길과 논두렁 밭두렁이 꼬불꼬불한 자연 농경지가 오늘날의 예술인 마을로 변한 것은 문자 그대로 상전벽해라고 회상했다. 답사를 다니는 연구자의 눈에 예술인 마을이 보석처럼 빛나고 아름다웠다. 전신주와 전기 줄이 전혀 눈에 띄지 않아 자연의 숲이 푸른 하늘과 맞닿아 있는 천혜의 공간이었다. 오늘날의 당동 예술인 마을은 쇠락했던 자연마을을 대체하여 이렇게 자리 잡았다.

3. 마을의 흡인요인과 배출요인

토지매입 기간을 제하고 완성 후 7, 8년이 지난 현재까지 예술인 마을은 구례의 자랑거리이며 명소로 자리 잡았다. 화엄사 가는 길목

의 모습을 상상해 청사진의 초를 잡았다.
12) 관의 입장은 마을이 정비되고 상주인구가 늘어 농촌이 재활성화되는 것이 목표이다.

이라 외지인들의 발걸음도 빈번하다. 아름답게 정비되고 찾아오는 이들도 늘어 번영을 구가한다. 지리산 둘레길이 예술인 마을 위쪽을 지나며 접하므로 지리산을 찾는 여행자들과 트래킹을 즐기는 이들에게 더욱 알려졌다. 군청과 광의면 사무소에서도 만족해한다. 유럽의 스위스 알프스 산중에 발달한 마을도 이렇게 아름다울까 싶다. 31가구 각각이 공간배치의 다양함과 각기 다른 건물 모양으로 배치되어 개성을 자랑하면서 전체적인 조화를 잃지 않았다. 정비된 도로망은 깨끗하고 배치도 아름다워 누구나 걷고 싶은 길이다. 아름답고 알려진 까닭에 전국의 여타 지역에서, 그들 지역의 전원주택지를 조성하기 전에, 견학을 오고 감동한다.

그러나 시간이 흐르며 외부의 눈으로 볼 수 없는 작은 문제점들이 내부에서 나타나기 시작했다. 조성을 마치고 일정 기간이 지난 현시점에 한 집 두 집 빈집이 생기기 시작한 것이다. 어떤 이유에서일까? 내용인즉, 초기 입주조건 중에 조성이 완전히 끝나고 정비를 마칠 즈음까지 입주민들이 살아야 하는 주거 의무기간 조건이 있다. 그 기간이 종료되는 시점이 바로 현재(2018년)이고 떠나는 집들이 나오기 시작한 것이다. 어쨌든 그 동안 31가구 중 13채는 사람이 상주하며 마을을 지켰고 18채는 주말과 휴가철을 이용해 사람들이 드나들었다. 그리고 한 집, 두 집 떠나기 시작했다.

연구자는 답사 시점에 안내를 받아 내놓은 집 서너 채를 살폈다.13) 떠나는 이가 있는가 하면 새로 입주하는 사람들도 있다. 음악인들이 새로 들어와 음악회를 열기로 하여 활성화의 조짐도 보인다. 이사 나가고 새로 들어오는 수요와 공급이 맞아 떨어진다면 아무런

---

13) XX 갤러리의 손00 사장의 안내로 직접 확인하며 공간구조 특색을 살필 수 있었다.

문제가 없다. 떠나면서 남겨진 공간이 접근을 어렵게 만드는 데 문제가 발생한다(문제점은 다른 장에서 설명하기로 함).

처음 접할 때 느꼈던 첫인상은, 마을이 공기 맑은 지리산 산록 완사면에 만들어져 하늘이 맑고 투명하며 광활하게 트여 전망이 매우 좋았다. 연구자의 눈에 세계의 아름다운 마을들과 견주어 뒤지지 않았다.14) 답사 중 목이 마르면 마트나 편의점이 없어 불편하였다. 대신에 오직 XX갤러리 카페에서 식혜, 커피, 팥빙수 등을 사서 먹을 수 있어 간신히 갈증을 해소할 수 있을 뿐이었다. 근처에 반야사, 삼개사 등 작은 사찰이 두 개 정도 보일 뿐, 도시 생활에서 흔히 볼 수 있는 약국과 편의점도 없어 매우 불편했다. 당동 외의 주변 마을에서도 찾아볼 수 없었다. 도시 생활에 익숙한 연구자의 눈에 불편한 것이 하나둘이 아니었다.

예술인 마을이 지금의 모습으로 태어나기까지 어떤 요인들이 있었는지 주민들에게 질문지를 돌려 조사하였다. 조사한 질문지의 답을 통해, 그리고 면담을 통해 다음과 같이 파악했다. 입주민들을 끌어들인 흡인 요인(Pull factor)으로 '지리산과 섬진강이 만들어내는 청정하고 아름다운 자연환경'이 수위를 차지한다. '역사 깊은 화엄사로 가는 길목이며 지리산 둘레길이 접하는 마을이라는 점' 등도 흡인요인으로 꼽힌다. '전원적인 환경이라 창의적인 작품 활동에 더없이 좋은 배경이 되는 곳으로 생각한다'가 그다음이다. 이상의 답은 아름다운 자연환경이 마음을 끌었다는 데 공통점을 두고 묶으면 가장 많은 답을 얻은 내용이다(76.2%).

---

14) 당동 예술인 마을 운영위원 수는 10인이나 보통 7~8인이 모인다. 2018년 9월 8일 오후에 운영위원회가 xx갤러리 카페에서 열렸고 끝난 후 준비된 질문지를 돌렸다.

'입주할 당시에 땅 값이 저렴했기에 부담이 적었고 마음이 끌렸다'라는 답도 9.5%를 차지한다. 적은 응답 횟수이긴 하나 '구례군 자체가 작고 아름다운 고장인 점에 일차적으로 마음이 끌렸고, 더욱 아름다운 예술인 마을에 입주하고 싶었다'라는 답도 작은 흡인요인이다. 역시 적은 응답 횟수이지만 '청정한 자연환경과 함께 이 마을에 와서 살게 되면 지리산을 배경으로 한 다양한 고장 먹거리도 접할 수 있어 마음이 끌렸다'라는 답도 있다. 산채와 약초, 감, 작두 콩 등은 구례의 지역 특성을 반영하는 먹거리이다.

<표 12> 흡인 요인(괄호 안 숫자는 응답 회수)

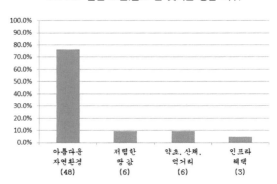

한편, 주민들에게 뿌린 질문지를 토대로 다음의 배출요인(Push factor) 내용을 조사했다. 여기서 배출요인이란 마을을 떠나고 싶은 이유로서의 요인으로 해석할 수 있다. 예술인 마을에 살던 거주자가 외지로 떠나게 된다면 어떤 마음이 들어서일까를 물었다. 여러 가지 답이 나왔다. '작품전시 행사에 수요자(관객)를 끌어당기는 데 거리상 불편하다'라는 답, '대도시까지 나아가 작품을 전시하는 행사를

하려면 경비지출이 과다하여 이 또한 불편한 요인이 된다'라는 답, '작품들을 선보일 주요시장(광역시급)이 구례로부터 너무 멀다'라는 답 등을 합하면 응답 횟수 전체의 절반을 넘는다. 이들에게 작품전시 활동이 얼마나 중요한가를 말해 준다. 결국, 작품전시 활동이 불편하여 마을을 떠날 생각이 일어난다는 것을 알 수 있다. 지리산 기슭의 외진 예술인 마을에서 작품전시 활동은 불가능하다. 또한 현실 여건상 외부 관광객(관람객)을 구례의 예술인 마을까지 끌어당긴다는 것 역시 불가능한 일이다. 그나마 찾는 이들이 조금씩 늘어가는 추세에 맞게 실정에 맞는 전시장이나 다목적 홀(건물)을 우선 만들어야 한다는 말에 귀 기울일 필요가 있다. 중복 대답을 고려하더라도 예술인들인 까닭에 작품전시 활동은 매우 중요한 일임을 부인할 수 없고 이에 대한 심리적 불편함이 상당하다는 것을 알 수 있다. 이처럼 '불편한 전시 활동으로 인해 마을을 떠나고 싶은 마음이 일어난다'라는 답이 주요 배출요인으로 응답한 총횟수 33회(52.4%)로 가장 많았다.

한편 예술인들이 좋은 자연환경 속에서 창작에 몰두할 수 있음에도 때로는 친구들과 지인들이 그리울 때가 있다. '마을에 갇힌 일상생활에서 적적함을 느낀다'라고 답한 응답 횟수가 18건(28.5%)이나 된다. 아마도 이들은 당동에 주로 거주하는 상주민들이 많이 포함된 대답일 것이다. '입주해서 오랫동안 함께 살거나 자주 대하는 이웃들이 예술인들이라는 공통점에도 불구하고 허물없는 가까운 이웃으로 대하기에는 벽을 느낀다'라고 답한 응답 횟수가 6건(9.6%)이다. 응답 횟수는 적지만 이해되는 부분이다. '창작 활동에 몰두하는 동안, 또는 창작 활동이 지속되는 가운데 나타나는 스트레스를 풀어야 함에도 방법이 없다'라는 응답 횟수도 3건(4.8%)이 된다. 생각보다 응답 횟수가 적은 것은 대체로 대도시와 당동 두 곳을 왕래하며 살아가는 '멀티 해비' 생활을 하면서 스트레스를 해소해 버릴 수 있기 때문으로 생각된다. 쌓인 스트레스를 대도시에 갔을 때 기회를 잡아 풀어 버릴 수 있기 때문이다. 질문에 대해서 상주하는 주민들만의 응답으로도 볼 수 있다.

'편의점, 슈퍼마켓, 미용실, 약국 등 일상 편의 기능이나 시설들이 없어 불편하다'라는 응답 횟수도 3건(4.8%)이다. 응답 횟수가 적은 것은 역시 '멀티 해비' 생활방식에 기인한다. 또 다른 해석은 상주 가구가 적은 점, 그리고 자가용을 이용해 읍내에 나아가 해결할 수 있다는 점 등이 고려된다.

<표 13> 배출 요인(괄호 안 숫자는 응답 회수)

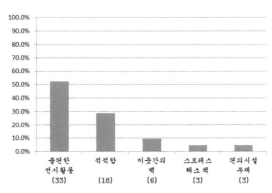

예술인 마을에 살면서 마을 일을 위해 헌신적으로 봉사하고 마을 발전을 위해 열심히 노력하는 초창기 입주 멤버 손OO 여인(62세)과도 면담을 실시하여 흡인요인과 배출요인 내용을 확인할 수 있었다. 그

녀는 화가이며 미술 교사 출신이다. 현재 마을의 운영위원 중 한 사람이기도 한 그녀는 XX갤러리 카페를 운영하고 있다. 카페 위치는 완사면 마을의 위쪽 지리산 둘레 길에 접해있는 곳이다. 카페가 있는 지역 몇몇 가구 일대는 애초부터 계획 관리지역 지목인 곳으로 땅 값과 주택가격이 비교적 비싼 곳이기도 하다. 갤러리 카페에서는 커피, 한과, 식혜, 팥빙수, 곤드레 비빔밥 등을 팔기도 하여 마을 내에서 유일하게 상점 기능을 하는 곳이다. 그녀와의 면담내용을 정리해 보면 결국, 손 여인은 동생 부부를 불러들였고 아들 부부를 불러들일 생각이며 남편까지 드나들게 만든 입주 의사결정의 장본인이다. 친자연환경이 어메니티가 높고 동호인으로서의 예술인 마을이 좋아서 초창기에 가장 먼저 입주하였으며 허리가 휘어지도록 여러 일에 매달린다. 두 마리의 개를 키우며 늘 정원을 손수 관리한다. 간간이 작품 활동뿐만 아니라 카페 운영에 매달리고, 마을 일에도 앞장선다. 그러다 쓰러질까 걱정 많은 남편한테 자주 쓴 소리를 듣는다. 마을에 살면서 본인이 느끼는 불편한 점을 물었다. 관광객들의 발길은 잦아지는데 작품의 전시공간이 없어 대신할 만한 건물을 카페 앞에 짓는 것이 원이라고 한다. 현재는 카페 안에 실내 인테리어 삼아 작품들을 전시하고 있지만 공간이 비좁을 뿐만 아니라 제 기능에 못 미친다.

그녀는 미술을 전공한 아들이 결혼 후 들어와 본격적인 갤러리 카페 운영을 맡아줄 것을 기대하고 있다. 그래서 더욱, 미래 아들 부부의 삶의 터전인 카페를 원하는 수준으로까지 올려놓으려 동분서주하는 어머니의 모습을 보여준다. '아들도 미래의 며느리도 이곳을 좋아할까요?'라는 질문에, 지금 좋아하는 것 같다고 한다. 미래의 일은 그들이 알아서 할 일이라고 명쾌히 답한다. 바쁜 와중에도 친정과 남편이 있는 당진과 예술인 마을을 자주 왕래한다. 그녀 역시 삶의 중심은 당동 예술인 마을에 두되, 세 곳을 오가는 '멀티 해비'의 모습을 보인다. 제부의 건강 때문에 동생 부부는 흔쾌히 따라 들어왔고, 아들과 그 애인은 미래의 주인으로서 간혹 어머니가 비운 자리를 지키기도 한다. 미래 삶의 연습이고 준비이다.

현재는 오로지 남편만이 아내의 이곳 생활에 대해 반대편에 서 있다. 종국에는 아내인 손 여인을 원래의 당진으로 돌려놓을지도 모를 강력한 저항과 의지의 인물로 비친다.

예술인 마을을 지키고 사는 상주 주민들의 삶을 하나씩 쪼개 보면 이와 유사한 양상을 띨 것으로 보였다. 이곳 생활에 붙박이는 거의 없다. 대도시 또는 원래 삶의 터전과 이곳을 왕래하며 생활하는 '멀티 해비' 상태의 사람들이 많다. 비상주 주민들은 이곳을 '세컨드 하우스' 개념 정도로 활용하는 사람들이 많다고 한다. 당동 마을 전체 65가구는 쇠락했던 19가구 시절보다 발전한 마을임에는 분명하다. 그리고 활성화의 중심에는 예술인 마을이 있다. 이 마을은 농촌 젠트리피케이션(gentrification)에 견인차 역할을 했다. 예술인 마을을 보고 주변으로 이사 온 사람들이 있으며 현재도 진행형이다. 누가 봐도 아름답고 살고 싶은 예술인 마을의 발전은 지금까지 확실했다. 입주민의 주거 의무기간이 종료된 시점에서 예술인 마을 내부에 보이지 않는 작은 균열의 조짐이 보인다. 예술인 자격을 갖춘 입주민이 계속 충진될 것을 마을의 촌장과 운영위원들은 소망한다. 위대한 자연의 아름다움과 어메니티는 사람들을 끌어당겼으나 진정하게 내용을 채운 사람들은 절반에 못 미친다.

질문지 분석과 면담을 통해 발전한 마을의 흡인, 배출요인들을 확인했고 빈집을 답사 관찰하면서 공허한 공간이 속히 새 주인을 맞이해야 함을 생각했다. 떠나는 이들이 있으면 들어오는 이들이 있을 것이다. 배출요인을 슬기롭게 대처해 갈 수 있느냐에 당동 예술인 마을의 미래가 달려 있다.

4. 연구지역에 대한 타자의 시선

광의면 온당(溫堂)리 당동(堂洞)의 '예술인 마을'은 구례군에서도 광의면에서도 하나의 획기적인 혁신의 마을이다. 구례에서 예술인 마을은 이미 명소로 자리 잡았고 많은 사람에게 회자된다. 본 장에서는 구례에 살고 있거나 정착한 사람들, 특히 예술인 마을 주변에 살았었거나, 사는 사람들, 그리고 새롭게 근처로 이사와 정착한 사람들이 예술인 마을을 어떻게 바라보고, 느끼는가를 살피고자 한다. 밖에서 바라보는 눈을 통해 마을의 이미지를 추적해 보고자 함이다. 이는 곧 마을 조성 이후의 질적 성공 여부를 간접적으로 가늠해 볼 수 있는 방법이다.

연구자가 여러 번의 답사를 행하면서 느낀 점이 있다. 예술인 마을에 인접해서 새로 짓는 주택들은 예술인 마을의 주택들을 닮으려 하는 것 같다는 점이다. 크고 깨끗하게 조성하며 청정한 환경이 예술인 마을이 확대되고 있다는 느낌을 떨칠 수 없었다. 이렇게 보이는 한 집을 예로 들고 그 집주인과의 면담내용을 바탕으로 해석해 보고자 한다. 집의 주인은 여행을 좋아하는 임00 여인(62세)이다. 그녀는 구례가 좋아 10년째 구례의 이곳저곳에 살아본 후 최종적으로 예술인 마을 바로 밑에 새로 집을 짓고 들어온 경우이다. 최적지로 이곳을 선택한 후 농장을 만들고 주택 두 동을 지었다. 연구자가 보기에 매우 근사한 집이고 훌륭한 농장이다. 그녀는 전국을 누비고 다니며 전원주택지를 골랐던 분이라 장소에 대한 안목이 보통 수준을 넘어 선 사람이라 느꼈다. 10년을 구례의 여러 곳에 살아보다가 이곳을 고르게 된 주요 안목은, 지리산 완사면의 광활하게 트인 곳이라는 점, 그래서 조망이 탁 트여 시원한 곳이라는 점, 완사면이라 물 빠짐이 매우 양호하다는 점, 이웃이 점잖고 수준이 있는 곳이라는 점을 들었다. 구례에서는 지리산과 섬진강이 있어 물 걱정은 하지 않지만 동네의 물 빠짐은 중요하다고 했다. 환경 경영 쪽을 공부했다는 그녀는 서울 00로 사무실에서도 관련된 일을 하고 있다. 1,003평 넓이의 아래위 계단식 논을 사서 물을 빼고 메워, 아래쪽에 과수원(대봉감)을 만들고 위쪽에 집 두 동을 지었다. 대공사를 벌여놓고 비용 과다지출로 집터를 담보로 해서 대출을 받았다. 욕심을 부리다가 부담을 안게 되었으며 후회가 막심한 그녀이지만 다행히 집과 농장에 대해서는 만족스러워 했다. 그녀는 이곳 전원생활의 주된 의사결정자이며 노모를 본채에 모시고 본인은 서울 사무실과 이곳을 빈번히 왕래한다. 서울의 일터와 이곳 노모를 걱정하며 오가는 딸자식의 고민을 안고 있다. 어머님은 홀로 계셔도 매우 만족해하신다. 그녀 역시 서울과 이곳을 왕래하며 사는 '멀티 해비' 상태라고 할 수 있다.

<사진 9> 광의면 온당리 당동 임00 여인(62세)의 주택과 농장

　한편 이웃 동네인 온동 마을이 고향이고 젊었을 때 떠나 인천광역
시에서 일하다 정년 후 낙향한 온동 마을 이장 김00(남, 63) 씨와도
면담을 했다. 정년 퇴임을 하고 아버님이 계신 고향으로 다시 귀농
해 7년째인 김 이장은[15] 고향에 내려와 첫해는 손이 부르틀 정도로
고생했지만 이제는 요령껏 농사를 즐긴다. 그에게 당동의 '예술인
마을'에 대해 이웃 마을 주민으로서 어떻게 생각하는가를 물었다.
예술인 마을이 알려지면서 찾는 이들이 늘고 주변의 자연마을들도
깨끗해지며 주민들이 늘어나 활성화되는 것 같아 좋다고 한다. 이웃
마을 온동에 전원주택단지 30가구 개발계획이 세워진 것도 좋은 영
향력의 확대로 보고 있다. 그러나 그는 최근 들어 '예술인 마을'에
대해 풍문을 듣고 내부 얘기에 귀 기울여 보니 작은 문제점들이 생
기기 시작한 것을 알았다. 약 10년 전 예술인 마을 조성계획이 수립

---

15) 그는 인천에서 정년 후 아버지로부터 1정보 농경지를 상속받아 귀농했다. 고향에 내려온 지 7
　년째다.

될 무렵 평당 3만 원씩에 분양된 땅값이 지금 100-120만 원씩 부르는 것은 심각한 우려를 자아낸다. 투기성 거품과 같은 것이라 지적했다. '예술인 마을'에 살다가 주거 의무기간이 끝나 외지로 떠나가는 것은 개인의 자유이지만, 집값과 땅값을 비싸게 내놓을 이유가 없다는 것이다. 각 호마다 차이가 인정되지만 평균 주택 한 채 가격이 3억 대이다. 외진 시골에 심미성을 추구하고 전원 어메니티를 즐기려는 전원수요층이 중산층이라고 해도 새 입주민들에게 큰 장애물이 아닐 수 없다. 이웃 온동의 경우 전원주택단지 부지를 매입할 당시(6년 전), 분양 땅값이 평당 16만 원씩이었고 그 가격은 현 시세에 합당한 것이며 당시 지가로는 비싼 것이라 지적했다. 연구자가 답사하며 조사한 바로는 2018년 9월 현재 구례의 평균 거래 지가는 위치에 따라 차등이 인정되지만 15만 원에서 50만 원 선이니 온동 김00 이장의 설명이 대체로 현실적이다. 그는 당동의 예술인 마을에 대해, 입주조건이 예술인 자격을 갖추어야 하는 까다로움이 있었고 그래서 주택 모양과 디자인이 특이하고 아름다워진 점도 인정했다. 그러나 주거 의무기간이 종료되면서 일반인들도 입주할 수 있게 되었지만 일반인에게는 공간 기능과 배치가 맞지 않는다. 대체로 규모가 큰 2층집이고 작업실이나 화랑 등 커다란 공간을 끼고 있어 일반인들에게는 전혀 맞지 않음을 지적했다. 그렇다면 이후로도 예술인들이 입주해야 마땅한데 지나친 고가의 매매가에 들어올 사람이 누구이겠는가를 반문했다.

그래서 온동에 새로 개발될 순수 전원주택단지는 일반인용이며 살림에 편리한 공간배치로 인기가 있을 터이지만 대지 분할의 크기가 똑같아 너무 일률적인 경관이 될 것을 우려했다.

그는 예술인 마을에 대해, 관에서 주도했던 공공기관 주도형 조성 방식이었기에 완성되기까지 힘이 실린 점이 가장 큰 강점이라 지적했다. 그래서 그가 이장으로 있는 이웃 온동에도 전원주택단지 30가구 조성 계획과 실행을 목전에 둔 것은 역시 군의 지원을 받는 전제 조건이 확실하므로 기대가 크다. 주도적 행위자인 군의 지원이 없이는 불가능한 일이라고 단언했다. 마을 조성에 있어서 주도적 행위자로서의 군의 지원은 절대적 동인(動因)이다.

한편 당동이 포함된 광의면에는 콜택시가 다섯 대 운영된다. 답사할 때마다 시간 절약을 위해 콜택시를 이용했다. 기사들의 연고지는 모두 광의면과 관련이 깊다. 광의면에 살고 있거나 살았던 인연들을 갖고 있다. 그 중 한 분(이00, 남, 55)과 면담을 했다. 10대 중반 사춘기까지 온당리의 가운데 마을 난동에 살았으며 버스와 택시 운전 등 30년 가까이 구례에서 운전한 이력의 소유자이다. 고향인 온당리의 난동을 포함해 온동과 당동 손님도 자주 태운다. 답사 목적을 얘기하고 질문지 체크를 부탁한 후, 이런저런 얘기 끝에 남들과 다른 얘기를 들려주었다. 세 살 때 부모님을 여의고 어려운 생활을 했던 그는 고향인 난동과 당동 예술인 마을에 대해 거부감을 가지고 있다. 영업상 나고 자란 고향을 드나들지만, 고아처럼 자랄 때 동네에서 홀대받던 추억들로 그에겐 왠지 싫어진 고향이다. 손님만 내리고 태울 뿐 발을 딛고 싶지 않다는 것이다. 친척과 이웃들로부터 사랑을 받지 못하고 홀로서기 위한 어린 시절의 몸부림을 이야기했다. 그런 과거를 가진 그는 손님들로부터 듣기도 하고 본인이 느끼기도 했겠지만, 분명 당동의 '예술인 마을'과 이웃 마을 주민들 사이에 위화감 또는 거리감이 있고 서먹한 면이 존재한다고 확신하듯 말했다. 그의

사적인 감정은 그렇다손 치더라도 온당리 손님을 들고 날며 태우고 다닐 때 허물없는 속내를 들었을 터였다.

머지않아 당동의 이웃 마을 온동에도 새롭게 전원주택단지 조성 공사가 시작된다는 말을 들었다며 위화감 없는 화목한 이웃들이 되었으면 좋겠다고 했다. 그는 질문지 체크 사항 중에 주변의 자연마을들과 구별하여 지역제(zoning)를 적용한 '예술인 마을'에 대해 불만을 내비쳤다. 또한 그의 견해상, 풍수지리를 무시하고 아름다운 옛 농촌 마을의 산허리를 무지막지하게 획을 그어 길을 내고 마을을 개발한 것에 불만을 표시했다.

5. 결론

슈마허의 '작은 것이 아름답다'(Small is beautiful)라는 저서가 한때 지리학도들에게 관심을 끈 적이 있다, 규모의 경제에서 효율적이고 능률적인 크기를 강조하는 표현이다. 여러 해 동안 남부지방 마을 답사에 심취해 고흥, 보성, 장흥, 해남, 진도, 완도 등지를 헤집고 다닌 연구자는 마침내 구례에도 주목했다. 지리산과 섬진강을 배경으로 한 친자연적인 고장으로, 그리고 순천, 여수, 광양, 벌교 등지와 지척이며 바다도 멀지 않은 곳으로서 산과 바다를 모두 즐길 수 있는 측면에서 이만한 데를 찾을 수 없기 때문이다. 우리나라에서 가장 작은 울릉군 다음으로 작은 고장이라서, 행정이 효율적일 수 있고 청정상태의 유지관리에 수월할 것으로 생각되는 곳이다. 당연히 전라남도 22개 지자체 가운데 가장 작은 고장 구례는 웅대한 지리산에 파묻힌 듯 아름답다. 지리산에 둘러싸인 분지 고장임에도 교통 접근성이 매우 양호해 전주, 대전, 서울을 잇는 기차나 버스는 수시로 닿는다. 특히 지리산을 오르는 길목으로 알려진 고장이라 더욱 연구자의 마음을 끈다.

구례의 여러 곳이 아름답지만 연구지역인 광의면 온당리 당동의 '예술인 마을'은 축소판 구례이며 아름다움의 절정이다. 당동(堂洞)이란 지리산신제를 올리는 옛 남악사(南岳寺) 신당(神堂)이 있던 곳에서 유래한다. 작고 아름다운 구례 고장에 예술이라는 주제를 넣어 다듬어진 보석같이 예쁜 '전원주택단지(예술인 마을)'이다. 우리나라에는 테마를 지닌 마을들이 더러 있다. 춘천과 임실의 '박사 마을', 충남 금산의 '교사 마을', 전남 구례의 '예술인 마을' 그리고 전국 도처에 '한옥 마을'들이 그것이다. 답사를 행하면서 구례 온당리 당동의 '예술인 마을'에 대해 여러 궁금증이 떠올랐고 이를 다듬어 본 연구의 연구문제로 삼게 되었다. 어떤 경위로 만들어졌을까? 어떤 사람들이 입주민으로 들어왔을까? 이렇게 아름다운 마을이 완성될 때까지 어떤 요인이 동력으로 작용했을까? 마을 내외에서 발생하는 문제점은 없는 것일까? 계속 발전할 수 있을까? 등등이 그것이다. 호기심을 가지고 마을을 여러 번 답사하고 주민을 상대로 면담하고 질문지를 돌렸다. 31가구 중에 13가구만이 상주하고 다른 사람들은 주말이나 휴가철을 이용해 왕래한다. 13가구 중에도 엄밀히 말하면 대도시와 예술인 마을을 오가며 사는 '멀티 해비'의 삶을 사는 주민들이 있는 것을 살필 수 있다. 답사, 질문지 조사, 면담을 행한 후 분석한 연구 결과를 요약 정리하면 다음과 같다.

첫째, 가구 호수로 19호밖에 되지 않던 쇠락한 마을에 '젠트리피케이션'를 위한 관(군청)의 제안이 있었고 이를 수용해 팔 걷고 나선 마을의 지도자가 있어 마을 조성의 동력으로 작용했다. 때맞추어 모 미술대 소수 교수팀이 초기 입주그룹으로 토지매입에 적극적으로 나서면서 마을 만들기에 활기를 띠었다. 3년간의 토지매입 과정을 거쳐 16,000평의 마을 부지확보와 입주민이 확정되었다. 조각공원과 거울 같은 호수를 낀 아름다운 마을이 만들어졌고 주변으로 이사 오는 사람들도 나타났다. 예술인 마을 근처에 있는 집들의 매매도 활발해지고 인근에 새로 짓는 일반주택들도 깨끗하고 널찍하며 미적인 경관을 닮으려 했다. 온당리에서는 '예술인 마을'이 있어 전체가 수준이 높아졌고 깨끗해졌음을 자랑스러워했으며 위화감은 특별하게 눈에 띄는 것 같지 않았다. 정원 다듬기와 울타리 정리는 이웃 사람들에게 아르바이트 거리를 제공하여 일거리 창출도 되었다. 방문하는 외지인들과 견학 온 외부 관계자들은 정돈된 아름다움에 감동하며 칭찬하였다. 조성 이래 10년 정도 경과한 전후 시점에 최대의 번영을 구가하고 있다.

둘째, 마을 조성에 헤게모니를 누가 잡았는가에 실효성이 좌우된다고 볼 때, 적정 시기의 관의 제안과 받아들임은 매우 중요했다. 마을 기반시설 조성에 예산이 지원되고 적극성을 띠게 된 것은 관 주도형일 때 가능한 일이다. 조성방식에 따라 마을 만들기의 추동력은 판이하게 달라질 수 있다.

셋째, 질문지를 분석한 결과, 입주민들을 끌어들인 주요 흡인요인은 주어진 자연환경의 아름다움이다. 조성 이후 일정 기간이 지난 지금, 주거 의무기간 종료 시점에 살던 주민들이 하나둘 예술인 마을을 떠나는 현상이 나타난다. 배출요인 중 가장 뚜렷한 것은 전시 활동의 불편함이다. 관람객들을 외진 곳까지 끌어들이기는 쉽지 않으며, 대도시까지 나가 작품전시를 하자니 경비지출이 막대하다. 그 밖에 마을 내에만 상주하려니 때로는 적적함이 다가오는 것도 무시할 수 없다. 조용하고 맑은 친자연적인 환경의 어메니티를 즐기면서 작품 활동에 몰두하려고 입주했지만, 상주 환경으로는 적막강산처럼 느껴져 적적함이 나타날 수 있다.

넷째, 배출요인을 막아보기 위해 또는 극복하고 발전을 도모하기 위해 예술인 마을 내 대표로 '촌장'을 세우고 운영위원회를 결성해 상주인구를 늘리는 일과 마을 발전을 위해 절치부심하고 있다.

다섯째, 부상하는 내부 문제점은 두 가지다. 주거 의무기간이 종료된 시점에서 떠나는 이와 새로 들어오는 이의 균형이 깨질까 우려되는 것이고, 두 번째는 테마 마을에 맞게 도시의 중산층 예술인들이 계속 들어와 마을 주인들이 되어야 하는 점이다. 주거 의무기간이 종료된 시점에서 일반인들도 입주 가능하지만, 주택의 공간배치가 예술 활동을 위한 것이므로 예술인들이 입주토록 하여 마을의 정체성을 유지해 나가는 것이 현안이다. 테마 마을이라는 점과 주택의 예술적 기능적 공간배치는 일반인에게 전혀 맞지 않는다. 떠나는 주민들이 고가(高價)로 내어놓은 주택가격과 땅값 때문에 새로운 입주자들에게 부담으로 작용한다. 분양 시의 기준가 대비 30, 40배로 오른 지가는 가히 폭발적이다. 개별 주택마다 차이는 있지만 150평 안팎의 주택가격은 호당 3억 대에 이른다. 그 동안 번영했던 마을 내에 빈 공간이 자리하고 이를 메우는 기간이 장기화하면 마을 발전에 걸림돌이 될 수 있다.

여섯째, 떠나는 이들이 생기고 비상주 주민들이 늘어나게 되면 그

나마 불편을 해소할 편의 시설(예: 편의점, 미용실, 슈퍼마켓 등)이 들어
설 여지는 더욱 좁아진다. 편의시설과 기능이 없는 것은 불편한 심
리를 자극하는 배출요인의 작은 부분이다.

일곱째, 옆 온동 마을에 조만간 시작할 30가구 전원주택단지 개발
은 '예술인 마을' 번영의 좋은 영향력 확산이다. 온동 마을의 지도자
(이장)는 시행착오를 겪지 않고 합리적이고 편리한 마을의 조성을 위
해 절치부심하고 있다. 당동의 '예술인 마을'이 들어섬으로 해서 온
당리 전체가 깨끗해지고 수준이 높아지며 외지인들이 선호하는 마
을로 바뀌었다. 시간이 흐르며 불거지는 내부 문제의 치유책에 지혜
를 모아 대처해야 할 일이 과제이다.

당동 '예술인 마을'의 성립은 지리학에서 말하는 교외화도 아니고
역도시화로도 설명할 수 없다. 도시 중산층 예술인들이 원주민을 대
체해 새로 입주한 구성원이며 계속 충진될 것으로 전망된다. 이들은
심미성을 추구하는 도시 중산층 예술인들이고 전원수요층으로 자연
의 어메니티와 여유로움을 즐긴다. 국내의 농촌에 이러한 마을이 만
들어지고 활성화 되는 것은 '농촌 젠트리피케이션'으로 설명할 수
있다. 작은 문제조차 없는 커다란 성과(성공적인 '농촌 젠트리피케이션')
는 일거에 얻기 힘든 법이다.

거시적으로 지역연구의 결과는 지역에 대한 변화와 특징을 밝혀
주는 길잡이로서 그 가치와 의미를 새길 수 있다. 현대 문명에 눌리
고 거기서 받는 스트레스는 자연 앞에 설 때에만 원상으로 회복된
다. 국내에 전원수요층이 빠르게 증가하는 이유다. 이러한 매력적
장소로서 구례의 당동 예술인 마을 같은 곳은 도시 중산층의 귀촌
귀농을 손짓하는 흡인요인이 남다른 곳이다.

오늘날의 농촌사회는 지자체의 주도적인 정책적 노력으로 예전의 조용하던 모습과는 사뭇 달라지고 있다. 그 동태적 변화의 속도는 급물살을 타고 있다. 농촌 마을의 '젠트리피케이션' 효과를 보기 위한 지자체 노력의 결과이다. 연구지역인 구례군 광의면 온당리의 당동 '예술인 마을'을 집중 조명하여 분석한 결과를 통해 지역 변화의 단면을 살필 수 있었다. 작고 조용했던 옛 온당리 마을이 오늘날 어떠한 원인에 의해 어떠한 변화를 겪으며 오늘에 이르렀는지 알 수 있다. 그리고 미래는 어떻게 전개될 것인지의 예측은 심사숙고할 여운을 남겨준다. 분석 결과를 토대로 '농촌의 젠트리피케이션'을 진지하게 생각해 볼 수 있다.

　귀농과 귀촌을 준비하는 도시의 중산층 젊은이들과 중장년 일반인들, 그리고 이들을 받아들이고자 하는 지자체 정부, 나아가 끊임없이 농촌의 사회현상을 관찰하고 연구하는 학자들에게 작지만 유의미한 연구로 일조하기를 바라는 마음이다.

제 3 장

근대화의 감지,
그리고 타자의 시선

19세기 한국 유학의 근대성:
최한기의 '지구전요'에 나타난 세계지리 인식을 중심으로

1. 서 론

조선 사회에서의 신분은 한 사람의 생애에 막대한 영향을 미쳤다. 믿을 만한 기록이 발견되기 전까지 최한기(崔漢綺, 1803~1877)의 신분은 중인(中人) 출신으로 여겨지기도 했다. 평생을 서울 도성 안에서 산 대학자임에도 불구하고 그의 저술 속에는 당대의 양반계층 어느 누구와도 교류했다는 흔적이 엿보이지 않을 뿐만 아니라 그들의 문집이나 잡저 속에조차 최한기가 등장하지 않기 때문이다(김용옥, 1999). 평민 출신인 고산자 김정호의 '청구도' 서문을 쓴 것으로 나타난 것과 서족(庶族)계 한사(寒士)인 이규경의 [오주연문장전산고] 속에 간단하게 몇 번 언급된 바 있었을 뿐이다. 이후 족보와 전기자료가 발견됨으로써 최한기는 양반 신분이었음이 밝혀졌다. 김용옥의 표현에 의하면 지배층과는 거리가 먼 '별 볼 일 없는 양반'이었던 것으로 보인다(노혜정, 2005).

지금까지 밝혀진 바에 의하면 최한기는 1803년 삭녕 최씨(朔寧崔氏) 최치현(崔致鉉)과 청주 한씨(淸州韓氏) 한경리(韓敬履)의 딸 사이에

서 태어났다. 최한기는 태어나자마자 큰집 종숙부 최광현(崔光鉉)의
양자로 정해졌다. 최한기 생가와 양가는 모두 개성에서 세거(世居)해
온 집안으로 18세기 말엽에서 19세기 초에 서울로 이주한 것으로
알려져 있다. 최한기의 가문은 12대조부터 고조에 이르기까지 8대
동안 문, 무과 합격자는 물론 생원 진사 합격자조차 한 사람도 배출
하지 못했다. 증조부와 종중조부에 이르러 비로소 무과에 급제함으
로써 양반의 반열에 들어섰다.

생부 최치현은 시재(詩才)가 뛰어나 명성을 떨쳤고 여러 번 과거에
도 응시하였으나 실패하였다. 최한기가 10세 되던 해인 1812년 생
부 최치현은 27세의 나이로 세상을 떠났다. 양부 최광현은 1800년
무과에 급제하고 후에 품계는 통정대부에 이르렀다. 벼슬에서 물러
나서는 고향 개성의 부산동(扶山洞)에 돌아가 귀경당(歸耕堂)을 짓고
김헌기, 한경리 등 개성의 학자들과 시문으로 여생을 보냈다(권오영,
1999).

최한기 본인에 대한 구체적인 사실을 알려주는 자료로는 조선 후
기의 문장가인 이건창(李建昌)이 쓴 "혜강 최공전(惠岡崔公傳)"이 있다.[1]
이에 의하면 최한기는 새로운 책에 대한 관심이 매우 높아 중국에서
조선으로 들어온 책 가운데 읽지 않은 것이 없었다고 전한다. 최한
기는 새로운 책들을 사들이다가 가산을 탕진해버렸을 정도였으며,
가세가 기울어 이사를 가야 할 상황에서도 서울에 살기를 고집하였
다. 그 이유는 서울이야말로 새로운 책을 쉽게 구하고, 나아가 새로
운 견문을 넓힐 수 있는 곳이라는 생각을 하고 있었기 때문이다.

---

1) 李建昌 (1852~1898), [明美堂散稿] 권 10, [증보 명남루 총서 一](성균관대학교 대동문화연구
   원 영인본, 2002)에 실림 (노혜정, 2005, [지구전요]에 나타난 최한기의 지리 사상, 258. 각주
   재인용)

한편, 최한기는 벼슬길에 나갈 기회가 있었으나 나가지 않았다. 조인영(趙寅永), 홍석주(洪奭周), 정기원 등2) 조정에서 중요한 위치에 있는 이들이 계속 최한기를 쓰고자 하였으나 한결같이 불응하고 평생 학문의 길을 걸었다.

최한기는 1877년 75세의 나이로 작고하였다.3) 처음 서울 녹번리 (綠礬里, 지금의 녹번동)에 묻혔다가 이듬해 4월 고양 하도면(下道面) 만현리(萬峴里)에 장사지냈고, 그 뒤 다시 개성의 선영이 있는 곳으로 이장되었다.4)

본 연구목적은 19세기를 살다 간 최한기의 [지구전요]를 중심으로, 격변기와 혼란기에 미래를 대비했던 학자의 세계지리 인식의 지평 확대를 들여다보고, 이를 통해 격변기의 조선 사회가 지닌 유학적 전통으로부터 근대성을 갖추어 나가는 변환점의 시대상을 확인하는 데 있다. 연구방법은 첫째, 문헌을 통해 19세기 시대상의 철학적 조류를 파악하고 정리한다. 둘째, 최한기의 [지구전요] 및 관련 문헌을 통해 그의 지리 인식과 관련한 철학적 기초를 이해하고 정리한다. 셋째, [지구전요]에 나타난 구체적 지구 관련 내용, 세계지역

---

2) 조인영(趙寅永, 1782~1850); 조선 시대 문신으로 본관은 풍양이며 문장과 글씨 그림에 모두 뛰어났다. 1839년(헌종 5) 우의정이 되어 천주교 탄압을 주도했고, 1841년부터 1850년까지 영의정을 네 차례나 역임하였다.
   홍석주(洪奭周, 1774~1842)(영조 50~헌종8); 조선 시대 문신으로 본관은 풍산. 1834년(순조 34)에 좌의정에 이르렀다. 전통적 주자학에 몰두하였고 한학과 문장 면에 저명했다. 정치, 경제, 과학 사상으로도 이름이 높았다.
   정기원(1809~?)(순조 9~?); 조선 말기의 무신으로 1870년(고종 7) 어영대장과 훈련대장이 되었고, 이듬해 강화도에 鎭撫使로 부임했다. 당시 강화 손돌목에 침입하여 불법행위를 자행하던 미군함대의 처사에 강력히 항의하는 한편 통상제의를 거절하였다.

3) 혜강은 일찍이 기유(己酉)년에 생원시에 합격하였고, 후에 아들의 관직인 정언(正言)으로서 영화롭게도 통정함제첨지중추부사(通政銜除僉知中樞府事)를 받았다. 75세에 작고하였고, 17년 후에 다시 학행(學行)으로 등문하여 대사헌성균제주(大司憲成均祭酒)를 받았으며, 손자 윤항(允恒)은 진사였다. (李建昌, "惠岡崔公傳")

4) 최병대, "여현산소묘지명", [증보 명남루 총서 五].

지리 내용을 추출하고 정리한다. 넷째, 이상의 과정에서 [지구전요]를 통한 19세기의 세계지리 인식의 지평 확대를 확인하며 유학적 전통으로부터 근대성을 확인한다.

2. 최한기의 사회 철학, '기론(氣論)'과 '활동운화(活動運化)'

최한기는 당시 조선 사회가 처한 혼란과 위기 상황을 부정적인 시각으로 보지 않았다. 장기적이고 세계적인 안목에서 새 질서로 바뀌는 전환기로 보고 새 시대를 준비한 사상가였다(김용옥, 1990, p. 45). 최한기는 자신의 시대에 바다와 육지가 두루 통하여 서양의 선박과 사신, 상인들이 두루 소통함으로써 천지(天地)에 대한 논설, 기화(氣化)와 형질(形質)에 대한 것 등 궁금해 하던 많은 것들이 드러나고 있는 것으로 보았다. 최한기의 표현을 빌리면, "학문이 변동되고 물리(物理)의 혼명(昏明)이 바뀌는 기회" 즉 세계사의 전환기라는 인식을 가졌다.

최한기는 이러한 시대가 지닌 상황을 진단하여 일곱 가지 큰 행운과 다섯 가지 불행을 제시하였다.5) 이들 대행(大幸)과 불행(不幸)의 내

---

5) 大幸 일곱 가지; ① 地理와 歷象을 분명히 밝힘, ② 神氣와 形質로 사물의 맥락을 발명, ③ 천하 사람들의 敎道에 一統의 公道를 얻음, ④ 제반 기계가 氣를 써서 성취, ⑤ 신체 臟腑의 氣括을 상세히 논하고 服食과 動靜에 대해 이해, ⑥ 政敎와 學問에서 허위를 버리고 진실로 나가며 옛 것을 따르고 지금 것을 밝힘, ⑦ 학문과 물리가 천명(闡明)되는 시대에 새 서적을 볼 수 있고 천하의 物理를 들을 수 있음. ([기측제의], [명남루수록] Ⅱ-164~165) ; 不幸 다섯 가지; ① 미래 運化 학문과 그 활용의 세상을 보지 못함, ② 국가 및 지역경계 소통금지로 천하 인재를 만나지 못하고, 전해 들은 망원경이나 화륜선 등 기계에 대한 궁금증을 풀지 못함, ③ 고루하고 속습에 빠진 무리를 상대하여 일의 성패, 신기와 형질의 변통을 알리지 못함, ④ 심지와 재예가 얕은 자들이 비루한 습속(샤머니즘과 토테미즘)에 휩쓸려 심산유곡을 찾아 귀신에게 기도함, ⑤ 차차 없어질 일들이지만, 교류 초기에 나타나는 외지인과의 마찰로 빚어지는 민심의 동요. (국

용을 보면 나라를 사랑하는 선각 학자 최한기의 고민과 통시대적인 미래 안목을 여실히 볼 수 있다. 어떤 면에서 최한기는 몸은 조선의 작은 나라에 살고 있었지만 그의 사고는 당대에 이미 세계와 우주를 호흡하고 있었다. 그는 세계적이고 장기적인 관점에서 새로운 질서가 다가오고 있음을 긍정적이고 확신에 찬 학자적 자세로 탐구하며 준비했다. 특히 대항해 시대를 거쳐 세계가 변하고 있다고 본 그의 통찰력은 예리하기까지 하다.6) 이처럼 변화하는 시대에 대처하는 길은 우리 스스로 변화하는 것이며, 우리보다 나은 것이 있다면 제도든 기술이든 수용하여 소화시키고 변해야 함을 강조하고 있다. 오늘날 변화 혁신의 시대에 우리가 부르짖는 "변해야 산다." "전진 없는 제자리 정체는 곧 패배를 의미한다." "무한 경쟁의 시대에 뼈를 깎는 자기 혁신이 뒤따르고 변하지 않으면 뒤처진다." 기업에서는 노사 간의 마찰로 진통을 겪는 가운데, "뼈를 깎는 자세로 구조 조정을 통해 군살을 빼고, 혁신으로 변화 무장하지 않으면 한 순간에 무너진다" 등의 주제 내용이 신문 헤드라인을 장식한다. 최한기의 당시 생각과 사고 고민의 무게를 그 경중에서 비교 논한다면 어느 것을 가볍다고 감히 말할 수 있을 것인가.

또한 최한기는 견문을 넓혀야 함을 누누이 강조한다. 세계적 안목을 가지고 견문이 넓어야 경쟁 우위에서 기회를 선점할 수 있고 취사선택의 훌륭한 의사결정을 행할 수 있을 것으로 보았다. 견문이 넓고 좁고의 차이를 귀머거리나 눈먼 봉사와 총명하고 지혜로운 사

역 [기측제의], [명남루수록], Ⅱ-164~165.)

6) 국역 [기측제의], [추측록] 권 6, "동서의 취사" Ⅱ-148~149에서 다음과 같이 적고 있다; "바다에 선박이 두루 다니고 서적이 서로 번역되어 이목이 전달됨에 따라 좋은 법제나 우수한 기용이나 양호한 토산 물품 등이 진실로 우리보다 나은 점이 있으면 나라를 다스리는 도리로 보아 당연히 취하여 써야 한다…(후략)."

람을 맞세우는 것과 같다고 비유하였다. 견문이 한 집안이나 한 나라를 벗어나지 않는 사람은 바로 우열을 가릴 수 있는 견문조차 소유할 수 없다고 본 것이다.7) 오늘날 한국의 사회 일각에서 한국이 세계화 시대에 준비하고 대처해야 할 여러 가지 일들 중에, 지구촌의 국제무대에서 활동할 인재양성이 시급한 점을 지적하고 있다. 국제연합의 사무총장을 낸 대한민국이지만 국가 전체로 보면 여전히 국제적 감각과 견문을 가진 세련된 외교역량을 지닌 인재가 태부족하므로 국가적 차원에서 서둘러 국제무대에서 활약할 인재양성에 박차를 가해야 한다는 말이다. 한국 사람이면 누구나 공감하는 말이다. 최한기는 한 세기 반 이전에 이미 대내외적 견문을 넓히라고 지적하고 있다. 참으로 놀라운 선각자요 선견이다.

최한기는 혼란했던 19세기에 조선의 중심부 서울에 살면서 벼슬에 대한 유혹과 구질서에 타협하지 않았다. 장기적이고 세계적인 안목을 가지고 새로운 시대를 준비하기 위해 오직 새 학문의 연마와 저술에 평생 전념하였다. 중국으로부터 들여오는 새로운 책들을 통해 새로운 변화의 정보에 먼저 접하고자 했으며 '학문이 변동되고 물리(物理)의 밝고 어두움이 바뀌는 기회'를 잡으려고 혼신의 노력을 기울였던 조선의 선각 학자였음을 알 수 있다.

최한기는 '기(氣)'를 통해 자연, 인간, 사회를 바라보고 설명하려 하였다. 그래서 사람들은 최한기를 일컬어 '기 철학자(氣 哲學者)'라 부른다. 그렇다면 '기 철학'이란 '기'라는 개념에 의해 세계를 해석하

---

7) 국역 [기측제의], [추측록] 권 5, "견문의 다소와 사정" II-79.; "집안에서만 견문을 한 사람과 천하를 견문한 사람과 비교하면 귀먹고 눈먼 사람과 총명한 사람을 맞세우는 것과 같고…(중략)…모든 사물은 비교를 한 뒤에야 우열이 자연 생기니, 비교할 것이 없으면 우열을 알 수 없다. 견문이 한 집이나 한 나라를 벗어나지 않는 사람은 바로 우열을 알 수 있는 견문이 없다."

려는 체계 또는 '기'의 법칙에 의해 이 우주를 체계적으로 설명한 사상을 말한다(금장태, 1998, 431~432).[8) 그런데 이 '氣(Ch'i 또는 Ki)'라는 개념은 이해하기가 쉽지 않다. 그 이유는 서양의 이분법적 사고 방식과는 다른 사유 체계의 산물로서 서양 철학의 개념으로 환원하여 이해하기 힘든 면이 있기 때문이다. 물질이나 관념, 또는 정신이나 육체 등과 같이 어느 한 면에만 해당하는 것이 아니라 때에 따라 양쪽 면을 모두 포괄하는 개념이기 때문이다. 또한 '기'라는 개념이 이천 수백 년 동안 기나긴 역사 속에서 너무나 다양하게 쓰였기 때문이다(노혜정, 2005, 71).[9)

'기' 개념은 특히 도가사상을 통해 우주론적 의미를 갖게 됨으로써 철학적인 개념으로 등장하게 되었고, 송·명대에 와서 철학적으로 정립되었다(금장태, 1998, 434~435). 그렇다면 긴 설명을 약(略)하고 최한기가 말하는 기는 무엇인가?

> "천지를 꽉 채우고 물체에 푹 젖어 있어 모이고 흩어지는 것이나 모이지도 않고 흩어지지도 않는 것이, 어느 것이나 모두 氣 아닌 것이 없다. 내가 태어나기 이전에는 天地之氣만이 있고, 내가 처음 생길 때 비로소 형체지기가 생기며, 내가 죽은 뒤에는 도로 천지의 기가 된다."[10)

위의 내용으로 살펴보면, 존재하는 모든 것이 '氣'로 이루어져 있고 우주에 '기'가 빈틈없이 가득 차 있다는 점에서 전통적인 기론(氣

---

8) 금장태는 '氣 哲學'이란 용어가 '理 哲學'에 상대되는 개념으로 성리학이나 실학의 일부에서 '氣' 개념을 근본 개념이나 중심개념으로 삼는 모든 철학적 입장을 포괄하는 개념으로 설명하였다.

9) 중국 철학사의 초기 '氣' 개념 세 가지는, ① 인간의 기질적 존재로서 '기' 개념 즉 [논어]의 血氣나 [맹자]의 浩然之氣, ② 자연적 존재로서의 '기' 개념 즉 [순자]의 '水火之氣'나 [장자]의 天氣와 地氣 ③ 우주적 존재로서의 '기' 개념 즉 [장자]의 '通天下一氣'이다.

10) 국역 [기측제의], [신기통] 권 1, "하늘과 사람의 기" I -42.

論)과 최한기의 기론(氣論)은 다름이 없어 보인다. 전통적 기론자들은 세계를 태허(太虛)와 만물로 나누어 '본체의 기'와 '현상의 기'로 이원화된 구조로 파악한다. 이때 '본체의 기'인 '태허'는 무형(無形)이며 감각적 인식으로는 포착되지 않는다. 불생 불멸(不生不滅) 하는 태허의 본체는 虛·靜·淸의 성격을, 일시적인 현상의 사물은 實·動·濁의 성격을 지닌다. 나아가 기의 청탁수박(淸濁粹駁)이라는 질적 차이와 가치적 요소, 음양오행의 신묘(神妙)한 조화라는 기의 운동 변화과정에 의해 현상의 자연과 인간을 설명한다. 최한기는 이러한 기존의 '기' 개념이 구체적인 자연현상으로부터 출발한 것이 아니라 형이상학으로부터 나온 것으로 보고 과학적 인식과는 거리가 멀다고 생각했다. 그는 자신의 기 개념이 최근의 과학적 성과에 의해 밝혀진 것으로 기존의 기 개념과는 다르며, 그의 시대에 들어와 실험을 통해 기의 형질을 객관적으로 파악하였다고 보았다.11) 최한기는 기가 무형임을 부정하고, 모든 기는 유형(有形)임을 강조했다. 기는 형체와 맛, 소리, 촉감 등으로 우리에게 지각된다. 불이나 하늘처럼 형체가 없고 한열조습(寒熱燥濕)의 성질만 지닌 기도 있으나 모두 감각에 포착되기는 마찬가지다.

> "氣에는 '形質의 기'와 '運化의 기'가 있다. 지구·달·태양·별과 만물의 형체는 형질의 기이고, 雨暘風雲과 寒暑燥濕은 운화의 기이다. 전자는 후자로 말미암아 모여 이루어진 것이니, 큰 것은 장

---

11) "최근에 氣의 形이 모든 기계의 시험에서 뚜렷하게 드러나고…(후략)"(국역 [기측제의], [명남루수록] Ⅱ-173). "주발을 물동이의 물 위에 엎었을 때 물이 주발 속으로 들어가지 않는 것은 그 주발 속에 기가 가득 차 있어 물이 들어가지 못하는 것이니, 이것이 기에 형질이 있다는 첫 번째 증거이다…(중략)… 기포의 단단하게 쌓인 공기가 탄환을 쏘아내니, 이는 공기가 힘을 쏟아내는 다섯 번째의 증거이다. 냉, 열기의 도수가 냉기와 열기에 따라 오르락내리락 하니, 이는 기가 냉할 때는 줄어들고 더울 때는 부푼다는 여섯 번째 증거이다."(국역 [인정] 권 10, "기의 형질" Ⅱ-99.)

구하게 되고 작은 것은 곧 흩어지게 되는 것이 운화의 기가 스스로 그러함이 아닌 것이 없다. 형질의 기는 사람이 쉽게 보는 바이나, 운화의 기는 사람이 보기 어려운 바다. 그러므로 옛사람은 유형, 무형으로써 형질과 운화를 분별했다…(중략)…차가운 것과 뜨거운 것이 서로 부딪치면 꿩음과 불꽃이 이에 일어나게 된다. 이것이 곧 운화의 기가 유형임을 보여주는 증거이다."([기학] 권 1 49쪽)

이상에서 최한기가 말하는 '형질의 기'와 '운화의 기'는 오늘날 기후학에서 말하는 '기후요소'와 '기후인자'와 밀접한 관련이 있다. 기온, 바람, 강수, 운량, 일사량 등 기후요소는 최한기가 말하는 '운화의 기'이며, 해발고도, 수륙분포, 지형 등 눈으로 볼 수 있고 형체를 느낄 수 있고, 기후요소를 결정짓는 근본 원인이 되는 기후인자는 최한기가 말하는 '형질의 기'와 유사하다. 적어도 개념상 일치하지는 않는다손 치더라도 그 설명 원리에서 상호 시사하는 바가 분명히 있다.

최한기의 氣는 전통적인 氣와 같이 우주 만물을 관통하는 보편성을 띠고 있다. 그러나 모든 기의 운동이 活動運化로 요약되고,12) 현상에서는 한열조습의 사원성으로 드러나기 때문에 기용의 학에 의해 수로 표시될 수 있는 실체이며, 실험에 의해 직접 보고 증험할 수 있다는 점에서 전통적 기 개념과 구별된다. 요컨대, 최한기는 그의 기 개념을 통해 감각적 인식의 보편성을 확보하였고 이를 계량화하여 객관적 인식의 방법으로까지 제시하였다. 이것은 서양 과학의 수용과 밀접한 관계가 있다. 특히 지구에 대한 해명으로부터 活動運化

---

12) 최한기는 氣의 活動運化하는 본성을 네 가지 단서로 나누어 배열 설명하였다. ([기학] 권 2, 229쪽). 즉 活은 生氣요, 動은 振作이요, 運은 周旋이요, 化는 變通으로 보았다. 즉 活은 생명성, 動은 운동성, 運은 순환성, 化는 변화성을 의미한다.

하는 氣를 보았고, 이를 설명해 냈다(노혜정, 2005, 75~76).

3. [지구전요]와 세계지리 인식

　19세기 조선 사회를 살다 간 지리학자로는 두 인물을 들 수 있다. 즉, 김정호가 전통지리학의 집대성에, 최한기는 새로운 지리지식의 수용과 체계화에 관심을 쏟았다. 특별히 최한기의 학문적 태도는 독특한 면이 있었는데, 그것은 그가 세계적이고 장기적인 관점에 입각해서 미래를 대비하고 실용성에 바탕을 둔 학문의 태도를 견지한 학자라는 점이다. 최한기의 [지구전요]는 당대에 획득할 수 있는 세계지리에 관한 지식을 집대성해 놓은 체계적이고 실용적인 '지지(地誌)'로서 그의 대표적 저술이라고 할 수 있다. 최한기 학문의 사상적 요체는 옛것(기 철학)을 기본으로 삼아 새로운 것(서양의 과학)으로 개혁하여 '氣'를 중심으로 체계를 세운 '氣學'이라 할 수 있다. 그의 저서 [지구전요]는 이러한 기학의 구체적인 연구 성과로서 당시 '지지학(regional geography)'의 본을 구체화한 세계 지리지이다.

　[지구전요] 권 1 후반부에서 권 11까지는 세계지리에 관한 내용이다. 특히 "해륙분계(海陸分界)"의 항목부터는 지리적인 관점에서 지구와 세계 각국의 지지내용을 서술하였다. 이 부분은 장소에 따른 지리적 현상의 다양함을 보여주기 위한 내용으로 구성되어 있다. 이들 내용은 최한기가 한역 지리서인 [직방외기], 태서신서인 [해국도지]와 [명환지략]을 참고하여 항목을 구분하고 내용을 취사선택하였으며, 필요한 내용을 첨가하기도 하여 구상한 것이다(노혜정, 2005, 125-126).

1) 지구

최한기는 [지구전요]에서 세계 각국의 지지내용을 기술하기에 앞서 "해륙분계"의 항목을 두고 지구의 표면을 육지와 바다로 나누어 개략적인 내용을 소개하였다. 육지가 2/5, 바다는 3/5 정도이며, 땅은 네 개의 대륙과 하나의 대양주로 구성되는데, 아시아, 유럽, 아프리카, 아메리카, 오세아니아 등으로 나누었다. 바다는 대양해, 대서양해, 인도해, 북빙해, 남빙해 등 다섯으로 나누고 있다.[13] 오늘날 지구상의 해륙분포를 5대양 6대주로 가르치는 것과 대동소이하다. 아메리카를 남과 북으로 나누어 가르치는 것만이 차이가 있다. 지구상의 가장 큰 바다인 태평양에 대한 설명이 상세하다. 바다 이름이 붙여진 경위, 미국인들이 차를 사기 위해 이 바다를 이용했다는 내용, 그리고 당시에 포경선이 태평양 바다를 왕래했음을 알 수 있다.[14]

지구적인 스케일을 논할 때, 경위도를 들어 그 크기와 넓이를 정확하게 설명하려 함에서 지구와 우주를 수리적으로 설명하는 객관성을 엿볼 수 있다.[15] 최한기는 자연현상을 밝히어 설명하면 비과학적이

---

13) "地球全面陸不及十之四 海爲十之六 有奇(?)陸分爲四大界一大洲 曰亞細亞曰歐羅巴曰阿非利加(一咋利未亞)曰亞墨利加曰澳大利亞海水注洋强分爲五曰大西洋海曰印度海曰北氷海曰南氷海"([地球典要] 卷 1, "海陸分界")

14) "대양해(태평양)는 아세아의 동으로부터 남북아묵리가의 서에 이르니 곧 중국의 동양 대해이다. 태서인들이 그 풍랑이 잔잔하다고 하여 太平海라고 불렀으며, 바다 표면의 광활함이 최고이다. 대개 지구의 반을 두르고 있다. 미리견(미국)인에 의하면 奧에 이르러 차를 사기 위해 이 길을 경유하는 것은 西路와 비교하면 3만 리가 가까울 수 있으나 급을 지나치는 것이 매우 험하고, 수만 리가 광대하여 물과 음식을 구할 곳이 없어 이 길을 지나는 이가 드물었으나 근래 포경선의 내왕이 많아졌다고 한다."

15) "지구의 경위도는 이미 있었으며, 고인이 정한 바이다. 모름지기 경위 도수를 강구하여 밝혀야만 지형의 넓이와 처하는 바의 방향을 분명히 할 수 있고, 또 천도(天度)의 경위를 분명히 할 수 있다. 서로 상응하는 양극의 隱現, 冬夏의 寒暑, 晝夜의 길고 짧음, 조석의 진퇴는 모두 증거로 삼을 만한 것이 있다. 이 책을 읽는 사람은 먼저 지구에 있는 경위도와 하늘에 있는 경위도가 어느 곳에서나 상응함을 밝혀야 範圍排布, 氣數運化를 볼 수 있다."([지구전요] "범례" 2)

고 신비한 요소는 없어지는 것이며, 과학적인 운화도리(運化道理)가 있을 뿐인 것을 강조한다. 여기에 자연현상을 대하는 최한기의 철학을 엿볼 수 있다. 그가 말하는 기화(氣化)란 기후의 변화 또는 대기의 변화를 의미한다고 볼 수 있다. 기후변화 또는 대기의 변화를 과학적으로 예측하고 적응하면 인간 생활에 도움을 크게 받을 수 있는 것이며, 과학적으로 이해하려 하지 않고 신괴하고 허황된 그리고 모호한 신비적 현상인 것처럼 여기는 것은 옳지 않다고 지적했다. 그리하여 당대의 비과학적이고 자연에 대한 맹목적인 숭상을 경계하고 있다.16)

한편, 바다를 통해 지구 곳곳 어느 곳이나 왕래할 수 있음을 구체적 인물을 들어 기술하였다. 당시 바닷길을 이용함에 있어서 빠른 속도로 보편화하고 있음을 알 수 있다. 이상의 내용은 당시에 이미 지구가 둥글다는 사실을 누구나 알고 있음을 암시하기도 한 내용이다. 이러한 내용에 대한 확신은 다음의 경험적 기록내용을 인용하여 뒷받침하고 있다.17) 땅과 바다는 함께 어우러져 둥근 지구표면을 이루고 있음을 지구를 일주하고 돌아온 사람의 기록과 사실을 통해 확실함을 입증하는 내용이다. 지구가 둥글다는 사실은 그 후 세계 일주의 여행 경험을 통해 여러 곳에서 확실히 밝혀진 사실임을 지적하

---

16) 진실로 후세의 더욱 밝아짐을 기다려야 한다. 만약 心情의 神怪로써 산천의 신괴를 설득하고, 의견의 虛荒으로 物類의 虛荒을 상세히 늘어놓고자 한다면 수백 년도 되지 않아 다 탄로 날 것이다. 산천이 神怪를 벗어나 진정한 면목을 드러내고, 물류의 허황이 사라져서 經常之道를 드러내니 산천 물류에 어찌 일찍이 신괴허황(神怪虛荒)이 있었겠는가. 단지 운화도리(運化道理)가 있을 뿐이다. 사람이 만약 氣化를 見得하여 모름지기 기화를 사용한다면 신괴 허황이 일어나더라도 모두 사라질 것이고,…(후략)([지구전요] 권 1, "海陸分界")

17) "명 正德 년간(1505~1521)에 葡萄牙 사람 嘉奴라고 하는 이가 왕에게 청하여 배 5척을 출발시켜 동으로 행하여 빙 돌아 서쪽 땅에 이르니 돌아오는 날 왕이 은으로 작은 지구를 만들어 글자를 새겼는데, "처음 지구를 돌고 온 이, 그는 가노라(始圜地而旋者其嘉奴也)" 하였다. 지금 바닷길이 더욱 익숙해져서 서양의 배가 동으로부터 서로 가고, 혹은 서로부터 동으로 돌아가니 지구를 돌아 다시 돌아오는데 불과 8~9개월을 넘지 않으니 모든 땅(全地)을 두루 다닐 수 있다."([지구전요] 권 1, "해륙분계", 국역 [기측제의], [추측록] 권 6, "바다의 선박이 두루 통한다" Ⅱ-150(노혜정, 2005, [지구전요]에 나타난 최한기의 지리 사상, p.130 각주 재인용)

였다.18)

바다와 육지로 덮인 지구는 누구도 부인할 수 없는 둥근 구면이며 포도아 사람 嘉奴의 세계 일주를 여러 번 예로 들어 확실함을 강조하였다. 이러한 일주를 해낸 사건은 지구 전체의 소통을 알리는 놀라운 일들이었으며, 이후 선박을 이용한 원근 각국의 통상이 무르익게 되었고, 아울러 각 지역이 가진 예법과 풍속, 교육과 문화 등이 왕래하는 사람들에 의해 구전되어 외국에 대한 문화와 지식을 수용하게 되었다.

2) 세계 각 지역

최한기는 그의 저서 [지구전요]에서 전 세계의 대륙을 크게 네 곳으로 분류했다. 각 대륙에 대한 항목 설정을 보면, 유럽에 대해 상세한 항목을 열거하여 설명함으로써 일찍 선진화된 지역에 대한 관심이 많았음을 알게 해준다.

항목만으로 본다면, 유럽 다음으로 아프리카에 대해서도 여러 항목을 두어 설명함으로써 미지의 대륙이라 알려진 곳에 대한 관심을 기울이고 있다. 멀리 원거리에 있는 아메리카에 대한 항목 설정도

---

18) "대지는 바다와 함께 본래 하나의 둥근 모습을 이루고 있다. (최한기 주; 正德 이전에 포도아 사람 嘉奴가 지구를 일주하고 돌아왔는데, 땅이 둥근 것이 분명해진 것은 이때부터이며, 그 후 1백 년 후에 地球圖가 중국에 들어왔다…(후략) 근고 이래로 地圓說은 周環(세계일주)에서 증험 되었으며, 地轉(자전, 공전)의 歷은 여러 천체에서 증험이 되었다."([지구전요], "지구전요서" 2절. (노혜정, p.130 각주 재인용)); "대개 천하가 두루 통한 것은 중국의 명나라 弘治 연간의 일이다. 구라파 서해의 한 모퉁이에 있는 포도아 사람인 嘉奴가 처음으로 지구를 한 바퀴 돌았으니, 이것은 바로 천지가 개벽한 것이라 하겠다. 이로부터 상업하는 선박이 널리 통행하고 사신과 사역인들이 잇달아 전하므로, 진귀하고 기이한 산물과 편리한 기계들이 원근에 널리 전파되었다. 또 예법과 풍속이며 교육과 문화 등은 멀리 옮겨와, 말을 전하는 사람들이 첨가하여 붙이거나 연역하여 城內之隩(세계가 한 성안처럼 되어 외국의 문화와 지식을 수용하고 섭취) 아닌 것이 없게 되었다. (국역 [기측제의], [신기통] 권 1, "천하의 교법을 천인 관계의 입장에서 질정한다" I -58. (노혜정, 2005, [지구전요]에 나타난 최한기의 지리 사상, 131 각주 재인용)

우리가 포함된 아시아에 비해서는 비교적 상세한 편이다.

한편, 각 대륙의 지역 구분을 보면, 아프리카 및 아메리카 지역에 대해서는 오늘날의 구분과 비교해 대동소이한 구분이다. 아시아 지역의 구분은 동부 아시아, 동남아시아, 남부 아시아로 구분하는 오늘날과는 다른 구분을 하고 있다. 유럽에 대해서는 구분을 하지 않았다.19)

최한기는 각 대륙의 지역을 구분하여 적을 때, 각국은 四門, 諸條에 의하여 순서대로 채록하였고, 권 책으로 나누어 찾아 열람하기 편하도록 하였으며, 기록할 수 없는 조항은 뺐다. 소지역, 작은 섬들에 대해서는 事蹟을 일일이 기록하기 어려우므로 항을 나눌 수 없는 것을 합하여 간략하게 처리하였다.20) 한편, 중국(中華)과 우리나라의 지지(地誌) 내용을 참고할 만한 책은 별로 없어서 상세히 서술하지 못하였고 개략만을 적고 있다.

(1) 아시아

아시아의 나라들에 대해서는 간단히 그 특색을 적고 있지만 정보는 매우 정확한 편이다. 주로 기후적인 특색을 간단하고 명료하게 들어 나라들의 특색을 서술하였다. 중국에 대해서 비교적 상세하게 다음과 같이 서술하고 있다.

---

19) ①아시아; 중국, 동양 이국(二國), 南洋濱海各國, 남양 각국, 동남대양 각국, 五印度, 印度以西回部四國, 西域各回部
　　②아프리카; 아프리카北土, 아프리카中土, 아프리카東土, 아프리카西土, 아프리카南土, 아프리카群島
　　③아메리카; 북아메리카氷彊, 북아메리카英吉利屬部, 북아메리카米利堅合衆國, 남아메리카 南境各國, 남아메리카 海灣群島

20) "各國依四門諸條順序採錄 而加圈擡書 以便搜閱 無可錄之闕之 至於小部小島事蹟草率 不足分條者 渾列面略之"([지구전요] 범례 3).

"땅의 면적은 중국이 가장 넓으며, 물산도 풍부하다. 윤리는 종(宗)을 이루어 만방에 다 두루 미친다. 동쪽으로 삼성의 동북쪽 귀퉁이 땅은 아라사(러시아)와 접하고, 정북은 내외 몽골의 여러 부이며,…(중략)…역대 연혁과 산해풍물이 '一統志' 중에 실려있고, 제자백가(諸子百家)들이 논하여 저술한 것이 많으니 감히 다시 군더더기를 부치지 않는다. 삼가 "中國一統全圖"를 책머리에 두고, 이로써 직방의 대략을 둔다."([지구전요] 권 1, "中國")

아시아의 나라들에 대해서 중국 외에 일본, 유구, 월남, 태국, 브루나이, 자바, 인도, 아프가니스탄, 이란 등 여러 나라를 다루었다. 대체로 기후 특색 등 자연 지리적인 특색을 간단명료하게 들어 지역성을 밝히고 있다.[21]

(2) 유럽

유럽에 대해서도 경위도와 넓이 및 거리를 수치로 정확하게 표현하여 규모를 설명하고 있다.[22] 유럽의 남쪽에 있는 나라는 북황도(北黃道)의 북쪽에 있어 춥고 더움이 대략 비슷하다고 설명하였다. 유럽

---

21) · **일본**: 온화하고 눈이 1척에 이른 적은 없다. 기후가 강절(江浙)과 비슷하다. · **유구**(琉球, 오키나와); 해풍이 매우 강해 지붕이 날리지 않도록 낮게 만든다. 왕이 거처하는 곳과 사신이 머무르는 곳은 지붕이 높아서 기둥에 새끼줄을 매고 땅에 박아 고정하여 해풍을 막는다. · **월남**(越南, 베트남); 항상 따뜻해서 서리와 눈이 없고, 초목은 푸르다. · **태국**; 항상 여름 같아서 서리와 눈이 없다. 반년은 비가 오고(4월~ 9월) 반년은 건기이다. 농사가 연중 이루어져 2~3번 곡식이 익는다. · **브루나이**(婆羅洲); 기후가 매우 덥고, 정오에는 반드시 머리를 숙이고 물을 향해 앉아야만 풍토병을 피할 수 있다. · **자바**(喝羅巴); 적도의 직하 남쪽에 있어 매우 뜨겁고, 꽃과 나무가 계속 이어진다. 봄에는 비가 오고 가을에는 가물며, 토지가 비옥하여 곡식이 잘 익는다. · **인도**(五印度); 북쪽은 한서(寒暑)가 적당하나, 남쪽은 적도에 가까워 매우 뜨겁다. · **아프가니스탄**(阿富汗): 인도와 이란(波斯)의 사이에 위치하며 매우 덥고 비가 많다. · **이란**(波斯): 겨울과 여름이 온화하며 풍속이 너그럽다. 땅이 비옥하고 기후가 매우 따뜻하며 비가 적다.

22) "구라파는 아세아 극서북의 귀퉁이에 있으며, 지형과 해수가 서로 들쭉날쭉하다. 아시아와 비교하면 1/4에 지나지 않는다. 남쪽으로 지중해(북쪽 가장 끝이 35도), 북쪽으로 빙해(북쪽 가장 끝이 80도 정도)에 이른다. 남북은 서로 45도 떨어져 있으며, 지름길은 1만 1천2백 리이다. 서쪽은 대서양에서 시작되는데 福島 0도이며, 동으로 阿比河에 이르러 福島 92도이며, 지름길은 2만 3천 리이다. ([직방외기] 권 2, "구라파 총설", 39쪽(노혜정, 126 각주 재인용)

의 기후를 편서풍대와 해류의 영향으로 비교적 온화하고, 지중해성 기후는 여름철 고온건조와 겨울철 온난다습으로 설명하는 오늘날과 달리, [지구전요]에서는 황도(黃道)와 흑도(黑道)를 들어 설명한 점이 특이하다. 북흑도(北黑道, 북극)의 남쪽에 있는 지역들은 눈이 쌓여 5 ~6척에 이르며, 얼음은 3~4척에 이르는 지역으로 설명하였는데, 오늘날 북극에 가까운 북부 유럽 빙설기후 지역을 일컫는다. 유럽에 속한 나라들로 러시아, 스웨덴, 덴마크, 폴란드, 이탈리아, 벨기에, 스페인, 포르투갈 등을 설명하였다. 러시아와 스웨덴 및 스페인은 비교적 자세하게, 그리고 폴란드는 지극히 간단하게 기술했다. 지역성 기술에 있어서 대체로 자연 지리적 지지내용이 인문지리보다 상대적으로 상세한 편이다.[23]

---

23) · **러시아**(峩羅斯); 밤이 길고 낮이 짧다. 기(氣)가 매우 차며 눈이 내리면 굳어진다. 눈 속 행인의 혈맥에 추위가 엄습하면 굳어져 얼음처럼 된다. 만약 갑자기 따뜻한 집 안으로 들어가게 되면 귀와 코가 땅에 떨어져 버리게 되니, 외부에서 온 사람은 먼저 몸을 물에 적셔 기다린 다음 몸이 점점 소생하면 따뜻한 집 안으로 들어갈 수 있다. · **스웨덴**(瑞國); 기후가 매우 추우며 북쪽은 모래와 돌, 웅덩이가 있고 대부분 불모지이다. 남쪽으로 가면 점점 비옥해진다. 해안이 많으며, 진흙이 많아 농사짓기 어려워 항상 식량이 부족하다. 남쪽으로 갈수록 해가 점점 길어져 9시간 정도 떠 있다. 극 북쪽의 겨울은 밤이 있고 낮이 없어 해를 볼 수 없는 날이 75일이며, 여름에는 낮이 있고 밤이 없어 달을 볼 수 없는 날이 75일이다. 5~6월에는 모기가 먼지같이 많아지고, 눈이 내리면 다시 추운 날이 된다. · **덴마크**(嗹國); 남쪽은 여름에는 해가 길어 69刻 정도(약 17시간) 볼 수 있는데, 그 중 가장 긴 것은 82각이다. 북쪽은 반년은 낮이 되고 반년은 밤이 된다. · **폴란드**(晋魯士國); 천기가 매우 차다. · **독일**(日耳曼列國); 겨울에 매우 춥다. 따뜻한 방(煖室)을 잘 만들어 약간의 불만 있으면 매우 따뜻해진다. · **이탈리아**(義大利亞 列國); 천시(天時)가 화정(和正)하고 토맥은 기름지며, 곡식이 무성하고, 꽃과 나무가 무성하여 유곡(幽谷) 명원(名園)을 이루어 낙토(樂土)라 불린다. · **벨기에**(比利時國); 기후는 따뜻하고 평온하며, 땅은 기름지다. · **프랑스**(佛郎西國); 서북쪽의 기후는 조금 춥다. · **스페인**(西班牙國); 북쪽 경계에는 피레네산맥이 있으며 지기(地氣)는 조금 차다. 남쪽 경계에는 지중해가 있다. 여름에는 아프리카 중토의 더운 열기가 실린 해풍이 불어온다. 이곳은 구라파의 가장 높은 곳이라 바람이 많다. 겨울이 되어도 불을 떼지 않는다. · **포르투갈**(葡萄牙國); 서북쪽의 기후는 조금 차고, 동남쪽은 여름이 매우 덥다. · **영국**(英吉利國); 근처에 북해가 있어 매우 춥고, 천기(天氣)가 불안정하여 오늘은 맑고 조용하다가 내일은 구름이 낀다. 여름이 덥지 않다.

(3) 아프리카

아프리카에 대해, "강역의 극남쪽은 남위 35도, 극북쪽은 북위 35도 지점에 걸쳐 있다"라고 하여 남북위에 걸친 경위도를 들어 수리적 위치를 밝혀 규모를 설명하고 있다.[24] 아프리카(阿非利加)는 적도를 중심으로 하여 남북에 걸쳐 있으므로 더위가 심하고 풍토병이 만연하며, 천시(天時)와 지기(地氣), 인물 등이 대륙 가운데 지역이 가장 열악한 곳으로 설명하고 있다. 아프리카 지역을 북부, 중부, 동부 등으로 세분하여 지지적 특성을 기술한 점은 비교적 고금을 통해 덜 알려진 아프리카 대륙에 대한 최한기의 관심이 많았음을 알게 해준다. 당시로 보아 파격적으로 자세한 정보라고 할 만하다. 북부아프리카(阿非利加北土)의 여러 나라로는 이집트, 에티오피아, 리비아, 튀니지, 알제리, 모로코를 설명하였다.[25]

한편, 중부아프리카(阿非利加中土) 지역에 대해, 바람이 일면 천지가 어두워지고 모래가 날려 퇴적되어 구릉을 이루며, 천기(天氣)는 매우 뜨겁고 비가 없고 나무 그늘도 없는 건조하고 황막한 지역으로 묘사하고 있다. 사막을 가로지르는 사람들은 도중에 숨을 헐떡거리다 죽거나 모래바람으로 숨을 제대로 쉬지 못해 넘어지고, 모랫길을 가는 자는 모두 낙타를 이용하며, 목이 말라 물을 구하지 못하면 낙타를 죽여 그 피를 마시거나 위 속에 있는 물을 마셔 목숨을 부지한다고 적고 있다. 사막의 길 도중에 만나는 오아시스에 대해, "중간에 우연

---

24) [지구전요] 권 9, "阿非利加"

25) ① **이집트**(麥西); 땅에 그늘과 비가 적고, 사막이 넓다. ② **努北阿**; 지기가 매우 더움이 맥서에서 심하다. ③ **에티오피아**(阿北西尼亞); 땅이 비옥하고 지기가 온화하다. 단지 홍해 일대에서만 덥고 가물다. 5월부터 10월까지는 흐리고 장마가 거의 반이라 여행하기 매우 어렵다. ④ **리비아**(的黎波里); 지기가 매우 뜨겁다. 낮에는 덥고 밤에는 춥다. · **튀니지**(突尼斯); 지기가 습하고 뜨겁다. ⑤ **알제리**(阿未及耳); 기후가 온화하며 지진이 많다. ⑥ **모로코**(摩洛哥); 여름은 매우 뜨겁고, 해풍이 적다. 사막은 훈기(薰氣)이며 준령이 가득하다. 지기는 온화하다.

히 바다 중의 섬 같은 편토(片土)에 수천초목(水泉草木)이 있어 가는 이들이 이 오아시스에 의존한다."라고 묘사하였다. 자연, 인문적 지역 특징을 눈에 보이듯 서술하였다. 중부아프리카 지역의 각국에 대해서는 나이지리아 등 세 나라를 자연 지리적 특징 중심으로 간략하게 지역성을 밝혔다.26)

동부아프리카(阿非利加東土) 지역의 나라들로는 소말리아, 케냐, 탄자니아, 말라위 등 네 나라에 대해 자연과 인문적 특색들을 간단히 들었다.27)

서부아프리카(阿非利加西土) 지역에 대해서는 적도가 지나고 호수가 많이 분포하며, 풀이 무성하고 나무들이 많아 그늘진 지역으로 개관하였다. 해로운 안개가 끼어 장기(瘴氣)가 될 수 있고, 새벽녘에 가랑비가 내리며, 외부인(외국인)이 오랫동안 거주하면 반드시 풍토병에 걸리거나 사망에 이르는 환경을 기술했다. 국가들로는 적도기니, 가봉 등 두 나라를 들었다.28)

남부아프리카(阿非利加南土) 지역은 기후가 매우 더운 곳으로 묘사하였다. 나미비아, 남아프리카공화국, 마다가스카르 등 세 나라에 대해 간결한 자연 및 인문 특색으로 지역성을 기술하였다.29) 대체로 아

---

26) ① 哥瀾多番; 화산이 폭발할 때 연기와 불꽃이 일고 지기는 매우 뜨겁다. ② 達彌夫耳; 지기가 매우 뜨겁고, 토지에 맞는 농작물은 기장이다. ③ **나이지리아**(尼給里西亞); 땅이 적도 가까이 있어 염기(炎氣)가 무더워 풍토병에 걸리며 독충이 많아 외국인이 오면 병에 걸려 죽는다.

27) ① **소말리아**(亞德爾); 지기가 뜨겁고 건조하여 습기와 비가 부족하다. ② **케냐**(柔給巴爾); 지기가 매우 뜨거워 풍토병이 많다. ③ **탄자니아**(莫三鼻給); 풍토병이 많아 거처하기 불편하다. ④ **말라위**(麼諾麼達巴); 지기가 매우 뜨거워 거처하기 힘들다.

28) ① **적도기니**(幾內亞); 적도 가까이 있어 매우 뜨겁고 행인이 가다 목이 말라 죽기도 한다. 5월부터 9월까지 흐리고 비 오는 때 비가 오지 않으면 먹을 것이 없다. ② **가봉**(公額); 적도의 남쪽에 있어 매우 뜨겁고 적도기니와 비슷하다.

29) ① **나미비아**(가丁多的亞); 지기가 온화하며 북쪽만큼 뜨겁지 않다. ② **남아프리카공화국**(可不); 온화하며 초목이 무성하다. 북쪽의 반은 사막이다. 바람이 일어나 구름과 합쳐지면 나쁜 기운이 가득 찬다. ③ **마다가스카르**(馬達加斯加爾); 지기가 매우 뜨겁고 해안가에 주민의 반 정도가 거주한다. 풍토병에 걸리면 외국인은 견디기 힘들다.

시아나 유럽에 비해 아프리카 지역에 대해서는 상세히 다룬 편이다.

(4) 아메리카

한편, 아메리카에 대해서는, 그 모양(疆域)이 중앙에 지협을 두고 남북으로 나누어져 있고 전체 모양은 서로 연결되어 있는데, 지협(해협으로 표현함)의 남쪽을 남아메리카(南阿墨利加), 북쪽을 북아메리카라 부른다고 적었다. 남아메리카에 대해 남쪽 끝은 위도 52도 지점에, 북쪽 끝은 10도 반 지점에 있으며, 그 폭은 서쪽 286도에서 일어나 동쪽 355도에 이른다.[30] 해협의 북쪽을 북아메리카(北阿墨利加)라 하며, 남쪽 끝이 10도 반 지점에 이르고, 북으로는 빙해에 이르는 곳으로 설명하였다. 북쪽 끝은 도수(度數; 여기서는 위도를 의미)가 아직 상세하지 않은 미지의 지역으로 적었다. 폭은 서쪽 180도에 일어나 동으로 복도에 이르러 360도에 이르는 것으로 설명하고 있다.[31] 아메리카 대륙에 대해서도 위도와 경도를 밝혀 수리적 위치를 파악하게 하며, 대륙의 크기를 예측하도록 하였다.

북아메리카의 북쪽 경계지역(北境)은 춥고 얼어있는 불모지로, 아시아의 북쪽 경계지역(北境)과 동일하며, 남으로 오면서 점점 따뜻해지는 것으로 기술하였다. 미국(米利堅)의 각 지역은 북황도의 북쪽에 있으며 중국의 기후와 비슷한 지역으로, 다시 남쪽으로 카리브(可侖比亞) 일대에 이르면 적도 아래에 있게 되어 더위가 매우 심하지만 아프리카만큼 덥지는 않은 곳으로 적었다. 또 풍토병이 없기 때문에

---

30) 남아메리카의 위도 폭은 정확하게 적고 있으나, 경도 폭은 오늘날의 수치와 틀리다. 경도 폭은 약 45도 정도라야 되는데, 69도 차이로 적은 것도 정확하지 않다.

31) [지구전요] 권 9, "阿墨利加"에 적고 있는데, 경도 폭에 대해서는 수리적 표현이 정확지 않은 점이 발견된다.

이민자(流寓者)들 가운데 젊어서 죽는 일은 없으며, 남아메리카를 향해 더욱 남으로 내려가면서 더위가 점점 감소하여, 파타고니아(巴他拿義)에 이르면 심한 추위가 북아메리카의 북쪽 경계지역과 같다고 적었다. 가장 남쪽에 이르면 이미 남흑도(南黑道, 남극)에 가까워져서 빙설이 항상 많고, 사람과 가축이 살 수 없는 곳으로, 남북극이 대개 빙해로 되어있음을 밝히고 있다.

북아메리카 빙설 지역(北亞墨利加氷疆)은 가장 북쪽 지역으로 북빙해가 둘러싸고 있으며, 땅이 흑도(黑道, 북극)의 아래에 있어 습도가 높고 추위가 특히 심하여 여름에도 눈이 보이며, 가을에 이미 얼어버리는 곳으로 기술하였다. 호수와 바다가 모두 빙산으로 마치 하얀 은산이 겹겹이 쌓인 것 같으며 겨울철 두 달은 밤이 길어 별이 빛나며 사람과 가축 모두 추위에 움츠러든다고 묘사하였다. 5～6월 두 달은 반대로 낮이 길고 밤이 없고, 바다의 얼음이 모두 갈라져서 바다 위에 떠다니는 모습이 구릉과 같으며, 배가 닿으면 부서져 가루가 될 위험에 처한다고 적었다. 아메리카를 설명하는 지지내용의 묘사가 매우 사실적이고 생생하다. 미국을 비교적 상세하게 설명하였고, 이밖에 캐나다, 멕시코, 과테말라, 콜롬비아, 아르헨티나 등 각국에 대해서도 간략하지만 기후적 특색을 잘 드러내 지역의 특징과 성격을 잘 묘사하였다.32)

---

32) ① **캐나다**(北亞墨利加英吉利續部); 지기(地氣)가 매우 차고, 대략 중국의 북쪽 변방과 비슷하다. 천기(天氣)가 매우 춥고 10월~3월까지 눈이 쌓여 없어지지 않는다. ② **미국**(北亞墨利加未利堅合衆國); 남북의 한서(寒暑)가 같지 않다. 북으로 갈수록 추워지고 남으로 내려올수록 더워진다. 토지도 그러한데, 북쪽 땅은 시(時)에 의존하여 농사지으며, 남쪽 땅은 물이 가까워 때때로 큰 비를 걱정한다. 나라의 북쪽 경계는 북극에서 35도 떨어져 있으며, 남쪽 경계는 65도 떨어져 있어 나라의 남쪽 경계에서 적도까지는 25도 거리이다. 나라 안의 남북 땅이 30도에 이르러 위도에 따라 크게 세 지역으로 구분할 수 있다. ③ **멕시코**(墨西哥); 북쪽은 조금 춥고, 남쪽 해안 일대는 매우 뜨겁다. 내지(內地)는 점점 고도가 높아지면서 뜨거움이 감소하여 4~5백 장(丈) 정도의 고도에 이르면 온화해진다. ④ **과테말라**(危地馬拉); 서쪽 경계는 매우 뜨겁다. 동쪽 경계는 온화하며 거주하기에 적당하나 지진이 자주 일어난다. ⑤ **콜롬비아**(可侖比亞);

3) [지구전요]의 지리관

최한기는 지구의 자전과 공전 등의 움직임과 순환은 곧 인생의 도리와도 연결되는 것으로 설명하여, 인간과 자연의 조응 관계 나아가 상호 관련성을 직시하였다. 지구의 움직임과 순환원리는 하늘에 통하는 원리이며 인생의 도리에도 영향을 미치는 관계로 파악하려 하였다.

> "대개 天人의 道는 모두 機括을 가지고 있는데, 어찌 脈絡이 없겠는가. 地球의 運化는 여러 별의 照應으로 말미암아 이루어지고, 人生의 道理는 지구의 운화로 말미암아 생겨난다."([지구전요] "지구전요서" 7절)

> "세상의 모든 일은 다 근기(根基)를 정하고 표준을 세우는 근본이 있는 것인데, 기화(氣化)를 모르면 장차 어떻게 근기를 정할 수 있으며 인도(人道)를 버리고서야 어찌 표준을 세울 수 있겠는가."(국역 [인정], 권 8; 국역, "근기와 표준" II-27)

> "일기(一氣)의 범위를 통관하여 천지 인물을 일체로 삼고, 만고의 인도를 통론하여 옛날과 지금과 훗날의 사람을 나의 일생으로 삼아야 한다."(국역 [인정], "教人序", 민족문화추진회)

> 정치는 '天地氣化'로써 표준을 삼아야 하며, 만약 '기화'와 무관한 것을 가지고 정치를 행하면 비루한 풍습이며, 그렇다고 하여 알 수 없는 기화를 지나치게 연구하거나 증험할 수 없는 기화를 비루하게 여겨 정치를 꾀한다면 시대에 맞지 않는 풍속이 될 것이다. 그러므로 氣化, 政治, 敎學이 서로 어그러짐이 없이 서로 도와 세우는 것이 진정한 교학이다. 그러나 기화는 경험이 쌓여 점차 밝혀지는 것이어서 1000년, 2000년, 3000년의 시대마다 다름이 있는데, 기화가 1分이 밝혀지면 정치도 1分이 밝혀지고, 교학도 1分

해안은 몹시 더우며, 물과 흙은 해롭다. 내지(內地)로 갈수록 점점 온화해져 살기 적당하다. ⑥ **아르헨티나**(巴他峩拿); 지기(地氣)가 매우 차다. 기후는 북아메리카의 북쪽 지역과 비슷하다.

이 밝혀지는 것이다. 또 기화가 2~3分 밝혀지면 정치, 교학도 따
라서 2~3分 밝혀진다. ([지구전요] 권 12, "洋回教文辨")

지구의 모양을 결정적으로 서술하고자 하면 문헌을 통해 선험, 선
학들의 의견을 정리하여 그 증거를 제시할 수 있다고 보았다. 오랜
세월 관찰한 해와 달의 위치와 별자리의 움직임을 추측하고 헤아려
서 우주의 원리와 섭리를 설명하려 하였다. 이러한 우주적인 원리를
밝히려면 한두 사람 학자들의 힘만으로 되는 것이 아니며 오랜 세월
에 걸친 여러 지식인들의 지혜와 경험과 기록의 관찰을 통해 밝혀질
수 있는 일로 보았다.[33]

지표면에서의 지형의 원근과 바다 및 육지의 분포, 위도와 경도의
수리적 위치 확인 등은 직접 답사를 통해 확인하여 그 지식을 체득
하는 것이 중요하다고 보았다. 이러한 일들은 고금을 통한 철저한
고증과 지구의(地球儀) 등을 통한 전체 모양 확인, 각종 지도 관련 기
록물 등을 살펴 예측하는 예리한 관찰이 따르지 않으면 그 진위를
바로잡기가 쉬운 일이 아니라는 사실을 깊이 깨닫고 실천에 옮기는
데 주저하지 않았다.[34]

---

33) 형세는 장차 천하 사람의 足跡이 도달하는 바와 耳目이 미치는 바를 모아 그 形이 둥글다는
것을 증험할 수 있으며, 오랜 세월의 해와 달의 천체 상의 위치와 별의 움직임(斡旋)을 추측하
고 헤아려 그 體의 운전을 증험할 수 있으니 이것이 곧 우주이다. 어진 지식인이 협력하고 함
께 힘쓰면 점차 고쳐져서 분명해지는 것이지 한두 사람이 천백 년에 익히고 결정한 것이 아니
다. 지금의 지구에 대한 논의는 이전의 사람이 매우 정밀하게 힘을 다한 것을 자신의 경험열
력으로 삼고…(후략)

34) 지형의 遠近, 해륙의 界限, 度數의 多寡를 발로 땅을 밟지 않고서는 진실을 알기 어렵고, 儀器
가 아니고서는 그 수를 증험하기 어렵고, 圖志가 아니고서는 자취를 전하기 어려우며, 고금의
고증이 아니고서는 착오를 바로잡을 수 없다. 장차 옛날의 견문으로 지금을 설명하고 폐단을
없애고자 한다면 過時之歎일 뿐이며, 이 俗尙을 들어 저 傳習을 나무라는 것은 遍滿之患을 면
하지 못한다. 이 때문에 각 조의 按設과 論斷은 덧붙이지 않았으며 다만 六合을 통하여 범위
를 짐작하고 연혁을 헤아려 經常을 확고하게 세웠다. 옛사람이 기록한 일의 착오와 변론의 荒
0은 그 후인이 옳고 그른 것을 따져 바로잡고 또 후인이 두 설을 상세하게 설명하여 나누어
밝히는 것으로 족하다. 지금 밝힌 바에 근거하여 바른대로 설명하고 그것으로써 후인의 추명
을 기다려야 하니…(후략)

4. 결론

본 연구의 목적은 최한기의 [지구전요]를 중심으로, 격변기와 혼란기에 미래를 대비했던 사회철학자의 인식세계를 통찰하고, 특별히 이 시점의 세계지리 인식을 통해 조선 사회가 지닌 유학적 전통으로부터 근대성을 갖추어 나가는 변환점의 시대상을 읽어보고 확인하기 위함이다. [지구전요]를 통한 최한기 학문의 실용성을 요약해 보면 다음과 같다.

첫째, 대표적인 저서 [지구전요]는 크게 지구과학(earth science)적인 내용과 세계 지리적인 내용으로 구성되어 있다. [지구전요]는 지역에 따라 다양하게 나타나는 지리적 현상을 지구과학적인 토대 위에서 이해하고자 했던 세계 지리지이다. 지구가 태양의 주위를 운행한다는 코페르니쿠스의 설을 수용하고, 서양의 자연과학 지식을 토대로 최한기가 정립한 '氣' 개념을 우주론까지 확장한 기학적 세계관을 담고 있다.

둘째, 최한기는 [지구전요]를 통해 '자연'을 '물리적 세계'로, '인간'을 '인식과 변통의 주체'로 세우고 자연과 인간의 소통을 통해 인도(人道)를 실현하여 '대동 사회'를 건설하려 하였다.

셋째, 최한기의 [지구전요]는 인식론적 측면에서 지구과학적 지식을 바탕으로 세계 지리적 지식을 이해함으로써 세계를 보다 정확하게 인식하고자 하였다. 나아가 이러한 인식을 바탕으로 더 나은 인간 세상을 만들어보려 하였다는 점에서 학문의 최종목표인 인류평화와 복지를 실현코자 하는 '실용적 세계 지리지'라고 평가할 수 있다.

넷째, 최한기 학문의 타율적 한계는 시대적 배경과 상황으로 인해 개인의 서재 속 사상에 머무르고 만 점이다. 오랜 동안 주목받지 못한 이유 중에는 학문과 사상의 생소함과 파격적인 면에 기인하는 바 있다. 당시의 급박한 시대적 형세로 인해 사람들은 이를 소화할 여유조차 없었을 것으로 생각된다.

다섯째, 장기적이고 세계적인 관점에 서 있는 최한기의 시대 인식은, 시대적 혼란한 상황에 대해 "문물교류의 초기에 생길 수 있는 있을 수 있는 일들"로 여겼고 오래지 않아 없어질 것으로 보았다. 이러한 점은 당시의 현실을 과소평가한 면으로 보이기도 한다.

여섯째, 오늘날의 관점에서 보면, 인간과 사회 그리고 자연이 연결된다는 유기체적 사고의 터전 위에 최한기가 정립한 '氣'를 중심에 두어 일관된 통합성을 꾀했다고 볼 수 있다. 이것은 정보의 홍수 시대를 사는 현대인들에게 환경을 유기체적 관점에서 바라보고 복잡한 현실을 일관된 기준으로 꿰뚫어 볼 수 있는 사고체계의 본으로 방법론상 의미가 있다.

일곱째, 최한기의 '실용'에 대한 정신을 주목할 만하다. 실용적 관점에서 서양의 기술, 제도, 예교까지 수용하였으며 나아가 학문의 동서양 통합을 통한 더 나은 학문을 시도하였다. 이러한 선상에서 최한기의 세계 지리적 관심이 촉구되었고 지구과학에 기초한 지지학의 정립을 볼 수 있었다.

19세기는 혼란과 위기의 시대였다. 오랜 동안 조선 사회를 떠받치고 있던 기둥인 유교적 전통이 위협받고 있었으며, 실학자를 비롯한 많은 지식층이 위협에 맞서기 위해 다양한 시도를 꾀했다. 동시에 19세기의 조선 사회는 혼란함을 극복하고 새로운 세계를 준비하는 역동성과 가능성을 지닌 사회였다고 할 수 있다.

혜강 최한기는 지지학의 정립 과정에서 그가 보여주고 있는 새로운 것과 이질적인 것에 대한 관심, 개방적인 태도, 편견을 극복하려는 노력, 그리고 나름대로 시대 인식과 실용에 근거해서 세계지리에 대한 인식을 정립하려 노력했다. 최한기는 인류의 새로운 질서가 다가오고 있다는 긍정적 신념을 가지고 모든 것을 준비하고 탐구하기를 사랑한 학자이다. 그는 19세기 혼란했던 조선의 중심부 서울에 살면서 벼슬을 마다하고 장기적이고 세계적인 안목을 가지고 새 시대를 준비하기 위해 오직 신학문의 연마에 전념하였다. 중국에서 들어오는 새 정보를 아낌없이 흡수하여 새로운 변화에 한걸음 먼저 접하였으며 '학문이 변동되고 物理의 昏明이 바뀌는 기회'를 잡으려 노력을 기울인 선각과 선견의 학자였다.

07

타자의 눈에 비친 근대한국의 지리와 역사: 'Korean Repository' 내용을 중심으로*

1. 서론

19세기 말 한국에 스며든 서양 선교사들은 과연 누구인가. 왜 머나먼 이국의 땅에까지 목숨을 걸고 왔던 것일까. 이들 중에 평생을 조선 땅에서 박해를 받아가며 살다 간 사람들도 있다. 죽을 때까지 조선 땅에서 조선 사람들과 섞여 살면서 기독교를 전한 사람들은 우리와 어떤 인연의 사람들인가. 쇄국정책으로 일관하다가 외부 세력의 강력한 개방 요구에 쫓기듯이 밀려 억지로 열린 19세기 조선 사회였다. 목숨을 내걸고 몰래 들어와 숨어서 조선어까지 익히며 당시 사회에 기독교를 전파하려 목숨을 걸었다는 사실은 그 시대를 살았던 일반인들에게 퍽 낯설고 기이한 사건들임이 분명하다. 당시 조선 사회에서는 납득하기 어려운 이상한 일들이 이상한 사람들에 의해 벌어지고 있었던 것은 놀랍고 신기한 일이 아닐 수 없다.[1]

---

* 본 글은 2017년도 한국학중앙연구원 공동연구과제 '타자의 눈에 비친 근대 한국: Korean repository를 중심으로'의 내용 중, 필자가 쓴 부분을 축소, 재조정하여 다듬은 것임.

1) 조현범, 2017, '프랑스 선교사, 오리엔탈리즘, 그리고 19세기 조선', 2017년 10월 30일, 한국학중앙연구원 제70회 장서각 콜로퀴움 발표원고, 1~2.

198 땅과 사람

상인이나 여행가, 군인, 외교관처럼 조선을 스쳐 간 것이 아니라 스며들 듯이 들어와 터 잡고 선교 활동하며 살다가 죽을 생각으로 거주하였으니 우리에겐 특별한 인물들이었다. 이 사람들의 행적을 더듬고 개항 이전 조선 사회를 낱낱이 훑고 다니던 낯선 시선들의 정체를 'Korean Repository'의 기사를 통해 조선의 근대화 지형도를 파악해 보는 것이 연구의 동기이며 목적이다. 단, 연구자의 전공과 관련하여 본 연구에서는 지리적 측면에 주안을 두고 일부 연결고리 내용의 역사적 측면을 짚고 참고해 가며 분석하고 해석하여 살피고 자 한다.

외국의 이질적인 문화와 사회에 살던 선교사들이 당시 조선을 어떻게 인식했을까? 서양 선교사들이 간행 주체가 된 Korean Repository의 전체 필자는 약 40여 명에 이른다.[2] 장로교 필자가 16, 감리교 12, 영국 성공회 3, 미국 성서공회 1, 침례교 1, 그리고 한국 인으로 윤치호와 서재필, 외국 공사관계자 2, 탐험가 1, 기타 등이다. 북장로교 소속의 선교사들이 다룬 기사는 서울에서 가볼 만한 곳, 서울의 콜레라, 한국의 질병, 여행안내, 한글, 명산 방문기, 조상 숭 배, 상인조합, 선교정책 등이다. 미국 감리교 소속 선교사들은 제너 럴셔먼호 사건, 조선의 인구, 갑오개혁, 풍수지리, 임진왜란, 조선의 결혼 문화, 한의술, 조선의 아기 등에 관한 기사를 쓰고 있다. 성서 공회 소속 선교사들은 성서공회의 선교정책, 조선의 속담 등에 관한 기사를 다루었다. 선교사 외 소수의 탐험가와 외국공사 보좌관 등이 기사의 필자들이다. 본 잡지 편집부에서는 1895년부터 1898년까지

---

2) 유영렬. 윤정란, 19세기 말 서양 선교사와 한국사회: *Korean Repository*를 중심으로, 2004, 서울; 경인문화사, 35.

의 조선의 정치 상황에 대해 지면을 할애하였다.[3]

연구 대상인 Korean Repository 잡지는 선교사들이 집필자들이기는 하나 기독교에 관한 내용이 수록된 것만은 아니다. 서양 선교사들은 효율적인 한국 선교를 위해 한국사회를 날카로운 시선으로 관찰하고 이해하여야 할 당위성이 있었다. 그렇기 때문에 그들은 한국의 정치, 외교, 사회, 문화, 민속, 지리 등 다방면에 관심을 기울였다. 각 방면에 대한 관심과 느낌을 본 잡지에 기고함으로써 글을 남긴 것인데 그 글들의 깊이나 주제는 다양하다. 글의 비중을 논하기보다는 이들이 한국을 어떤 시선으로 제3자의 눈에서 보고 있었는가는 근대한국을 이해하고 분석하는 눈높이 지평으로 대단히 유용한 바가 있다. 본 잡지는 19세기 말 서양 선교사들이 근대적 한국으로 변화하는 여러 가지 모습과 현상들을 생생하게 기록해 놓은 1차 자료로서 가치를 지닌다고 할 수 있다.

본 연구에서는 특히 지리적인 측면에서 한국의 자연, 인구, 사람, 지역, 발전상 등 자연환경의 아름다움과 사회의 변화 내용을 검토할 수 있을 것이다. 그리고 한국의 각 지역에 대한 그들의 기행문을 통해 그들의 시선과 느낌, 그들이 본 한국의 관습과 풍습 등 조선 사회의 삶을 바라보는 가치 있는 내용을 건져내고 그 내용과 시선을 통해 근대한국 이미지를 극명하게 들추어낼 수 있을 것이다. 본 연구에 필요한 기사의 주요 저자들은 앨런,[4] 게일,[5] 헐버트,[6] 기퍼드,[7]

---

3) 주로 미국 감리회 소속의 아펜젤러와 헐버트에 의해 쓰였다.

4) 1858년에 미국에서 태어난 앨런(H.N. Allen, 1858-1932)은 외교관, 의사, 선교사 등의 다양한 직업을 가졌다. 1881년 웨슬리언대학 신학과, 1883년 마이애미 의과대학을 졸업했다. 동양에서의 전도를 희망하여 같은 해 미국 장로교회 의사로 중국 상하이에 갔다가 1884년(고종 21년) 서울의 미국공사관 의사로 우리나라에 왔다. 갑신정변 때 부상한 민영익(閔泳翊)을 치료한 것이 인연이 되어 1885년 왕립병원 광혜원이 설립되자 여기에서 서양 의술을 베푸는 등 의료사업에 진력하였다. 조정에서는 1886년 5월 13일 앨런에게 정3품인 통정대부(通政大夫)의 직첩을 내렸

리드8) 등이다. 이들 기사의 내용에서 있는 그대로의 모습을 드러내도록 노력하되 해석관점의 편의상 다음 질문들을 분석 관점의 기준 잣대로 삼는다.

첫째, 타자의 시선에 잡힌 내용이 조선 사회를 긍정적 또는 부정적으로 바라보고 있는가? 긍, 부정적 내용이 있다면 어떤 카테고리의 내용이 그러한가?

둘째, 부정적 시선의 내용이 있다면 이는 과연 오리엔탈리즘으로 간주할 수 있을 것인가?

셋째, 시선에 담긴 내용은 보편성을 담보하는가? 즉 그들만의 주관성을 지나치게 강조한 것은 아닌가?

넷째, 시선에 잡힌 내용이 실제 우리의 본질적 내용 성격을 유지

다. (지식백과)

5) 1863년 캐나다에서 태어난 게일(James Scarth Gale, 1863-1937)은 선교사 겸 한국어학자이다. 1888년 캐나다 토론토대학을 졸업하고 동 대학 학생기독교청년회의 선교사로 한국에 와서 부산, 서울 등지에서 선교사업에 종사하는 한편 기독교서회 편집위원으로 아펜젤러 등과 함께 한국어로 성서를 번역, 1893년 국어 문법서인 辭課指南(사과지남)을 저술했다. (지식백과)

6) 헐버트(Homer Bezaleel Hulbert)는 1863년 1월 26일 미국 버몬트 주에서 미들베리(Middlebury) 대학 학장이던 헐버트의 차남으로 출생하였다. 그의 어머니는 다트머스대학 창설자의 후예로 그녀의 아버지는 인도 선교사였다. 헐버트는 다트머스대학 졸업 후 유니언신학교(1884-1886)를 졸업했다. 구미 제국들과 통상조약을 맺고 문호를 개방한 한국에 필요한 관리는 통역관임을 알고 영어와 서양 학문에 대한 고종과 한국인들의 요구를 반영하여 미국 선교부와 선교사들을 활용하였다. 개항 직후 통역사 양성을 위해 동문학(同文學)을 설립한 후 부족한 원어민 교사로 미국에서 배운 중국인 2인과 영국인 헬리팍스(T.E. Hellifax)를 채용하였다. 1885년 봄 한국정부에서 국립 육영공원(영어학교)을 설립하고 그 운영과 교육을 기획할 만한 교사 3인을 파견해 줄 것을 미국에 요청하였다. (지식백과)

7) 일리노이주 출신인 대니얼 기퍼드(D.L. Gifford, 1861-1900) 목사는 맥코믹신학교를 졸업하고 1888년 10월 27일 내한하여 서울에서 사역했다. 1890년 4월 24일 정동여학교 학장 하이든 (1857-1900) 양과 결혼했다. 1896년 건강악화로 안식년 휴가를 가졌고 1898년 가을에 다시 돌아와 사역했으나 지방 순회 여행 중 1900년 4월 10일 갑자기 사망했다. 남편이 죽자 부인도 따라 죽은 아름답고 슬픈 선교사 부부이다. (2015, 새로 쓰는 한국교회사, 13-38쪽 참조)

8) 1895년(고종 32)에 입국한 미국의 남 감리교회 선교사 리드(Reid, C.f.)는 1896년 8월 중국연회 조선 지방 장로사(감리사)로 임명되어 1897년에 경기도 고양읍에 교회를 설립하였고, 선교부에서 조선 선교처가 분리되자 관리자로 임명되어 그해 6월 21일 일요일에 사택에서 처음으로 공중예배를 열고 윤치호(尹致昊)가 설교를 했는데, 이것이 광화문교회의 시발이 되었다. (지식백과)

하는가 아니면 변형 또는 변질과정을 거쳐 기사화 되었는가?

끝으로 이상의 기준으로 본 타자의 시선들은 당시 조선 사회를 올바르게 드러내고 있는지를 결론에 대신하여 요약 정리한다.

이상의 몇 가지 질문 척도를 가지고 분석할 때 타지의 시선을 좀 더 객관적으로 인식하고 정리하는 데 도움이 될 것으로 본다. 다만 분석하는 연구자의 생각이 절대적으로 합리적 과학적일 것이라는 판단에 있어서는 한계를 지닐 수 있음을 미라 밝혀두는 바이며 연구의 제한점으로 짚을 수 있다.

이렇게 하여 외국 선교사들이 보고 느낀 근대 조선 사회의 지리와 역사 관련 현상/내용에 대해 타자의 시선을 객관적으로 조명, 정리하고자 한다.

다루고자 하는 구체적 내용은 다음과 같다. 당시 조선의 인구조사와 관련한 내용, 조선의 자연과 사람들에 대한 것이다. 둘째로는 그들의 여행기를 통해 조선의 지역들이 어떻게 소개되는지 살핀다. 구체적으로 서울과 그 근교 및 일부 남부지방을 스케치하였다. 끝으로 이들 전반적인 내용을 요약정리하고 전체적 근대 한국에 대한 타자의 시선을 종합하면서 결론에 대신한다.

2. 조선의 인구: 전 근대적 산출 방식

인구(human population)란 사회생활을 영위하는 "인간의 추상적인 집단"이다. 인구라는 용어를 최초로 사용한 사람은 베이컨(F. Bacon,

1561~1626)이다. 그는 자신의 저서 ≪수상록(Essays)≫(1957년)에서 이 용어를 처음 사용했다. 서부 유럽 여러 나라에서는 산업혁명보다 앞선 16-18세기에 걸쳐서 중상주의가 성하여 국부(國富) 증대를 목표로 한 정책을 실시하여 나라 인구를 늘리는 것이 필수조건이었다. 18세기 후반 프랑스의 중농주의에서도 농산물의 잉여를 가져오는 부의 유일한 원천으로 나라의 인구 증가를 들었다. 기실 인구란 단어가 사용되기 이전부터 각 나라의 통치자들은 인구 수를 정확하게 알 필요가 있었으며, 그와 같은 기록은 곳곳에 남아있다. 토지에 대한 기술(記述)을 대상으로 하는 지리학에서도 인구 수는 오래전부터 기록의 대상이었다. 인구는 특정 지역에서 생존 활동을 하는 구체적인 인구집단이므로 그 중요성을 가지게 되며 그래서 성별, 연령별, 학력별, 기술 숙련도를 반영한 인구 현상은 그 사회의 자연적, 문화적, 사회적, 경제적 조건을 긴밀히 반영하게 된다. 그러므로 인구 현상은 특정 시대의 사회적 소산(社會的所產)이다. 나아가 한 시대의 사회가 빚어낸 인구 현상은 그 시대 그 사회의 존속발전에 중요한 영향을 미친다.[9]

그렇다면 우리 조선 사회에서의 인구 현상은 어떠했는가?

Korean Repository 잡지의 기사 내용이 한국의 인구 산출과 규모에 관심을 가지고 논하는 것은 바로 이러한 이유에 기인한다.

19세기 말 조선 사회는 개항과 함께 근대화 물결에 출렁이면서 많은 변화를 겪게 되었다. 그런데도 여전히 사고방식과 삶의 방식에서 전근대성을 벗어나지 못하고 혼돈상태가 혼재하였다. 그중에 대표적인 예 가운데 하나가 인구의 산출 방식이었다. 1892년 4월호에

---

9) 한주성, [인구지리학], 한울 아카데미, 2007, 15~16.

"What is the Population of Korea"(조선의 인구는 어느 정도인가?)에 실린 기사가 있다.[10) 조선의 인구라는 주제를 놓고 벌였던 심포지엄 내용이다. 참석자는 본 잡지의 편집장과 아펜젤러, 구독자, 게일 등이었다. 동번기요(東藩紀要)와 [만국정표(萬國政表)]에[11) 기록되어 있는 인구통계를 기초로 각자의 의견을 내놓았다. 아펜젤러는 만국정표에 나와 있는 인구를 토대로 조선의 인구를 산출했을 때 7백 2십만이라고 했다. 구독자 대표 참석자 왈, "29채의 가옥이 있는 한 오지의 마을에 머문 적이 있었고 수많은 사람이 서너 칸의 조그만 오두막집으로 몰려 들어가는 것을 목격했다"라고 한다. 즉 초가삼간 대가족의 전형적인 당시 조선의 시골 농가를 보았던 것 같다. 당시의 마을에서 가족 수가 가장 작은 집이 2명 정도이며 많은 집은 9명인 것으로 추정 확인할 수 있었다고 했다. 그렇다면 마을의 인구는 가구당 평균 5~6인이다. 그런데 기자는 예측하기를 150명 정도였을 것이라고 말하였다.[12) 당시 조선 사회는 대가족 제도였기 때문에 한 가족당 구성원이 적어도 보통 6인에서 9인 또는 열 명이 넘는 대가족도 흔했다. 최소한 가구당 평균 5-6인 잡았을 때 160명이므로 '150명'이라고 예측한 것은 그리 크게 벗어난 수치는 아니다. 그러나 이

---

10) H.G.Appenzeller(Editor), Jas. S. Gale(Subscriber), What is the Population of Korea?, *The Korean Repository(1892, 4)*, 제1권, 112~115.

11) 1886년 박문국에서 간행한 세계 51개국의 정치, 경제 해설서이다. 4권 4책으로 신식활자본이며 규장각도서. 각국의 역대 정치, 종교, 교육, 재정, 병제(兵制), 면적, 인구, 통상, 공업, 화폐, 역서(曆書) 등의 항목이 설명되어 있다. 제1권에는 조선, 중국, 일본을 포함한 아시아 5개국이, 제2권과 제3권에는 유럽의 네덜란드, 벨기에, 스위스, 프랑스, 스페인, 포르투갈, 이탈리아, 그리스, 세르비아, 루마니아, 터키 등 13개국이 수록되어 있다. 제4권에는 아프리카의 이집트, 남아프리카공화국, 리비아, 모로코 등 7개국과 중남미의 멕시코, 과테말라, 니카라과, 코스타리카 등 9개국, 남아메리카의 콜롬비아, 베네수엘라, 브라질, 파라과이, 아르헨티나, 칠레, 에콰도르 등 10개국 및 대양주(大洋州)의 하와이 등이 수록되어 있다. (한국민족문화대백과).

12) 정확히 말하자면 가구당 평균 5~6인 가족 추정이므로 29채이면 마을 총인구는 145~174명이고, 평균은 160명 정도이다.

러한 예측 방식은 매우 주먹구구 산출 방식이다.

한편 게일은 조선의 인구는 정확히 파악할 수가 없어 만족할 만한 인구 산출이 불가능하다고 했다. 당시 조선 사회의 인구 산출이 부정확한 상태로 지지부진한 이유가 있었다. 그중 하나는 조선 사람들은 외국인들에게 정확한 인구 수치 정보를 알려주기를 꺼린다는 점이다. 인구 산출이 정확하지도 않았지만 정확하다고 치더라도 만약 그 정보가 외국인들에게 넘어가게 되면 그들에게 이용당할 위험을 염려했다. 낯선 외국인에 대해 경계심과 의구심을 누구나 가졌기 때문이다. 이러한 경향은 국가 차원에서도 마찬가지였다. 알려진 것처럼 대원군의 쇄국정책으로 인해 조선 사회의 근대화가 늦어진 것도 이러한 외국인 또는 서양 외국에 대한 태도와 무관하지 않다. 조선 사회가 개방에 대한 불안감을 떨치지 못하고 폐쇄적 태도를 견지하려는 것은 결국 국가의 개방화와 선진화를 뒤처지게 만든 원인이 된 것이다.

한편, 1892년 10월호에 실린 인구에 대한 자료 내용은 다음과 같다.[13] 조선의 인구는 생각만큼 작지는 않다는 것이다. 기사에 따르면, 서울에서 원산에 이르는 도로상에서 살필 수 있는 집들은 서로 멀리 떨어져 분포하는 산촌(散村) 형태를 띠므로 인구가 희박한 것처럼 보인다고 했다. 그러나 실제로 제대로 살펴볼 것 같으면 사람들이 꽤 많이 살고 있음을 알게 된다고 했다. 당시의 조선 사회에서 서울과 원산을 잇는 선은 국가의 중요한 간선도로에 해당하며 후에 경원선 철로가 놓이게 되는 중요한 구간이 된다. 따라서 위의 기사에

---

13) 저자 미상, Data on the Population of Korea, *The Korean Repository* (1892, 10), 제1권, 312~314.

서 평한 것처럼 여타 지역의 노상에서 볼 수 있는 것보다는 농가의 밀집상태나 그곳에 거주하는 인구 수는 상대적으로 수적인 면에서 만만치 않다고 볼 수 있기 때문이다. 어느 조선의 지식인은 총인구가 1천 2백만으로 추정된다고 했으며, 본 잡지의 'G' 통신원은 1천 6백만이라고 추정했다. 어쨌든 조선 사회의 당시 인구는 7백만 이상으로 단정할 수 있는 상황은 분명하며 그렇다고 해서 1천만 이상도 아니라고 했다. 외국인 선교사들의 눈에 비친 조선의 인구는 이렇게 시각이 다양할 수밖에 없었는데 그 이유는 일차적으로 전술한 것처럼 정확한 통계 자료가 제시된 것이 없었고 둘째로는 그나마 미비한 통계자료일지라도 쉽게 외국인 손에 넘겨주려 하지 않았던 관행 등이 작용한다고 볼 수 있다. 해방 직후 자유당 정권하에서 우리 한반도의 인구를 2천만 동포라고 한 점에 비추어 본다면 이상에서의 추측과 설명은 매우 후진적이기는 하지만 1929년 근대적 의미의 인구센서스가 행해질 때까지는 어쩔 수 없는 상황이라고 판단된다.

당시 조선 사회의 시골에서 한 가구당 인구 수가 15명 이상은 되지 않으며, 도시에서는 하인까지 포함해서 추산하더라도 가구당 인구 수는 1백 명이 넘지 않는다고 했다. 도시지역의 주요 가문들은 하인까지 포함하여 가족 구성원을 실제 조사해 본 결과 각각 60명, 30명, 90명, 22명 등의 경우가 밝혀진 바 있다고 기록하고 있다. 이렇게 보면 같은 조선 사회라고 하더라도 도시와 농촌 즉 도농 간의 가구당 인구 수는 커다란 차이가 있었음을 알 수 있다. 대체로 고위 관료들의 가족 구성원은 대략 20명 이상에서 30명 이내라고 기술하고 있다.

1898년 1월호에 실린 'The Population of Korea'라는 제목으로

편집부에서 작성한 글에서는 조선의 인구 산출 방식에 대해, 조선은 총 인구 수와 영토의 면적에 대한 수치가 불명확하다고 기술했다.[14] 과거 정부에서는 호부와 병부에서 인구조사를 했다. 매 3년마다 가구와 남녀 거주자들의 수를 조사했으며, 병부에서는 군 복무가 가능한 성인 남성을 조사했다. 하지만 이러한 것들은 신뢰도가 떨어지는 내용이다. 중앙정부에서는 지방관의 보고에 의거하게 되는데, 가장 밑바닥에서 이를 관장하는 사람들이 지방 아전들이었다. 이들은 항상 실제 인구 수보다 적게 보고했다. 그것은 보고되지 않은 사람 수만큼의 몫에 해당하는 세금을 받아 그들이 중간에서 가로채기 위한 방편으로 해석했다. 그러한 이유로 인해 조선의 인구조사는 신빙성이 없으며 항상 그 숫자는 실제 수보다 3분의 1 수준에 머물렀다. 서양 선교사들은 당시 조선 사회의 아전들의 횡포에 대해 이처럼 꿰뚫어 보고 있었음은 부끄럽고도 놀라울 만한 일이다.

초기 개혁 정부에서는 가장 먼저 실시한 것이 인구조사였다. 한 국가의 인구 수에 대한 정확한 파악은 그 사회의 생산력을 가늠하고 이를 바탕으로 국가발전 계획의 초석 자료로 삼을 수 있기 때문이다. 그러나 조선 사회의 인구조사는 서양처럼 지역과 생산품, 사람들의 직업과 문맹 정도 등의 다양한 의미 있는 항목들이 결여된 비교적 단순한 가구 수와 가구에 사는 남녀 인구 수에 국한되어 있었다.

---

14) Editorial Department, The Population of Korea, *The Korean Repository* (1898, 1), 제5권, 28~31.

3. 조선의 자연, 사람, 자원

1) 자연

1895년 9월호 제2권에 편집부에서 'The real Korea'라는 제목으로 조선의 실상을 살피고 있다.[15] 당시 조선 사회에 대한 외국인들의 관심은 서서히 높아지고 여러 가지 이야기들이 난무하는 가운데 조선의 모습이 실제 어떻게 그려지고 있는지 궁금하다고 적었다. 조선에는 산이 많고 아름다운 경관들이 나타나며 북부지방의 백두산에서 남부지방 제주도의 한라산에 이르기까지 조선의 전경은 우주 창조자의 걸작품 가운데 하나라고 평하였다. 자연경관에 대한 대단한 격찬이라 할 수 있다. 특별히 주목해서 볼 만한 넓은 평원은 분포하지 않지만 도처에서 살필 수 있는 크고 작은 산들과 언덕들이 아름다운 선을 만들어내고 평화로운 모습을 연출해 낸다고 하였다. 한마디로 외국 선교사의 눈에 조선의 자연환경은 더 말할 나위 없이 훌륭한 것으로 비치었다. 이러한 금수강산 영토에는 풍부한 지하자원 즉 석탄, 철, 금 등의 광맥이 있으며 산의 경사면과 정상에는 고인들의 무덤들이 눈에 띈다고 묘사하였다. 현재 한반도는 광물의 백화점이라고 불린다. 여러 종류의 지하자원들이 매장되어 있지만 그 양적인 면에서는 턱없이 부족하고 종류만 많아 경제성이 떨어지는 것으로 평가받는다. 특히 유용하게 쓰일 철광석이 턱없이 부족하고 석탄 종류 중에서도 제철공업에 반드시 필요한 역청탄 생산은 전무한 상태이다. 이것은 오늘날의 평가이고 당시 외국인 선교사들에게는 조선 사회의 아름다운 영토와 함께 풍부한 지하자원이 매장되어

---

15) Editorial Department, The Real Korea, *The Korean Repository*(1895. 9), 제2권, 345~350.

있는 것으로 비쳤음을 알 수 있다. 그때나 지금이나 국토의 산지 남
향받이 언덕 도처에 경치 좋고 양지바른 곳을 골라 어김없이 잔디를
깔고 아름다운 정원수를 심어 훌륭하게 빚어놓은 산소(무덤)는 외국
인 선교사들 눈에 참으로 기이하게 보였다. 조선 사회에서 누구나
'조상 숭배'에 끔찍할 정도로 매달리는 것으로 비치는 현상에 당혹
스러워 한다. 선교사 앨런은 그의 저서에서 "조선에서는 살아있는
사람들보다는 죽은 사람들이 더 세심한 배려를 받는 것"16) 같으며,
"조상 숭배는 완전히 한국인의 마음과 영혼을 지배한다"라는 관찰
에서처럼 조상 숭배는 죽은 사람이 산 사람의 삶을 전적으로 지배하
는 기이한 관습으로 비쳤다. 더 나아가 죽은 조상의 혼은 나무와 잔
디로 잘 가꾸어진 산 위의 쾌적한 곳을 차지하고 있는 반면에 산 사
람은 강도를 당할 수도 있고 말라리아에 걸릴 수도 있는 지저분하고
냄새나는 시장 거리에 내버려져 있다는 것이다.17) 조상 숭배의 근본
적인 폐해는 단순히 죽은 사람이 더 대우받는 것만이 아니라 사회
자체를 과거 지향적인 정체 상태에 빠뜨리고 발전을 저해한다는 것
이다.18) 특히 선교사들에게 조상 숭배는 전근대적인 불합리한 관습
일뿐더러 한국사회의 미개한 성향을 드러내는 하나의 표시로 인식
되었으며 더 나아가 기독교 전파를 가로막는 가장 큰 장애물로 간주
되었다.19) 이러한 견해는 자칫 오리엔탈리즘으로 오해받기 쉽다. 다

16) 앨런, [앨런의 조선 체류기], 174.
17) 게일, [전환기의 조선], 65.
18) 게일은 조상 숭배의 폐해를 다음과 같이 열거하고 있다. "모든 제사의 결과로 사람들의 손발
   은 묶이고, 벼슬을 할 수 없게 되고, 여행하는 데 제약을 받고, 신이 그들에게 주신 땅을 경작
   할 수 없고, 조혼으로 인해 곤궁해지고 불행하게 되며, 과거를 바라본 채로 더욱 더 절망적으
   로 헤어날 길 없는 혼란 속으로 빠져들고 있다.")게일, [전환기의 조선], 68.
19) 이향순, 미국 선교사들의 오리엔탈리즘과 제국주의적 확장, 선교와 신학, 12집, 2004, 234.

른 민족의 문화를 모르고 폄하시키고 있다는 관점으로만 바라본다면 당연히 그렇게 비칠 소지가 있다. 그러나 선교사들의 관점에서 기독교화와 문명화를 촉구하는 눈길이므로 '악의'를 경계하면서 그들의 눈길을 대하는 이해가 필요하다.

오늘날 한국 내의 국토관리 차원에서 이러한 무분별한 산소의 배치는 심각한 문제점을 드러내고 있다. 국토면적은 정해져 있는데 계속 망자되는 조상들의 숫자는 늘어만 갈 것이기 때문이다.[20] 더욱이 풍수지리적 관점에서 명당과 혈을 찾아 조상을 모시는 것이 효의 실천으로 간주되고 인식되던 조선 사회에서 국토 곳곳의 수많은 봉분 묘지의 분포는 이기적 경쟁의 부추김이 극심했을 것이다. 당연히 외국인 선교사에게는 신기하고 이상하며 반기독교적으로 비쳤을 것이다. 연구자인 필자의 식견으로는 산의 경사지와 능선의 아름다운 곳에 산소의 분포가 눈에 띄게 많은 나라는 한반도와 대만뿐이다. 대만에서는 살기보다 죽기가 더욱 힘들다고 할 정도로 장례비용이 부담을 준다고 한다. 우리나라의 경우는 국토관리의 심각성이 인정되어 오늘날에는 납골당이 보편화되고 있고, 수목장도 권장되어 일면 다행스러운 국면으로 접어들고 있다. 후대의 자손들이 돌보지 않거나 돌볼 수 없는 산하 곳곳의 묘지 분포는 흉물스럽기 짝이 없는 경관으로 남을 수 있다.

잡지의 기사에는,

"조선의 영토에 아름다운 전경들이 많이 있지만 관광지로 다듬어진 곳이나 등산객을 위한 산장 등이 없다. 그 밖에도 조선은 건강

---

20) 최근에는 일정한 면적에 납골당을 지어 수백 내지 수천 기를 한자리에 모시거나, 자연 수목장이 권장되기도 한다.

에 좋은 기후를 가지고 있는데, 장마철에는 지내기가 불편하지만 대체로 5-6월, 9-10월은 체류하기에 가장 쾌적한 시기이다.[21)

계절의 여왕 5월과 신록의 계절 6월 및 천고마비의 가을철 하늘은 아름답기 짝이 없다. 10월의 가을 단풍은 이를 바라보는 외국인들에게 감탄을 자아내게 할 것은 분명하다. 한마디로 외국 선교사들 눈에 비친 한국의 자연환경은 대단히 좋은 인상을 주었고, 지금도 변함이 없는 것 같다.[22) 등산객과 여행객을 위한 휴게소와 화장실, 산장 등의 시설은 매우 선진적으로 변하였다. 이러한 요인들은 지속적 관리와 노력을 통해 외국인들로 하여금 한국을 좋아하고 긍정적으로 받아들이게 하는 '한류의 인프라'라고 할 수 있다.

한편 1892년 8월호에도 Viator라고 밝힌 필자에 의해 북부지방 조선 사람과 아름다운 자연에 대한 기사가 실렸다.[23)

"조선은 세상의 어느 곳보다 아름다운 곳이다. 흔들리는 옥수수, 잔디, 야생화 등으로 가득 찬 초록색 골짜기와 진달래로 가득 찬 언덕이 있다. 이곳은 세금 없이 천국에서 휴식을 누리는 것과 같은 느낌을 준다. 중국은 웅대한 아름다움이 있지만 노동과 슬픔이 서려 있다. 그러나 조선은 인접국들과 비교했을 때 자신의 매력을 숨기거나 강요받지 않으며 알려지지 않은 처녀성을 간직하고 있

---

21) 당시 조선사회의 풍토병 등이 장마철을 전후하여 창궐하였으므로 조선 사회에서 활동하던 외국인 선교사들은 몹시 고생하였다. 여름 장마철 모기에 뜯기고 자칫 풍토병에 걸릴 수 있는 환경을 피해 지리산과 같은 높은 고원지대에 피서 별장을 짓고 무더운 여름 한 철을 견디기도 하였다. (오늘날 노고단 성삼재 휴게소에서 1시간 정도 도보로 오르면 당시 그와 같은 별장의 유적이 온전히 남아있는 것을 확인할 수 있다.)

22) 근대화와 현대화를 거친 오늘날의 한국사회를 한국에 머물렀던 외국 주재원, 상사원, 유학생 등의 평을 들어보면 한국을 좋아하는 이유를 몇 가지 든다. 첫째는 한국의 자연이 아름답고, 둘째는 한국인의 정감 어린 친구로서의 정서적 교감이 감동을 주며, 세 번째로는 건강에 좋은 깔끔하고 다채로운 한국요리에 매력을 느낀다는 것이다. 특히 위생상태가 양호해진 오늘날에는 더욱 그러하다.

23) Viator, Korea Formasa, *The Korean Repository* (1892. 7), 제1권, 212-216.

다. 조선 사람들은 타락하지 않았으며 친절하고 정중하며 사려 깊
고 유순하다"

환갑을 훌쩍 지난 연구자가 어린 시절을 돌아보건대 1960년대쯤
만 하더라도 우리나라의 시골에서는 이러한 인상을 충분히 그려볼
수 있었다. 외국인 선교사들 눈에 비친 한반도의 자연에 대한 인상
은 진실로 문명화에 찌들지 않은 조선의 자연이라 할 수 있다.

2) 사람

한편 조선의 사람에 대해서 다음과 같이 평하고 있다. 조선 사람
들은 선천적으로 착하고 관대하며 나라는 가난하지만 중국이나 일
본에서 볼 수 있는 절대적으로 궁색한 거지는 없다고 하였다. 게으
른 친인척들이 의탁을 해도 기꺼이 이를 수용한다고 했다. 당시 선
교사들이 보았던 이러한 현상들은 동남아시아 대가족 사회에서는
오늘날에도 흔히 볼 수 있는 모습들이다. 인도네시아, 필리핀, 말레
이시아 등의 나라에서는 형제들 중 한 사람이 출세하여 돈을 벌면
부모와 형제 남매는 물론이고 친인척들까지 손을 벌려 나눠 먹는 것
이 이상하지 않은 일이다. 서양 사회에서 볼 때에는 매우 기이하게
느낄 일들이다. 이런 점이 동서양의 문화 차이라고 본다. 대가족 제
도가 흔한 아시아 지역에서는 흔히 나타날 수 있는 일들이다. 조선
사회에서 길가는 나그네들에게 음식을 권하는 일은 전혀 이상하지
않다. 이는 한국사회에서 '70년대 초까지도 흔히 볼 수 있는 일들이
었다. 마을 어느 집 애경사에 손님들은 물론이고 길을 지나는 과객
들에게도 주안상을 흔쾌히 대접하는 일은 사회의 관습이었다. 그러

므로 선교사들에게는 조선 사회는 이상하게도 거지계층이 없는 유일한 동양국가로 비쳤는지도 모르겠다. 더치페이가 보편화한 서양사회의 외국인들에게, 조선 사람들이 순진하고 착하다 못해 바보스럽게까지 비치는 것은 아닐까? 과거 '60년대를 경기도 북부 시골 지역에 살았던 필자 역시 어린 시절을 돌아보건대, 분명히 확인했고 체험했으며 느꼈던 내용이다. '60년대 한국의 농촌사회에서는 들판길을 지나는 과객들에게 소찬과 농주를 권했으며, 동네잔치나 장례를 치를 경우 낯 모르는 과객들에게도 음식과 다과 및 약주를 선선히 권하는 일은 풍습이었다. 오늘날의 관점에서는 이러한 아름다운 풍속이 전근대적으로 비칠지 모른다. 외국인의 눈에 비친 조선 사람들의 착한 본성과 관대함 및 측은지심은 국제사회에 매력적인 구성원이 될 수 있는 요인이라고 보았다. 큰 칭찬인 것은 분명하다. 폐쇄적인 후진 사회일 것으로 간주하고 선교대상지로 삼아 조선 사회에 들어온 외국인 선교사들에게 이러한 면들은 신선한 감동으로 다가갔을 것이다.

1898년 1월호에는 익명의 필자가 시골에서 만난 여관주인에 대한 인상을 그리고 있다.[24] "조선인 친구 몇몇과 필자는 남부지방의 한 시골을 행선지로 해서 자전거로 여행을 떠났다. 이전에도 묵었던 여관에 들어 말이 없는 주인을 다시 만나게 되었다. 익명의 필자는 여관주인과 조선 사람들을 보면서 수천 년 동안 조선인에게는 온화함과 유순함이 온전히 남아있다고 생각했다."는 기록이다. 여기서 익명의 필자는 문명에 때 묻지 않은 당시 조선인을 그린 것이다. 익명의 필자가 느낌을 적은 것은 더욱 진솔한 표현이 될 수 있다. 여기서

---

24) NAW, My Host, *The Korean Repository* (1898. 1), 제5권, 22~25.

당시 조선인들에 대한 느낌, 즉 말이 없고 온화하며 유순한 것은 그 심성 자체가 문명에 찌들지 않은 조선 사회의 근대화 시기 일면이다. 물론 오늘날에도 도회지가 아닌 바닷가 시골 마을, 산속 마을에서는 이러한 사람들의 심성을 대할 수 있으나 도시화한 환경에서는 찾아보기 힘들게 되었다.

한편 조선인들은 대체로 게으르다고 본 관점도 있다. 조선이 발전하려면 두뇌가 우수한 사람들이 상업에 종사해야 하며, 조선인들에게 상품 제조 기술을 가르쳐야 큰 발전이 있을 것으로 보았다. 이렇게 보는 관점에 대해 학자들에 따라 오리엔탈리즘적 시각으로 보기도 한다. 즉, 조선 사회는 유교의 영향을 받은 사회라는 것을 간과했기 때문이다. 문화적 측면을 고려했다면 이해의 폭이 넓어졌을 것으로 보인다. 유교의 영향을 받은 조선 사회 양반들은 상공업을 천시했다. 따라서 그 일에 종사하는 것을 꺼렸으며 사대부들은 글만 읽고, 장사에 종사하거나 가내수공업에 종사하는 일은 상민들이나 천민들이 마땅히 해야 하는 풍조가 만연해 있었다. 이러한 문화코드를 읽어내지 못한다면 조선 사회를 이해할 수 없었다. 가내수공업과 상업적 일에 대해서 사대부들은 천시했으며 손을 대지 않았다. 조선시대 후기 실학자였던 성호 이익 역시 이러한 풍조를 날카롭게 비판하여 마지않았다. 빈둥빈둥 놀면서 글줄이나 읽어 과거에 응시하려는 빈껍데기 양반층이 너무 많아 나라발전을 좀먹고 있다고 질타한 것이다. 과거제도를 없애고 이들 놀고먹는 양반층을 상공업에 종사하도록 하여 나라 살림을 부강하게 해야 한다고 역설했다. 이 같은 내부 반성의 소리를 귀 기울여 경청한다면, 유교적 문화코드에 낯선 외국인 선교사들의 시선을 오리엔탈리즘으로 매도해서는 아니 된다. 그들의 지적에 오히려 겸허한 자세로 경청할 필요가 있다. 조선 사회를 문명사회로 이끌기 위한 강도 짙은 권고로 알아들어야 할 것이기 때문이다. 같은 맥락의 혁신적 계몽주의 운동은 당시 서재필 박사를 위시한 독립협회 기관지 독립신문 사설에서도 크게 권장하고 연일 끊임없이 계몽하며 권장했음을 유의할 필요가 있다. 저변의 통념적 관습과 관행을 모르고 조선 사회를 바라보았다고 해서 오리엔탈리즘으로 간주해서는 무모한 편견이 될 수 있을 것이다. 외국인 선교사들 눈에는 당연히 이상하게 비치고 생각된 것이 거꾸로 매우 정상적인 외부시각일 수 있다.

1896년 6월호에 실린 'Corean Civilization'은 본 잡지의 편집부에서 작성한 기사이다.[25] 편집부에서는 1896년 4월 18일 자 Japan Mail에 칼럼으로 실린 게일의 글을 인용하면서 조선의 모습을 소개하고 있다. 게일은 북부지방 조선인들에 대해 열등한 민족이 결코 아니며 다른 인종과 마찬가지로 생활 수준이 동등하다면 결코 뒤떨어질 수 없는 수준의 사람들이라고 여겼다. 나아가 조선인들은 재산을 공정하게 분배하는 관습을 가지고 있다고 했다. 즉 부유한 사람이 자신을 찾아와 도움을 청하는 가난한 사람들을 먹여 살리기 때문에 부자와 거지를 확연히 구분 지어 찾을 수 없다고 적었다. 어려운 이웃과 서로 돕고 나누어 먹는 훌륭하고 아름다운 미풍 관습이 우리 한국인들에게 잠재해 있는 것이 사실이다. 품앗이를 기본적인 정신으로 하는 향약, 두레, 각종 계모임을 통해 상부상조하고 어려움을

---

25) Editorial Department, Korean Civilization, *The Korean Repository*(1896. 6), 제3권, 159~161.

나누고 이겨내며 슬픔을 함께 나누는 우리 풍습의 훌륭한 점을 그처럼 관찰하여 적고 있다. 한편, 조선 사람들의 게으름과 무관심에 대해서는 다음과 같이 논하였다. 서양인들이 짧은 70년의 삶을 가능한한 전력투구하여 매달리는 반면 조선인들은 죽는다고 해서 삶이 끝나지 않는다고 믿기 때문에 오늘 할 일을 내일로 미룬다고 적었다. 이것은 모두 유교 사상에 기인한다고 강조했지만 기실 불교사상의 윤회설 또는 인연설(연기설)과 무관하지 않다.

조선인의 불결함도 유교 사상에 기인한다고 보았다. 즉 상을 당했을 때 상주는 부모들이 돌아가신 것을 자신의 죄로 여기기 때문에 먼지 속에서 엎드리며 예를 갖출지언정 씻지 않는다고 했다. 그리고 조선인들의 애국심이 부족한 것은 가혹한 세금 착취 때문이라고 보았다. 가렴주구에 시달리다 부랑자가 되거나 산적으로 들어가 버리는 경우도 있으므로 이러한 잔혹한 세금정책에 기인하여 애국심이 사라질 수 있다. 한편, 조선 사람들의 조상 숭배 정신이 투철하다고 하였다.

역시 편집부에서 작성한 1898년 4월호에 'Korea's new responsibility' 제목의 기사에 보면,26) 한국이 갑오개혁 이후 4년간 발전된 모습과 이후의 진로에 관한 내용을 싣고 있다. 갑오개혁 이전의 조선은 소국이었으며 중국은 대국이었다. 그러나 이후 한국은 독립을 선언했으며 4년간 많은 발전이 있었다. 조선은 어떤 나라보다 더욱 실속 있고 빠른 성장을 이루었다고 적고 있다. 갑오개혁의 효과를 매우 긍정적으로 평가하는 관점에 서 있다. 이를테면 내각과 의회,

---

26) Editorial Department, Korea's new responsibility, *The Korean Repository*(1898. 4), 제5권, 146~148.

새로운 법률, 군대의 새 조직, 재정 고문 및 외국인 고문의 초빙, 상공업의 증가, 교육, 신문의 발간, 한글 사용, 기독교에 대한 새로운 인식 등에 힘입어 박차를 가했다고 보았으며 놀랄 만한 발전을 이룬 것으로 평가하고 있다. 특히 재정 고문 브라운의 일 처리는 매우 투명하며, 당시 한국은 지불 능력이 있는 상태로 보았다. 사회적으로는 미신의 대상이었던 우상들을 대거 파괴하였다고 적고 있다. 교회가 많이 설립되었으며, 기독교 서적을 파는 상인들과 교회의 목사님들은 교회의 도움 하에 다른 지역으로 파송되는 등 교세 확장과 하나님 말씀 전도에 노력한다고 적고 있다. 정치적 소용돌이로 인해 잠시 소강상태에 빠져있는 상태이지만 이른 시일 내에 강력하고 정당한 정부를 발전시키고 교육과 종교를 장려하는 등 여러 방면에서 발전의 기회를 잡길 바란다고 적었다. 대한제국으로 거듭난 조선은 이제 스스로 통치할 능력을 증명할 수 있는 기회를 얻을 것으로 기자는 예견하고 있다.

3) 자원

한편 기사에 의하면 숨겨진 자원이 많은 조선 사회를, 당시 과도기 상태로서 일부 사람 중에는 개혁 작업과 성공적 혁신을 통한 시도에 실패한 사회로 보기도 하지만, 재기를 노리는 기회만이 아니라 충분한 시간을 가져야 하는 나라로 보았다. 당시 외국인 선교사들은 조선 사회를 이제부터 걸음마를 떼고 본격적으로 삶의 시작을 알리는 사회로 보았다. 보는 이에 따라서는 자원도 없고 상업조직도 부재하여 발전의 동력을 일으키기 어렵다고 판단할 수도 있겠지만 대체로 잠재력 있는 출발단계의 희망 있는 나라로 보려 한 것은 다행이었다. 예를 들자면 자원에 대해서도 고갈된 것이 아니라 아직 개발되지 않았을 뿐인 것으로 보았다.

주어진 자원은 광산만이 전부가 아니며 삼면이 바다로 둘러싸인 조선의 지리적인 환경은 매우 유리한 것으로 보았다. 어업 활동의 촉진이야말로 막대한 부를 창출할 수 있다고 확신하였다. 선교사들의 그러한 관점이나 지적은 지극히 타당하고 객관적인 것이다.

4. 지역 지리: 수도권과 남부지방

조선 시대 각 지역에 대한 이야기는 외국 선교사들이 여행하면서 방문지역에 대해서 보고 느낀 점들을 기록해 놓은 것이다. 이들이 체험하고 느낀 한국의 서울과 그 근교 지역은 어떠할 것인가? 구체적으로는 서울의 위치, 서울의 역사와 전설, 사원들, 궁궐들, 서울과 송도 사이의 시골에서 느낀 것 등이다. 그리고 명산 방문기, 울릉도, 목포 등에 대한 느낌을 기록으로 남기고 있다.

(1) 서울, 근교 지역

1895년 4월호는 앨런이 기자가 되어 서울의 역사와 전설 등에 대해 쓴 것이다.[27] 중심내용은 파고다 공원 내의 원각사지 10층 석탑, 불의 신, 에밀레종 등에 대한 것이다. 원각사지 10층 석탑은 원나라 세조가 고려 중엽의 충숙왕이 그의 딸과 결혼한 선물로 보낸 것이며

---

27) H. N. Allen, Places of interest in Seoul – with history and legend, *The Korean Repository*(1895, 4), 제2권, 127~133.

원의 세조는 불교 신자답게 보낸 선물 역시 불교 색채가 강하다. 조선왕조에 이르러 두 번째 왕인 중종의 신하 조정암이 불교 반대에 앞장서 탑만 남겨놓고 사찰을 없애버렸다고 적고 있다. 조선 왕조의 억불숭유 정책의 한 예를 실증적으로 서술하고 있다. 그런데 기자인 앨런은 여기서 깜박 오류를 범하였다. 두 번째 임금은 중종이 아니라 정종인 것을 혼동하여 잘못 적었다. 외국인에게 있을 수 있는 오류라 할 수 있다.

이어서 불의 신을 소개하였다. 서울의 남쪽 관악산과 북쪽 삼각산에 있는 불의 신 때문에 북쪽 산 밑의 궁궐과 남대문이 세 번에 걸쳐 화재가 발생했다. 이는 예견된 것으로 불의 신 통로 오른쪽에 있었기 때문이다. 화재방지를 위해 이후 화재가 예상되는 남쪽을 향해 사납고 무서운 석상(해태상 조각을 이름)을 세우고 '불의 신'이 싫어하는 연못을 만들어 남대문 너머로 '불의 신'이 다니는 통로를 바꾸었다고 적고 있다. 이 내용은 법궁 경복궁의 풍수지리 입지상 관악산의 화기(火氣)를 막기 위한 조치를 설명한 것이다.

세 번째는 에밀레종(성덕대왕신종)에 관한 것이다. 종이 만들어지게 된 전설을 소개하였다. 현재 알려진 에밀레종에 얽힌 기막힌 전설과 약간 각색된 내용으로 소개하였다.

> While this collection was made in the An Eyo district of the Kyeng Sang province, the collector called at a house where he saw an old woman with a three year old boy strapped to her back. The hag said she had no metal, but the man might take her boy, or more properly, "Shall I give you the boy?" signifying consent by her tone...(중략)...The process was

repeated and the bell cracked again. This happened several times and Tae Jo finally offered great reward to anyone who would solve the difficulty.

애달픈 이야기를 담고 완성된 에밀레종은 종을 만드는 과정에서 뜨겁게 달구어져 녹은 주철 용광로에 재료의 일부로 던져진 아기가 엄마를 원망하는 소리인 "에밀레 에밀레…(= '에미 때문에 죽게 되었네' 라는 뜻)"라고 소리를 내며 울려 퍼지게 되었다. 이것은 민중 설화 내지 전설로서 전해 내려오는 내용이다. 그런데 외국인 선교사인 기자는 당시 임금이었던 성덕대왕을 태조로 잘못 인식한 오류를 범하고 있다. 이 에밀레종은 일명 성덕대왕신종이다.

한편 앨런에 의해 작성된 '서울의 흥미로운 서원들'에 대한 기사도 있다.28) 종묘와 영휘전, 서원, 경모궁, 사직단, 육상궁, 관왕묘 등을 소개하였는데, 종묘에는 왕실의 위패가 모셔져 있고, 영휘전에는 태조, 세조, 성종, 숙종, 헌종, 영종 등 임금들이 모셔졌다고 소개하였다. 영휘전에 모신 왕들은 하나같이 용감하여 전쟁에서 승리한 왕들로 적고 있다. 오류를 지적하자면, 영휘전은 경종비 단의왕후의 혼전이다. '종묘정전'으로 바로잡고 모신 여섯 임금 중 영종은 영조로 고쳐야 한다. 외국인 선교사이므로 나타난 오류이다. 그리고 서원에 대해서도 소개하면서 앨런은 이를 태학으로 불렀다. 고려 때 유교는 안유에 의해 수용되었으며 그가 설립했던 대성전의 위치에 대해 적었다. 여기서 외국인 선교사 앨런은 고려를 신라로 표기하여

---

28) H. N. Allen, Places of Interest in Seoul - Temples, *The Korean Repository*(1895, 5.) 제2권, 182 ~187.

한국사의 구체적 사실을 잘못 인식, 오류를 범하고 있음을 알 수 있다. 경모궁에 대해서는 정조가 사도세자를 위해 만들었다는 것과 정조가 경모궁을 찾는 데 편리하도록 월근문과 유근문을 설치했다고 소개하였다. 경모궁 근처의 커다란 나무 한 그루 앞에는 제단이 설치되어 있는데 이는 악령을 달래기 위함이라고 했다. 사직단에 대해서도 소개하였다. 이곳은 자연의 신에게 감사하고 농작물의 풍작을 기원하기 위한 곳으로 적고 그 위치에 대해 소개하였다. 육상궁에 대해서는 영조가 어머니를 기리기 위해 지은 제전으로 적고 있으며 어머니 위패를 모신 곳으로 소개하였다. 끝으로 관우를 모신 사당인 관왕묘에 대해 소개하였다. 앨런은 관우의 죽음과 송왕조 때부터 관우를 무신으로 모시게 된 이야기, 조선에서 그를 무신으로 모시게 된 내력을 설명하고 있다. 조선에서 임진왜란이 발발했을 때 죽은 관우가 어느 날 명의 황제 꿈에 나타나 조선에 원군을 보내어 구해 주지 않는가 하고 물었다. 황제는 지금 군사를 지휘할 만한 장군이 없노라 답을 했고 이에 관우는 세 명의 장군을 추천해 주었다. 그들은 조선에 와서 일본군과 전투를 벌였으나 관우가 나타날 때까지 판세를 뒤집지 못했다. 어느 날 밤 관우의 영혼이 나타나 큰 바람을 일으켜 적을 쫓아낸 후 동대문 밖 땅속으로 들어갔다고 설명했다.[29] 여기서 앨런은 추천 장군에 대해서 이여송 외 잘못 인식한 오류를 보인다. 이 밖에도 앨런에 의해 서울의 궁궐들이 소개된 기사가 있다.[30] 본 기사에서는 경복궁, 창경궁, 창덕궁, 별궁, 남별궁, 모화관, 북한산성, 남한산성, 한강 등을 소개하였다. 경복궁의 창건과 중건의

29) 동대문 밖 땅속으로 들어갔다고 한 장소가 현재 '동묘'로 추정된다. '동묘'는 '동관왕묘'를 의미함.
30) H. N. Allen, Places of Interest in Seoul - Palaces, *The Korean Repository*(1895, 6.) 제2권, 209~214.

역사 및 세부적인 묘사를 하고 흥선 대원군의 중건과 관련한 일화를 기술하였다. 흥선 대원군과 관련한 일화는 흥미롭다. 이야기인즉슨, 전설에 의하면 대원군의 아들이 왕이 되기 전에 그를 동대문 밖에 위치한 사찰로 데려갔는데 그곳에 운명을 점치는 한 승려가 소년은 훗날 위대한 인물이 될 것이라고 예언했다. 결국 대원군의 아들이 왕위에 즉위하자 대원군은 그 승려의 지혜에 감명을 받아 그로부터 많은 자문을 구했다. 대원군은 국가통치의 계획에 대해 의견을 구했는데 승려는 왕조 최초의 궁궐인 경복궁의 중건을 재촉하였다고 한다. 만일 승려들이 도성 안으로 들어갈 수 있도록 허락하면 경복궁 중건작업을 지휘 감독하겠다고 했다. 제안은 받아들여 중건작업은 시작되었는데 이 도승이 프랑스가 침략했을 때(신미양요) 어디론가 사라졌다고 한다. 그는 외국인들의 상륙을 막으러 가서 돌아오지 못했는데, 억류되어 프랑스 전함 중 하나를 타고 갔다고 한다. 하지만 그에게는 바닷물을 밀어내는 힘과 공중을 나는 축지법의 능력을 보여준 불교의 징표를 가지고 있었다고 전한다. 도승의 이름은 만 명의 사람들을 의미하는 만인이며, 그가 가장 재촉한 충고는 대원군이 만 명을 죽임으로써 절대적인 평온을 얻을 수 있다는 것이었다. 도승이 떠난 이후 대원군은 예언이 만인 혹은 10,000명이라는 이름을 가진 도승 자신을 언급한 것임을 깨닫고 그의 탈출에 대해, 즉 그를 놓친 것에 대해 후회했다는 내용이다.

창덕궁은 태종 때 창건된 것인데 앨런은 이를 정종으로 잘못 인식하고 있다. 창경궁과 창덕궁에 대해서 경복궁보다 아름다운 궁전이며 자연미를 간직한 곳이라고 소개했다. 그리고 조대림이 나중에 사형에 처해진 이야기들을 소개하고 있다. 그러나 실제 조대림은 태종의 기지로 사형에 처해지지 않았으며 앨런은 이 내용에 대해서도 작은 오류를 보인다. 여하튼 외국인이 한국의 궁궐과 서원, 사당 등 다방면에 걸쳐 공부하며 방대한 내용을 소개하는 것은 대단히 고무적이고 고마운 일이 아닐 수 없다. 인식 면에서 간혹 작은 오류들을 범하는 것은 '옥에 티'와 같은 있을 수 있는 일로 보여진다. 모화관에 대해서는 중국 사신을 영접하는 곳이었으나 지금은 조선이 독립을 선언함으로써 허물어 없애버렸다고 소개했다. 북한산성, 남한산성, 한강의 아름다움과 서울 근교에는 아름다운 왕실 공원 등이 있음을 소개하였다. 외국인 선교사들의 이와 같은 한국의 문화재와 문화공간에 대한 관심은 매우 고마운 일이라 할 수 있다.

이 밖에 시골에서 보낸 한 주간에 대한 기사가 있다.31) 이는 리드가 선교 활동을 위해 일주일간 여행했었던 곳에 대한 설명이다. 그가 여행한 곳은 대원, 파주, 문산 등이다. 고양에서 대원을 방문하게된 것은 기독교인이 고양에서의 선교 활동 소식을 전해 듣고 찾아왔기 때문이었다. 이곳을 방문했을 때 사람들은 기뻐하였지만 처음 보는 외국인들에 대해 수줍어했으며 믿지 못하는 눈치였다. 파주에 도착했을 때 임진강 근처의 문산포 사람들이 찾아와 방문해 줄 것을 부탁했다. 문산포를 찾았을 때 그곳 사람들은 교회를 자력으로 짓고 있었으며 선교 단체가 방문한 것은 처음 있는 일이라고 했다. 문산포를 떠나 송도로 갔을 때 그곳에서는 이질에 걸린 아이에게 치료할 방법이 없어 응축된 우유 캔을 주었다고 했다. 송도는 인삼 무역의 중심지로서 자유로운 도시로 느꼈으며 이곳의 사업가들은 관료나

---

31) C. F. Reid, A week in the country between Seoul and Songdo, *The Korean Repository*(1897, 11), 제4권, 417-422.

선비보다 훨씬 자유로운 생각을 가져 외국인들과의 관계에도 익숙
하다고 했다. 리드의 기사를 통해 당시의 기독교 선교의 분위기, 위
생상태, 사람들의 태도 등을 엿볼 수 있다. 이러한 분위기는 근대화
과정에 있는 시대적 환경이라 할 수 있다.

또 한편의 기사는 편집부에서 작성한 것으로서 서울에 대한 내용
이다.32) 서울의 위치와 당시 정치, 사회적인 개혁에 따른 변화 및 느
낌 등을 적고 있다.

> "서울은 북위 37도 35분, 경도 127도에 위치하며 많은 변화를 보
> 여주고 있다. 보기 흉한 거리의 노점상들과 부랑아들은 모두 사라
> 졌고 도로는 확장되었으며 도시 어디를 가던 두려움 없이 자유로
> 이 다닐 수 있다. 양복을 입은 학생들과 유니폼 차림의 경찰들, 기
> 와집으로 변한 초가집 등은 발전된 모습들이다. 독립협회가 조직
> 되었고, 서울–제물포 간의 철도부설권과 광산 채굴권이 미국 기업
> 에 주어졌으며, 서울–의주 간의 철도부설권은 프랑스 회사에 주어
> 지는 일 등은 내각에 진보적인 정신이 확대되었음을 알 수 있고
> 자극을 주었다. 외국인 재정 고문, 사법부의 개혁, 독립신문의 발
> 간, 젊은이들의 근대적 사고전환 등은 서울에 나타난 희망의 사인
> 들이다. 그런 한편으로 상투와 긴 담뱃대(장죽)가 예전의 모습 그
> 대로 돌아왔으며, 서울은 국가의 수도이자 국왕의 도시이며, 임금
> 은 국가의 법을 대표하여 왕의 의지가 곧 법이다. 이와 같은 대한
> 제국의 탄생으로 한국은 과거로 회귀했다. 그리고 의무와 신용의
> 부재 상태여서 관직을 떠났던 사람들이 다시 복직되고, 궁내부의
> 수익사업, 이전에 중국과 일본 그리고 미국 등이 했던 일을 되풀이
> 하는 러시아 군사 교관 등은 모두 발전과는 거리가 먼 일들이다."

이상에서 여러 곳을 방문하고 체험하면서 한국의 역사와 전설, 그
리고 각 지역의 특징과 사람들의 사고방식 등 변화 모습을 알 수 있

---

32) Editorial Department, What is Seoul?, *The Korean Repository*(1897, 12), 제4권, 27~29.

다. 변화의 소용돌이 속에 근대화 과정에서 타자의 시선들은 예리하게 조선을 스케치하고 있다. 앨런은 서울의 궁궐과 서원 등에 대해 역사정보에 많은 관심과 박식한 면을 보여주고 있다. 복잡하고 세세한 역사정보를 섭렵하는 과정에서 간간이 오류의 편린들이 발견되기도 한다. 서울의 변화된 모습의 묘사에서 전 근대와 근대의 혼재된 양상을 읽어낼 수 있고 외국 선교사들의 예리한 타자의 시선에 대해 감탄할 내용들이 많다.

(2) Daniel L. Gifford가 본 계룡산

기퍼드는 남부지방 관련 내용으로서 '명산 방문기(A visit to a famous mountain)' 제목으로 계룡산 방문기를 남겼다.[33] 그는 계룡산을 찾은 첫 외국인임을 자처하면서 '두 개의 사찰'과[34] '신도안' 지역을 소개하였다. 그는 신도안 왕궁 터를 발견하고 여기가 난공불락의 요새라고 다음과 같이 표현하였다.

> Had the founder of the present dynasty placed his capital here, he could have made for himself an almost impregnable city; but his choice of Seoul was undoubtedly wise, for he gained thereby a capital of far more central location.[35]

기퍼드는 '이곳이 한 나라의 수도가 되기에 얼마나 적합한 장소인가'라고 감탄했다. 끝없이 넓은 평원은 도시의 많은 인구 수용에 충

---

33) Daniel L. Gifford, A visit to a famous mountain, *The Korean Repository* (1892. 2), 제1권, 41~45.

34) 계룡산에 관련된 사찰로는 동학사, 갑사, 신원사가 있다.

35) Daniel L. Gifford, A visit to a famous mountain, *The Korean Repository* (1892. 2), 제1권, 45.

분하고 하나님께서 이곳에 도시를 만들기 위해 요새화시켰다고 생각했다. 북으로는 깎아 지른 듯한 봉우리들이 버티어 섰고 동과 서로는 산맥들이 병풍처럼 둘렀으며 거대한 평원이 남으로 펼쳐졌다. 동, 서, 북에서는 이곳에 접근하기 힘든 요새라고 본 것이다. 조선왕조의 창시자가 이곳에 수도를 정했다면 분명 난공불락의 도시를 건설했을 것으로 믿었다. 그러나 조선 시대의 수도로 자리매김한 한양 즉 서울을 정한 일이 현명한 처사였던 것은, 훨씬 크고 조선반도의 중심에 위치하는 더욱 훌륭한 수도입지라고 보았다. 이러한 관점은 당시 풍수지리에 밝았던 무학 대사의 견해를 공부하여 소화시킨 글이다. 어쨌든 기퍼드가 공부하고 직접 답사하여 살펴본 계룡산의 이곳은 옛 지명이 '신도안'이었고 오늘날의 계룡시가 자리 잡은 곳이다. 일찍이 무학 대사가 임금의 명을 받들어 도읍지를 고르려고 다닐 때 감탄할 만한 우수한 후보지 중의 하나였으나 한양이 최종 선택된 것은 앞서 말한 바와 같다. 계룡산의 이름에서 보듯 '계룡'이란 용어 자체가 풍수상의 길지임을 의미하고 있다. '닭의 벼슬 형상을 한 용의 자태'라는 뜻이다. 오늘날 계룡시가 들어선 곳의 옛 지명이 '신도안'이었던 것은 무학 대사의 그와 같은 천거가 있었다고 하는 유래에서 비롯된다. '새로운 수도가 들어설 만한 곳'이라는 뜻을 지닌다. 이 신도안은 계룡시가 들어서기 전 온갖 미신과 잡신을 모시는 이른바 '계룡산 도사들'이 울긋불긋 진을 치고 웅거하던 곳이기도 하다. 문자 그대로 계룡산에서 도를 닦는 '도사들의 마을' 터로서도 알려진 곳이었다. 온갖 잡신들이 머무는 이곳에 군부대 사령부를 포함한 특수 기능의 '계룡시'로 명명한 데는 강력한 군기(軍氣)로서 잡스러운 기운을 제압한다는 의미도 지닌다. 어쨌든 무학 대사의 답사 이후 풍수상의 길지로 지명도가 높아진 계룡산과 신도안 마을은 유명세를 더하다가 외국인 선교사 기퍼드의 발길을 끌어들인 셈이다. 소개한 내용에서도 알 수 있듯이 도읍지의 훌륭한 입지조건을 갖춘 계룡산과 신도안 터는 조선반도의 명산 중 하나이며 훌륭한 장소인 것은 분명하다. 기퍼드는 명산 소개를 제대로 한 셈이다.

(3) F. H. Mörsel의 울릉도, 목포 스케치

1895년 11월 호에 뫼르셀에 의해 울릉도가 소개되었다. 섬의 위치, 특색, 조선 정부의 울릉도 벌목권 외국인 양여 등의 내용을 다루었다.[36)]

> "울릉도는 초목이 우거졌고 야생화가 만발하며 삼나무, 소나무, 티크, 장뇌, 전나무 등이 서식한다. 석영과 편마암으로 이루어진 화강암질 화산암이다. 금, 진사(辰砂), 유황, 수은 등의 광물이 매장되어 있다. 그래서 이 섬은 바다의 보석이다."

이 기사를 통해 보면 뫼르셀이 울릉도를 소개했지만 문헌지식이 생경스럽고 답사 경험이 있는지는 분명하지 않다. 당시에 서식했다는 말을 도외시할 수는 없지만 울릉도의 기후로 보아 열대 특수목인 티크와 장뇌 목이 자란다는 말은 맞지 않기 때문이다. 그리고 울릉도는 점성이 높은 조면암질 화산섬이기 때문에 화산 폭발 후 만들어질 때 마그마의 흘러내림이 원활치 않아 경사가 급하다. 화산섬이되 석영과 편마암으로 구성된 화강암질 화산섬이란 소개는 맞지 않다. 약 120년 전의 울릉도 기후변화를 예상한다면 식물의 서식환경이

---

36) F. H. Morsel, Woolungdo, *The Korean Repository* (1895. 11), 제2권, p.412-413.

달라질 수 있지만 가능성은 매우 적다. 그리고 바탕이 되는 화산암의 구성 물질이 달라지는 것은 절대 있을 수 없는 것이다. 설명의 사실성은 떨어진다. 어쨌든 울릉도는 가치가 높은 "바다의 보고"라고 긍정적 평가를 한 것은 맞다. 해양자원의 측면에서, 그리고 지정학적 측면에서 충분한 가치가 있기 때문이다.

한편 뫼르셀은 1897년 9월호에 진남포와 목포에 대한 기사를 썼다.[37] 여기서는 남부지방에 국한하여 목포에 대해서만 언급하기로 한다. 목포는 1897년 10월 1일 자로 개항되었으며 외국인이 거주하기에 적합한 지역으로 소개했다. 목포의 개방은 일본인들에 의해 몇 년간 끊임없이 요구를 받아왔다. 그 전까지는 중국의 반대에 의해 개방을 못했지만 사정이 달라졌기 때문이라고 했다.

한국의 부산항, 목포항, 군산항은 일제 강점기 동안 외세에 의해 조선의 물산을 실어나가는 적출항 역할을 했다. 수탈 목적으로 강제 개발된 측면도 있으므로 선진화의 모습을 갖추어 외국인들이 주재하기에 적합한 곳으로 여겨졌을 가능성이 크다.

5. 결론

조선 사회는 19세기 말과 20세기 초에 근대 세계로 급속하게 편입을 했다. 그 편입과정은 한편으로는 강대국에 의한 강제적인 것이었고, 또 한편으로는 자구책으로서의 주체적 자발적으로 살아남기 위한 편입이라 할 수 있다. 후자는 전자에 의해 압도되었고 가려졌

---

37) F. H. Morsel, Chinampo and Mokpo, *The Korean Repository* (1897. 9), 제4권, pp. 334-338

으며 희석된 감이 없지 않다. 결국 한국은 전자적 대세에 의해 강대국들의 제국주의 경쟁과 각축에 떠밀려 개화와 근대화를 추진하고 근대적인 세계 체계의 일원으로 편입되었다고 볼 수 있다. 근대화의 물결을 타고 변화가 심하던 이 시기 조선 사회에 외국 선교사들의 눈에 비친 당시의 우리 모습은 어떠했는지 살피는 것이 본 연구의 목적이다. 연구자는 이 가운데에서도 조선의 지리적 환경을 그들이 어떻게 보고 있으며, 역사 지리적 환경에 대한 그들의 관점은 어떻게 해석되고 설명되는지, 구체적으로는 각종 유물 유적들에 대한 역사적 관점과 설명을 어떻게 하고 있는지 등에 대해 파악해 보려 노력했다. 본론에 다룬 내용의 개략을 정리하면 다음과 같다.

조선은 자연환경이 매우 아름다운 나라로 보았다. 한국의 자연에 대해서는 선교사마다 이구동성의 칭찬을 아끼지 않았다. 한마디로 '창조주가 빚어낸 기적 같은 걸작품'이라고 칭찬을 아끼지 않았다.

나아가 '조선 사회는 거지가 없는 행복한 나라'로 보고 있다. 유교적 영향으로 대가족 제도하에서 서로 돕는 미풍이 동기 간에 이웃 간에 자연스럽게 받아들여져 불우해지고 어려운 친인척과 이웃을 집안에서 그리고 마을에서 포용하며 배려하고 껴안는 아름다운 미풍이 있는 사회라고 보았다.

조선의 자연 지형에 대해서 '3면이 바다인 조선반도의 영토 환경은 매우 발전 잠재력이 높은 나라'로 보았다. 해양세력과 대륙을 잇는 육교적 위치이며 많은 항구들이 발달하여 오늘날 조선업, 철강업 등 세계 굴지의 산업발전을 이룬 것은 일찍이 선교사들이 보았던 것처럼 삼면이 바다인 환경을 십분 활용한 결과라고 볼 수 있다.

한편, 조선 사회는 '갑오개혁을 계기로 괄목할 만한 발전과 변화의 모습을 보여준다'라고 적었다. 격변하는 근대화 물결 속에 '폐쇄'를 벗어 던지고 '개방'으로 환골탈태하는 격변의 시기에 의식구조의 판도가 바뀌는 시기였으며 이때를 기점으로 조선 사회가 자발적 통치의 능력을 갖춘 사회로 보기 시작했다. 갑오개혁은 1894년(고종 31) 7월 초부터 1896년 2월 초까지 약 19개월 간 3차에 걸쳐 추진된 일련의 개혁 운동을 말하는 것으로 당시 이런 모습을 지켜본 선교사들은 조선 사회의 꿈틀대는 변화는 타의적 개방(개항) 바탕 위에 자발적 역동성이 가미되어 일어난 것으로 성격규명지을 수 있을 것이며 이러한 일련의 현상을 신중하고 조심스럽게 지켜보며 기사화했다.

이 시기는 정신적 변혁의 시기이며 타자화 문명화된 시기로 볼 수 있다. 갑오개혁 이후 많은 잡다한 우상들의 타파와 정신적 변환점을 맞으며 기독 정신으로 재무장되는 조선의 사회 분위기를 감지했다. 그리고 기독세력이 이때부터 본격적으로 확장되기 시작한 시기로 보고 있다. 선교사 아펜젤러에 의한 배재학당, 언더우드에 의한 연희전문학교 등 기독 정신을 바탕으로 한 새로운 교육기관들이 속속 만들어진 것은 이를 증명한다.

간과할 수 없는 내용 중에 선교사들은 조선 사회는 '조상 숭배 정신이 매우 투철하다.'라고 보았다. 이러한 시선은 해석상 두 가지로 설명 가능하다. 동양사회의 충과 효는 아름다운 미덕이며 이는 유교의 영향을 크게 받은 결과이다. 그러나 이를 지나치게 중시한 나머지 자연을 의인화하고 나아가 땅에 묻힌 조상들 시신과 기(氣)의 교감을 통해 자손들을 돌보아 준다고 믿는 토속적 신앙으로까지 발전한 점, 즉 좋은 땅에 조상을 모시면 후손들에게 발복하여 자손들이 잘된다고 믿는 '풍수신앙'으로까지 발전한 것에 대해 서양 선교사들은 납득할 수 없는 황당한 미신이며 우상이라고 본 것이다. 이는 양자 간에 존재하는 분명한 문화적 차이로서 상호 인정하지 않으면 대화가 어려운 국면이다.

선교사에 따라서는 조선 사람과 조선의 사회는 '대한제국 건설' 이후 비로소 자발적 통치 가능성이 높아졌다고 보는 관점도 있다. 오늘날 '대한민국' 또는 '한국'이라는 국가 명칭은 '대한제국'에서 비롯된다고 보는 측면과 일찍이 한반도에 꽃피었던 고대사회의 '삼한(마한, 진한, 변한)'에서 비롯된 것으로 보는 견해가 있다. 대체로 전자를 기점으로 하여 이때부터 '대한'이라는 말을 사용하였다고 볼 수 있다.

한편, 조선 사람에 대한 부정적 시각을 다음과 같이 살필 수 있다. '조선인들은 게으르다.' '조선 사람들이 게으르고 무관심해 보이는 이유는 유교적 내세관 때문이다'(게일의 관점). '조선 사람들은 불결하다.' '초상집 상주들을 보면 조선 사람들의 불결함을 알 수 있다.' 이런 관점은 분명 문화 차이를 인식하지 못한 견해로 받아들여야 하고 문명화를 촉구하는 지적으로 겸허히 받아들이는 자세가 필요하다. 나아가 조선인들은 애국심이 부족하다고 보았고, 이유는 가렴주구의 결과로 보았다. 열심히 농사지어 세금으로 빼앗겨버리는 조선 농민을 불쌍히 보고 내린 결론이다. 이에 대해 오리엔탈리즘 잣대를 적용한다면 잘못이다. 선교사에 따라서는 조선인은 결단코 열등한 민족이 아니라고 적고 있음은 그 증거이다(게일).

지엽적이기는 하나 선교사들의 기사 내용 가운데 부분적인 오류

내용이 보인다.

첫째, 조선왕조의 두 번째 임금을 정종이 아닌 중종으로 잘못 적고 있다(앨런).

둘째, 울릉도를 석영과 편마암으로 구성된 화산섬으로 기술했다. 울릉도는 점성이 큰 조면암의 화산섬이다.

셋째, 창덕궁 창건 시점이 태종 때인 것을 정종 때로 잘못 인식했다.

넷째, 남별궁 창건 시기를 태종 때인 것을 중종 때로 잘못 인식했다.

다섯째, 죽지 않은 조대림을 사형에 처해진 것으로 잘못 인식해 적고 있다(앨런).

여섯째, 에밀레종 제작 시기를 태조로 잘못 적었다. 성덕대왕 때 만들어졌고 정식 종 이름은 성덕대왕신종이다.

일곱째, "조선왕조 두 번째 왕인 중종의 신하 조정암이 불교 반대에 앞장서 탑만 남겨놓고 사찰을 없애버렸다."라는 내용에서 두 번째 임금은 중종이 아니라 정종이다.

외국인 선교사들의 조선 역사에 대한 이러한 오류들은 어찌 보면 사소한 일이다. 조선 사회에 대한 관심과 애정의 눈길에 오히려 감사한 태도로 바라보는 시각이 있어야 한다.

한편 조선 사람들의 대인관계에서 수줍음을 타는 전근대적 태도에 관한 내용도 있다. 처음 보는 외국인에 대해 몹시 수줍어하고 묻는 말에 대답하지 못하며 몸을 사리는 태도를 보인다(앨런). 이것은 전근대적인 조선 사람 대다수의 성향이라 할 수 있다. 송도(개성)를 방문하는 과정에 이질 걸린 아이에게 선교사 일행은, 마침 약이 없어 응어리진 우유 캔을 주면서 달래는 광경을 기록했다. 이를 통해 당시 지역사회의 전근대적 위생환경을 읽을 수 있다.

제 4 장

풍수설화와 지리학 연구동향

08

한국의 풍수 설화와 사회과교육*

풍수지리는 동양 문화요소의 하나이고 구비 설화에서 관련 내용을 발견할 수 있다. 본 연구는 설화 내용 중 풍수 형국(지형), 명당, 인물, 지명, 비보풍수 내용을 추출해 분석한다. 풍수의 택지술은 환경 결정론적 사고에 기우나 비보풍수 관점은 환경 가능론적 담론을 가능하게 한다. 설화 속 풍수 내용은 지모 사상과 유기체관을 바탕으로 한다. 설화 내용의 권선징악, 조상 숭배, 택지술, 땅에 대한 경외(신비)와 숭배 등은 조상들의 삶의 지혜를 반영한다. 이들 가치와 덕목은 사회과교육 관점에도 매우 유의미하다.

1. 서론

문화의 특징 가운데 하나는 다양성이다. 역사 배경과 생태환경이 다른 원시사회로부터 현대사회에 이르기까지의 각 지역에서는 정치, 사회, 문화, 철학, 종교 등에서 다양한 문화를 만들어내게 된다. 사회

* 본 글은 2015-2016년 한국학중앙연구원 공동연구과제 '증편한국구비문학대계에 나타난 한국인의 종교심성의 비판적 이해'에서 필자가 쓴 부분을 축소, 재조정하여 논문으로 다듬은 것임.

에 따라서는 외래문화와 토착문화의 교류와 융합을 통해 그 폭과 깊이를 더해 왔고, 지역적으로는 토속 민족과 주변국 간에도 영향을 주고받으며 문화가 발달하기도 한다.

중국이나 우리나라에서 발달한 풍수지리, 풍수신앙도 중요한 문화 현상 가운데 하나임이 분명하다. 우리나라의 고려 말부터 조선시대를 거쳐 오늘에 이르기까지 풍수지리가 우리 생활에 미치는 영향은 지대하고 일반인들의 관심이 매우 높다. 그만큼 풍수지리는 예부터 비판을 면치 못하면서도 우리나라에서 많은 관심을 기울인 분야이다. 특히 산수가 어우러진 한반도 지형에서는 산맥과 물과 바람과 좌향(방위)을 함께 고려한 풍수가, 중국처럼 넓은 대륙과 같은 국가에서는 좌향(방위)을 중시한 풍수가 발달하였다.

풍수의 바탕이 되는 풍수지리란 말은 바람을 감추어 잠재우고 물을 얻는다는 뜻의 장풍득수에서 나온 말이다. 즉 자연의 바람과 물에 스며있는 에너지인 기(氣)를 인간이 얻어낼 수 있는 장소를 골라쓰고자 하는 택지(擇地) 기술이다. 이러한 기술을 지니고 훌륭한 장소를 골라내는 안목을 지닌 사람들을 '풍수' '감여가' '지관' 등으로 불렀다.

우리나라에서 땅의 기운을 잘 감지하여 좋은 장소를 선택했던 알려진 명사로는 도선 국사와 무학 대사가 있다. 이들 명사들은 각기 독특한 경험체계와 비법으로 땅의 기운을 감지했다고 생각된다. 이론적 기초 지식을 충분히 습득한 연후에는 많은 답사와 명상과 기도로 지기(地氣)를 알아내는 공력을 쌓았을 것이다.

이들 명사들은 멀리서 땅의 지세를 바라보기만 해도 땅의 형상(지형의 모양)과 명당의 기운을 감지한다고 했다. 이러한 능력은 책만 읽어서 되는 일이 결코 아니고 많은 경험과 답사를 통해 땅의 기운을 감지하는 능력이 발달해 있어야 가능하리라 본다. 이러한 면에서 풍수지리는 신비감을 더하게 되었고, 과학적 합리적 요소와 대치되는 성격을 지니게 되어 과학인가 아닌가에 대한 시시비비의 논란 대상이 되기도 한다.

풍수론의 출발은 우선 개인보다는 씨족사회의 씨족 단위에서 출발한 것으로 볼 수 있다. 그렇게 보려는 근거는 씨족의 조상 시신을 기운이 좋은 자리에 모시면 그 자손들이 무병장수하며 명예가 높아진다고 하는 이론이기 때문이다. 그렇지만 살아생전에 덕을 쌓지 못한 사람이 좋은 자리에 묻히려고 하면 땅이 거부하여 오히려 화가 미친다는 내용을 함축하여 가지고 있어 경계적인 교훈도 아울러 전해 내려온다. 즉, 임자가 될성부른 재목이 아닌 사람이 명당을 탐하면 땅의 지기가 속된 인물을 거부한다는 내용이다. 거부하는 방식은 발복(發福) 대신 자손에게 화가 미치는 일이 벌어진다는 내용이다. 이런 면에서 풍수지리는 권선징악을 유도하는 고전적 도덕률을 함축하고 있기도 하다. 설화 속의 풍수지리 내용에서도 이러한 예가 등장한다. 도선 국사에 대한 민담이라든가 조상의 시신을 짊어지고 명당 터를 찾아다니면서 욕심 사납게 이장(移葬)을 하다가 헛 명당이 보여서 결국 천벌을 받았다는 이야기도 전한다(남사고의 [격암유록]).

이러한 이야기들의 근간을 살핀다면 결국 땅에는 기운이 흘러 다니는데, 어떤 땅에는 좋은 양기가 흐르고, 어떤 자리에는 탁한 기운이 모여 있다고 보는 것이다. 이처럼 풍수지리설, 또는 풍수신앙은 결국 조상의 시신을 좋은 기운, 청아한 기운이 흐르는 길지(吉地)에 모시고 싶은 조상 숭배 사상이 한데 어우러져 완성된 것으로도 볼 수 있다.

본 연구에서는 [증편 한국 구비문학 대계(2014), 한국학중앙연구원]에 나타난 설화 내용 가운데 풍수지리 관련 내용을 추려내어 분류하고 해석한 후 이를 사회과 교육적 내용과 가치 면에서 어떠한 연관성을 찾을 수 있으며 어떻게 가르칠 것인가를 생각해 보려 한다. 연구 내용은 다음을 기준으로 한다.

첫째, 산지가 많은 한반도이므로 지형 관련 풍수 즉, '형국'과 관련된 풍수 설화를 추리고 해석한다. 풍수지리 이론의 바탕은 산천의 형상이 될 것이며 이를 이론적으로 설명한 것은 매우 다양하다. 둘째, 풍수상의 명당에 대한 설화 내용을 추리고 해석한다. 셋째, 풍수환경은 인물을 만들고 인물은 훌륭한 명당에서 생산, 발복한다는 전제하에 풍수환경과 인물과의 관련 설화를 추출하고 해석한다. 넷째, 풍수지리의 여건을 갖춘 장소에는 기감(氣感)이 넘쳐난다. 현장에서 기를 감지하여 사건의 전말을 다룬 설화를 추리고 해석한다. 이는 풍수에 대한 이론적인 지식으로 풍수를 해석하는 것이 아니라 현장성을 중시하는 내용이다. 훌륭한 명당과 그곳에서 발산되는 신비스러운 기감과는 함수관계일 수 있다. 다섯째, 풍수지리가 현실적으로 환영받을 여지가 있다면 누구에게나 좋은 장소로서 선택되고 다듬어질 수 있다는 가능성을 지녀야 한다. 환경 가능론적 입장에서 인위적 행위를 가하여 상보 상생적 풍수 환경을 만들어내는 것이 풍수 비보이다. 원래 바탕이 되는 지형과 산수 외에 인간의 시각에서 좋은 터를 만들기 위한 노력으로 풍수 상황을 보하는 비보 내용을 추려내고 해석한다. 이러한 풍수 비보는 환경 결정론적 사유로만 바라볼 한계성을 극복하고 가능성을 제시한다는 면에서 환경 가능론적 시각을 열게 되는 중요한 근거가 된다.

　아울러 설화 속에 등장하는 많은 지명들은 풍수 관련 배경설화를 바탕으로 한다. 풍수와 관련하여 어떤 지명들이 어떻게 설명되고 있는지 추출하고 해석한다. 이렇게 추출하고 해석한 내용의 전개는 자연적 배경의 지형적 모양(형국), 그리고 명당 및 혈에 관련한 내용을 묶어 제2장에서 풍수 지형과 명당이라는 장의 제목으로 다룬다. 제3장에서는 풍수의 인문적 요소로서 풍수와 관련한 인물들의 이야기, 그리고 지관들의 기감(氣感)에 관한 설화 등 관련 내용을 묶어 장의 제목을 풍수 인물과 기감(氣感)으로 하였다. 제4장에서는 풍수와 관련하여 만들어진 지명과 인위적 요소로서의 풍수상 허함을 보하여 길지(吉地, 길한 장소) 내지는 명당(明堂, 길지 중에서도 빼어나게 좋은 곳)으로 재현한다는 풍수 비보(裨補) 관련 설화를 묶었다. 풍수 관련 지명들은 어떤 의미에서는 비보적인 성격을 가지고 있기도 하다. 산지가 많은 곳에서 평야를 소망하는 지명으로 가평, 청평을 들 수 있으며, 반대로 평야 지역의 들판에서는 산지를 소망하여 논산, 대산, 마산 등의 지명을 사용하는 경우가 그러했다.

　끝으로 구비 설화에 나타난 풍수 관련 내용을 해석하여 과거부터 오늘날에 이르기까지 사람들이 땅에 대해 어떤 철학적 사유를 하고 있으며 이들 내용을 사회과교육과는 어떤 연관을 가질 수 있는지 각 장(章)의 말미에 그 의미와 내용을 진술한다. 그리고 결론에서는 어떠한 시각에서 가르칠 것인가를 제시하는 방식으로 맺고자 했다.

<표 14> 연구의 설계

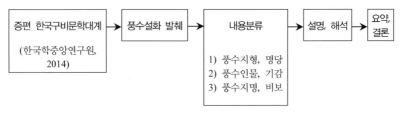

2. 풍수 지형, 명당

본 장에서는 산과 물이 빚어내는 지형으로서의 풍수 형국, 그리고 길지로서의 명당의 신비로운 힘에 대한 설화 내용을 다룬다.

1) 풍수 지형, 형국

본 절에서는 네 개의 설화를 다룬다. 구례의 오산과 섬진강이 만들어내는 명당 형국, 고양이 꼬리형국의 지형을 훼손하여 집안이 망한다는 홍 씨네 이야기, 장구 혈과 단지 혈 명당과 형제 간의 땅 뺏기 이야기, 기후와 지형조건을 이용하여 대동강 물을 팔아먹은 김 선달 이야기 등이 그것이다.

(1) 오산이 섬진강 물을 마시는 자라형국

전남 구례군 문척면 죽마리 죽연 마을에서 채록된 설화 내용 가운데 자라형 형국의 오산이 섬진강 물을 마시는 형국이라 그 아래 마을 사람들이 아무런 재난 없이 잘 사는 마을로 풀렸다는 내용이다.

"인자 오산이라고 하면 자라 오(鰲) 자 오산이거든요. 그래서 인제 그 자라가 [하늘을 가리키면서] 저 하늘에서 이렇게 공중에서 떨어[잠깐 멈추고 다시]져서 올 때의 이야기겠죠. '자라가 섬진강 물을 마시고 있다' 이렇게 해서 오산이라 하고 이름을 지었답니다. (중략) 그 오산에 가면 사성암이라고 있어요. 그 공부를 해가지고 그 사성암에서 공부를 해 갖고, 성인이 4명이 나서 사성암이다! 이렇게 저는 알고 있습니다. 또 그 밑에서 사는 우리가 아무 큰 재난 없이 무난하게 편안~하게 살아오게 되고…(증편 한국구비문학대계(이하 증편, 6-13, 2013, 385~386.)

자라 자체도 거북이를 닮은 명물이다. 그 피를 마시면 몸에 좋다고 하여 자라의 생피는 약으로도 사람들에게 각광을 받는다. 그 자라처럼 생긴 산이 섬진강의 물을 마시는 형국이니 섬진강에 잠겨 흐르는 기(氣)를 오산에 가득 채우는 격이다. 그러한 오산에서 공부를 한 성인들이 나고, 산 아랫마을에서는 아무 재난 없이 무난하고 평안하게 마을이 잘 풀려나가는 살기 좋은 고장이 된다는 설화이다. 산지 지형과 섬진강이 함께 어우러져 빚어 낸 풍수 형국의 설화이다.

(2) 고양이산 꼬리 잘라 망한 홍 씨네

강원도 홍천군 동면에 고양이 산이 있는데 그 앞에 노적가리 산이 있다. 홍 씨네 집이 노적가리 산 아래에 살았다. 홍 씨네가 부자로 잘 사니까 손님들이 많이 들었다. 며느리는 손님 대접하기가 힘들었다. 하루는 중이 시주를 오자 며느리가 손님들이 오지 않게 하는 방도를 알려 달라고 했다. 중은 고양이 산의 꼬리 부분을 자르면 손님이 들지 않을 거라고 했다. 며느리가 고양이산 꼬리 부분을 자르니 피가 나왔다. 고양이산 꼬리를 잘라버리자 그 앞의 노적가리를 더 이상 지키지 못해 홍 씨네는 망하고 손님이 들지 않았다(증편 2-12, 2014, 451.)

위의 이야기는 '양택 풍수' 격을 갖추어 잘살고 있는 홍 씨네 집안의 며느리가 손님 치르는 일이 성가셔서 잘못된 꾀를 내어 좋은 조건이었던 양택 풍수의 틀을 무너뜨림으로 해서 가난해졌다는 내용이다. 여기서 고양이산의 고양이는 쥐를 쫓고 알곡을 지키는 재산 지킴이 역할을 하였는데 꼬리를 잘라 제 기능을 발휘하지 못하게 함으로써 부의 상징인 곡식 노적가리는 유명무실하게 되어 홍 씨네는 가난하게 되고 줄을 잇던 손님은 끊어지게 되었다. 며느리의 청에 의해 '지관' 역할을 한 스님은 발복하게 만드는 양택 풍수의 형상을 무너뜨려 거꾸로 화가 미치게 하는 악수를 가르쳐 주게 된 것이다. 이처럼 '양택 풍수'는 그 형태 또는 형상의 환경을 어떻게 해석하고 처리하는가에 따라 '화(禍)'를 자초할 수도 있다. 이러한 구비 내용은 땅의 생기가 어느 곳에 모이고 흩어지느냐에 따라 양택의 발복과 화에 영향을 미칠 수 있다고 본 것이다.

이와 비슷한 구비 내용이 홍천군 내면 창촌 3리에서도 나타난다(증편 2-12, 2014, 166). 제목을 달자면 '부처 바위 깨고 손님 끊겨 망한 부잣집'이라고 할 수 있다. 이야기인즉슨, 부잣집에 손님이 너무 많아 며느리가 고생을 했다. 중이 시주를 하러 오자, 며느리는 중에게 손님이 그만 오기를 바란다고 하였다. 시주를 받은 중이 돌아가는 길에 부처 바위를 부수었다. 그 뒤로, 부잣집은 망하게 되어 손님이 끊어졌다는 구비 내용이다. '고양이산 꼬리 잘라 망하게 된 홍 씨네' 이야기보다는 정치함이 떨어지기는 하나 유사한 점이 있다.

(3) 장구 혈과 단지 혈

강원도 홍천군 남면 유자 2리 마을회관에서 채록된 설화 내용에 장구 혈과 단지 혈 못자리 형국에 꾀와 재치를 부려 형과 아우로부터 무상으로 땅을 받아낸 해학적 설화가 전한다.

"옛날에 삼형제가 사는데, 아 있잖아, 맏이는 논을 삼십 마지기를 부치고, 맨 끝의 놈도(막내도) 논 삼십 마지기를 부치고, 둘째 놈은 아주 못살아. (중략) 둘째가. 아주, 둘째 놈이 제일 못살아. (중략). 둘째 동생이 꾀를 부렸어. (중략) "형님" "왜 그러냐" "나, 저, 아버지, 어머니를 파서 천례(묏자리를 이장한다는 뜻)할라 그러우." "아, 천례를 왜 해?" "아이, 우리 아버지, 어머니 장구 허리(장구 혈의 뜻임)에다가 쓰지 않았수? 장구 허리에다 썼는데, 천례를 해서 단지 허리('단지 혈'의 뜻)를 갖다, 단지 허리를 잡아 논데가 있으니깐 단지 허리에다 갖다 쓸라 그러우." (부모님의 못자리를 장구 혈에서 단지 혈로 옮긴다는 말). 아, 그러구선, 저 동생한테 또 얘기를 하는데, "동상." "왜요?" (중략) "나는 내가 못사니깐, 난 저, 아버지 쓴 데다 장구 허리에다 지내니, 단지 허리에다 잡아서 아버지, 어머니를 모실 꺼니깐, 그런 줄 알라우."(자신이 못사는 이유가 부모님의 묏자리를 가운데가 홀쭉한 장구 혈에다 썼기 때문이라고 생각하고 자신이 잘살기 위해 가운데가 볼록한 단지 혈로 부모님의 못자리를 옮기겠다는 말임). 맏이는 생각 끝에 둘째에게, "에이, 그럴 거 없다야. 나 시키는 데루 해라. 내가 논을 열 마지기 줄 꺼니깐, 절대루 거시기내, 천례 생각을 말라." "그럼, 형님, 꼭 열 마지기를 주실라우?" "내가 열 마지기를 주마." 그럼 동생한테 가서 물어봐야 하네. 동상이 준다면 몰라두. (막내에게도 형처럼 논 열 마지기를 줄 수 있는지 물어보겠다는 뜻임) 그래 동생한테 가, 얘기를 하니깐, 동생이 또 하는 얘기가. "아유 형님이, 가만히 있는 것, 쓰는 것을 벌집 만들지 말구. 내가 열 마지기를 드릴 테니깐, 나 하구, 그럼 형님도 한 삼지기, 나두 한 삼지기, 이렇게 해서 같이. (형님도 삼십 마지기, 나도 삼십 마지기이니 둘째 형에게 열 마지기씩 줘서 셋 다 이십 마지기씩 나눠 갖자는 말이다)"(증편 2-12, 2014, 66~68.)

줄거리인즉, 삼형제 중에 첫째와 셋째는 논 삼십 마지기를 부칠 만큼 부자였지만 둘째는 부칠 논도 없이 가난하게 살았다. 둘째는 꾀를 내어 형과 동생에게 자신이 못사는 이유가 부모님 산소 자리 때문이니 옮기겠다고 하였다. 둘째의 말을 듣고 형과 동생은 괜한 일을 만들지 말라 하고 논을 10마지기씩 내놓아 셋이 똑같이 나눠 갖고 공평하게 잘 살았다.

이상의 못자리 이야기는 풍수와 관련되긴 하지만, 재치를 얹은 넌센스의 풍수 관련 설화이다. 우리 선조들은 조상 못자리를 잘 쓰는 일이 곧 후손들의 발복에 크게 영향을 준다는 생각을 깊게 가지고 있다. 때에 따라서는 보편적 풍수신앙의 수준이라고도 생각할 정도이다. 그러한 문화적 배경에서 위와 같은 설화가 만들어지고 다듬어져 구전되었다. 한번 쓴 산소 자리는 쉽게 이장하면 재앙을 부르는 일이라고 여기는 금기였고, 따라서 길일을 택해 신중하게 해야 하는 일이었다. 심지어 훼손된 묘의 자리를 손 볼 시기도 아무 때나 하지 않고 길일(吉日)을 택해 지극정성으로 하였다. 이러한 요소는 곧 풍수지리를 넘어서 풍수신앙으로의 믿음이라 여길 만하다. 이야기 속의 삼형제 역시 마음속 바탕에 이미 깔린 당연한 풍수신앙인 것을 전제로 한 설화이다. 3형제 중 둘째는 꾀를 내어 이런 점을 활용하여 남은 두 형제의 심사를 교란하여 불안케 함으로써 공짜로 땅을 얻어내는 일에 성공했다. 조상의 산소 자리를 함부로 이장해서는 아니 되는 일일뿐더러 삼형제가 몽땅 망할 수도 있다는 우려 속에 울며 겨자 먹기로 어려운 둘째에게 땅을 나눠주고 삼형제가 행복하게 잘 살았다는 코믹 재치를 얹은 해학 설화이다.

또 다른 각도에서 첫째와 셋째 입장에서는 그들이 잘살고 있는 이유가 산소 자리를 잘 쓴 결과일지도 모르는데 둘째가 이를 옮기겠다고 하니 내심 함께 가난해질까 봐 두려워진 까닭도 있을 것이다. 풍수에서의 음택, 그리고 죽은 조상을 섬기는 전통적 사고가 어우러져 빚어낸 설화이다. 이 내용을 통해 간과해서는 안될 몇 가지 교훈적 요소를 정리해 볼 수 있다. 첫째, 풍수지리는 신앙으로 받아들여지면서 서민들에게 미치는 영향력이 커진다는 것, 둘째, 이러한 신앙적 영향력과 권위를 가진 풍수지리는 권선징악의 기본 관습적 도덕 규범이 가미되기도 한다는 것. 셋째, 풍수지리에는 조상들의 삶의 지혜와 후손들에게 전하는 충고의 메시지가 함께하고 있다는 것 등이다.

(4) 대동강 물 팔아먹은 봉이 김 선달

① 한겨울에 대동강이 잔뜩 얼었다. 봉이 김 선달이 그 위에 볏짚을 뿌렸다. 김 선달이 서울 부자에게 볏짚이 뿌려진 대동강을 보여주었다. 볏짚을 보고 좋은 땅이라고 착각한 부자가 대동강을 샀다. 대동강이 녹은 후, 부자는 속은 것을 알게 되었다.

② 평양에 봉이 김 선달이 살았는데, 대동강 물을 나르는 사람들에게 미리 나눠 준 돈으로 물 값을 받았다. 이 광경을 본, 서울 부자가 대동강을 사면 큰 부자가 되겠다고 생각했다. 그는 김 선달에게 큰돈을 주고 대동강을 샀다. 부자가 김 선달처럼 대동강에서 물을 퍼가는 사람들에게 물 값을 받으려 했지만 물 값 대신 몰매만 맞았다(증편 2-12, 2014, 강원도 홍천군).

"봉이 김 선달이 대동강 물을 팔아먹었다"라는 말이 전해지는 것은 익히 알려진 바이다. 일단 대동강 일대는 저평한 평야 지역으로 북부지방에서도 비교적 산을 보기가 힘든 곳이고, 지형성 강우가 나타나기 힘든 곳이기 때문에 비가 적은 소우 지역에 속한다. ①의 구비 내용은 대동강 일대가 바람이 많고 추운 곳이라 겨울철에 대동강 물이 잘 얼어버린다는 점에서 착안한 김 선달 방식이다. ②는 여름철 가뭄이 들기 쉬운 곳이므로 기후적으로 대동강 물을 팔아먹을 수 있다는 점에서 착안한 김 선달 방식의 사기행각이다. 지형과 기후 조건 및 해학적 재치가 곁들여진 설화 내용이다.

2) 풍수 명당

본 절에서는 명당은 절대적인 신비의 땅이어서 하늘이 내려준다는 것과 제대로 된 명당을 찾아 조상을 모시면 반드시 발복하여 상상할 수 없는 복으로 결과를 맺게 된다는 메시지가 설화 내용에 들어있다.

(1) 하늘이 정해준 명당

> 금학산에는 닭이 알을 안고 있는 형국인 '금계 포란형(金鷄抱卵形)'이라는 명당자리가 있다. 금시 발복하기 위해 이곳에 묏자리를 잡으려 하였지만 산속에서는 찾기가 어려웠다. 복이란 것은 자연히 타고나는 것이지 억지로 만드는 것이 아니기 때문이다(증편 2-12, 2014, 522).

윗글의 제목에 보이듯이 '명당'이란 하늘이 정해주는 것이지 필부필부(匹夫匹婦) 누구에게나 얻을 수 있고 닿을 수 있는 것이 아니다. 그래서 명당은 신비의 장소이다. 닭이 알을 품고 있는 명당 형태를 '금계 포란형'이라 하는데 금학산에 그 전형이 있다고 전하지만 지금껏 사람들에게 밝혀진 바가 없으므로 '명당은 하늘이 정해준다'라고 구비전승되는 것이다. 명당 중의 명당자리는 진정 신비롭고 은밀하게 감추어져 있으므로 쉽게 드러나지 않음을 말해 준다. 이처럼 풍수지리의 명당은 귀하고도 '신비한 곳'이므로 이 방면의 전문인 격인 '지관'에 의해, 또는 그에 버금가는 도인이나 도사, 스님들의 힘을 빌릴 때만 일반인에게 기회가 닿을 수 있는 것이므로 '신비의 발복 장소'로서 접할 기회의 희소성을 구비 내용은 강조하고 있다.

(2) 부모 묫자리 옮겨 거지 운명 바꾼 지관

유명한 지관이 서울의 한 식당에서 관상쟁이와 무당을 만났다. 동냥을 하러 온 젊은 거지를 보고 무당과 관상쟁이는 평생 거지로 살 것이라고 했지만, 지관은 자신이 보아둔 자리에 거지의 부모 시신을 묻어두면 금시에 발복할 것이라고 하였다. 그들은 삼 년 후에 거지가 어떻게 될 것인지 내기를 했다. 지관은 거지 부모의 묫자리를 자신이 보아둔 자리로 옮겼다. 그 무렵 거지는 한강에 빠진 한 여인을 구해주게 되었는데, 그 여인은 부잣집의 딸이었고 거지는 그녀의 부모로부터 큰돈을 받았다. 거지는 돈을 쓸 줄 몰라 그 돈을 파묻고 여전히 한강 밑에서 거지 생활을 하였다. 여인은 자신을 구해준 거지를 소중히 생각하고 거지와 결혼하기를 원했다. 부잣집의 사위가 된 거지는 지관의 말대로 금시 발복하였다 (증편 2-12, 2014, 93).

무당과 관상쟁이와 지관은 과거의 우리 사회에서 각자의 분야에 내로라할 전문인으로서 인정받는 위치라 할 만하다. 그들은 높은 신분의 자리는 아니었지만 그들 각각의 기능과 전문성에 비추어 남에게 양보할 사람들이 아니었다. 젊은 한 거지의 운명을 놓고 내기를 한 결과 지관 쪽의 완벽한 승리로 결판난 것이다. '풍수지리'로 풀어보는 운명의 방향과 발복의 시기가 무당이 내다보는 예언이나 관상쟁이의 운명예측보다 상대적인 우위를 점한다는 메시지를 담고 있다. 엄밀하게는 세 가지 관점 모두가 비과학적이며 비합리적이고 신비적인 요소를 지녔다. 어쨌든 본 내용은 풍수 또는 지관의 안목이나 신통력이 무당이나 관상쟁이보다는 우월함을 보여주기 위한 설화 내용이고 해석이다.

이밖에도 풍수지리적 명당에 관한 설화가 두루 전한다. 다음은 가리산 한 천자 명당에 대한 설화이다.

(3) 가리산 한 천자의 명당

> 어느 집에 두 명의 스님이 왔다. 스님이 그 집에서 하룻밤을 묵고 집 주인으로부터 계란을 얻고서 집을 떠났다. 계란을 얻은 스님이 가리산에 올라가서 계란을 묻었는데 계란을 묻은 곳에서 병아리가 태어나고 닭이 되어 홰를 쳤다. 스님이 "이곳은 천자가 아닌 왕의 묏자리"라고 하며 떠났다. 계란을 준 주인이 숨어서 이 광경을 보고서는 후에 아버지가 죽자 그 자리에 묘를 쓰려고 하였는데 벼락이 치면서 금관 묻을 자리라고 하였다. 그래서 아버지의 시신을 노란 호밀로 싸서 금관처럼 보이게 만들어 그 자리에 묻었다. 그 날 이후 주인은 힘이 세어졌는데 중국에 가서 큰 북을 치는 시험에 통과하고 천자가 되었다(증편 2-12, 2014, 437).

위 이야기의 핵심은 스님이 유정란 달걀을 얻어 가리산 어느 곳에 묻으니 그곳은 생기가 모이는 곳이어서 달걀이 부화하고 병아리를 거쳐 닭이 되면서 홰를 칠 만큼 발복이 좋은 장소였다는 것이다. 생기가 모이고 발복이 즉각 일어나는 명당인 만큼 달걀이 부화하고 닭이 되는 과정이 순식간에 이루어진 것이다. 여기서 스님들은 그러한 장소를 잘 알고 계란을 묻을 만큼 훌륭한 지관으로서의 도를 닦은 인물들로 상정된다. 스님들 행동의 전모를 숨어서 지켜본 계란을 주었던 집 주인이 명당인 장소를 훔쳐보고 알아냈으므로 죽은 자기 부친을 묻어 발복하였고 힘센 자가 되어 중국에 건너가 성공하고 천자가 되었다. 이보다 확실한 명당의 발복이 있을 수 없다. 이야기를 들여다보면 몇 가지 구성요소를 갖추어 풍수지리 스토리를 완성하였다. 그것은 곧, 스님들이 '지관'으로서 계란을 묻으면 병아리를 거쳐 닭이 되어 홰를 칠 만한 절대적 '명당' 장소를 찾아냈고, 계란을 대준 사람이 찾아낸 명당 터를 대상으로 돌아가신 부친을 모셔 크게 발복하여 성공한다는 플롯이다. 중간에 명당에 들어갈 자로서의 자격 미달로 장애에 부딪치기는 하나 기지로 해결한다. 명당의 '혈'임을 강조하기 위해 계란이 부화하고 닭이 되어 홰를 친다는 속도감을 더했고, 발복한 집주인은 힘이 세어져 중국에 건너가 큰북을 치는 시험에 통과하여 천자가 되었다는 스토리는 군더더기와 꾸밈이 없는 직설적 전개를 보여준다. 구비전승되는 내용의 상징성과 직설적 은유의 특징을 보인다고 할 수 있다. 여기서 계란이 부화하는 장소는 '명당'으로서의 원초적 신앙대상이 되고 민간 서민들에게는 '우상'이 되고도 남는 '신비'를 지닌다. 한편, 거지를 천자로 만들어 준 명당에 대한 다음의 설화가 전한다.

(4) 거지를 천자로 만들어 준 명당

거지가 길에서 빌어먹고 다니다 얼어 죽었다. 사람들이 따로 파묻을 데가 없어서 죽은 자리에 흙을 덮어 묻었다. 그곳이 하늘이 정해준 명당자리였다. 거지의 아들은 금시 발복하여 천자가 되었다 (증편 2-12, 2014, 524).

구비문학의 배경 이야기에 의하면 위의 내용은 중국에서 일어난 구비 내용이다. '거지'와 '천자'는 신분상 극과 극이다. 도저히 극복될 수 없는 신분적 차이에도 불구하고 명당을 얻어 발복하면 후손이 그리 될 수 있다는 허무맹랑할 정도의 '신비'와 '우연'을 매개로 만들어진 구비 내용이다. 여기에서 지관은 등장하지 않고 거지가 우연히 얼어 죽은 장소가 곧 '명당'이다. 지나는 사람들이 불쌍히 여겨 흙으로 덮었다는 얘기는 묘의 자리로서 완성을 뜻한다. 그리고 보니 누군지도 몰랐고 밝혀지지도 않았던 거지의 아들에게 발복이 일어나 천자가 되었다는 것이다. 간단하면서도 매우 명쾌한 '풍수' 관련 설화이다. '장소'로서의 '명당'에 대한 신비성을 극명하게 드러냄으로써 원초적 우상으로서의 상징성을 읽기에 충분하다.

본 장에서 다룬 설화 내용을 통해 사회과 교육적 내용의 함의를 도출해 볼 수 있다. 풍수 지형(형국)과 관련해서는 풍수 형국을 잘 다스리는가 훼손하는가에 따라 발복과 재앙이 교차한다. 명당의 선택은 쉽지 않은 일이며, 조상의 시신이 안장되면 금시 발복하는 것이 명당의 위력인데, 이러한 명당은 쉽게 눈에 띄지 않는다. 한편 명당을 부당하게 잘못 쓰게 되면 재앙을 부르기도 한다. 즉 풍수에는 권선징악의 규범적 도덕률이 작용한다. 구례 오산의 사성암 스토리는 풍수 형국을 잘 다스린 예이고, 고양이 꼬리 잘라 망한 홍 씨네 이야기는 풍수 형국을 잘못 다스린 결과이다. 장구 혈과 단지 혈 이야기 및 대동강 물 팔아 먹은 김 선달 이야기는 설화 내용에 위트와 해학이 곁들여 있다. 땅의 생긴 모양(형국)을 풍수의 소재로 한 것이 '장구 혈 단지 혈' 설화이고 '지형'과 '기후' 현상을 가미한 위트와 지혜를 담은 것이 김 선달 관련 풍수 설화이다. 대체로 장소를 잘 골라 음택을 마련하되 분수에 맞도록 하는 일이 매우 중요하다는 교훈과 고약하고 삿된 마음으로 명당을 건드리면 재앙을 가져온다는 교훈이 함께한다. 형제 간에 시기와 질투보다 우애가 중요하다는 것을 암시하기도 한다. 또한 지형과 기후 현상에 순응할 줄 아는 지혜가 필요함을 일깨우기도 한다. 자연현상을 파악할 줄 아는 눈은 곧 생활의 지혜로 연결될 수 있다. 나아가 자연과 인간과의 관계는 상호 조화로운 밸런스를 필요로 한다.

풍수 명당과 관련한 설화에서 '명당' 자리는 하늘이 내려주는 것이지 인간의 능력에 좌우되는 것이 아니라는 교훈을 준다. 무당이나 관상쟁이의 예지력도 때로는 신통력을 지니지만 풍수지리에 관한 한 지관의 팔자운명 예측을 뛰어넘을 자가 없다는 스토리이다. 계란을 부화시켜 닭으로 만들어내는 명당의 힘, 거지를 천자로 탈바꿈시키는 명당의 위력은 곧 땅을 생산적 산실로 보는 지모 사상을 바탕으로 환경 결정론적 사고를 강조하는 면이 있다.

3. 풍수 인물, 기감(氣感)

풍수지리를 논함에 있어서 자연적 기초와 인문적 결과로 스토리 전개 양상을 나눌 수 있다. 물과 바람과 지형 및 좌향 등은 자연적 기초로 볼 수 있는 내용이라면 길지로서의 명당을 음택 또는 양택으로 하여 그곳에서 태어난 인물들의 이야기와 그러한 장소를 꿰뚫어 보며 생기를 느끼는 지관 또는 그와 유사한 기능의 사람들에 대한 내용은 인문적 결과 또는 요소의 내용이라 할 수 있다. 본 장에서는 후자에 중점을 두고 설화 내용을 해석하기로 한다. 크게 두 개의 절로 나누어 '풍수 인물'과 '풍수 기감(氣感)'으로 설명한다.

1) 풍수 인물

풍수와 관련하여 훌륭한 인물들에 대한 신비스러운 내용을 담은 설화들이 등장한다. 이들은 풍수지리의 좋은 터들이 갖는 명당의 기(氣)에 대한 감응이 탁월한 인물들이기도 하다. 본 절에서는 '어머니 유언을 지켜 잘살게 된 아들', '아버지 묘를 거꾸로 쓴 이괄', '물통방아를 혼자 옮긴 아기 장수' 등의 내용을 담은 풍수 인물 설화를 다룬다.

(1) 어머니 유언 지켜 잘살게 된 아들

> 용한 지관과 의원에 관한 설화가 있다. 옛날에 동쪽과 서쪽에 각각 용한 지관과 의원이 살고 있었다. 지관과 의원이 서로에 대한 소문을 듣고 만나기를 바랐다. 하루는 둘이 길을 가다가 우연히 만났다. 그때 마침, 근처 산에서 장사를 지내려고 하고 있었다. 의원이 지관에게 그 산 자리가 어디냐고 물었더니 오시에 묻으면 금시 발복하리라고 했다. 상주는 단둘이 살던 어머니가 돌아가셔서 혼자 장례를 치르고 있었다. 어머니가 돌아가시기 전에 자신이 묻힐 곳과 시간을 미리 총각에게 알려주었다. 총각은 그 장소에서 구덩이를 판 뒤 어머니 유언대로 해가 가득 찰 때를 기다렸다가 오시에 묻었다. 그때 한 사람이 달려와 살려달라고 도움을 청했다. 총각은 상주 옷을 벗어주고 상주 노릇을 시켜 위기에서 구해주었다. 도움을 청한 사람은 알고 보니 여인이었다. 총각은 그 여인과 결혼하여 잘 살았다(증편 2-12, 2014, 616).

아들과 단둘이 살았던 노모는 '지관'만큼이나 땅을 볼 줄 아는 신통력이 있는 사람인 것을 알 수 있다. 본인 사후에 혼자서 살게 될 총각 아들이 안쓰러워 차마 천기는 누설하지 못하고 본인이 묻힐 땅과 시간을 아들인 총각에게 일러놓았다. '천기'의 내용이란 그 산 자리에 오시에 묻히면 아들에게 금시 발복할 기막힌 자리라는 사실이다. 그런데 동쪽과 서쪽 동네에 살면서 서로 흠모하고 존경하던 두 사람 즉, '의원'과 '지관'이 우연히 노상에서 만났고, 때마침 건너 산자락 어느 곳에서 총각 아들이 고인이 된 노모의 장사를 치르고 있었으므로 '의원'은 대뜸 '지관'의 신통력이 궁금해 그 산 자리에 관해 물었던 것이다. 지관의 대답은 고인이 된 어머니의 '천기' 내용과 똑같은 것이었으니 그 능력이 신통의 경지인 것을 알 수 있다. 결국, 해가 중천에 뜬 시간인 '오시(午時)'에 이르러야 발복할 사건이 벌어질 것을 '지관'과 고인이 된 어머니는 알고 있었다. 오시에 헐레벌떡 나타나 숨겨 달라고 청한 사람에게 상주 옷을 입혀 숨겨주게 되니, 그는 곧 여인이었고 고맙고, 감사함에 결혼까지 해서 잘살게 되었다. 그녀는 노모의 장사 치르는 일에 며느리 역할을 톡톡히 미리 해낸 셈이다. 결국 '짜 맞춘 듯이' 나중에 정식으로 결혼해 잘 살았다. 사건의 전말을 보면 사건 당시 이미 시어머니를 모신 셈이었고 시어머니 될 사람이 미리 예견한 대로 사건은 전개된 것이다. 발복 사건은 이렇게도 정교함을 더하고 신비감을 자아낸다.

'지관' 수준급인 고인 어머니의 아들에 대한 '천기' 내용 전달은 그렇다 치고 장사 치르는 산 자리를 보자마자 의원의 질문에 해가 중천에 뜨는 오시에 장사지내면 금시 발복할 '명당'이라 답하는 '지관'의 신통력 또한 분명히 대단한 경지(?)이다. 고인이 된 어머님도

대단하고, 산 자리를 보자마자 오시에 발복할 장소라는 것을 알아맞
히는 지관의 능력은 또 한 수 위다. 풍수 전개의 매개 인물인 지관의
신통력은 이토록 대단하게 설정하여 구비로 전해지고 있다. 다만
'금시 발복사건'의 내용까지도 노모와 '지관'은 알고 있었지만 그야
말로 '천기'에 해당하는 것이기에 함구했는지는 알 수가 없다.

(2) 아버지 묘를 거꾸로 쓴 이괄

> 아버지 묘를 거꾸로 쓴 이괄에 대한 설화가 있다. 이괄은 늘 아버
> 지가 시키면 반대로 행동했다. 지관인 아버지는 묘의 자리를 마련
> 해 놓고 세상 떠나기 전에 아들의 행실을 떠올리면서 사실과는 반
> 대로 유언을 남겼다. 이괄은 이번만큼은 돌아가신 아버지의 유지
> 를 따랐다. 훗날 이괄이 난을 일으켰다. 나라에서 이괄 부친의 묘
> 를 팠더니 큰 용이 빙그르르 돌고 있었다. 이때 가래 날로 쳐서
> 죽였다. 그래서 이괄이 역적으로 몰렸다(증편 2-12, 2014, 411).

이괄은 조선왕조 인조 때의 무신(1587~1624)이다. 이괄의 난을 일
으킨 것으로 역사기록에 남겨져 알려진 인물이다. 위의 이야기로 보
면 이괄의 아버지가 지관이었고, 이괄이 난을 일으킨 것도 역적으로
몰리게 된 것도 결국 아버지를 모신 묘의 자리와 무관하지 않은 풍
수지리와 관련된다는 스토리텔링이다. 나라에서 이괄의 묘를 파보니
용이 빙그르르 돌고 있다는 내용에서 용은 곧 나라님으로 상징된다.
엄연히 나라에 임금이 계시는데 이괄이, 지관이었던 아버지의 영향
력으로. 묘의 자리에 힘입어 또 다른 용이 되려고 난을 일으켰으니
역적으로 몰리게 된다는 귀결이다.

늘 부친의 지시에 거꾸로만 행하던 이괄이 부친이 죽은 후 묘의

자리에 대한 지시마저 반대로 행할 것이라는 판단이 부른 낭패라고 할 수 있다. 이야기대로라면 이괄 부친의 본뜻은 아들의 묫자리를 잘 씀으로 해서 이괄이 잘 되기를 바라는 마음이었을 것이다. 결과적으로 본뜻과는 반대로 묘의 자리로 인해 이괄의 운명은 파란을 맞게 된 것이다. 이괄의 난이 그러한 연고로 해서 일어난 것인지는 과학적으로 증명이 될 수는 없는 일이다. 그러나 구비로 전하는 위의 스토리텔링을 믿는다면 이괄의 운명은 부친의 묫자리에서 비롯되었으므로 역사적 인물이 된 이괄과 그의 부친은 음택 풍수의 묶임에 철저히 지배당한 것으로 비칠 수 있다. 내용의 전말은 이괄의 난이 있고 난 후 구비 내용으로 만들어져 전승된 것일 수도 있다. 한편, 물통 방아를 혼자서 옮긴 아기 장수에 대한 설화가 있다.

(3) 물통 방아를 혼자 옮긴 아기 장수

> 아기 장수가 태어났는데, 물통 방아를 혼자서 옮겨놓았다. 이 소문이 일본인들에게까지 전해져 아기 장수 겨드랑에 난 날개를 불로 지져 죽였다. 얼마 후 용마가 났으나 아기 장수가 없어 울다가 죽었다(증편 2-13, 2014, 379-380).

물통 방아를 들어 옮길 정도이니 아기 장수의 힘을 가히 짐작할 수 있고 범상한 인물이 아님을 의미한다. 나아가 일본인들에게까지 알려질 정도라는 내용에서 유추할 수 있는 것은, 당시 일본과의 관계가 긴밀했거나 일제강점기의 시대상을 반영할 수 있다. 어쨌든 그러한 아기 장수에 대한 대처방식으로 겨드랑이 날갯죽지를 불로 지져 죽였다는 점에서 같은 강원도 고성군에서 채록된 또 다른 아기 장수 구비 내용과 차이점이 있다. 아기 장수이므로 이를 태울 용마가 후에 나타났다고 하는 것도 분명한 장수감이었음을 반증해 주는데, 주인이 죽고 없으니 울다가 용마저 죽고 말았다. 구비 내용에서 아기 장수와 용마는 일반 서민들에게는 '우상'이고 종교이다.

2) 풍수 기감(氣感)

풍수에서 매우 좋은 명당 터는 기감(氣感)이 넘치는 곳으로 묘사되어 신비한 현상들이 벌어지기도 한다. 이와 관련하여 본 절에서는 '이성계 등극 때 집이 자꾸 넘어간 이유', '혼 쥐 이야기' 등 설화 내용을 통해 풍수의 기감(氣感)에 대해 논하고 해석하려 한다.

(1) 이성계의 대궐이 계속 넘어진 이유

> 이성계가 왕이 되어 대궐을 지었다. 다 짓고 입주를 하려는데 또 집이 넘어갔다. 이성계가 인왕산에 올라가 백일기도를 올렸다. 꿈에 산신령이 나타나서 학의 형국인데 등에 짐부터 올리면 안 된다면서 양 날개부터 늘려야 한다고 알려줬다. 성부터 둘러쌓은 뒤 대궐을 지으니 무너지지 않고 오백 년 동안 정기를 내뿜었다(증편 2-12, 2014, 263).

조선왕조의 태조 이성계가 등극 후 대궐을 지으려는 터가 날아오르려는 학의 모습을 한 지형의 형국이었음을 의미한다. 가벼운 날갯짓으로 훨훨 상공을 가르는 것이 학일진대 학의 등판 중심에 무거운 대궐 몸체를 지으려 하니 반복해 넘어지며 무너져 내린 것이다. 날개에 해당하는 성곽을 먼저 축조해 두른 후, 즉 날개를 튼튼히 보강하여 균형을 잡은 후 몸체인 대궐을 지으니 아무 이상이 없게 되었다는 스토리 전개이다. 일반인들이 믿을 수 없는 내용이지만 풍수의 형국에서 설명하는 방법이다. 왕이 된 이성계가 인왕산에 올라 치성을 드리고 알아낸 방법이지만 결국 '풍수의 형국'을 알아내고 대처한 셈이다. 구비 내용의 풍수와 관련한 '형국' 내용으로 신비로운 면이 있다.

(2) 혼 쥐 이야기

> 옛날 한 부부가 살았다. 아내는 바느질을 하고, 남편은 낮잠을 자고 있었다. 아내가 보니까 낮잠 자는 남편 코에서 조그마한 쥐가 나와 문지방을 올라가려고 애쓰고 있었다. 이 광경을 목격하고 집에 돌아온 아내는 다시 들어오면서 문지방을 못 넘는 쥐를 도와주었다. 쥐는 아내의 도움으로 문지방을 넘어 큰 성당으로 들어갔다. 쥐가 남편의 코로 다시 들어가자 남편이 잠에서 깨어나 꿈 이야기를 하였다. 아내는 남편을 데리고 나가 쥐가 들어갔던 성당을 찾아가서 보물을 얻었다(증편 2-12, 2014, 665).

인체는 영혼(靈魂)과 육(肉)으로 되어있다. 영혼은 잠잘 때나 수명이 다하면 인체에서 분리된다. 그러므로 잠자면서 꿈을 꾼다면 영혼은 분리되어 몸체인 육을 두고 마음대로 이동할 수 있다. 위의 구비 내용에서 혼 쥐는 곧 인체의 영혼이 잠자는 동안 분리되어 꿈나라를 배회하다가 잠이 깰 무렵 다시 인체로 들어가는 영혼을 말하는 것이다. 인체를 벗어나 자유로울 수 있다는 점에서 '혼 쥐'라는 표현을 쓴 것이 재미있다. 가장 가까이 있는 아내는 '혼 쥐'로 형상화된 남편의 영혼이 문지방을 넘나드는 것을 거들어 주고 꿈이 깬 남편과 함께 '혼 쥐'가 다녀왔던 성당을 찾아가 보물을 얻게 되었다. '혼 쥐'가 다녀온 곳을 '성당'으로 표현한 것도 재미있다. '영혼'과 '성당'으로 관계를 지음으로써 신령스러움 또는 영성스러움을 더한다.

본 장에서는 다섯 가지의 설화 내용을 살펴보았다. 이들을 사회과 교육적 차원에서 가치와 의미를 새겨 보면 다음과 같다. '어머니 유언을 잘 지켜 잘살게 된 아들' 이야기와 '아버지 묘를 거꾸로 쓴 이괄' 설화를 통해서는 조상의 유언에 대한 상반된 행동과 그 결과를 극명히 드러낸 설화이다. 조상의 가르침과 유언을 잘 따르는 길이 풍수지리의 발복을 가져오는 길임을 알 수 있다. 사회과교육의 기초로서 '조상 숭배'와 조상의 지혜를 잘 이어받아 후대의 가르침으로 삼아야 하는 '온고이지신(溫故而知新)' 가치와 연결된다. '물통 방아를 혼자 옮긴 아기 장수' 이야기는 좋은 터를 골라 쓰면 훌륭한 인물이 배출된다는 풍수상의 인과론적 결과를 말해주는 것으로서 사회과 교육적 내용 면에서 보면, 훌륭한 토양 환경의 생산적 기초로서의 '지모사상(地母思想)'과 '환경 결정론적 사고'를 반영한다. 본 이야기가 함축하고 있는 또 다른 의미는 지방 시골에서 아기장수가 태어났으니 중앙에 대한 도전 세력으로서 미래의 역적이 될 만큼 큰 인물이 될 터인즉, 시골 동네의 화를 면키 위해 즉, '역적 질'이 현실화되기 이전에 아예 원인이 될성부른 아기장수를 겨드랑이 날개를 지져 죽임으로써 후환을 없이 한다는 의미도 있다.

또한 여기서 등장하는 '일본'은 한국을 괴롭히는 시대상의 또 다른 '중앙'의 형상화이다. 중앙에 도전하거나 저항할 개연성이 있는 원인을 미리 '알아서' 제거함으로써 지역사회의 '화'를 막아낸다는 풍수를 빙자한 중앙과 지방과의 권력 관계를 암시하기도 한다.

'이성계 등극 때 집이 자꾸 넘어간 이유' 설화는 궁궐이나 집짓기에서 형국론을 감지하지 못한 결과를 이야기해준다. 간접적이긴 하지만 지형에 대한 올바른 이해와 판단을 통해 인문 활동이 지혜로워질 수 있음을 암시해 준다. '혼 쥐에 대한 이야기'는 인간에게는 영혼이 있어, 때에 따라서는 영, 육이 분리될 수 있는 것이며 정신세계와 물질세계를 공히 중요시할 필요가 있음을 암시해 준다.

4. 풍수 지명과 비보

지금까지 풍수지리의 자연적 기초로서의 지형(형국), 산과 물, 바람, 좌향 등이 만들어내는 명당을 다루었다. 그리고 길지로서의 명당과 혈을 통해 만들어진 풍수 인물 및 길지를 직관으로 알아보는 기감(氣感) 관련 설화에 대해 살폈다. 풍수 인물과 기감(氣感) 내용은 풍수의 인문적 측면으로 볼 수 있다. 본 장에서는 풍수와 관련해서 붙여진 지명과 인위적 행위를 가해 풍수지리 입지조건의 완성을 기하고자 하는 비보풍수 또는 풍수 비보에 대한 설화를 알아보기로 한다.

1) 풍수 지명

본 절에서는 풍수 지명과 관련된 설화를 다루었다. 이들은 대체로 고개, 마을, 산, 연못, 강, 바위에 관한 지명들이다.

(1) 고개 이름

며느리 고개

> 홍천군 남면 어느 집 시어머니가 며느리를 못살게 굴었다. 하루는 며느리가 맨발로 도망가다가 한 고개에서 얼어 죽었다. 그 고개에 며느리 혼이 붙어서 죽은 며느리 또래 사람만 지나가면 붙잡고 가지 못하게 했다. 그래서 새 신부 신행길은 그 고개를 넘지 않고 둘러 가게 되었다. 죽은 며느리의 원한이 맺힌 고개라 하여 며느리 고개라고 부른다(증편 2-12, 2014, 277~278).

한국 사람들의 고부간의 갈등에 대한 한이 맺힌 사연을 담은 지명이다. 시어머니 시집살이가 얼마나 고되었으면 들볶이는 며느리가 맨발로 집을 나가 도망했을 것인가. '고추 당초 맵다 한들 시어머니 시집살이보다 더 매울 손가'라는 노래 가사가 있듯이 고된 시집살이를 피해 도망하다가 얼어 죽었으니 그 원혼이 맺힐 만도 하다. 이처럼 과거 우리 사회의 생활상에 점철된 애환과 정서가 녹아든 사례가 이와 같은 '며느리 고개' 지명이라 할 수 있다.

기르마 재

> 옛날에 소에 길마를 얹어 기르마 재를 넘는데, 날씨가 눈보라가 심하게 치고 추웠다. 소가 미끄러지면서 길마를 그곳에 벗어놓고 도망을 갔다. 그곳에 길마도 떨어지고 사람도 얼어 죽었다. 그래서 '기르마 재'라고 부르게 되었다(증편 2-12, 2014, 266).

'기르마 재'에 얽힌 설화이면서 설화의 내용 연유로 인해 고개 이름이 '기르마 재'로 되었다는 지명 유래이다. 누구나 고개 이름과 설화 내용을 들으면 수긍이 갈 만한 지명유래이다.

구룡령 고개

> 중국의 산신 셋이 조선의 명산을 찾아 금강산으로 왔다. 금강산
> 구룡소에 아홉 마리의 구렁이가 살았다. 금강산에 온 산신은 구렁
> 이를 내쫓으려 했다. 산신과 구렁이가 결투를 벌였는데 결국 산신
> 이 이겨서 구렁이는 쫓겨났다. 구렁이는 구룡령으로 도망쳐 석재
> 고개, 큰 하니, 보래령을 지나 뱀 가리에서 잘록잘록한 고개를 만
> 들고 죽었다(증편 2-12, 2014, 188).

위의 구비 내용은 '구룡령 고개' 지명이 만들어진 근거로서 금
강산의 구룡소에 얽힌 설화를 들고 있다. 이처럼 지명이 만들어질
때, 주변의 명소와 연결하여 이야기가 구성되고 그와 관련하여 지명
이 만들어지는 경우도 있다. '구룡소'가 있었기에 '구룡령 고개'가
생겨난 셈이다.

(2) 산 지명

금강산 가다가 멈춘 백우산

> 금강산에 좋은 산을 모은다는 소문을 듣고 백우산이 금강산으로
> 가고 있었다. 백우산이 중간에 잠깐 쉬고 있었다. 그때 잔치에 갔
> 다 온 사람들로부터 금강산이 이미 좋은 봉우리로 꽉 찼다는 이야
> 기를 들었다. 백우산은 금강산의 하인 노릇을 할 바에는 여기서
> 왕 노릇 하는 게 낫겠다고 생각했다. 그래서 백우산이 내촌에 머
> 물러 명산이 되었다(증편 2-12, 2014, 291).

구비 내용의 지명 유래는 논리와는 전혀 거리가 있는 경우도 많

다. 민간인들 사이에 전승되는 허무맹랑한 얘기가 지명의 유래가 되기도 한다. 백우산이 왜 내촌에 자리 잡게 되었는가에 대한 위의 구비 내용은 금강산의 일부가 되려고 가다가 잠깐 쉬는 사이 잔치에 다녀오는 사람들로부터 금강산에는 이미 빼어난 봉우리로 꽉 찼다는 말을 듣고 내촌에 머물기로 작정했고 그곳의 명산이 되었다는 구비 내용이다. 이러한 이야기에 특별한 논리는 없다. 전승되는 이야기가 근거가 될 뿐이다.

장구목

> 장구목은 강원도 영동지방 북부의 영양과 영서지방 홍천 사이에 있다. 앞산과 뒷산의 모양이 장구통처럼 되어있어서 장구목이라고 부른다(증편 2-12, 2014, 418).

위의 구비 내용 요약은 지형의 모양에 따라 그 특징을 잡아 지명이 붙여지는 경우라고 볼 수 있다. 일반인 누구라도 현장의 지형을 보고 '장구목'의 지명이 타당함을 인정할 수 있을 것이다.

매화산과 배내미 유래

> 홍수가 났을 때, 매화산은 봉우리가 매화가 앉아있을 만큼 남아서 매화산으로 불렸고, 배내미는 봉우리 사이로 배가 다녔다고 하여 배내미로 불렸다(증편 2-12, 2014, 60).

지명의 유래를 살펴볼 때, 상상을 초월할 만큼 비과학적이고 합리성과는 거리가 먼 뿌리를 가지고 있을 경우가 많은데, 매화산과 배내미의 유래가 그러한 경우이다. '매화산'이라 하면 아마도 매화나무가 많아 이른 봄에 매화꽃을 볼 수 있는 산으로 상상하기 쉽다. 그렇게 보면 매화산과 배내미는 전혀 연결고리가 닿지 않는 지명일 텐데 사실인즉, 홍수와 관련하여 붙은 지명이라고 상상조차 할 수 없는 지명이다.

(3) 연못, 강 지명

태백 황지동 장자 못

> 옛날에 인색한 황 부자가 살았다. 하루는 중이 시주를 하러 왔는데 소똥을 한 삽 떠줬다. 중이 돌아서는데 며느리가 쌀 몇 되박을 시주했다. 중은 고맙다면서 곧 벼락을 칠 테니 보따리 싸서 집을 나오라고 했다. 중은 무슨 소리가 나더라도 뒤를 돌아보지 말라고 일렀다. 그러나 며느리는 뇌성벽력 소리에 놀라 돌아보고 말았다. 며느리는 아기를 업은 채 돌이 되었다. 지금도 아기 업은 석상이 있다. 황지 연못은 둘로 나뉘어 있다. 하나는 황 부자 집터이고, 하나는 마구간 터이다(증편 2-12, 2014, 629).

위의 구비 내용은 전국적인 광포 설화 스토리이다. 중이 시주를 다니는데 고약한 집주인은 쇠똥을 퍼주지만, 이를 본 그 집안 며느리는 사과하며 쌀을 시주하고 중으로부터 구사일생 살아날 특급 정보를 듣게 된다. 벼락치고 홍수가 나 집이 떠내려갈 테니 보따리 짐을 싸서 집을 벗어나되 어떠한 소리에도 뒤돌아보면 안 된다고 일러주지만 구비 내용에서처럼 뇌성벽력 치고 홍수가 지는 일이 벌어지고 일러준 대로 지키지 못해 돌아본 며느리는 돌로 변한다.

위의 구비 내용은 낙동강의 발원지로 알려진 태백시 황지동의 황지 연못 터에 얽힌 설화이다. 아기 업은 석상이 남아있고, 둘로 나뉜

황지 연못의 하나는 황 부잣집 터, 다른 하나는 마구간 터 등으로 설화의 내용에 알리바이를 맞추었다. 황 부자 집터였던 연못이라 '황지'이고 오늘날 황지동으로 남게 된 것이다.

달래강 지명 유래

오누이가 강을 건너가다가 동생이 누이에게 욕정이 생겼다. 그래서 자신의 신을 돌멩이로 짓찧어 죽였다. 그 광경을 보고 있던 누이가 '달래나 보지, 얘기나 해보고 죽지.'라고 했다고 해서 강 이름이 달래강이 되었다(증편 2-12, 2014, 279).

고개 이름과 강의 이름에 이와 같은 지명이 붙었다고 하는 유사한 설화는 전국에 걸쳐 있다. 인간의 욕정과 도덕적 규범 사이의 갈등구조를 잘 나타낸 지명이다. 도덕적 양심을 기준으로 저지른 행동에 대해, 인간적 측면에서 '말이나 해보고 죽더라도 죽어야지'라고 하여 여운을 남긴 스토리이다.

(4) 마을, 무덤, 바위 지명

생곡리 마을지명

홍천군의 생곡리 마을은 피리 생(笙), 불 곡(峪) 자를 붙여 '피리 부는 골짜기 마을'이라는 뜻이다. 생곡에는 대나무로 부는 피리라는 뜻의 곡죽동(曲竹洞)이 있다. 여인네들이 베를 짜면서 노래를 부른 골짜기라는 뜻의 '다비울'이 있다(증편 2-12, 2014, 627~628).

노동요로서 피리를 불며 노래하는 마을에서 유래한 지명이다.

대나무 피리, 퉁소를 만들어 불면서 노동의 고달픔을 달래려 노래했을 것이다. 베를 짜며 여인네들이 노동요로서 노래를 했고, 악기로는 피리나 퉁소를 불었을 것으로 여겨진다. 지명에 이처럼 '피리 부는 마을'임을 분명히 드러낸 것은 그 유래가 은유적이기도 하다.

허명천과 말 무덤

조선 인조 때 허명천이란 사람이 살았다. 허명천이 선바위에서 무술을 익혔다. 하루는 용마에게 화살보다 늦게 도착하면 목을 치겠다고 말하고 먼 거리로 화살을 쐈다. 허명천이 그 장소로 가보니 아무런 기척이 없었다. 허명천은 약속대로 말의 목을 쳤다. 그러자 뒤늦게 화살이 떨어졌다. 죽은 용마를 묻은 곳이 말 무덤이다 (중편 2-12, 2014, 415).

조선 인조 때의 허명천이란 인물이 훌륭한 말을 가졌고 활을 잘 쏘는 무장인 전제에서 구비 내용으로 전해진 것이라 볼 수 있다. 얼마나 용마가 잘 달렸으면 쏘아 놓은 화살보다 빠르겠는가? 허명천과 그의 용마 무덤은 결국 허명천의 무술 솜씨를 기리는 효과가 있다. 나는 화살보다 빨랐기에 용마는 주인에게 죽임을 당했으니 억울한 죽음 이상으로 그 빠르기는 후세에 회자할 만한 것이고 허명천의 애마로서 함께 구비 내용으로 전할 만한 신비의 용마이다. 허명천의 활 솜씨와 그의 애마는 허명천을 더욱 돋보이게 한다.

배 바위 유래

옛날에 백우산이 있는데, 백우산의 꼭대기에 배말뚝도 있다. 배를 타고 나갔다가 들어와서 거기에 배를 맸다. 밤늦게 배가 들어오면서 바위에 부딪쳐 바위가 갈라졌다. 그 갈라진 모양이 배처럼 생겼다(증편 2-12, 2014, 267).

내촌리 소재 백우산의 꼭대기에 배처럼 생긴 바위도 있고, 배를 매어 놓는 배말뚝도 있다는 구비 내용은 그 지형상의 모양만으로도 그렇게 이야기가 만들어져 전해질 수도 있다. 다른 한편, 지리적 상상력을 더한다면 바닷가 해안지형에 배를 댈 수도 있던 지형이 지반의 융기 현상으로 오늘날의 백우산이 되었고 그 산의 꼭대기에 흔적 지형으로서 그러한 모양들이 나타날 수도 있다. 백우산의 꼭대기 토양 구성 물질이 해양의 그것과도 유사하다면 더할 나위 없이 확실한 증거의 흔적 지형이 될 수 있을 것이다. 백우산 산체가 현무암으로 형성되었다면 해저 지형이었을 가능성이 있다. 상상을 더한 지리적 설명일 뿐이다.

2) 풍수 비보

인간을 둘러싼 환경을 보는 관점에 두 가지가 있다. 호모 사피엔스로서의 인간의 잠재력과 가능성을 높게 사서 자연환경을 개조할 수 있고 유익한 형태로 고쳐서 보완할 수 있다고 보는 관점이 하나 있고(=환경 가능론), 자연환경의 형성과 결정은 규모가 크고 형성 메커니즘 역시 물리적 지구환경을 구조와 질서를 통해 인간의 힘 그 이상의 영력으로 만들어진 것으로 보는 견해(=환경결정론)가 그것이다. 음택 풍수나 양택 풍수에서 흔히 말하는 좋은 터를 잘 골라 쓰면 후손이 발복하고 부귀영화를 누릴 수 있으며 재난을 멀리할 수 있다고 보는 관점은 곧 환경 결정론적 사고에 가깝다. 이러한 관점을 절대적으로 믿어버리게 된다면 발생하게 되는 문제점은 인간의 이기심이다. 서로가 좋은 장소를 경쟁적으로 수단과 방법을 가리지 않고 골라 후손들에게 발복할 수 있도록 해주고 싶기 때문이다. 그런데 다행스럽게도 환경 결정론적 사고로만 결정되지 않고 인위적으로 '숲'을 조성하거나 '산'을 만들어 찬 바람을 막기도 하고 '수로'를 만들어 주어 인간의 생태환경을 이롭고 유익하게 고치거나 조성할 수 있다고 보는 견해, 즉 환경 가능론적 사고를 풍수에도 적용하는 지혜를 우리 조상들은 터득했다. 그것은 '비보 숲'을 조성해서 허한 곳을 막아주고 흉한 곳을 가려주며, 필요한 물길을 만들어 물을 끌어들이고 때에 따라서는 언덕을 만들어 풍수 환경을 보하고자 하였다. 일련의 이러한 활동 모두를 '풍수 비보'라 할 수 있을 것이다. 역으로 해로운 사족의 자연적 지형지물을 인간의 손을 대 없애거나 장소를 바꾸어 줌으로써 풍수 비보의 효과를 얻을 수도 있을 것이다. 필자는 양자 모두를 인간의 '비보 행위'로 간주하였다.

비보의 성립은 물리적 자연(풍·수·지형)을 가감하는 인간의 인위적 행위가 더해져서 상생하는 풍수지리적 환경을 창출해낼 때 가능하다고 보아야 한다. 이러한 의미를 기준으로 다음의 설화를 살피기로 한다.

진정한 비보풍수는 인간과 자연과의 조화로운 상생이 목적인데 명실공히 이러한 상생의 목적을 가지고 인간이 자연환경에 개입하여 적극적인 행위를 가함으로써 상생적 비보를 완성한 사례는 두 군데 설화에서 나타난다. 물의 범람을 예방하기 위한 함양군 서상면 상림 숲의 조산(造山)과 경남 함양군 유리면 서주리 우동 마을에서 농사를 짓기 위해 용수로를 만든 설화 내용이 그것이다. 비록 비보와 관련된 설화를 찾아냈다고 하더라도 인간과 자연과의 조화로운 상생이 아닌 개인의 원한 관계나 길흉화복을 위해 자연을 훼손하는 행위로서 역비보이거나 관념적인 정서적 개념의 비보 관련 내용이 많이 등장한다.

비보 또는 역으로 행동해서 비보를 달성하려는 설화와 같은 소중한 자료들은 많은 사람들이 신화적 또는 미신적으로 몰고 가고 있다. 풍수에는 이러한 미신적이고 신비로 감싼 비과학적 요소들이 많이 내포되어 있는 것은 사실이다. 이러한 내용 때문에 풍수의 가치 있는 진면목 내용이 가려지기도 한다. 신화적이거나 미신적 내용은 종교적 관점에서 해석되고 정리되어야 하며, 풍수지리에서 담고 있는 민간 문화적 요소와 비보적 측면의 바람직한 환경관리, 국토관리 측면의 내용은 한국학(나아가 동양학) 차원의 내용 구성요소로서 자료가 될 수 있다. 다음은 경상남도 함양군의 마평 마을 설화 내용이다.

(1) 동네 처녀 바람나는 여근 날 바위

동네 처녀들이 바람나는 여근 바위에 관한 내용이다.

> "옛날에 역사로 말하면, 옛날 역사로 말하면, 저 건너 저 산비딱(산비탈)에 저런 게 있으니, 그 조상 모셔놨던데, 쉽게 말하자면 조상을 모셔놓고, 인자 그때 돌을 갖고, 산을 쌓아 났어요. 산이, 젊은 새댁들에게 말하기 뭐하지만, 그게 여자날(여근)이라고 합니다. 조 건너 조게. 옛날 말이라서. 여자 날을 건드리면, 이 부락에 있는 처자들이 바람이 나서 손수강당 팔도강산으로 저녁에 다닌다 이 말이라, 옛날 역사로. 옛날에 바위가 그렇다 해서, 산이 그런 산자락이라서, 그만한 걸 없애기 위해서, 동민들이 돌을 주어서, 주민들이 인력으로 돌을 가지고 깼어. 짝 깨고, 그런 역사도 있고."(증편 8-16, 345).

위 내용의 줄거리를 요약컨대 마평 마을 옆 산비탈에 여근 바위가 있었는데, 이 바위를 건드리면 마을 처녀들이 바람난다는 속설이 있다. 이후에 새마을 운동이 활발히 전개될 때 마을 주민들이 이 바위를 없애 후환을 없이했다. 풍수지리에서 일컫는 '압승'이란 자연 환경적으로 풍수지리에 합당한 여건이 불비할 때 인위적으로 숲을 조성하거나(비보림), 조그마한 산을 만들어(비보 조산) 보하고, 물이 필요한 형국이면 연못을 조성하기도 하였다. 그런데 마평 마을의 여근 바위 설화는 실재하는 여근 날을 후환이 두려워 없애 버렸다는 스토리이므로 이것은 지나침을 막아내기 위한 역으로 행해진 비보 행태라 볼 수 있다. 인위적으로 손을 대서 보하는 것뿐만이 아니라 없애기도 하여 조화로운 환경을 만들어 나간다는 의미이다. 이런 경우 풍수에서 압승(壓勝)이라 한다. 큰 의미에서 비보를 향한 환경관리 측면의 역으로 눌러주는 행태라 할 만하다.

한편 경기도 김포시 하성면 전류 1리에 용바위에 얽힌 설화가 있다.

(2) 용바위 이야기

"한 300년, 400여 년, 근 500년... 한 400여 년 전 얘긴데, 그때는 이 한강이, 여기 지명이 전류리 아니에요. 전류리? 엎드릴 전(顚) 자, 흐를 류(流) 자를 쓰거든? 그래서 이제 서울서 이렇게 물이 내려면 어휴~ 여기 이 봉성산 저 뿌리를 받아 갖고는 물이 뒤집혀서 저 파주 쪽으로 그냥 내 뻗쳐요. 그래서 그 물이 이렇게 엎드려서 흐른다구, 그래 갖고 전류리라구, 이렇게 지명을 옛날에 했다는 이런 전설이 있거든요. 그래서 인재 물이 그렇게 내려갈 때, 요기 쪼금 요기서 한 200미터, 300미터 요짝으로 들어가면 뚝방 도로로 가다 보면은 고 산 뿌리가 있는데, 에 거기가 용바위란 데

가 있어요. 용바위. 지금은 거의 저거지만 한 50~60년 전만 해도
이제 전설이지만은, 그 용머리에서 이 샛바닥(혓바닥)을 용이 샛
바닥을 내밀면은 이 수박산 있죠? ...(중략)(증편 1-10, 2014, 467).

위의 내용을 요약하여 보면 이렇다. 전류리(顚流里)는 물이 흘러오
다가 봉성산 뿌리에 받혀서 물이 파주 쪽으로 뒤집혀 흐른다고 해서
전류리라고 마을 이름이 붙었다. 전류리에 용바위가 있는데, 이 용
바위가 혓바닥을 내밀면 파주의 수막산 쪽에 흉년이 든다고 하였다.
그래서 파주 쪽에서 와서 용바위의 혀를 잘랐다고 한다. 전류리에
민 씨 조상들이 지은 정자를 전류정이라고 한다. 본 설화의 내용을
살펴보면 물길의 흐르는 방향 전환이 급히 반전되는 지형의 포인트
가 봉성산에 가로막혀 역방향 내지 90도 이상 꺾이는 곳으로 상상
이 된다. 그런데 이 어름에 용바위가 있어 물길을 주관하는 신으로
본 주민들은 관개용수로의 물길을 바로 신통한 용이 주관한다고 보
았고, 이 용바위가 있는 동네 이름이 전류리(물이 거꾸로 되돌아 흐르는
동네라는 뜻)로 불렀고, 용바위가 있는 곳에 정자를 지어 전류정이라
하여 용의 혀를 제거하여 파주 쪽 수막리의 가뭄을 막고자 한 염원
을 담았다. 이 설화 속의 사건 역시 주어져 있는 자연조건을 인위적
으로 손을 대 악조건 내지 불리함을 보한 것이므로 일종의 풍수에
대한 압승(壓勝)의 예로 볼 수 있다. 대체로 우리 조상들은 용을 물과
관련하여 생각하였다. 커다란 연못이나 호수나 강, 또는 폭포가 있
는 곳에는 용이 사는 곳으로 간주하였고, 물이 마르거나 없어지면
용이 떠난 곳으로 보고 가뭄이 들 것으로 생각하였다. 이러한 맥락
에서 전류리의 용바위와 전류 정자 스토리는 지형과 물과 용을 관련
지어 풍수의 비보 내지 압승 내용을 담은 풍수 신앙적 스토리텔링이

라 볼 수 있다.

(3) 징 혈 이야기

전남 구례군 구례읍 봉서리의 동산마을은 징 혈의 터라서 과수원
으로 보했다는 내용이 전한다.

> "아니 징 설이라고 그러거든, 징, 징, 징, 징, 여기 저 이 앞에 가
> 면 인공 섬이 하나 있습니다. 옛날에 그 어른들이 만들어 논 것인
> 데. 여기요, 들어 온디 요 쪼그만 수도 있잖아요. ㅇㅇㅇㅇㅇㅇㅇ 그것
> 을 부락에서 안 비고 옆으로, 그 왜 그러냐고 그르믄, 징이란 건
> 이 둘레가 있어야 되지 않습니까. 그래서 그 둘레를 잡아 논 것이,
> 설이 징 설 이랍디다. 그러고 요 안에 들어가므는, 우리, 여 했던
> 디. 쪼끔 가면은, 인자 지금 메워 갖고 집을 지었습니다마는, 우리
> 클 때는 거가 연못이 있었습니다. 그기 왜 그러냐 그믄, 고것이 징
> 안이다 그 말이여. (조사자; 징 안이어서) 그렇게 돼 있고. (청중;
> 보통 인자. 그 사람들이 다니면서,) 인자 그 좀 지저분해지고 그런
> 게 인자, 없애 갖고 시방 집을 지어 불고. 그런 설이 있어요. 근게
> 이 부락에는 빵 둘러 과수원이나 대밭이 있어여 대밭이, 거식헌다
> 그런 전설이 있어요. (조사자; 빵 돌려 가지고, 징처럼 돌려서) 그
> 랬어요. 앞에 가면 인공섬이 있어요."(증편 6-13, 2013, 140).

이상에서 동산마을은 풍수적으로 징 혈이며, 예전에 마을 앞에 연
못이 있었고 지금은 연못을 메워버렸으나, 징 혈이기 때문에 징처럼
과수원이나 대밭 등이 둘려 있었다는 이야기이다. 징이라는 악기는
테두리가 없으면 악기로서 제 기능을 발휘할 수 없다. 테두리의 울
림소리로 악기의 성능을 다하는 것이기에 마을의 터가 징 혈이므로
주민들은 일찍이 테두리에 해당하는 둘레에 과수를 심어 두르거나
대밭으로 만들어 둘렀다는 얘기이다. 그래야 훌륭한 징의 악기가 성

능을 발휘하듯 마을이 흥할 것으로 보는 풍수적 염원이다. 징 혈의 지형을 보하는 풍수 비보의 예라고 볼 수 있다.

본 장의 풍수 지명과 비보 내용은 사회과교육 관련 내용 가운데에서도 지리 교육적 내용과 직결되는 바가 있다. 지명의 유래는 이처럼 풍수 설화에 뿌리를 두고 산, 고개, 마을, 강, 연못, 바위 등에 붙여짐을 알 수 있다. 한편 풍수 비보 내용은 국토관리 차원에서 환경 가능론의 지평을 확대해 준다. 허한 곳을 인위적 행위를 통해 보하기도 하고 역으로 보기 흉한 곳은 제거하거나 새로이 아름답게 꾸며서 완성된 장소로서의 가치를 보전할 수 있기 때문이다.

5. 결론

동양 문화요소의 하나로서 풍수지리는 고금을 통해 일반인들에게 관심의 대상이 되어왔다. 뿐만 아니라 우리들의 실생활에 직간접적으로 영향을 미치고 있다. 집터를 고를 때에도, 조상을 모실 산소 자리를 고르는 일에도, 또는 젊은 신혼부부들이 신접살림을 시작하기 위한 사글세 또는 전셋집을 구할 때의 임시 거처에도 은연중에 풍수지리적 여건을 짚어보고 따져보는 것이 우리 현실이다. 정계와 재계의 영향력 있는 인사들 역시 예외가 아니다.

동양에서는 일찍이 땅에 대하여는 지모(地母) 사상이 있었다. 어머니의 품같이 포근하게 우리 인간을 품어주고 온갖 먹을거리, 입을거리와 주거의 지을 거리 원자재를 생산하여 공급해 주는 기반이다.

그러한 생산기반의 원천이 되는 흙에 생기(生氣)가 있어 그것이 모이고 뭉치는 곳에 발복(發福)이 되어 훌륭한 인물이 태어나고 좋은 일들이 생겨난다고 하니, 과학적이고 합리적이냐를 논하기 전에 참으로 신비스럽고 신나는 일이며 관심이 가는 일이 아닐 수 없다.

우리나라는 산지가 수려하고 골짜기가 많아 마르지 않고 물이 흐르니 그야말로 금수강산의 천혜의 조건을 갖춘 곳이다. 그러므로 일찍이 풍수지리가 꽃피어날 호조건의 국토이다. 산지와 하천과 평야와 바다와 호수 등 대자연의 조화가 멋지게 펼쳐진 한반도는 '풍수지리'를 논할 만한 훌륭한 화폭이다.

그래서 도처에서 꿈틀대는 용들이 움직이며 누워있는 형상으로서 산지 지형의 형국을 논하며 좌청룡 우백호를 짚어낸다. 골골이 명당과 혈처들이 산재하며 이를 중심으로 하여 훌륭한 인물들이 태어난다고 보았다. 풍수지리 여건을 갖춘 곳은 훌륭하고 아름다우며 웅장한 자연의 기개를 지닌 곳들이 많아 기감(氣感)이 넘친다.

풍수지리 환경을 모른다고 할지라도 아름다운 자연환경을 보고 자란 젊은이들은 호연지기를 몸에 담았으므로 걸맞은 심성과 기개를 지닌 훌륭한 청춘들이 될 것이다. 통일신라 시대의 화랑도들은 대자연을 찾아 심신단련의 장으로 삼아 호연지기를 한껏 키운 나라의 새 기둥들이었다는 사실과 무관하지 않다.

대자연은 우리의 개발 대상이고 도전 대상이다. 동시에 우리가 발을 딛고 사는 삶의 터전이며 모든 의식주 원자재와 원료의 보급창(기지)이기도 하다. 그러므로 동양에서는 일찍이 땅에 대한 철학과 논리가 싹틀 수 있었고 그 가운데 하나가 풍수지리이다. 풍수지리는 민간인들에게 경외의 대상으로까지 영향력을 갖게 되면서 풍수신앙으로 발전하였으며 원초적 종교성마저 지닐 정도였다.

구전되는 설화에는 우리 삶의 애환과 그에 얽힌 교훈이 고스란히 녹아있다. 설화 내용을 통해 간과해서는 아니 되는 교훈적이며 교육적인 요소를 정리해 볼 수 있다. 이는 곧 사회과교육의 가치와도 연관지을 수 있다.

첫째, 자연(풍수 환경)은 살아있는 유기체이며 인간과 자연은 도전과 응전의 대응 관계에 서 있다. 따라서 자연에 대한 인간의 잘못된 행위에 대해 자연은 맞대응한다.

둘째, 산지와 바람과 물은 풍수지리를 구성하고 완성하는 자연요소이다. 풍수에 의하면 눈에 보이지 않는 '생기'라는 에너지가 있어 '동기감응'을 통해 조상으로부터 후손들에게 길흉화복을 가져오므로 '경외'를 느끼게 한다.

셋째, 음택 풍수는 인간 행위에 대한 권선징악의 발복(發福; 좋은 일이 생김)과 발화(發禍; 화를 불러옴)로 답을 한다.

넷째, 풍수 설화에는 풍수지리적 관점과 철학을 바탕으로 조상들의 삶의 지혜와 후손에게 전하는 충고의 메시지가 들어있다.

요컨대, 본 연구에서 다룬 풍수지리 관련 설화들이 담고 있는 주제들을 키워드로 정리한다면 지모(地母)사상, 권선징악(勸善懲惡), 조상 숭배, 유기체적 자연관, 환경 결정론적 음택 풍수, 환경 가능론적 비보풍수 등으로 요약할 수 있다. 조상을 숭배하며 선을 권장하고 악을 경계하는 고전적 도덕 교육철학이 들어있다.

땅 자체를 살아있는 하나의 유기체로 인식하는 것은 지리 철학적 사유이며, 자칫 환경 결정론적 관점으로 흘러버릴 위험요소를 지닌다. 그러나 비보풍수라는 관점을 통해 환경 가능론적 지평을 확대할 수 있다. 이상의 내용을 통해 보면 풍수 설화는 사회과 교육적인 내용, 특히 지리교육 내용의 가치 면에서 훌륭한 함의를 지닌다.

풍수지리는 설화에서 스토리를 이룰 뿐만 아니라 오늘날의 현실에도 여전히 영향력을 발휘하고 있다. 현대를 사는 우리에게 풍수가 영향을 미치는 분야는 다방면에 걸친다. 토지이용 계획, 지역 개발과 관리, 도시 및 마을 만들기의 위치선정과 유형의 결정(입지론), 군부대 주둔지 선정과 방호의 관점(병참 입지), 주거 및 주택 설계, 음택 장소 선정 등이 그것이다.

현장에서 설화 내용을 바탕으로 사회과교육을 지향할 수 있다면, 그리고 위에서 언급한 내용을 교육내용으로 삼을 수 있다면 다음의 질문에 답할 수 있다. "한국의 풍수 설화를 통해 조상들은 땅에 대해 어떤 사유를 하고 있는지 설명할 수 있는가? 왜 그들은 풍수지리를 풍수신앙으로까지 생각하려 하였는가?"

09

경제지리학 연구동향
(광복 전후~2007.6.까지)

1. 서론

경제지리학이 모학문(母學問)에서 새로운 이름을 얻어 독립한 지 약 1세기가 넘었고, 이른바 패러다임의 변화를 여러 차례 겪었다. 처음에는 주로 상품의 종류나 생산지 및 거래 현황에 관한 정보를 취급하던 상업지리 시대로부터 경제활동에 대한 자연환경의 영향을 취급하던 시대, 그리고 경제활동의 지역성이나 공간조직을 경험적, 실증주의적으로 취급하던 시대를 거쳐 오늘에 이르렀다.[1]

우리나라에서는 '조선지리학회(현재의 대한지리학회)'라는 이름으로 지리학 관련 학회가 처음 창립된 것은 1945년이고, 광복의 혼란 속에서 서울대학교 사범대학과 경북대학교 사범대학에 지리교사를 양성하는 지리학과가 창설되었다. 광복과 함께 최초의 학회는 탄생하였지만, 학회지 창간호가 세상에 나온 것은 그로부터 한참 후인 1963년이므로 우리나라에 학술적인 지리학이 싹튼 것은 엄밀히 말해 44년의 기간에 불과하다. 유럽의 전통 있는 지리학회들의 역사가

---

[1] 형기주, 1998, "경제지리학, 혼돈과 도전," 한국경제지리학회지, 1(1), 7.

적어도 1세기 안팎 또는 그 이상의 긴 역사성을 지닌 것에 비한다면 일천하기 짝이 없는 짧은 역사라 할 수 있다. 그러한 현실에서도 우리나라에서는 2000년도에 세계 지리학계의 올림픽이라 할 만한 '세계지리학대회'를 성공적으로 치렀고, 외국의 관련 학자들로부터 호평을 얻어냈다. 학회 결성 이후 지리학자들에게는 가장 경사스럽고 자축할 만한 성공적 학술행사였다. 이러한 역사를 지닌 한국의 지리학 발달과정 중에서도, 본 연구는 제한적으로 경제지리학에 초점을 맞추었다. 따라서 본 연구는 학회의 발달과 연구 동향을 살피기 위해 관련 논문, 학회지, 기록 등을 검토한 문헌연구이다. 1945년 광복을 맞는 해에 '조선지리학회'가 창립되었고, 1963년에 최초의 학술지 창간호가 나왔다. 이러한 시대적 맥락을 고려하면서 한국에서의 경제지리학 발달과정을 네 시기로 나누어 성찰하고 특징을 기술하고자 한다. 네 시기의 구분은 첫째, 1945년~1960년대, 둘째, 실증주의 접근법이 발달한 1970년대, 셋째, 다양한 철학적 접근방법이 전개된 1980년~1990년대, 넷째, 한국경제지리학의 전문학회 창립 이후부터 새천년 시기로 나누어 성찰하고 특징을 기술하는 것이 그것이다. 특히 네 번째인 제4기는 별도의 장을 마련하여 1990년대 후반의 한국경제지리학회 탄생 배경과 전후 맥락을 이해하며, 창립 10주년의 역사를 맞는 한국경제지리학회 학술지의 성과를 다각도로 분석하고 해석한다. 마지막으로 이상의 내용을 요약 정리하여 결론에 대신하며, 제언을 남기고자 한다. 연구의 제한점으로는 지리학계의 모든 학술적 논문을 망라하지 못하고 연구자의 판단하에 대표적 연구논문들과 연구 동향을 논했다는 점이다. 아울러 1990년대 후반 한국경제지리학회 창립 이후의 논문 분석은 한국경제지리학회 학술지

게재논문만을 대상으로 했다는 점을 밝혀둔다.

2. 한국의 경제지리학 발달과 성찰

한국의 근대지리학은 1945년 대한지리학회(당시 조선지리학회)의 창립과 더불어 성립되었다고 볼 수 있다.[2] 그리고 우리나라에서의 경제지리학 관련 논문은 1956년 이정면(李廷冕)의 '서울시의 소채(蔬菜) 및 연료(燃料)에 관한 지리학적 고찰'의 서울대학교 대학원 석사학위 논문이 시초이다. 초기의 연구는 농업과 공업지리학, 국토 및 지역 개발 분야에 집중되었고, 지난 60여 년간 학문의 역사도 길지 않았지만 짧은 역사에 비해 초기의 연구 업적은 매우 미미한 형편이었다.

그러나 그 후 우리나라의 경제발전에 따라 연구 분야도 확대되어 경제활동의 기초가 되는 노동력, 자금 및 자본과 더불어 유통산업, 서비스업, 교통과 정보 산업, 문화 산업, 재활용 산업 등으로 연구 영역이 다양화되었다.[3]

한편, 우리나라의 경제지리학 발달의 단계는 그 내용과 밀도로 보아 첫째, 광복을 맞으며 '조선지리학회'가 창립되고 지리학이 서서히 발달한 시기인 1960년대까지를 제1기로, 둘째, 외국의 지리학 정보가 쉽게 유입되고 외국 유학생 수가 늘어나 실증주의 경제지리학의 방법이 전국으로 확산하기 시작한 1970년대를 제2기로, 셋째, 실증주의를 바탕으로 한 위에 다양한 철학과 접근방법을 통해 실증주의

---

2) 일제강점기의 지리학자로는 일본에 유학해 지리박물학을 공부한 김교신(1901-1945)이 있을 뿐이다. 그는 [성서조선] 지에 '조선지리소고'를 발표하였다.

3) 한주성, 2007, "전문학회 소개 칼럼: 한국경제지리학회", <대한지리학회 뉴스레터>, 제94호.

적 접근에 반대 논의가 동시에 활발하게 전개된 1980년대와 1990년대 후반 한국경제지리학회의 태동 이전까지를 제3기로, 넷째, 1997년 전문학회로서 한국경제지리학회가 창립된 이후부터 한국에서의 경제지리학이 본격적으로 발달하기 시작한 새천년 시기를 제4기로 구분할 수 있을 것이다.

1) 광복(1945)~1960년대

우리나라에서 학술적인 지리학 기반이 형성될 무렵, 선진 여러 나라의 지리학계에서는 훔볼트(Humboldt)-헤트너(Hettner)-하트숀(Hartshone)을 연결하는 전통지리학이 커다란 도전에 직면하고 있을 때였다. 전통지리학을 대신하려는 새로운 패러다임은 실증주의 철학을 바탕으로 한 이론지리, 계량 지리의 등장으로 나타났는데 이를 신속하게 수용한 분야가 경제지리학이었다. 당시 신고전주의 경제학의 이론을 통해 경제지리학을 재구성하고자 하는 열의가 뜨거웠고, 그것을 뒷받침할 수 있는 이미 개발된 이론으로서의 입지론이 있었기에 가능한 일이었다. 따라서 당시의 논문들은 대체로 신고전학파 경제학의 미시이론을 공간평면으로 바꿔놓는 일이 주 과제였다.[4]

선진국의 지리학이 이러할 때 우리는 학회지 창간호(1963)를 냈고 경제지리학뿐만 아니라 여러 계통 분야가 대개 일본의 학계를 통해서 한 세대의 시차를 두고 따를 때였으며 방법론에 매여 있었다. 1950~1960년대 한국은 사회주의에 대한 금기와 경제적인 후진성, 해외 교류의 어려움 때문에 일본이나 미국의 전통지리 혹은 근대 경

---

4) 형기주, 1998, 앞의 논문, 8.

제학에 기초한 경제지리가 조심스럽게 조금씩 소개되고 있던 실정이었다. 바로 이 무렵인 1963년에 조선지리학회(대한지리학회 전신) 학술지 창간호가 나왔고, 당시 경제지리에 전념하는 학자는 극소수에 불과했다.

농업지리학은 지리학에서 통계자료를 이용, 지역 구분의 시도와 방법론의 개발 등에 있어 학문적인 체계화가 가장 먼저 시도된 분야이다. 1950년대에 이미 세 편의 석사학위 논문이 발표될 정도로 일찍부터 활발히 전개된 분야이다.5) 1960년대 전반 농업지리학의 주요 주제는 농업지역 구분이었으며, 지역 확인 및 구분을 위한 지표설정이 주요 과제였다. 후반부에는 특정 작물이나 특정 지역을 대상으로 한 연구가 이루어져 사과의 생산, 입지, 분포, 유통을 분석한 연구와 과수 농업이 전개된 과정과 과수원의 입지 분포 및 주요 수종의 전파 문제를 다룬 연구 등이 있다. 이밖에 정부의 산지 정책에 영향을 받아 화전민과 고랭지 토지이용의 변모 과정에 대한 연구도 행해졌다.6)

2) 1970년대

1970년대는 영어를 사용하는 국가를 중심으로 지리학의 과학화가 급속히 진전되고 있었고, 우리나라도 점차 경제 기반이 좋아짐에 따라 외국의 지리학 정보가 쉽게 유입되고 유학생 수가 늘어나 실증주의 경제지리학의 방법은 전국으로 확산하기 시작하였다. 이후 한동

5) 박삼옥, 2002, '경제지리학', 한국의 학술연구; 인문지리학(대한민국학술원), 99~100.

6) 김기혁, 2001, '인문지리학의 연구과제', 제29차 세계지리학대회 조직위원회, [한국의 지리학과 지리학자](한울 아카데미, 214~215.

안 풍미한 실증주의 지리학 요지는 지리적 사실 속에서 법칙을 발견하고 법칙을 활용함에 있어서 가치를 배제하고 엄밀한 자연과학적 방법을 구사한다는 점에 있었다.

이 같은 신지리학의 우리나라 도입은 시간 격차도 문제였지만 과학철학의 기초가 부실한 바탕에 계량기법의 불충분한 이해로 몇 가지 문제 현상이 대두되기도 하였다. 첫째, 전통지리와 신지리 간의 패러다임 변화 혼란 속에서 양자 간의 소화가 불충분한 연구가 지속된 것, 둘째, 신지리학은 지역의 거시적 취급이 일반적이었으므로 그동안 우리나라에서 지역연구가 소홀해졌고 성과가 축적되지 못했다는 것, 셋째, 영어권의 개념이나 이론, 검증 방법에 매달려 우리가 당면한 독특한 지리적 사실을 우리의 방법론을 개발해 탐구하지 못한 점, 넷째, 패러다임의 혼란이 학교 지리교육의 혼란에 미친 영향 등으로 요약할 수 있다.7)

1970년대 이후 우리나라의 급속한 공업화와 도시화 추세로 공업과 도시부문의 연구가 활발해지는 대신 농업지리 연구는 상대적으로 위축되었다. 1970년대의 중반까지 농업지리학 연구는 농업지역 구분, 낙농, 수전 농업, 산지 농업, 원예농업, 대도시 근교농업, 특정 작물 등 다양한 주제로 이루어졌지만 그중 농업지역의 분류가 가장 중요한 연구주제로 부각되었다. 1970년대 중반 이후까지 농업지역 분류는 주요 주제였으며, 낙농, 고랭지 농업, 농업에 대한 역사 지리적 접근 등의 추세를 보였지만 농업 공간의 변화나 겸업 지역분화 등 농업 활동과 농업지역의 동태성을 강조한 연구가 주류를 이루게 된 것이 달라진 점이라 할 수 있다.8)

---

7) 형기주, 1998, 앞의 논문, 9.

1975년 이후와 이전의 연구 성과를 비교하면 두 가지 면에서 괄목할 만한 변화가 있었다. 그 하나는 계량적 분석에 의한 모형화 또는 개념화에서 변화과정을 파악하려는 것으로 서찬기의 연구에서 분명히 드러난다.[9] 다른 하나는 사회경제사적 차원에서 농업 공간을 연구 정리한 저서의 출판이 대표적이다.[10] 서찬기의 연구에서는 1960년대 이후 한국의 농업 공간변화는 지속적으로 작물의 특화가 진행되고 있는 경우, 다각화가 진행되는 경우, 1960년대에 다각화되었다가 1970년대부터 특화 경향으로 향하는 경우 등의 3유형으로 구분된다고 보았다.[11]

공업지리학의 연구는 1960년부터 시작되었으나 공업지리 연구가 활발히 전개된 것은 1970년대 이후이다. 1970년대 이후 공업지리 연구는 양적인 측면에서 한국의 공업 성장 이상으로 증가하여 경제지리학 분야에서 가장 연구가 활발하였다고 볼 수 있다.[12] 1970년대 중반 이후부터는 이전에 비하여 분석기법도 다양화되었을 뿐만 아니라 연구주제도 다양화되는 경향을 띠었다.

3) 1980〜1990년대

패러다임 혼란의 문제점들은 1980년대와 1990년대에도 계속되었다. 즉, 실증주의 지리학의 맛에 익숙해질 무렵 마르크스주의, 행태

---

8) 박삼옥, 1996, '한국 경제지리학 반세기: 연구 성과와 과제,' 대한지리학회지, 31(2), 161.

9) 서찬기, 1989, 한국에 있어서 농업 공간의 발전유형(1960〜80): 작물의 다각화도 분석, '지리학, 39권, 1〜14.; 서찬기, 1992,'겸업 농업의 지역분화, '지리학, 27(1), 1〜20.

10) 형기주, 1992, 농업지리학, 법문사.

11) 서찬기, 1989, 앞의 논문.

12) 박삼옥, 1996, 앞의 논문, 163.

주의, 인간주의, 구조주의, 제도학파, 포스트모더니즘 등 다양한 철학과 접근방법을 통해 실증주의적 접근에 대한 반대 논의가 활발하게 전개되고 있었기 때문이다. 이러한 내용에 대해 구미의 여러 나라에서는 이미 1970년대에 들어서면서 논의가 시작되었으므로 우리와는 상당한 시차가 있었다.

다양한 사고의 논의가 주로 1980년대 중반 이후 대학원 및 대학생들 사이에서 활발하게 전개되었는데, 1970~1980년대의 대학교수들은 일반적으로 실증주의 틀 속에서 해외 교육을 받고 귀국한 사람들이 대부분이었지만, 학생들은 정치적인 박해의 '1980년의 봄'을 넘기고 중반 이후 민주화 분위기와 함께 외국 문헌들을 쉽게 얻을 수 있게 된 것이 동기가 될 수 있었다. 게다가 컴퓨터 및 인쇄와 복사시설의 발달에도 크게 힘입었다고 할 수 있다. 이때 경제지리학은 도시지리학과 함께 석사와 박사학위 논문을 위시해서 많은 논문이 발표되었다. 논문의 주제들은 공업 내지 기업지리 분야가 우세하였다. 실증주의 입지론을 극복하기 위한 관점에서 기업조직론적 접근 또는 행태론적 접근이 괄목할 만했다. 독점자본주의 맥락에서 기업의 내, 외적 조직 메커니즘과 의사결정과정, 그리고 이에 따른 공간조직의 변화를 주제로 한 것들이었다.[13]

또한 우리나라에서 1990년대부터 정치, 경제적 접근이나 사회이론을 강조하는 학자들이 많아졌고, 경제지리학에 "문화"적 맥락을 강조하는 학자들이 늘었지만 사례연구가 불충분한 미진함이 있었다. 근래에 와서는 공업 이외에 서비스업, 정보 산업, 사무소 입지 등 서

---

13) 이들을 요약하면 첫째, 다공장 기업의 본사 및 분공장의 입지, 둘째, 산업구조의 조정과 산업 공간조직의 변화, 셋째, 해외투자와 다국적 기업의 입지, 넷째, 첨단산업 입지 및 산업지구, 다섯째, 기업의 의사결정과정과 의사결정 환경 등이다(형기주, 1998, 앞의 논문, 9쪽).

비스 경제의 대형화에 따른 연구 선호가 높아졌다. 그리고 지방화, 세계화 맥락에서 기업 공간이 어떻게 구조재편을 하고 있는지를 다루는 논문이 다수 발표되고 있다.

형기주는 1980년대 이후 발표된 많은 논문에 대해 다음과 같이 지적하고 있다. 첫째, 경제지리학자들은 전에 비해 지역 경제학자 및 도시전문가들과의 협조와 대화가 쉽게 이루어지고 있고, 현실문제에 대한 언급이 많아졌다. 둘째, 기업조직은 독점자본주의 대기업의 소산이고 이들 의사결정과정과 입지변화와의 사이에 밀접한 관련이 있으나 이에 못지않게 중요한 것은 자본과 노동의 역할이므로 장차 경제 공간의 연구에는 자본주의 생산양식에 대한 깊은 이해를 바탕으로 하여야 한다. 셋째, 경제지리학은 경제행위와 공간(지역) 행위에 관한 연구이므로 전자를 독립변수, 후자를 종속변수로 삼아 설명하며 이들의 상호성에 중점을 두되, 추구해야 할 지향점은 공간구조, 공간과정, 공간조직에 있음을 직시해야 한다. 넷째, 경제행위는 욕망에서 출발하므로 결국 인간의 문제로 귀착된다. 따라서 경제지리학이 착안할 점은 인간 중심의 접근 또는 문화적 접근이어야 한다. 다섯째, 종래에 논의되던 '지역'이란 주로 자연의 힘과 인간의 힘에 의한 합성물로 정의되었지만, 오늘날 논의되는 '공간'은 인간의 지각, 사상, 의도, 기술의 실현이며, 그 속에 있는 역사적 과정이 우리 일상생활의 시공간적인 현실을 어떻게 만들어가고 있는지의 프로세스에 주목해야 한다.[14]

1980년대 이후 한국의 농업지리학 연구는 그 이전의 연구 성과에 다른 두 가지 변화를 나타냈는데, 하나는 계량적 분석에 의한 개념

---

14) 형기주, 1998, 앞의 논문, 10쪽.

화를 통하여 농업 활동과 농업 공간의 변화과정을 파악하려는 연구이고, 다른 하나는 사회경제사적 차원에서 농업 공간을 연구하고자 한 시도이다.[15] 한국 농업 공간의 이해에서 경제적 요인의 중요성이 부각되는 것은 공업화와 도시화의 진전에 따른 상업적 농업의 발달을 대변해 준다고 볼 수 있다. 낙농 지역이 수도권으로부터 전국으로 확산하는 과정을 분석한 낙농 지역 분포에 대한 연구에서도 이러한 변화를 파악할 수 있다.[16]

형기주는 [농업지리](1992)에서 크게 유산으로서의 농업 공간, 형태로서의 농업 공간, 기능으로서의 농업 공간으로 나누어 농업지리학의 이론과 유럽과 한국의 여러 사례들을 깊이 있게 다루고 있다. 특히, 이 책은 농업 경관의 형성과 변화과정, 형태, 기능, 농업지역 형성, 지역 구조 등의 농업지리 주요 주제를 인접 학문 분야의 많은 국내외 문헌을 인용하고 체계화하여 정리한 국내 최초의 농업지리학 저서라는 점에서 중요하다. 그 밖에 1975년 이후 주의를 기울일 만한 연구로는 한국 수전 농업의 지역적 전개과정을 역사적 측면에서 연구한 것이나,[17] 계량적 분석 방법을 동원하여 한국 농업 지대의 변화를 다룬 연구,[18] 1970년부터 1990년까지 20년 동안의 수도권 농업지역 구조의 변화를 밝힌 연구를 들 수 있다.[19] 손용택은 연구 기간(1970~1990) 동안 수도권의 서울 주변에서 농경지는 계속 감소하며, 작물결합은 단순화되고 낙농, 원예, 과수원 등은 과거 소비

---

15) 박삼옥, 2002, 앞의 논문, 100.

16) 이학원, 1981, '한국 낙농 지역의 분포에 관한 연구,' 지리학, 28, 46~65.

17) 이준선, 1989, '한국 수전 농업의 지역적 전개과정', 지리교육논집, 22, 45~68.

18) 김기혁, 1991, '한국 농업 지대의 변화에 관한 연구,' 서울대학교 대학원 박사학위 논문.

19) 손용택, 1995, '대도시 주변 농업 공간의 구조변화: 수도권을 중심으로,' 동국대학교 박사학위 논문.

지 근접성을 벗어나 외측 접지를 일정 기간 점거하다가 수도권 밖으로 후퇴하고 있음을 밝히고 있다. 또한 이들 지역에서 농업 인구 감소는 계속되고 겸업 활동 인구는 늘어나며, 폐농가와 폐농지가 나타나고 있음을 밝혔다. 아울러 농경지의 필지 세분화가 점차 진행되고 있음도 밝혔다.[20)]

1990년대 중반 이후 농업지리 연구의 세계적인 동향이 현대화, 산업화에 따른 농지 소유형태의 변화와 그에 따른 전통촌락에 미친 영향, 도시 발달이 농업에 미친 영향, 농업에 대한 정부의 다양한 정책과 개입 및 그 영향에 대한 연구, 겸업농에 대한 연구라는 점을 고려할 때,[21)] 우리나라의 농업지리 연구도 이러한 연구 경향을 찾아볼 수 있는 것은 사실이다.[22)]

1980년대 초까지의 우리나라 공업지리 연구는, 논문 수는 급격히 증가하였으나 소수 학자들에 의해 연구가 주도되고, 저변확대가 충분치 못했다고 할 수 있다. 1980년대 초 이후 두 가지 변화를 겪었는데, 하나는 공업지리학의 다양한 분야가 국내외의 석박사 학위논문의 주제로 다루어져서 연구의 저변확대가 이루어지기 시작했다는 점, 다른 하나는 세계 경제의 변화와 더불어 세계적인 이슈의 핵심 과제나 주제들이 우리나라에서도 집중적으로 연구되기 시작했다는 점이다.

1980년대 이후에도 이전과 마찬가지로 공업의 입지변동, 지역 구조 및 공업지역의 형성과 발달에 대한 많은 경험적 연구가 진행되었다. 새로 부각된 주제 동향을 요약해 보면, 첫째, 기업조직의 변화와

---

20) 김기혁, 2001, 앞의 논문, 217~218.

21) 형기주, 1992, 앞의 책.

22) 박삼옥, 1996, 앞의 논문, 162.

산업입지, 둘째, 생산체계의 변화와 산업 공간의 변화, 셋째, 첨단기술산업과 과학단지 개발 연구, 넷째, 산업구조 조정과 지역경제, 다섯째, 해외직접투자의 패턴과 변화, 여섯째, 산업네트워크와 산업의 공간연계 및 산업지구, 일곱째, 공업정책과 지역 발전, 행태적 접근, 기업가 정신, 노동시장 등의 다양한 주제를 다룬 연구 등이다.23)

세계적으로 다국적 기업의 영향력이 증대하면서, 1980년대부터 한국에 입지한 외국의 다국적 기업의 투자유형뿐만 아니라, 한국기업의 해외직접투자유형에 대한 지리학의 관심도 높아지기 시작하였다. 산업의 지역적 연계구조와 네트워크는 최근 들어서 지역산업의 발전과 지역경제에 미치는 영향에 중요한 요인으로 등장하였으며, 이 때문에 산업의 지역연계를 분석하는 연구가 활발히 전개되었다.

특정 지역의 산업집적을 산업지구의 개념으로 파악하려는 연구가 행해졌는데, 이탈리아에서 중소기업이 집적하여 기업 간의 상호 연계를 통해 효율성을 높이는 지역들에 대해 마샬의 산업지구 이론을 적용한 이후 산업지구는 유연적 전문화의 결과라는 주장이 많아졌다. 이외에도 1980년대 초 이후 새롭게 부각된 주제들은 다양하다. 기업가 정신에 대한 연구,24) 중국 경제특구의 구조적 특성에 관한 연구,25) 공장 자동화가 지역의 노동시장에 미친 영향,26) 보험자본의 공간적 투자유형,27) 기업 부설 연구소의 분포 특성,28) 농공지구 입

23) 박삼옥, 1996, 앞의 논문, 164.

24) 이정식, 1987, '기업가 정신과 지역 개발: 한국의 경우,' 지역연구, 3, 11~20.

25) 이기석, 황만익, 이혜은, 1986, '중공 심천 경제특구의 구조적 특성에 관한 연구,' 사대논총, 33, 서울대학교, 61~83.

26) 양동선, 1995, '공장 자동화가 지역 노동시장의 노동력 구조에 미치는 영향: 광주 및 구미의 전기 전자기기 제조업을 사례로,' 지리학 논총, 25, 81~102.

27) 홍명표, 1993, '한국 보험자본회사의 공간적 투자패턴과 그 특성에 관한 연구: 중소기업 창업 투자회사의 투자를 중심으로,' 지리학논총, 22, 77~91.

주기업의 입지 결정,29) 등이 그 예이다.

1980년대 초 이후 우리나라의 공업지리학은 전통적인 주제의 지속적인 연구는 물론, 1990년대 중반에 들어 세계적인 연구 쟁점인 산업구조재편, 생산체계와 기업조직의 변화, 신산업지구, 산업의 연계와 지역경제, 해외투자 등의 연구들이 행해지고 국제학술지에도 상당수 논문이 게재되어 한국 공업 지리학계의 연구범위가 확대되고 깊이도 상당했음을 인정할 수 있다.30) 1990년대 후반에 전문학회로서 한국 경제지리학회가 창립되었는데, 이는 한국에서의 경제지리학이 본격적으로 발달하기 시작한 전환점이라고 할 수 있다. 이와 관련된 내용은 구체적으로 세분화하여 이어지는 장들에서 논하기로 한다.

3. 한국 경제지리학회의 창립과 학술 활동

1) 한국 경제지리학회의 태동

선진국의 경제지리학회의 발달을 보면, 미국의 Economic Geography 논문집은 1925년에 W. W. Atwood 교수가 매사추세츠주의 클라크대학장이 되면서 창립한 지리대학원(Graduate School of Geography) 교수들이 편집, 출판한 경제지리학 중심의 학술잡지로 1년에 4회 출판되고, 일본경제지리학회는 1935년에 창립되었으며 기관지인 '經

---

28) 이정연, 1990, '기업부설연구소의 분포 특성에 관한 연구,' 지리교육논집, 24, 68~85.

29) 김은호, 1990, '농공단지 입주기업의 입지 결정에 관한 연구: 충청남북도를 중심으로,' 지리교육논집, 23, 29~58.

30) 박삼옥, 1996, 앞의 논문, 168.

濟地理學年報'는 1955년에 발간되었다. 그리고 영국의 옥스퍼드 대학에서는 경제학자와 경제지리학자들이 공동으로 편집하는 Journal of Economic Geography가 2001년부터 출판되어 경제학과 경제지리학이 어깨를 나란히 함으로써 경제학자들이 보는 경제지리학의 위상이 매우 높아졌다는 것을 알 수 있다.[31]

한국경제지리학회 창립 전사(前史)는 1986년부터 한·중·일 경제지리학자 모임인 '공업입지연구회'가 발단이 되었다. 이 모임은 한국인으로 당시 동국대 형기주 교수, 서울대 박삼옥 교수, 중국의 리원옌(李文彦, 사회과학원) 박사, 일본의 다케우치(竹内淳彦, 도쿄공업대학) 교수, 무라타(村田喜代治, 中央大學) 교수가 매년 세 나라를 오가며 연구발표를 하였는데, 1991년에 이 연구회가 해체되면서 형기주 교수가 우리나라에도 경제지리학회를 창립하자고 박삼옥 교수에게 제안하였다. 그 후 한국 경제지리학의 연구 성과는 축적되기 시작하였으며 질적 수준도 높아짐에 따라 경제지리학 전공자들은 독립된 연구 모임을 갖기 위하여 1995년 가을 서울 대우재단 빌딩에서 있었던 행사 후 학회 창립을 위한 준비모임을 갖고 의견을 교환하였다. 그 후 사안을 더욱 구체화하기 위하여 1997년 1월 서울대 호암교수회관에서 한국경제지리학회 2차 준비위원회의 모임을 갖고 준비위원의 추천을 받아 발기인을 구성하였다. 이때 발기인 여섯 사람은 학회의 성격을 대한지리학회 경제지리학 분과위원회로 출범할 것인지, 아니면 전문학회로 창립해야 할 것인지에 대해 진지하게 논의했다.[32] 그 뒤 경제지리학 전공자들은 전공 분야의 학술 활동을 활발

---

31) 한주성, 2007, '전문학회 소개 칼럼: 한국경제지리학회,' <대한지리학회 뉴스레타>, 제94호.

32) 당시 이곳에 모인 학자들은 한국경제지리학회의 창립을 위한 준비위원 겸 발기인으로서 6인이었다(동국대 형기주 교수, 서울대 박삼옥 교수, 황만익 교수, 서원대 한홍렬 교수, 경상대 곽

하게 하기 위해 학회 창립에 대한 호응을 보여 1997년 3월 15일 동국대학교 사범대학 시청각매체센터에서 학회 창립을 위한 첫 모임으로써 확대 발기인 총회를 가졌다. 한국환경기술연구원 김종기 원장의 특별 강연을 경청한 후, 학회 창립의 경과보고, 회칙심사 및 회장단을 선출하여 비로소 한국경제지리학회가 창립되었다.[33]

2) 한국경제지리학회의 학술 활동

한국경제지리학회는 매년 춘계 학술대회는 지방에서, 추계 학술대회는 서울에서 개최하는 것을 원칙으로 하고 있다. 학술대회 발표 논문 수는 최근에 이를수록 점점 많아지고 있다. 발표 논문은 각 분야의 권위자가 발표하며, 토론자를 지정하여 실질적인 열띤 토론이 이루어지도록 하고 있다. 학술대회 발표 요약집은 형식에 맞게 작성하여 일목요연하게 발표요지를 살펴볼 수 있도록 제작 배포하며 학술진흥재단(=한국학연구재단)에도 보고하여 지원 체재에 이상이 없도록 하고 있다.[34]

한국경제지리학회는 창립 때부터 경제지리학 관련 분야의 포럼을 정기적으로 개최하였는데, 1997년 3월 15일 동국대학교 사범대학 시청각매체센터에서 김종기 원장의 '우리나라의 환경문제와 대책'이라는 주제로 제1회 포럼을 겸한 특별 강연이 있었다.

철홍 교수, 이화여대 최운식 교수).

33) 한주성, 2007, 앞의 <대한지리학회 뉴스레타>.

34) 한주성, 2007, 위의 글.

<표 15> 한국경제지리학회 학술대회 주관대학 및 발표 논문 수

구분	학술대회 주관대학			
	춘계	발표 논문 수	추계	발표 논문 수
1997년	동국대학교	학회 창립	동국대학교	4편
1998년	성신여자대학교	6편	동국대학교	5편
1999년	전남대학교	10편	한국지리학대회	-
2000년	서원대학교	4편	서울시립대학교	5편
2001년	경상대학교	6편		4편*
2002년	부산대학교	6편	경희대학교	6편
2003년	서원대학교	6편	한국지리학대회	-
2004년	충북대학교	7편	성신여자대학교	9편
2005년	동국대학교	6편	공주대학교	8편
2006년	대구대학교	10편	성신여자대학교	6편
2007년	경북대학교	9편	서울시립대학교	11월 17일 예정

주; 한주성, 2007, <대한지리학회 뉴스레타>
* 대한지리학회 특별 2분과 (21세기 지식기반경제와 혁신 클러스터)로 한국경제지리학회가 조직하여
  개최하였음.

그 후 1998년 2월 27일에 동국대학교 시청각매체센터에서 서울
시정개발연구원 한영주 박사가 'IMF 금융지원 체제에서의 서울특별
시의 대응방안'을 발표하였고, 1998년 4월 2일 성신여대 수정관 다
매체회의실에서 캘리포니아 주립대학 A. Scott 교수를 초청하여 '공
업 수행의 경제 지리적 기초' 제하의 특별 강연을 들었다. 그리고
1998년 9월 26일에는 서울대학교 사회과학대학 312호에서 서울대
학교 박삼옥 교수가 '세계 지리학 연합 산업 공간구조 위원회의 활
동과 향후 계획,' 서울 시립대학교 이번송 교수가 '토지이용 규제와
수도권 기업의 경쟁력,' '서울 거주자의 통근 거리 결정요인 분석'
등의 주제 내용 발표가 있었다. 그리고 1999년 1월 23일에는 성신
여대 수정관 다매체회의실에서 Rutgers 대학 N. Smith 교수가

"Restructuring of geographical scale and new global geography of uneven development"를 발표하였다. 1999년 10월 9일 국토연구원 세미나실에서 남아프리카공화국 Witwaterstrand 대학 P. Bond 교수가 '세계 경제위기: 남아프리카의 시각,' 그리고 국토연구원 김원배 박사가 '아시아의 경제위기와 도시지역의 재편: 한국의 사례'를 발표하였다. 2000년 3월 18일에는 국토연구원장 이정식 박사가 '세계화 시대의 지역 개발 전략'을 발표하여 한국경제지리학회는 경제 현상의 쟁점이 되는 내용에 대하여 항상 시의적절하게 포럼을 개최하여 학문의 새로운 정보획득과 시야를 넓히고자 노력하였다. 그리고 전문가 초청 강연도 이루어져 2005년 2월 23일 성신여대 수정관 제도실에서 로마대학 P. Mudo 교수가 "Studying contemporary Rome: A critical geography perspective"에 대한 발표를 하였다. 그리고 2000년 세계지리학대회에서도 'The dynamics of economic spaces,' 'The geography of information society,' 'Local development,' 'Applied geography' 등의 경제지리학 관련 분과에서 국제적인 학술교류도 하였다.[35]

학회 기관지인 '한국경제지리학회지'는 1998년 6월 1일 국제표준연속간행물 번호(ISSN)를 배정받아 그 해 6월 30일에 '한국경제지리학회지' 제1호를 출간하였다. 1998년부터 2003년까지는 매년 2호(1999년에는 1호와 2호 합병호)씩 출간하였으나 회원의 열정적인 학문연구에 부응하여 2004년부터 2006년까지는 매년 3호씩을, 2007년 제10권부터는 경쟁적인 학문영역을 구축하기 위하여 매년 4호를 출간하고 있다. 이러한 노력에 부응하여 '한국경제지리학회지'는 2003년

---

35) 한주성, 2007, 앞의 글.

에 한국학술진흥재단(현재의 한국학연구재단)의 등재 후보 학술지로 선정되었고, 2005년에는 등재학술지로 발전하여 전문학회지로서 그 면모를 탈바꿈시킬 정도로 학회지의 위상을 크게 높였다. 기고문과 학회 소식, 회원 동정, 기타 소식을 전하는 <한국경제지리학회 회보>는 제5호까지 발간되고 이후는 향후 도약을 위해 잠시 정간 중인데, 학회 소식은 학회지 뒤쪽에 게재하고 있다. 회보 기고문은 제2호(1998년 6월)에 한주성 교수의 '경제지리학 연구 분야의 무한성과 전문화,' 제3호(1998년 12월)에는 곽철홍 교수의 '벨지움의 경제지리학 연구 동향,' 제4호(1999년 6월)에 최운식 교수의 '새로운 세계를 맞으며,' 제5호(2000년 11월)에는 황만익 교수의 '중국 신장 지역의 토지이용과 변화'가 발표되었다.36)

4. [한국경제지리학회지] 논문 분석과 연구 동향

1997년에 창립되었고, 1998년부터 학술지를 발행하기 시작한 한국경제지리학회는 10년의 역사를 가지게 되었고, 우리나라 경제지리학 학자들이 주도하는 연구 산실이며 동학인들이 모여드는 명실 공히 학술단체이다. 창간호로부터 2007년 6월호에 이르기까지 20권의 학술지를 발행했으며, 총 167편의 논문이 게재되었다.

본 장에서는 이들 게재논문들을 연구대상 지역별, 경제지리학 분류기준과 주제개념별로 나누어 계수화한 후, 그 연구 동향을 파악하고자 한다.

---

36) 한주성, 위의 글.

1) 학회지의 발간 횟수와 연구지역

1997년에 창립된 한국경제지리학회는 현재까지 10년 동안 167편의 논문을 생산하여 20권의 학술지에 게재하였고, 학회지는 한국학술진흥재단(=현 한국학연구재단) 등재지로서 위상을 지니고 있다. 창간호부터 2003년까지는 6월과 12월 연 2회 발행했으나 2003년 한 해에 이미 22편의 논문이 선별되어 게재됨으로써 연 학술지 볼륨이 489쪽에 이르는 등 증호가 불가피하게 되었다. 이는 경제지리학회 회원 수의 증가와 투고 원고가 많아진 결과이다. 그리하여 2003년부터는 4월, 8월, 12월 등 3회에 걸쳐 발간하게 되었다. 이러한 체제가 2006년까지 지속하였고, 2007년부터는 또 한 번의 획기적인 전기를 마련코자 한 호를 더 늘려 연 4회(3월, 6월, 9월, 12월) 발행계획을 가지고 박차를 가하고 있다. 이는 회원들의 논문 투고가 증대함에 따른 것인데, 심사를 통과한 우수한 논문을 분기별로 발간하는 학회지에 게재할 수 있도록 하기 위함이다.

경제지리학회 학술지에 게재된 167편의 논문 가운데 연구대상 지역을 살펴보면, 10년 동안 외국을 연구대상 또는 사례지역으로 한 논문이 꾸준히 증가추세에 있음을 알 수 있다. 동아시아 역내 직접투자 흐름의 계층성 연구와,[37] 국제 분업의 재구조화를 다룬 연구,[38] 글로벌 생산네트워크의 변화와 혁신 클러스터의 대응 연구,[39] 이탈리아의 에밀리아 로마냐 지역개발기구를 사례로 한 연구[40]를

---

37) 문남철, 2003, '동아시아 역내 직접투자 흐름의 계층성,' 한국경제지리학회지, 6(2), 355~375.

38) 문남철, 2005, '동아시아 국제 분업의 재구조화: 직접투자와 무역을 중심으로,' 한국경제지리학회지, 9(3), 367~382.

39) 이정협, 김형주, 2005, '동아시아 글로벌 생산네트워크의 변화와 혁신 클러스터의 대응,' 한국경제지리학회지, 8(3), 383~404.

40) 이철우, 이종호, 김명엽, '지역혁신체제에 있어 지역개발기구의 역할: 이탈리아 에밀리아 로마

비롯하여, 벨기에,[41] 베트남,[42] EU,[43] 일본의 청년실업 및 노동정책을 연구한 논문과[44] 역시 일본의 시가현 나가하마의 문화 활동을 통한 지역 활성화를 다룬 논문,[45] 그리고 일본의 보양 관광온천의 지역 특성화 관광에 관한 연구,[46] 일본 카나가와 사이언스 파크를 사례로 한 연구,[47] 이밖에 독일,[48] 영국,[49] 프랑스에 관한 연구,[50] 1990년대의 중국 사영기업의 성장과 지역 발전 연구,[51] 중국 경제 개발구의 설치와 운영시스템에 관한 연구,[52] 경제개혁 이후 중국의

　　나 지역개발기구(ERVET)를 사례로,' 한국경제지리학회지, 6(1), 1~20.

41) 곽철홍, 2003, '벨지움 Liege 지방의 산업단지 연구,' 한국경제지리학회지, 6(1), 1~20.

42) 이승철, 2007, '전환 경제 하의 해외직접투자기업의 가치사슬과 네트워크: 대베트남 한국 섬유, 의류산업 해외직접투자 사례연구,' 한국경제지리학회지, 10(2), 93~115.

43) 정성훈, 1999, '유럽연합(EU) 내 한국 가전 대기업들의 진입과 퇴출,' 한국경제지리학회지, 2(1,2), 145~168.; 문남철, 2006, 'EU의 지역적 확대와 자동차 생산체계의 지리적 재구조화,' 한국경제지리학회지, 9(2), 243~260.; 문남철, 2007, 'EU 확대와 노동이동,' 한국경제지리학회지, 10(2), 182~196.; 변필성, 2007, 'EU의 구조기금(Structural Funds): 2007~2013,' 한국경제지리학회지, 10(1), 81~91.

44) Kamiya Hiroo, 2006, 'Youth unemployment and labor policy in contemporary Japan,' 한국경제지리학회지, 9(3), 396~409.

45) 신동호, 2006a, '문화 활동을 통한 지역 활성화, 일본 시가현(滋賀縣) 나가하마 이야기,' 한국경제지리학회지, 9(3), 431~440.

46) 우연섭, 2005, '일본 국민 보양 온천의 지역 특성화 관광에 관한 연구,' 한국경제지리학회지, 8(2), 301~314.

47) 이승철, 2004, '혁신 클러스터에서 일괄지원 시스템으로써의 중심연계기관의 역할: 일본 카나가와 사이언스 파크 사례연구,' 한국경제지리학회지, 7(1), 45~64.

48) 신동호, 2004, '독일 도르트문트시의 지역혁신체계: 첨단산업단지 중소기업 지원기관을 사례로,' 한국경제지리학회지, 7(3), 385~406.: 신동호, 2006b, '독일 루르 지역의 지역혁신정책 거버넌스 연구: 혁신 주체 간 협력 관계를 중심으로,' 한국경제지리학회지, 9(2), 167~180.: 안영진, 1999, '독일의 실업 문제와 지역 노동시장 정책,' 한국경제지리학회지, 2(1, 2), 83~102.

49) 최영출, 2006, '영국 케임브리지 지역혁신 정책상의 거버넌스 구조: 혁신 주체 간 협력 관계를 중심으로,' 한국경제지리학회지, 9(1), 61~80.

50) 배준구, 2006, '프랑스 로렌지역 지역혁신 정책상의 거버넌스 구조: 혁신 주체 간 협력 관계를 중심으로,' 한국경제지리학회지, 9(1), 81~96.

51) 이원호, 2005, '1990년대 중국 사영기업의 성장과 지역 발전,' 한국경제지리학회지, 8(2), 285~299.

52) 안재섭, 2002, '중국 경제 개발구의 설치와 운영시스템에 관한 연구,' 한국경제지리학회지, 5(1), 89~104.

노동시장 역동성과 지역경제발전에 관한 연구,53) 중국 연변조선족
자치주 향진기업(鄕鎭企業)의 입지특성과 존립기반에 대한 연구,54)
미국 대학과 기업 간 연계와 관련한 연구55) 등이다. 동아시아, 이탈
리아, 벨기에, 베트남, EU, 일본, 독일, 영국, 프랑스, 중국, 미국 등
의 나라들은 아시아권 국가들 또는 지역 및 우리나라와 정치 경제적
으로 관계 깊은 미국과 한반도를 둘러싼 나라들, 유럽의 주요 국가
들과 EU 등임을 알 수 있다. 물론 가장 빈번한 연구대상이 된 나라
들은 가장 가까운 일본과 중국이다.

국내지역을 연구대상으로 한 논문이 압도적으로 더 많으나, 우리
나라 전체를 연구대상으로 했거나 수도권을 대상으로 한 연구보다
최근에 이를수록 지방을 사례로 한 연구가 많아지는 것이 특징이다.
이는 아마도 지방자치제의 활성화와 경제 지리적 연구 테마의 다양
화에 기인한다고 볼 수 있다. 지방을 연구대상으로 한 논문 중에서
도 문화적 요소와 관광적 요소를 함께 지닌 각종 '지방 축제'와 '문
화 도시' '문화 지역'에 관한 논문들이 많아지고 있다. 예를 들면 이
벤트 관광의 성장 과정과 활성화 방안에 관한 연구,56) 테마파크 에
버랜드의 혁신시스템,57) 곡성 심청 축제를 사례로 한 방문자 만족에
관한 연구,58) 문화관광 축제의 공간 확산에 관한 연구,59) 봉화군 춘

53) 이원호, 2000, '경제개혁 이후 중국의 노동시장 역동성과 지역경제발전: 지역 격차 변화 이해
    에 대한 함의,' 한국경제지리학회지, 3(2), 23~42.

54) 이필순, 이철우, 1998, '중국 연변조선족자치주 향진기업(鄕鎭企業)의 입지특성과 존립기반,'
    한국경제지리학회지, 1(2), 43~70.

55) 김형주, 2005, '미국 대학과 기업 간 연계의 발전과정,' 한국경제지리학회지, 8(1), 51~70.

56) 추명희, 1998, '이벤트 관광의 성장 과정과 활성화 방안,' 한국경제 지리학회지, 1(2), 103~
    124.

57) 최정수, 2002, '테마파크 에버랜드의 혁신시스템,' 한국경제지리학회지, 5(2), 277~292.

58) 이정록, 안종현, 2004, '지역축제의 방문자 만족에 관한 연구: 곡성 심청 축제를 중심으로,' 한
    국경제지리학회지, 7(3), 503~518.

양목 파크를 사례로 한 연구,60) 향토자원 상품화와 관련한 보령시 머드 화장품 사업에 관한 연구,61) 함평 나비 축제를 사례로 문화관광축제의 성립과 전개과정을 살핀 연구,62) 문화 활동을 통한 지역 활성화 연구,63) 인천 남구를 사례로 한 문화 도시 충족조건 연구,64) 장흥군 진목마을을 사례로 주민들의 참여에 의한 농촌관광 만들기 연구,65) 지역축제 웹사이트 분석,66) 생태관광과 로컬 거버넌스 연구,67) 제4회 함평나비축제 관광객의 행태적 특성에 대한 연구,68) 독일의 여가 및 관광지리학의 발전과정과 연구 동향,69) 문화 관광축제 개최지의 서비스 품질 및 장소 애착심과 충성도에 관한 인과관계 연구70) 등 다양하다.

59) 이정록, 2005, '문화관광 축제의 공간 확산에 관한 연구,' 한국경제지리학회지, 8(3), 431~445.

60) 손용택, 2005, '삼림자원의 시장화 성쇠: 봉화군 춘양목을 사례로,' 한국경제지리학회지, 8(3), 447~463.

61) 변필성, 2006, '지역 발전을 위한 향토자원 상품화의 사례로서 보령시 머드 화장품 사업에 대한 고찰,' 한국경제지리학회지, 9(1), 7~22.

62) 이정록, 2006, '문화관광 축제의 성립과 전개과정: 함평나비축제를 중심으로,' 한국경제지리학회지, 9(2), 197~210.

63) 신동호, 2006a, 앞의 논문, 431~440.

64) 김은경, 변병설, 2006, '문화 도시의 충족조건: 인천 남구의 문화관광정책을 중심으로,' 한국경제지리학회지, 9(3), 441~458.

65) 안종현, 2007, '주민참여에 의한 농촌관광 마을 만들기: 장흥군 진목마을을 사례로,' 한국경제지리학회지, 10(2), 197~210.

66) 우찬복, 2003, '웹사이트 평가지표에 기초한 지역축제 웹사이트 분석, '한국경제지리학회지,' 6(1), 193~210.

67) 최정수, 2003, '생태관광과 로컬 거버넌스,' 한국경제지리학회지, 6(1), 233~248.

68) 이정록, 2003, '함평나비축제 관광객의 행태적 특성: 제4회 축제를 사례로,' 한국경제지리학회지, 6(2), 339~354.

69) 안영진, 2006, '독일의 여가 및 관광지리학: 발전과정과 연구 동향,' 한국경제지리학회지, 9(1), 123~137.

70) 김시중, 2005, '문화관광축제 개최지의 서비스 품질 및 장소 애착심과 충성도에 관한 인과관계 연구,' 한국경제지리학회지, 8(2), 315~330.

<표 16> 한국경제지리학회지 게재논문의 주제개념 출현빈도
(1998년 창간호~2007년 6월호)

구분		1998 (14)	1999 (9)	2000 (8)	2001 (9)	2002 (14)	2003 (22)	2004 (28)	2005 (25)	2006 (25)	2007 (13)	계 (167)
연구 지역	한국전체		2	1					1		1	5
	수도권	2			1		2	1		4		10
	지방	1	1	4	4	5	5	9	2	11	4	46
	외국	4	2	2		1	4	3	5	5	2	28
농업 지리	농협, 어메니티, 토지이용	1				1		3	1			6
공업 지리	산업화단지와 제조업	1		1			3					5
	의류 및 전통공업	1		1			1					3
	다국적기업과 지역 투자	1	1			2	1	1			1	7
	공업구조와 입지 및 정책	1	3	1	2	5		2	1			15
	하청거래 네트워크			1			1		2	1	1	6
	혁신체제 및 벤처				1	2	2	5	3	5	1	19
	지역연계 및 클러스터				2		2	3	3	2	2	14
	산학연계와 지역발전				1		2	1	2		1	7
상업 지리	정기시 재래시			1					1	1		3
	소매업 경영과 입지	1							1	1		3
	사무 입지와 사업서비스	1				1						2
서비스 유통 정보화	서비스 경제화와 유통구조	1							1	1		3
	물류 및 국제교역	1		1		1			1	1		5
	금융 및 부동산		1	1			2	1				5
	정보화		1				1					2
	지역연계망과 기업네트워크			1					1			2
교통 지리	대중교통 항만 및 도로	1								2	1	6
기타	공간 조직 및 신도시화					1	2					3
	관광 문화 환경	3				3	2	1	4	6	1	20
	접경지역 연구 기타	1	2	1	2			10	7	3	4	30
	의료 실업 및 노동 도시 정치	1				1	1			1	2	8

주) 1998년 창간호부터 2007년 6월호까지 20권의 논문 167편을 분석, 논문 한 편에서 여러 주제개념을 포괄할 수 있으므로 논문 수와 출현빈도 수와는 일치하지 않는다.

2) 농업지리와 공업지리

우리나라 경제에서 농업 부문의 비중이 약화되고 사양 산업으로 취급받았듯이 1998년 '한국경제지리학회지' 창간호 이후 현재까지 학회지에 게재된 농업 관련 논문 수는 공업지리나 상업지리 또는 서비스와 유통 지리 분야에 비교하면 상대적으로 매우 적다. 우리나라의 경제 현황을 '한국경제지리학회지'는 그대로 반영하고 있는 셈이다. 1945년 대한지리학회(조선지리학회)가 창립될 무렵만 하더라도 경제지리에서 농업지리 관련 논문들이 가장 먼저 과학적 체제를 갖추고 발표되었다. 그만큼 농업에 대한 관심이 지대했던 시기였다. 1963년부터 대한지리학회지가 발간되기 시작하였을 때만 하더라도 게재된 논문 가운데 농업지리 분야가 적지 않은 비중을 차지했었다.

이에 비해 공업지리 관련 논문의 수와 공업에 대한 관심은 경제개발 계획의 진행과 함께 대단히 고무적이었으며, 그것은 논문의 편수와 연구주제의 다양화로 나타났다. '한국경제지리학회지' 게재논문의 주제개념 출현빈도를 보아도 농업지리에 비하면 공업지리가 무려 약 15배나 많은 편이다. 농업지리 관련 논문을 보면, 총 167편의 논문 가운데 대형 유통업체의 농식품 구매 및 거래 관계를 밝힌 연구,[71] 농촌관광 마을 만들기,[72] 지역 금융시장에서의 지역농협의 역할에 관한 연구,[73] 여주의 경제지리 변화,[74] 농촌의 어메니티 인식,[75] 목민심서의 농업 내용을 밝힌 연구[76]와 수도권 지역의 토지이용 변화[77] 등 7편(4.1%)에 불과하다. 그러나 이들 7편 가운데 두세 편을 제외하면 순수 농업지리 관련 논문이라기보다는 그 성격이 복

71) 이종호, 윤세영, 2005 '대도시 유통업체의 농식품 구매 및 거래 관계의 공간적 특성,' 한국경제지리학회지, '8(1), 131~152.

72) 안종현, '앞의 논문, 197~210.

73) 최진배, 김태현, 민재현, 2004, '지역 금융시장에서 지역농협의 역할에 대한 실증적 연구: 부산 경남지역을 중심으로, 한국경제지리학회지, 7(3), 433~460.

74) 손용택, 2005, '여주의 경제지리 변화: 토지이용, 주민 생활실태, 생활공간의 입지변화를 중심으로.' 한국경제지리학회지, 7(2), 283~296.

75) 조영국, 박창석, 전영옥, 2002, '농촌 어메니티 인식의 구조와 의미,' 한국경제지리학회지, 5(2), 157~174.

76) 손용택, 2005, '목민심서(牧民心書)의 경제지리,' 한국경제지리학회지, 8(1), 171~188.

77) 최운식, 1998, '수도권 지역의 토지이용 변화,' 한국경제지리학회지, 1(2), 5~20.

합적인 것이 대부분이다.

한편 공업지리에서는 산업입지와 관련한 논문, 혁신체제 및 벤처 관련 논문,[78] 그리고 산업 클러스터 및 지역연계 관련 주제개념들의 출현빈도가 높다. 결국, 근래의 공업지리 분야를 주도하는 개념은 입지, 혁신, 클러스터 세 가지로 압축해 볼 수 있을 것이다. 참여정 부에서 사회적으로 중요시하고 추천하는 정책 개념 중에 "혁신"이 라는 키워드는 경제지리학의 학문적 경향과도 무관하지 않음을 알 수 있다.

3) 상업지리와 서비스, 유통, 정보화

우리나라의 경제지리학 발달을 살펴보면, 공업지리 분야가 1960 년대 이후 지금까지 가장 많은 관심을 받아온 분야이고, 그다음이 서비스업과 유통 분야라고 할 수 있다. 이 부분은 현재에도 각광을 받고 있지만 미래에는 더욱 관심이 집중되고 비중이 커질 분야로 예

---

78) 관련 논문은 다음과 같다: 김선배, 2001, '산업의 지식집약화를 위한 혁신체제 구축방안,' 한국 경제지리학회지, 4(1), 61~76.; 최정수, 앞의 논문, 277~292.; 이승철, 앞의 논문, 45~64.; 김 선배, 2004, '도시발전과 지역혁신체계: 기능적 관점의 지역 발전 이론과 사례,' 한국경제지리 학회지, 7(3), 345~358.; 신동호, 2004, 앞의 논문, 385~406.; 신동호, 2006b, 앞의 논문, 167 ~180.; 최영출, 앞의 논문, 61~80.; 배준구, 앞의 논문, 81~96.; 이정록, 2007, '광주, 전남 공 동혁신도시 입지선정과 지역 발전 효과,' 한국경제지리학회지, 10(2), 223~238.; 이철우, 이종 호, 김명엽, 앞의 논문, 1~20.; 이종호, 2003, '지역혁신체제 잠재성 향상의 조건: 기업의 혁신 활동을 중심으로, 한국경제지리학회지, 6(1), 61~78.; 남기범, 2005,'지역산업 군집의 혁신환 경: 대전 생물벤처산업과 부천 조립금속산업을 대상으로, 한국경제지리학회지, 8(1), 1~16.; 정준호, 김선배, 2005, '우리나라 산업집적의 공간적 패턴과 구조분석: 한국형 지역혁신체계 구축의 시사점,' 한국경제지리학회지, 8(1), 17~30.; 이정협, 김형주, 앞의 논문, 383~404.; 최 지훈, 2000, '벤처기업집적시설의 현황과 문제점 및 개선방안에 관한 연구: 서울시 관악구 벤 처타운 사례를 중심으로,' 한국경제지리학회지, 3(2), 82~96.; 김학훈, 2002, '충북지역 벤처산 업의 입지적 특성,' 한국경제지리학회지, 5(1), 49~68.; 이철우, 이종호, 2004, '지방 대도시 벤 처생태계의 제도적 및 문화적 환경: 대구지역을 사례로,' 한국경제지리학회지, 7(1), 1~28.; 최 흥봉, 윤석민, 2004, '벤처기업의 지역적 특성에 관한 연구: 수도권과 지방의 비교분석을 중심 으로,' 한국경제지리학회지, 7(1), 29~44.; 남기범, 2003, '서울 산업집적지 발전의 두 유형: 동 대문시장과 서울벤처밸리의 산업집적, 사회적 자본의 형성과 제도화 특성에 대한 비교,' 한국 경제지리학회지, 6(2), 45~60.

측된다. 그것은 우리나라 경제발달 순서가, 과거의 일차 산업에서 2
차 산업을 거쳐 오늘날에는 3차 산업과 4차 산업으로 그 비중이 옮
겨가고 있는 흐름을 본다면 더욱 명확한 진단일 것이다. 주제개념
출현빈도로 보면 어느 한 가지가 두드러져 탁월하다기보다는 논문
의 주요 주제와 개념들이 골고루 퍼져 있다. 그렇기는 하지만, 유통
구조, 물류, 금융, 부동산, 지역연계망으로서의 네트워크 등이 상대
적인 주요 개념들이라 할 수 있다.

한편, 상업지리 분야에서는 쇠락하는 부문과 중요시되는 부문이
교차한다고 할 수 있는데, 정기시나 재래시장 관련 주제는 전자에,
사무 입지 및 사업자 서비스 관련 부문은 요즈음 매우 중요시되는
후자에 속하는 개념들이다.[79] 소매업 경영과 입지에 관련한 내용은
상업지리에서 전통적으로 지속성을 가지고 연구되는 개념이라 할
만하다.

4) 교통지리 및 기타

그 중요성과 대중성에 비한다면, 우리나라 경제지리학자들의 연
구 관심도에서 더욱 많이 회자해야 할 분야가 교통지리라고 할 수
있다. 항공교통과 공항, 해운 교통과 항만, 대중교통으로서의 철도교
통과 고속버스, 지하철, 자동차 등 육로교통 등은 우리 생활과 매우
밀접한 연구주제들이기 때문이다. 경제지리학자들에 의해 연구된 관
련 논문들은 지하철 트랜잭션 데이터베이스에 기초한 이용자 행동

---

79) 사무 입지 및 사업자 서비스와 관련한 논문들은 다음과 같다. 안영진, 2002, '사무 입지에 관
한 도시, 경제 지리학적 연구 동향과 과제,' 한국경제지리학회지, 5(2), 229~248.; 류주현,
2005, '서울시 사업서비스업의 공간적 분포 특성,' 한국경제지리학회지, 8(3), 337~350.; 정병
순, 박래현, 2005, '대도시 사업서비스업 클러스터의 공간적 특성에 관한 연구,' 한국경제지리
학회지, 8(2), 195~216.

패턴에 관한 연구, 항만 교통에 관한 연구, 항공교통에 관한 연구 등이 소수 발표되고 있을 뿐이다.

관광과 문화, 환경 부문의 중요성이 더해지고 있는 것은 주지의 사실이다. 세계화와 맞물려 국내적으로는 지방화 시대를 맞아 각 지방자치단체에서는 지방의 홍보와 이미지화를 위해 이들 지방의 상징물과 로고를 만들어 이미지화하여 상품화하고 홍보하는 일에 경주하고 있다. 인류의 복지가 향상되고 생활 수준이 높아질수록 삶의 질을 높이고 행복추구를 위한 노력은 당연하며, 이런 환경하에 추구하는 것이 관광, 문화, 쾌적한 환경 등의 주제와 개념들이라 할 수 있다. 이들 주제 및 개념들에 대해서는 경제지리학자들 대부분이 많은 관심들을 공통으로 기울이는 분야라고 할 수 있다. 나아가 인간의 기본적인 행복추구와 안정을 위한 중요한 관심 분야가 발달한 의학과 의료시설, 실업과 노동 및 관련 정책이라 할 수 있다. 그런데 그 중요성에 비추어 경제지리학에서 채택되어 연구되는 논문 주제 및 주요 개념으로서의 출현빈도는 괄목할 만하지는 못하다. 그러나 미래의 경제지리학 연구범위의 확대와 다양화 측면에서 많이 다루어질 주제인 동시에 꾸준히 연구되어야 할 내용이다.

주제의 다양화와 연구주제 범위의 확대에 기여하고 있는 주목받을 만한 연구자들이 있다. 이금숙의 연구주제와 개념들을 유심히 보면 그 다양함에 주목할 만하고, 왕성한 논문생산에 놀랄 만하다. 이를테면, 교통지리와 관련하여 지하철, 카토그램 기법을 통한 시간거리 접근성 공간분석, 대중교통 이용자의 통행패턴, 교통카드 트랜잭션 데이터베이스 통행패턴 행태 연구, 의료지리로서 의료서비스 시설 입지, 전문과목별 개원의원 공간 분포 연구, 문화 산업으로서의 음반 산업의 입지, 도시 삶의 질에 대한 척도로서 도시의 경제 문화 사회 복지의 잠재력 지역 차 연구, 북촌의 창의적 소매업 연구, 그밖에도 전형적이고 전통적인 경제지리 연구주제들로서 국제교역 흐름의 변화, 소매 유통업 입지와 소비자 이용행태, 출판물류센터 입지 등 실로 다양한 연구주제들을 두루 섭렵하며 논문을 발표하고 있다.[80]

한편, 안영진은 대학과 지역사회의 관계에 주목하여 대학의 지역 사회 봉사, 양자 간의 교류 협력 방안, 신입생 특성과 취학권, 지식 및 기술이전과 지역 발전, 졸업생의 취업구조와 지역 발전 등에 대한 수 편의 논문을 발표함으로써 자신만의 일정한 연구 패턴을 만들어가고 있다.[81] 이밖에도 문남철은 동아시아 지역과 EU에 관한 해외 지역권 범위의 연구를,[82] 신동호는 일본과 독일 등에 대한 해외

---

80) 구체적으로 다음의 다양한 주제에 걸쳐 연구스펙트럼을 넓히는 데 기여하고 있다. 이금숙, 1998, '지하철 접근성 증가의 공간적 파급효과 산출모형 개발,' 한국경제지리학회지, 1(1), 137 ~150.; 이금숙, 1998, '의료서비스시설 입지문제,' 한국경제지리학회지, 1(2), 71~84.; 이금숙, 2000, '세계화 경제에서 국제교역 흐름의 변화: 기업 내 교역의 증가와 그의 국제교역 흐름에 미치는 영향,' 한국경제지리학회지, 3(1).; 김유미, 이금숙, 2001, '문화 산업의 입지적 특성분석: 음반 산업을 중심으로,' 한국경제지리학회지, 4(1), 37~60.; 현기순, 이금숙, 2004, '소매 유통업체의 입지적 특성과 소비자 이동 행태에 대한 분석: 제주도 서귀포시를 사례로.' 한국경제지리학회지, 7(1), 97~115.; 최윤정, 이금숙, 2005, '한국 도시의 경제 문화 사회 복지적 기회 잠재력의 지역적 격차,' 한국경제지리학회지, 8(1), 91~106.; 이금숙, 2005, '출판물류센터 입지분석,' 한국경제지리학회지, 8(3), 351~366.; 이경옥, 이금숙, 2006, '문화경제의 발현과 확산의 공간적 특징: 북촌의 창의적 소매업을 중심으로,' 한국경제지리학회지, 9(1), 23~38.; 김소연, 이금숙, 2006, '시간 거리 접근성 카토그램 제작 및 접근성 공간구조 분석,' 한국경제지리학회지, 9(2), 149~166.; 이금숙, 박종수, 2006, '서울시 대중교통 이용자의 통행패턴 분석,' 한국경제지리학회지, 9(3), 379~395.; 박종수, 이금숙, 2007, '대용량 교통카드 트랜잭션 데이터베이스에서 통행패턴 탐사와 통행 형태의 분석,' 한국경제지리학회지, 10(1), 44~63.; 서위연, 이금숙, 2007, '진료 전문과목별 개원의원의 공간적 분포 특징,' 한국경제지리학회지, 10(2), 153~166.

81) 이와 관련한 연구논문들은 다음과 같다. 안영진, 2007, '대학의 지역사회 봉사: 전남대학을 사례로,' 한국경제지리학회지, 10(1), 64~80.; 안영진, 2005, '대학과 지역 간의 교류 및 협력 방안에 관한 연구,' 한국경제지리학회지, 8(1), 71~90.; 안영진, 2004, '대학 신입생의 특성과 취학권: 전남대학을 사례로,' 한국경제지리학회지, 7(3), 481~502.; 안영진, 2003, '대학의 지식 및 기술이전과 지역 발전: 전남대학을 사례로,' 한국경제지리학회지, 6(1), 171~192.; 안영진, 2001, '전남대학교 졸업생의 취업구조와 지역 발전,' 한국경제지리학회지, 4(2), 37~56.

지역 연구의 패턴을 만들어가고 있다.[83]

5. 결론

피터 고울드(Peter Gould)가 언급한 것처럼, "이 세상의 모든 훌륭한 과학의 역사는 사려 깊은 실패의 역사"가 거듭 되풀이된 것으로 생각할 수 있다. 한 시대의 전위(前衛)는 다음 시대의 후위(後衛)가 되기 때문이다. 또한 철학자 헤겔(Hegel)이 그 시대에 관해서 언급한 것처럼, "사상(思想)이란 전시대의 사고로부터 해방을 가져다주는 역할을 하지만 얼마 안 가서 그것 자체가 억압적인 구속력을 갖게 된다." 그래서 개념을 포장한 끈은 완전히 훑쳐 단단히 매지 말고 풀 수 있는 여지를 두어야 한다는 뜻이다. 한국의 경제지리학은 경험주의, 실증주의, 반실증주의가 얽혀있는 패러다임의 혼돈시대를 경험하고 있다. 오늘날 반실증주의를 전위로, 실증주의를 후위로 보아야 하기에는 실증주의로부터의 해방이 너무도 불완전하고, "사려 깊은 실패의 역사"로 보기에는 우리의 지리학이 아직은 어느 패러다임에도 깊은 성찰이 없었음을 어느 원로 지리학자는 지적한 바 있다. 경제 지리학계는 이와 같은 혼돈을 벗어나기 위한 과감한 도전이 요구되고 있다.

'한국경제지리학회지'에 이때까지 게재된 논문 총 167편 중 공업

---

82) 문남철, 2003, 앞의 논문, 355~376.; 문남철, 2005, 367~382.; 문남철, 2006, 앞의 논문, 243 ~260.; 문남철, 2007, 앞의 논문, 182~196.

83) 신동호, 2004, 앞의 논문, 385~406.; 신동호, 2006a, 앞의 논문, 431~440.; 신동호, 2006b, 앞의 논문, 167~180.

분야가 약 40.0%를 차지하여 가장 많고, 그다음으로 지역 개발 분야가 약 13.0%, 유통 분야의 문화 산업 분야가 약 8.0%, 관광 분야가 6.0%의 순으로 2, 3차 산업 관련 논문이 많이 발표되었다. 학술지 논문을 보면 대체로 오늘날 쟁점이 되는 산업 클러스터, 지역균형발전, 지역혁신체제 등에 관한 연구가 활발함을 알 수 있다.

1997년 한국경제지리학회가 창립되고 이듬해부터 '한국경제지리학회지'가 창간되면서 우리나라의 경제지리학은 괄목할 만한 성장과 변화를 경험하게 되었다. 최근 들어서 경제지리학 연구자의 증가와 더불어 세계적인 변화의 모습을 한국경제지리학 연구에서도 찾아볼 수 있을 정도가 되었다. 한국의 경제지리학이 이처럼 괄목할 만하게 성장하고 있지만 다음과 같이 21세기의 연구 방향을 잡고 주력할 필요가 있다.

첫째, 자연과 인문의 통합적 연구를 더욱 활성화해야 한다. 지리학의 오랜 전통 중에 중요한 개념으로서 인간과 자연의 관계를 중시해 왔다. 지리학의 장점은 인문환경을 자연을 통해 조망할 수 있고, 반대로 자연환경을 인문환경과의 조화 속에서 바라볼 수 있는 종합 과학이라는 점이다. 예를 들면, 생태환경의 보전과 산업화의 문제라든지 다가오는 고령화 사회에서의 친환경적 공간 관리 등에 자연과 인간의 통합적 시각은 필수적 요소이다.

둘째, 학제적인 연구가 되도록 협력을 강화해야 한다. 지리학은 학제 간의 협력과 공동연구를 할 수 있도록 관련 분야의 지식을 터득하고 교류를 활성화하기에 적합한 학문이다. 각자 본인들의 탄탄한 전공지식의 바탕 위에 사회학, 인류학, 민속학, 경제학, 역사학 등 인접 과학과의 협력을 통한 신지식을 창출하고 활용범위를 넓혀 서로 도울 수 있도록 해야 한다.

셋째, 해외지역과 북한지역 연구에 관심을 기울여야 한다. 외국에 대한 학문적 실천적 경험과 사례는 국토 각 지역의 잠재력을 개발하고 발전시키는 데 중요한 교훈이 될 수 있다. 여기에 해외지역 연구의 필요성이 커지는 것인데, 나아가 재외동포들이 사는 지역연구를 활성화하여 궁극적으로 국력의 신장에도 도움이 되도록 해야 한다. 진정한 민족의 정체성 확립과 완성된 국토 공간의 연구가 되기 위해서는 그 동안 할 수 없었던 북한지역 연구에 각별한 관심과 노력을 기울여야 한다. 경제지리학자들의 북한지역 연구와 분단 현실 하에서의 협력과 통일방안에 대한 지리적 접근 연구의 필요성은 아무리 강조해도 지나치지 않는 국가적 민족적 사명을 띤다고도 할 수 있다.

넷째, 한국적 지리학 이론과 모델을 정립하는 데 노력을 경주해야 한다. 지난 40년 동안 우리나라 경제는 매우 급속히 성장하였다. 전통과 현대를 조화롭게 접목하기 위해서는 전통시대의 한국지리학 연구분석과 조사가 이루어져야 한다. 여기에 외국에서 받아들인 이론과 경험을 접목하여 한국적 지리학 연구방법 이론과 모형을 정립할 필요가 있다. 이러한 노력에 경제지리학이 유용하게 활용되어 국토의 환경과 자원관리, 부의 창출에 크게 기여할 수 있도록 해야 한다.

10

한국학으로서의 지리학
연구동향과 과제*
(2007년~2013년 기간 경제지리,
지역지리 학술지를 중심으로)

　본 논문은 한국학과 관련된 지리학연구 동향을 파악하는 것을 목적으로 한다. 연구대상은 한국경제지리학회지, 한국지역지리학회지의 2007년부터 2013년까지의 한국학 관련 논문 434편을 대상으로 계량적 분석을 시도하였다.

　연구결과 지리학 논문은 실천 지향적인 연구에 집중하고 있으며, 현장조사 방법론을 주로 사용하고 있었다. 대상 연구 시대는 현대 (1945~)에 집중되어 있었다. 연구자들은 서울-경기권과 대구-경북권에 집중되어 있는 것에 반하여, 연구대상 공간은 한반도의 각 지역에 균등하게 분포되어 있다. 기관 간의 협력 관계를 분석한 연구기관 네트워크 분석 결과, 경희대학교와 경북대학교 및 서울대학교가 지리학연구 중심으로 나타났다. 피인용 수 분석 결과, 공동연구가 활발하게 이루어지는 기관의 연구자와 새로운 방법론을 사용한 연

* 본 글은 2014-2015년 한국학중앙연구원 한국학연구지형도 과제 중, 필자가 쓴 부분을 축소, 재조정하여 논문으로 다듬은 것임. 당시 대학원생 김바로, 김사연의 도움에 감사를 표함.

구자가 많은 피인용 수를 보였다.

1. 연구목적과 배경

본 논문은 지리학 논문에 대한 계량적 분석을 통하여 1년에 정해진 논문 편수를 의무적으로 발표해야 하는 시스템으로 인하여 지리학 분야의 연구가 특정 분야로 몰리고 있는 현상을 규명하는 것을 목표로 한다. 또한 데이터 마이닝 과정에서 도출된 결과를 통하여 지리학 연구의 큰 줄기와 흐름을 파악해 지리학연구 어젠다를 설정하여 한국학 연구의 방향을 바로잡음으로써 시대와 분야별로 소외된 연구 분야 없이 균형 잡힌 지리학 연구의 초석을 쌓을 수 있도록 한다. 이를 위하여 본 논문은 학계 연구 동향분석에서의 계량적인 분석 방법에 최대한 집중하고자 한다. 현재 학계의 연구 동향분석은 계량적인 방법보다는 중견 이상의 연구자에 의한 주관적인 동향분석이 이루어지고 있다. 기존의 주관적인 동향분석은 학문의 발전에 대한 깊이 있는 분석과 방향을 제시하는 장점이 있는 반면, 동향 분석자의 주관적인 생각과 판단이 개입할 여지가 있다. 그렇기에 어디까지나 계량적인 분석을 중심으로 객관적인 평가 방식을 통하여 주관성을 최대한 배제할 수 있다면, 선명한 학문의 지형도를 그릴 수 있으며, 이를 토대로 명확한 발전 방향을 제시할 수 있으리라 생각한다.

2. 연구방법

본 연구는 한국학 관련 논문2)을 중심으로 한국연구재단의 기초논문정보를 기반으로 집필진이 데이터 추가-수정 작업을 수행한 한국경제지리학회지와 한국 지역심리학회지 논문 434건을 대상으로 분석을 진행하였다. 한국경제지리학회지 논문은 2007년(제10권 제1호)부터 2013년(제15권 제4호)까지의 논문 257건을 대상으로 하였고, 지역지리학회지 논문은 2007년(제13권 제1호)부터 2013년(제1권 제3호)까지의 논문 177건을 대상으로 하였다.

공간정보는 서울특별시, 인천광역시, 대전광역시, 대구광역시, 울산광역시, 부산광역시, 광주광역시, 경기도, 강원도, 충청북도, 충청남도, 전라북도, 전라남도, 경상북도, 경상남도, 제주특별자치도 및 해외지역으로 구분하였다.3) 피인용 지수는 한국연구재단의 한국학술지 인용 색인(kci.go.kr)과 네이버 전문정보(http://academic.naver.com)에서 제공하는 피인용 정보를 사용하였다. 한국연구재단과 네이버 전문정보 모두 일정한 한계가 존재하기에 신중하게 사용하여야 한다.4)

---

2) 한국학 관련 논문이란 연구대상 공간이 한반도 및 관련 인식영역을 포괄하거나 연구대상 인물이 넓은 범위의 한국인으로 인식될 수 있는 대상인 논문을 의미한다.

3) 시군구를 분류단위로 할 경우, 데이터 분석의 정확도를 향상할 수 있다. 그러나 지나치게 세부적인 데이터는 데이터 시각화의 저해요인으로 작용한다. 본 논문은 한국에서의 한국학연구의 동향을 분석하는 논문으로서 거시적인 시점에서의 분석이 선결과제이므로 시군구보다 넓은 범위의 공간정보 구분을 채택하였다. 연구대상 공간은 한 논문의 연구대상 공간이 2개 이상의 구분된 공간 범위일 경우 복수선택 하였다. 예를 들어서 한반도 전체에 대한 논문일 경우 해외지역을 제외한 모든 한반도 지역을 모두 선택하도록 하였다.

4) 우선 한국연구재단의 한국학술지 인용 색인과 네이버 전문정보 모두가 아직 데이터 입력 작업중이기에 완전한 피인용 지수를 제공하지 못하고 있다. 한국연구재단에서 제공하는 피인용 지수는 등재지에 기록된 피인용 횟수만을 피인용 수로 계측하고 있고, 계측된 피인용 수조차 실제 피인용 횟수에 비하여 적은 경우가 왕왕 발생한다. 네이버의 경우 한국연구재단과는 다른 방식으로 피인용 수를 제공하고 있기에 한국연구재단과 상당한 차이를 보인다. 그러나 대부분

그러나 피인용 지수는 현재 객관적인 기준으로 논문을 평가할 수 있는 사실상 유일한 방법이기에 2007년부터 2011년까지의 피인용 수를 통한 분석을 보조적인 계량적 방법론으로서 제공하고자 한다. 기본적인 데이터 처리와 분석은 MS SQL과 MS Excel 2012를 사용하였다. 말뭉치 분석은 서울대학교의 꼬꼬마 한글 형태소 분석기 (http://kkma.snu.ac.kr)를 활용하였다.[5] 네트워크 분석은 사이람의 넷마이너(netminer) 4.1[6]을 이용하였다.

3. 데이터 분석

1) 연구 성격

지리학의 논문들의 연구 경향을 알아보기 위하여 연구 성격을 문헌발굴, 문헌해석, 현장조사, 기존연구, 새 이론, 동향분석, 실천지향으로 설정하였고, 중복 선택이 가능하도록 하여 조사를 진행하였다.[7]

의 경우에서 한국연구재단보다 적은 수의 피인용 수를 제공하고 있다. 무엇보다 피인용 수는 논문의 "인기도"를 측정하는 기준이며, 논문의 "질"을 보장하지 않는 본질적인 한계를 가지고 있다. 피인용 지수의 의미는 많은 사람이 해당 논문을 인용했다는 의미이다. 이는 단지 논문의 우수성 여부뿐만이 아니라, 해당 논문 저자의 학계에서의 영향력이나 논문 주제의 유행 여부 등의 복합적인 요인이 작용한다는 의미이다. 그렇기에 해당 논문의 피인용 지수가 적다는 것이 해당 논문의 질이 떨어진다는 의미가 아니다.

5) 현재 이용 가능한 형태소 분석기는 서울대학교의 꼬꼬마 한글 형태소 분석기와 연세대학교의 깜짝새 한글 형태소 분석기가 대표적이며, 그 외에도 다양한 사전데이터와 프로그래밍언어를 활용한 한글 형태소 분석기가 존재하고 있다. 본 논문은 형태소 분석방법론을 중점으로 다루는 논문이 아니기에 새로운 형태소 분석기를 제작하지 않고, 사용 편의성이 강한 꼬꼬마 한글 형태소 분석기를 선택하였다.

6) 본 논문에서는 현존하는 사회연결망 분석 소프트웨어 중에서 직관성과 사용 편의성이 뛰어난 넷마이너를 선택하였다. 넷마이너 이외에도 UCINET, Pajek 등의 소프트웨어가 각각의 강점을 가지며 존재하고 있다.

<표 17> 연구 성격별 비율(중복 선택)

연구성격	문헌발굴	문헌해석	현장조사	기존연구	새 이론	동향분석	실천지향
비율	0.23%	23.96%	72.81%	81.34%	11.98%	2.30%	44.01%

　　최근 6년간 지리학계는 현장조사 방법론을 주로 사용하였고, 새로운 이론의 개척보다는 기존 연구방법론을 사용하고 있다. 또한 실천지향적인 연구를 통해서 현실에서 활용 가능한 연구에 집중하고 있다. 지리학의 학문적인 특성상 현장조사 방법론의 활용과 실천 지향적인 연구는 자연스러운 결과라고 할 수 있다. 그러나 새로운 문헌과 이론 발굴의 부족은 현저한 상태를 보인다. 특히 새로운 이론이나 방법을 사용한 연구가 11.98%에 불과한 것은 지리학 발전의 장애 요인이라고 할 수 있다. 이는 현재 지리학계에서 새로 대두되고 있는 빅데이터 분석이나 지리정보시스템(GIS)과 같은 방법론들이 기본적으로 일정 이상의 컴퓨터 능력을 필요로 하고 있기 때문으로 판단된다. 그렇기에 지리학의 발전을 위해서는 지리학과 컴퓨터공학의 공동연구나 지리학적 학문 능력과 컴퓨터공학적 학문 능력을 고루 갖춘 인재양성을 위한 교육과정이 필요할 것으로 보인다.

---

7) 문헌발굴은 기존에 학계에 소개되지 않은 새로운 문헌 자료를 이용하여 분석을 진행한 논문을 의미한다. 문헌해석은 기존의 학계에 소개된 문헌 자료에 대하여 재해석을 진행한 논문을 의미한다. 현장조사는 설문조사법이나 원-데이터를 활용하여 분석을 진행한 논문을 의미한다. 기존연구는 기존의 연구방법론을 활용한 연구를 의미한다. 새 이론은 새로운 이론을 이용하여 진행한 연구를 의미하며, 새로운 이론이란 학계에서 10회 이하로 논문이 발표된 연구방법론을 의미한다. 동향분석은 학계의 동향을 리뷰한 논문을 의미한다. 실천지향은 현장에서 즉시 사용 가능하거나 사용 가능함을 목표로 진행된 논문을 의미한다.

2) 연구대상 시대

경제지리학과 지역지리학의 연구대상 시간 범위는 실천 지향적인 지리학의 특성상 현대(1945년~)에 85%의 비율을 차지하며 집중되어 있다. 그에 반하여 근대나 조선 시대에 대한 관심이 비교적 떨어지고 있다. 대상 시간 범위 "현대(1945년~)"를 다시 10년 단위로 세분화해서 봐도 대부분의 연구대상 시간이 "2000년대~"로 가까운 시기에 밀집되어 있는 것을 알 수 있다.

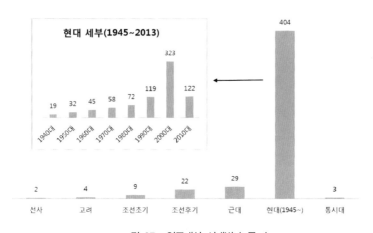

<그림 27> 연구대상 시대별 논문 수

경제지리학의 경우 경제지리학 대상 자료가 현대에 집중되어 있고, 현실적으로 요구되는 연구 내용도 가까운 시간 범위에 대한 연구를 필요로 하고 있기에 충분히 예상 가능한 결과이다. 그러나 지역 지리학의 경우 지역 문화나 관광산업 등에 대한 현실적인 수요가 존재한다. 다시 말해서 지역 문화와 관광산업의 영역에서는 근대 이

전의 역사지리에 대한 연구가 필요하다. 그러나 지역 지리학 영역에
서조차 대다수의 논문이 지역축제 평가 방식과 같이 지역 문화와 관
광산업을 근원적으로 성장시키는 연구가 아닌 당장의 효과 분석에
만 매진하고 있다. 이러한 지역 지리학의 현대 이전에 대한 무관심
은 지역 지리학 발전을 위해서 반드시 해결해야 될 숙제이다.

3) 공간분석

연구대상 논문의 지리학 연구논문 발표자들은 공동논문 저자를
포함하여 총 743명이다. 그중에 31%가 서울에 집중되어 있고, 대구
에 19%로 서울 다음으로 연구자가 집중되어 있다. 전체 연구자의
50%가 서울과 대구 두 지역에 밀집되는 현상을 보인다. 그런데 연
구자들이 서울과 대구에 집중되어 있는 것에 반하여 연구대상 공간
은 전국적으로 비교적 균등한 분포를 보인다.

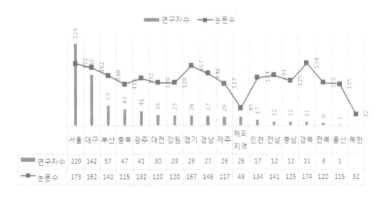

	서울	대구	부산	충북	광주	대전	강원	경기	경남	제주	해외지역	인천	전남	충남	경북	전북	울산	북한
연구자수	229	142	57	47	41	30	29	28	27	26	26	17	12	12	11	8	1	
논문수	173	162	140	115	132	120	120	167	146	117	49	134	141	125	174	120	115	32

<그림 28> 연구 공간 분석

일반적으로 자신이 소속된 공간에 대한 연구가 우선으로 발생하고, 그다음 단계로 외연을 넓혀서 인근 지역으로 연구대상 지역을 확장한다. 이는 연구자 소속공간과 연구대상 공간 사이의 거리적 마찰이 발생하기 때문이다. 그런데 경제지리학과 지역지리학에서 연구자들의 귀속공간이 서울과 대구에 밀집해 있는 것에 비하여, 연구대상 공간은 전국적으로 비교적 균등하게 분포되어 있다. 이는 서울지역의 연구자들이 서울지역에 대한 연구뿐만이 아니라, 한반도 전체에 대한 연구를 활발하게 진행함으로써 연구자 귀속공간의 밀집으로 인하여 발생할 우려가 있는 연구대상 공간의 불균등성을 해결하고 있기 때문이다. 또한 서울 다음으로 연구자가 밀집된 대구의 연구자들도 경상도 지역뿐만이 아니라 인접 지역인 전라도와 충청도에 대한 연구를 활발하게 진행함으로써 연구대상 공간의 불균등성을 해소하고 있다. 그렇기에 연구자가 1명밖에 존재하지 않는 울산에 대한 연구논문이 115건이나 되는 현상을 보인다.

4) 연구기관 네트워크 분석

연구기관 네트워크 분석은 공동연구논문을 대상으로 공동연구 진행에서 기관 간의 협력 관계를 살펴보기 위해서 수행하였다. 분석 대상 논문 434편 중에서 206편이 단독연구논문이고, 228편이 공동연구논문이었다. 공동연구논문이 전체 논문의 52.5%로 공동연구를 통한 학술교류가 활발하게 이루어지고 있다고 볼 수 있다.

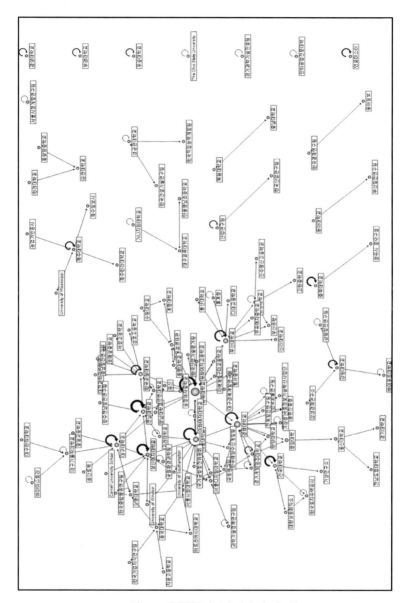

<그림 29> 공동연구자 소속기관 간 네트워크

공동논문 네트워크를 통해서 분석된 매개 중심성 지수[8])는 학문적인 인적 교류에 무게를 둔 분석이며, 참고문헌 네트워크에서의 중심성 지수만큼 학문적 영향력으로 치환할 수는 없다.[9] 그러나 학문적인 인적 교류를 통해서 학문적인 영향력이 발휘된다는 점을 고려한다면, 공동논문 네트워크가 참고문헌 네트워크의 학문적 영향력보다 최신의 학문적 영향력을 나타낸다고도 판단할 수 있다.

<그림 24>는 매개 중심성을 통하여 중심적인 공동연구기관을 도출한 결과이다. 공동연구의 중심지는 경희대학교와 경북대학교 및 서울대학교이다. 특히 경희대학교와 경북대학교는 각기 서울권과 경상도권 연구 네트워크의 중심으로서 기능하고 있다. 그 뒤를 서울대학교, 부산대학교, 대구대학교, 전남대학교, 한국교원대학교가 서브허브로서 기능하고 있다. 그런데 강원대학교와 충북대학교 및 제주대학교의 경우 외부기관과의 연결이 거의 존재하지 않으며, 기관 내부 저자 간의 공동논문 집필만이 활성화 되어있다. 물리적 거리가 좁은 동일 단체 내에서의 공동논문도 일정한 의미가 있지만, 지리학 학계 네트워크와 분리된 채로 자체적인 공동논문만을 수행하는 것은 학문적 고립을 야기할 수 있다. 실제로 피인용 분석에서 비교적 고립된 기관들의 피인용 수가 낮게 나타나는 현상을 보인다.[10] 그렇

---

8) 매개 중심성(betweenness centrality)은 한 노드가 다른 노드들 사이에서 최단 경로에 위치하는 정도를 나타내는 중심성 척도이다. 매개 중심성이 높을수록 해당 네트워크에서 영향력이 높다고 볼 수 있다.

9) 학문적 영향력은 공동논문 네트워크보다는 참고문헌 네트워크를 통한 분석이 더욱 효과적이다. 참고문헌 네트워크는 각각의 논문들이 포함하고 있는 참고문헌들을 통하여 네트워크를 구축하는 것을 의미한다. 그런데 한국연구재단에서 제공하는 데이터의 부정확으로 인하여 불완전한 참고문헌 네트워크 분석 결과가 도출되었기에 본 논문에서는 배제하였다.

10) 자세한 사항은 3.5 피인용 분석 참조.

기에 강원대학교 등 전체 지리학 학계 네트워크에서 비교적 고립된 상태의 기관들은 타 기관과의 적극적인 교류를 통한 외연 확대가 요구된다.

5) 피인용 분석

피인용 분석은 2007년부터 2011년까지의 연구대상 논문의 피인용 데이터만을 사용하였다. 이는 피인용의 경우 시간이 오래될수록 피인용 수가 많아질 가능성이 높기 때문이다. 다시 말해서 2012년이나 2013년의 논문의 경우 2011년 이전에 비하여 피인용 수가 현저히 저조하며, 이는 계량적인 분석에 활용하기에는 데이터의 수치가 너무 적기 때문이다.[11]

분석 대상의 평균 피인용 수는 한국연구재단의 경우 2.14286건이다. 가장 많은 피인용 수는 29건[12]이다. 46%의 논문의 피인용 수가 0건이고, 1건에서 3건의 비율 총합은 35%이다. 0건부터 3건까지의 비율은 81%이다. 네이버의 경우 0.98387건이다. 가장 많은 피인용 수는 18건[13]이다. 65%의 논문의 피인용 수가 0건이며, 1건에서 3건의 비율도 26%에 달한다. 0~3건의 비율은 91%이다. 실천 지향적 논문이 많은 지리학에서 피인용 수가 적은 것은 한국연구재단이나

---

11) 피인용의 경우 시간이 오래될수록 피인용이 많아질 가능성이 높다. 2013년의 한국연구재단과 네이버의 평균 피인용 값은 0이며, 2012년의 경우 네이버는 0, 학술진흥재단은 0.3968로 나머지 연도의 피인용보다 많이 떨어진다.

12) 장양례, 김혜영, 「지역주민과 외지방문객의 축제 참여 동기와 만족 충성도 비교연구」, 「한국지역 지리학회지」, 13(6), 2007년.

13) 조배행, 박종진, 「지역축제의 영향에 대한 지역주민의 지각 차이 분석」, 「한국지역 지리학회지」, 13(1), 2007년.

네이버의 피인용 수가 완전하지 않은 이유도 있겠지만, 지리학 논문이 현실에서 필요한 논문을 제대로 배출하지 못하고 있다는 의미로 해석될 수 있다.

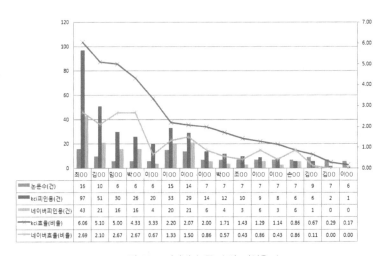

	최OO	김OO	임OO	박OO	이OO	이OO	이OO	이OO	박OO	조OO	이OO	이OO	손OO	김OO	김OO	이OO
논문수(건)	16	10	6	6	6	15	14	7	7	7	7	7	7	9	7	6
kci피인용(건)	97	51	30	26	20	33	29	14	12	10	9	8	6	6	2	1
네이버피인용(건)	43	21	16	16	4	20	21	6	4	3	6	3	6	1	0	0
kci효율(비율)	6.06	5.10	5.00	4.33	3.33	2.20	2.07	2.00	1.71	1.43	1.29	1.14	0.86	0.67	0.29	0.17
네이버효율(비율)	2.69	2.10	2.67	2.67	0.67	1.33	1.50	0.86	0.57	0.43	0.86	0.43	0.86	0.11	0.00	0.00

<그림 30> 저자별 논문 수와 피인용 수

발표 논문이 6편 이상인 논문 저자를 대상으로 피인용 수 분석을 진행하였다. 그 결과 최XX, 김XX, 임XX, 박XX, 이XX 순서로 논문 수 대비 피인용 수가 높은 것으로 나타났다. 최XX(00대학교)는 「다문화 공간과 지구-지방적 윤리: 초국적 자본주의의 문화공간에서 인정 투쟁의 공간으로」나 「이주노동자의 유입이 지역경제에 미치는 영향」 등의 이주를 키워드로 논문을 집필하고 있으며, 김XX(00대학교)는 「지역축제 방문객의 축제 이미지 평가에 따른 만족과 재방문 의사에 관한 연구」나 「테마파크 이벤트프로그램 이미지가 방문객 만족과 재방문 의사에 미치는 영향」 등의 지방 행사를

키워드로 논문을 집필하고 있다. 또한 임XX(00대학교)는 「결혼이주여성의 지역사회 적응 요인에 관한 연구」, 「영역자산의 장소판촉과 향토축제의 유형-경북지방을 사례로-」 등의 이주와 지방 행사를 중심으로 논문을 집필하고 있다. 위의 최XX, 김XX, 임XX는 모두가 이주와 지방 행사라는 인기 있는 키워드를 중심으로 논문을 집필하고 있다.

그다음으로 박XX(00여자대학교)는 「서울 대도시권 지하철망의 구조적 특성분석」이나 「교통카드 트랜잭션 데이터베이스에서 통행패턴 탐사와 통행행태의 분석」 등의 빅데이터와 GIS를 이용한 방법론으로 논문을 집필하고 있고, 이XX(00대학교)는 「경로 분석을 이용한 인구이동 결정요인들 간의 인과구조」나 「지식창출 활동과 지역경제 성장 간의 인과관계 분석」 등의 빅데이터 분석을 통한 논문을 집필하고 있다. 박XX와 이XX는 컴퓨터를 이용한 디지털 인문학 방법론을 활용하여 새로운 방법론으로 논문을 집필하고 있다.

이와 반대로, 이XX(00여자대학교)나 김XX(00대학교)의 경우에는 발표 논문에 비하여 피인용 된 숫자가 적은 것으로 나타났다.14) 이는 이XX와 김XX의 논문 주제가 노동시장이나 중국 동북지방 지리학을 다루고 있어서 지리학의 중심 화두인 경제와 문화와는 동떨어져 있기 때문이다. 학계의 다양성 존중을 생각한다면 이XX와 김XX는

---

14) 다시 한번 강조하지만, 현재 한국연구재단과 네이버의 피인용 수는 데이터가 완전하지 않기에 본 결과는 하나의 샘플로서만 의미가 있다고 할 수 있다. 또한 설령 한국연구재단과 네이버 전문검색의 피인용 수가 정확하다고 하더라도 피인용 수는 어디까지나 해당 논문의 인기도 혹은 영향력을 측정하는 기준이 될 수 있지만, 해당 논문의 질을 평가하는 절대적인 기준이 될 수는 없다.

비록 피인용 수는 적지만, 남들이 다루지 않는 연구 영역을 구축하고 있기에 지원 정책 결정 시 최소한 차선적인 지원 대상에 반드시 넣어야 할 것이다. 오히려 가장 큰 문제는 중심화두인 경제와 문화 키워드를 다루면서도 피인용 수치가 낮은 논문들이다. 인기 있는 키워드인 경제류와 문화류의 키워드들이 사용된 논문들은 일정 정도 이상의 피인용 수를 얻을 가능성이 높음에도 불구하고, 피인용 수치가 0~1에 불과한 경제류와 문화류의 키워드들이 사용된 논문은 논문의 질이 떨어질 가능성이 높다.

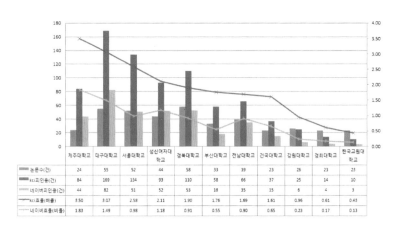

	제주대학교	대구대학교	서울대학교	성신여자대학교	경북대학교	부산대학교	전남대학교	건국대학교	강원대학교	경희대학교	한국교원대학교
논문수(건)	24	55	58	44	58	33	39	23	26	23	23
kci피인용(건)	84	169	134	93	110	58	66	37	25	14	10
네이버피인용(건)	44	82	51	52	53	18	35	15	6	4	3
kci효율(비율)	3.50	3.07	2.58	2.11	1.90	1.76	1.69	1.61	0.96	0.61	0.43
네이버효율(비율)	1.83	1.49	0.98	1.18	0.91	0.55	0.90	0.65	0.23	0.17	0.13

<그림 31> 기관별 논문 수와 피인용 수(2007~2011)

발표 논문이 20편 이상인 기관을 대상으로 피인용 수 분석을 진행하였다. 그 결과 제주대학교, 대구대학교, 서울대학교 순서로 논문 발표 수 대비 피인용 수가 높은 것으로 나타났다. 제주대학교는 「제주지역 내 중국 및 일본 관광객의 선택속성의 차이 분석: 구조방정식 이용」이나 「제주 방언 축제의 재방문 요인 연구」와 같이 제주도

를 대상으로 한 논문을 위주로 발표했음에도 불구하고 제주도에 대한 관심을 반영하여 높은 피인용 지수를 보인다. 대구대학교는 개인 피인용 지수에서 상위권을 차지하는 최XX와 임XX로 인하여 높은 피인용 지수를 보인다.

이와 반대로, 한국교원대학교는 소속연구자들이 23편의 논문을 발표했음에도 불구하고 한국연구재단 피인용 수는 10건, 네이버 피인용 수는 3건에 불과하였다. 이는 공동연구자 소속기관 네트워크를 통해서 분석했듯이 한국교원대학교가 한국교원대학교 내부나 한국교원대학교 출신의 연구자들만의 갇힌 연구 네트워크를 형성하였기 때문이다. 다시 말해서 한국교원대학교가 타 기관과는 교류가 적기 때문에 피인용 수 분석에서도 타 기관에서 한국교원대학교의 논문을 인용하지 않는 현실로 반영되고 있다.

6) 형태소 분석

<그림 32> 지리학 논문 초록 태그 구름

<그림 33> 사회학 논문 초록 태그 구름

    분석 대상 지리학 논문의 관심 영역을 알아보기 위하여 분석 대상 논문의 초록을 형태소 단위로 빈도수를 도출[15]하여 그 결과를 태그 구름 형식[16]으로 시각화하였다. 그 결과 지리학의 기본적인 관심 대상인 지역이 가장 큰 비중을 차지하고 있고, 산업, 도시, 변화, 기업 등의 키워드 순으로 지리학 논문에 자주 출현하고 있다. 사회학 영역의 한국연구재단 등재지인 「한국사회학」과 「경제와 사회」의 한국학 관련 논문[17]을 통하여 시각화한 사회학 논문 초록 태그 구름과

---

15) 본 분석에서는 분석 대상 논문의 초록을 형태소 분석 대상으로 선정하였다. 형태소 분석 대상이 될 수 있는 후보군은 키워드, 초록, 논문 전문이 있다. 논문 전문을 대상으로 한 분석은 분석 대상의 총량의 방대함으로 인하여 지리학 논문의 특징적인 형태소가 아닌 일반적인 형태소가 출현할 염려가 있다. 키워드는 분석 대상으로서 총량이 부족하기도 하지만, 키워드가 논문 저자의 적극적인 의도로 인하여 선정되었기에 지리학의 잠재적인 흐름을 파악하기에 부적합하다고 판단하였다. 그렇기에 대상으로서의 분석 총량이 적절하면서도 논문 저자의 적극적인 개입이 비교적 적은 초록을 형태소 분석 대상으로 선정하였다.

16) 태그 구름(영어: tag cloud) 또는 단어 구름(word cloud)은 메타 데이터에서 얻어진 태그들을 분석하여 중요도를 고려하여 단어의 구름의 형태로 표시하는 것이다. 시각적인 중요도를 강조를 위해 각 태그들은 그 중요도에 따라 글자의 색상이나 굵기 등의 형태를 변화시킨다.

비교해 보면 지리학 논문의 관심 영역을 명확하게 알 수 있다. 사회학 논문이 사회, 노동, 정치 등의 관심사를 보이는 데 반하여, 지리학은 지역, 산업, 기업 등의 키워드에 관심을 보인다. 또한 사회학은 지리학과는 인접 학문이기에 문화, 정책, 산업 등의 키워드가 일치하는 것을 알 수 있다.

형태소 분석은 단순히 한 학문의 연구 성격을 밝히는 것보다는 타 학문과의 공통점을 발견하여 교차 연구 혹은 공동연구를 추진하는 방법론으로서 주목할 필요가 있다. 지리학과 사회학의 연구 철학과 연구방법론이 각기 공간과 사회를 중심으로 분화되어 있다는 점에서 차별적이면서도 문화, 정책, 산업 등의 관심사를 공유하고 있다. 지리학과 사회학의 공동연구 지원 정책 결정 시, 정책 결정자는 상호 공통되는 관심 키워드로 연구 영역을 제시하거나 제한함으로써 효율을 극대화시킬 수 있다.

---

17) 사회학 데이터는 한국연구재단의 기초논문정보를 기반으로 집필진이 데이터 추가·수정 작업을 수행한 「한국사회학」과 「경제와 사회」 논문 321건을 대상으로 분석을 진행하였다. 「한국사회학」 논문은 2002년(제36권 제4호)부터 2012년(제46권 제5호)까지의 논문 205건을 대상으로 하였고, 「경제와 사회」 논문은 2007년(제75호)부터 2012년(제96호)까지의 논문 116건을 대상으로 하였다.

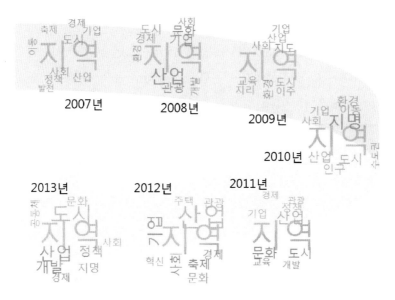

2007년

2008년

2009년

2010년

2013년

2012년

2011년

<그림 34> 연도별 연구주제 추세(태그 구름)

　　대상 지리학 논문의 연도별 연구 추세를 살펴보기 위하여 대상 논
문의 초록 키워드를 연도별로 분리하여 태그 구름 형식으로 <그림
29>와 같이 시각화하였다. 실천지향연구 위주의 지리학 논문답게
당시 현실적인 요구에 따라서 키워드가 변동하는 모습을 볼 수 있
다. 예를 들어서 2010년의 인구주택총조사에 발맞추어 "인구"와
"이동"을 키워드로 하는 논문들이 다수 발표되었음을 알 수 있다.

<표 18> 연도별 연구주제 추세표

2007	출현빈도	2008	출현빈도	2009	출현빈도	2010	출현빈도	2011	출현빈도	2012	출현빈도	2013	출현빈도
지역	186	지역	167	지역	180	지역	135	지역	206	지역	103	지역	96
도시	47	산업	82	환경	43	지명	62	산업	75	산업	77	도시	58
사회	41	기업	50	지도	41	산업	39	문화	63	기업	45	산업	45
정책	37	문화	47	사회	40	도시	38	도시	59	사회	31	개발	36
산업	37	관광	45	도시	40	인구	35	정책	46	축제	28	정책	27
기업	36	도시	42	산업	40	이동	33	기업	45	문화	26	문화	24
경제	34	경제	40	교육	39	환경	33	교육	37	관광	23	지명	24
축제	34	개발	37	이주	39	기업	30	개발	35	경제	23	사회	21
이동	33	사회	30	지리	37	사회	28	관광	34	주택	22	공동체	19
발전	31	환경	30	기업	36	수도권	25	경제	32	혁신	21	경제	19

  "산업", "경제", "기업", "개발"과 같은 경제류 키워드는 경제침체
기인 2008년, 2011년, 2012년, 2013년에 자주 등장하고 있다. 이것
은 학자들이 경기침체를 벗어나기 위한 학문적 주도 성향을 반영한
것으로 보인다. "문화", "관광", "축제"와 같은 문화류 키워드는
2011년을 기점으로 지방 관광의 활성화와 경제 침체의 돌파구로서
주목을 받으며 지속적인 관심을 받고 있다. "이동", "이주", "인구"
와 같은 인구류 키워드는 2007년부터 다문화가정 등의 현실적인 이
동 문제에 관한 관심으로 인하여 활성화되어 2010년에 인구주택총
조사 시기에 정점을 찍는다. 그러나 2011년 이후에는 학계의 핵심
키워드에서는 밀려난 상황이다. 주목할 만한 부분은 2013년에 "공
동체"라는 새로운 키워드가 관심 키워드로 등장한 점이다. 이는 지
리학계가 사회적 문제에 대한 해결책으로서 "공동체"라는 키워드를
대안으로서 제시하고 있다고 판단된다.

4. 결론

　본 논문은 기존의 연구 동향분석과 다르게 계량적인 방법론을 사용하여 한국경제지리학회지와 한국지역지리학회지를 활용하여 한국지리학에 대한 연구 동향분석을 시도하였다. 한국지리학은 실천 지향적인 연구에 집중하고 있으며, 현장조사 방법론을 주로 사용하고 있었다. 그에 반하여 새로운 이론이나 방법론 및 문헌에 대한 연구가 부족하기에 추후 지리학계의 새로운 시도가 필요한 시점으로 보인다. 대상 연구 시대는 1945년 이후의 현대에 집중되어 있었다. 지역 지리학은 현실적으로 요구되는 지역사와 관광에 대한 요구를 생각하면 1945년 이전 시대에 대한 연구를 보충해야 될 것으로 보인다. 한국지리학의 연구자들은 서울-경기권과 대구-경북권에 집중되어 있어서 연구자의 귀속공간의 집중으로 인한 연구대상 지역의 불균형성이 우려되었다. 그러나 서울-경기권과 대구-경북권의 연구자들이 한반도 전체에 대해서 균등하게 연구를 진행함으로써 이러한 지역 간 격차를 해소하고 있다.

　공동연구 네트워크와 피인용 수는 현재의 지리학계 동향을 살펴볼 수 있을 뿐만이 아니라, 객관적인 기관평가나 연구자 평가를 위한 방법론으로서 활용 가능하다고 판단된다. 공동연구논문을 대상으로 공동연구 진행에서 기관 간의 협력 관계를 분석한 연구기관 네트워크 분석결과, 경희대학교와 경북대학교 및 서울대학교가 지리학연구 중심으로 나타났다. 경희대학교가 서울-경기권의 연구 네트워크 중심으로 기능하고 있으며, 경북대학교가 대구-경북권의 연구 네트워크 중심으로 기능하고 있다. 반대로 강원대학교와 충북대학교 및 제주대학교와 같은 학교의 경우 외부기관과의 네트워크를 거의 구축하지 않고, 기관 내부 저자 간의 공동논문 집필만을 시행하고 있음으로 인하여 학문적 고립 상태를 야기하고 있다. 이러한 학문적인 고립은 해당 기관 논문들의 피인용 수가 저조한 현상으로 발현되고 있다. 만약 정책 결정자가 예산 집행을 위한 기관평가를 한다면 경희대학교와 경북대학교에 높은 점수를 부여하는 것이 효율적이다. 반대로 강원대학교나 충북대학교는 학문적 영향력이 약함으로 투자 대비 효율을 생각한다면 기관평가에서 낮은 점수를 받게 될 것이 불가피하다.

피인용 수 분석 결과 공동연구가 활발하게 이루어지는 기관에 집중되는 현상을 보인다. 그 뿐만이 아니라 주제 분류에서는 경제류와 문화류의 피인용 수가 높은 수치를 기록하고 있으며, 빅데이터 분석과 같은 새로운 방법론에 대한 피인용 수가 높았다. 피인용 수는 기본적으로 인기도의 지표일 뿐, 논문의 질을 평가할 수 있는 단위는 아니다. 그러므로 노동이나 동북지방과 같은 비주류 키워드로 구성된 논문들이 낮은 피인용 수를 보이는 것은 학계의 다양성을 고려하면 피인용 수가 낮다고 저평가를 할 수는 없다. 그러나 인기 키워드인 경제류와 문화류에서도 낮은 피인용 수를 보이는 논문은 인용할 가치가 없는, 그럼에도 인기에 영합하려는, 질 낮은 논문들일 가능성이 높다. 저자 평가에서 인기 있는 키워드임에도 불구하고 낮은 피인용 수를 보이는 논문들에 대한 평가를 낮추는 것이 합리적인 평가 방식으로 제시될 수 있다.

형태소 분석결과 지리학의 연구 동향을 계량적으로 파악할 수 있었다. 초록에 대한 형태소 분석은 지리학 전체의 연구 동향을 계량적으로 파악함으로써 지리의 연구 동향을 파악하고, 추후의 연구 방향성까지 예측할 수 있다.

제 **5** 장

중국 광동과 연변지역의 변화와
의식세계

11

중국 광저우(廣州) 시의 변화와 발전:

지리적 관점에서[*]

오늘날 광저우(廣州)를 성회(省會, 성의 수도)로 하는 광둥(廣東, 광동) 성을 포함해 광시(廣西, 광서)성, 푸젠(福建, 복건)성 및 하이난(海南, 해남)성 일대는 진(秦)나라가 중국을 통일(기원전 221년)하기 전까지 오령 (五嶺)[2]의 남쪽에 있다 하여 "영남(嶺南)"이라 불렸던 땅이다. 이 일대 는 북쪽으로 다섯 개의 산맥이 병풍처럼 둘러막고 있어 북방과의 왕 래는 어려웠지만, 남으로 광동성 남부의 8,400km에 이르는 해안선 과 광시성 남부 해안 및 하이난성을 중심으로 외국과의 해상 교류가 활발했다.[3]

---

[*] 본 글은 2010년 12월-2011년 12월까지 중국 광동성 광저우 시의 중산대학교 해외파견 교수로 나가있는 동안 쓴 논문임.

2) 광동성 북쪽을 막고 있는 다섯 개의 산맥-월성령(越城嶺), 도방령(都龐嶺) 혹은 게양령(揭陽嶺), 맹저령(萌渚嶺), 기전령(騎田嶺), 대유령(大庾嶺) 등의 산맥을 말한다.

3) 강정애, 2010, 『광저우(廣州) 이야기』, 22.

1. 과거의 광저우

1) 광저우의 시원

1958년 중국의 고고학자들은 광둥성 취장[曲江, 곡강]현 마바 [馬?]의 암석 동굴에서 구석기 시대 원시인의 두개골 화석을 발견했고, 이를 광둥성 일대에 거주한 최초의 호모 사피엔스로 "마바렌(마파인)"이라 부른다.[4] 그리고 신석기시대 이후 영남지방에 인류가 거주한 흔적은 전국 시대(기원전 475년~기원전 221년) 백월족(百越族)으로 이어진다. 기원전 344년, 지금의 저장성(折江省) 일대의 월(越)나라가 초(楚)나라 위왕(威王)의 공격으로 그 유민들이 황허강 남쪽으로 이동했는데, 북방 한족(漢族)들은 이를 보고 "월나라 사람들이 무리를 지어 여기저기 많이 흩어져 산다(越以百稱, 各其族類之多也)"라는 의미에서 유민들을 '백월족'이라 불렀다. 이후 영남의 토착민이 된 백월족들이 역사서에 처음 등장하는 것은 전국 시대 말기로 여씨춘추[呂氏春秋]의 '시군람(恃君覽)' 편의 '양주의 남쪽 끝인 백월의 경계선(揚漢之南百越之際)'이라는 문장에서 처음 '백월'이라는 단어가 나타난다.[5]

고대 영남의 중심지는 번우(番禺) 또는 남해라 불리던 곳으로, 오늘날의 광저우이다. 진시황이 영남 정벌을 위해 50만 대군을 파병하면서 '한 군대는 번우에 주둔하라(一軍守處番禺之都)'라고 했다는 [회남자]의 기록으로 보아 진시황 이전부터 광저우가 '번우'라 불렸음을 알 수 있다. '번우'는 바다와 인접해 있어 진귀한 특산물들이 거래되던 교역지로, 전국(戰國) 시대에는 초(楚)나라와 군신 관계를 맺

---

4) 강정애, 2010, 『광저우(廣州) 이야기』, 23.

5) 강정애, 2010, 『광저우(廣州) 이야기』, 25.

고 조공을 바쳐 '초정(楚庭)'이라 불렀다. [전국책(戰國冊)]을 보면 초왕이 '초나라에서는 황금이며 보석, 상아 및 소뿔 등이 생산된다'라고 말한 기록이 있는데, 이것들은 초나라에서 생산된 것이 아니라 번우에서 나거나 해상을 통해 번우로 수입된 것이 조공이나 교환의 형식으로 초나라 왕궁에 들어간 것이다. 한편, 1983년 남월국 제2대 왕의 묘가 발견되고 그 안에서 상아, 진주, 유향, 페르시아 은합 등이 나오면서 2천 년 넘게 기록으로만 존재하던 해상 무역 도시 번우의 면모가 실제로 드러났다.6)

현재 중국에서 광둥을 간편하게 부르는 말인 '월(粵)'은 고대부터 백월족의 '월(越)'과 같은 뜻으로 사용했고 발음도 같다. 오늘날 광둥어는 '월어(粵語)', 광둥 오페라는 '월극(粵劇)', 또 광둥 요리는 '월채(粵菜)'라고 부르는데, 이는 북방 민족이 영남으로 이주해 오면서 백월족과 연합했다는 증거이자 백월족이 한족계 광둥인들의 조상이었다는 증거이기도 하다.7)

2) 광둥어, 최초의 화교, 광둥 요리, 월극

광둥성의 보통어인 광둥어에는 고대 백월족들이 사용하던 언어의 음가가 많이 남아있다. 그리고 광둥어는 북방 언어보다 고대 한어의 흔적이 많이 남아있는 언어이다. 말의 30% 정도는 현대의 한자로 표기가 불가능하다. 지리적인 한계 때문에 광둥어와 북방 한어는 따로 발전해 왔지만 한족들이 영남으로 이주해 오면서 토착민이던 백월족과 융합한 덕분에 오늘날 중국 남북의 의사소통이 한결 수월해

---

6) 강정애, 2010, 『광저우(廣州) 이야기』, 31~32.

7) 강정애, 2010, 『광저우(廣州) 이야기』, 33.

졌다. 한편 광둥어는 중국 내의 다른 지역으로는 크게 확산되지 않았지만, 세계 차이나타운에서는 가장 많이 사용하는 언어이다.[8] 화교의 역사는 영남에서 시작되었다. 영남 연해의 선주나 선원들이 동남아 연해를 왕래하며 무역을 하다 정착한 것이 오늘날 화교의 시작이다. 현재 전 세계 화교의 3분의 2가 광둥성 출신이다. 당나라 때에는 수행상의 목적으로 인도네시아로 건너갔다가 귀국하지 않은 승려들도 있었고, 879년 황소(黃巢)의 난 때에는 수많은 영남인들이 인도네시아로 도피하기도 했다. 또한, 명과 청의 교체기에는 전쟁에서 패한 약 1만여 명의 명(明, 1368~1644년)나라 군사와 민간인들이 인도나 일본 등으로 건너갔다.

초기 화교들 중에는 왕실에 고용되어 중국과 무역을 하는 이들도 있었지만 대부분은 장사를 하거나, 식당이며 배에서 막노동을 했다. 오늘날처럼 화교의 지위가 높아지고 재력가들이 등장하기 시작한 것은 제2차 세계대전이 끝난 후로, 2~3세대 화교들 가운데 의사나 변호사 등이 배출되면서부터 그 위상이 달라졌다. 한편, 1911년 신해혁명(辛亥革命) 후 중화민국의 대총통이 된 쑨원(孫文, 1866~1925년)은 화교를 일러 '혁명의 어머니(華僑爲革命之母)'라고 했다. 청(淸, 1636~1912)나라 정부를 타도하며 2천 년 전제 정치의 막을 내린 신해혁명의 성공에는 해외에서 기반을 잡고 있던 화교의 지원과 희생이 절대적이었기 때문이다.[9]

『박물지』를 보면 백월족은 뱀과 조개류를 좋아했다는 기록이 있다. 물산이 풍부하고 다양한 동식물이 서식했던 주장(珠江) 삼각주

---

8) 강정애, 2010, 『광저우(廣州) 이야기』, 34.
9) 강정애, 2010, 『광저우(廣州) 이야기』, 35~36.

일대는 백월족들의 식량 창고였고, 손쉽게 구할 수 있는 물고기며 거북, 뱀, 자라 등은 주요 식재료였다. 광둥 요리가 해산물이나 생선을 주재료로 하거나 뱀, 개구리, 원숭이, 물방개, 고양이 등 중국 다른 지역에서는 좀처럼 보기 드문 식재료를 사용하는 것도 내륙과의 교류 없이 자연환경에 의존해 자생적인 문화를 형성했던 백월족 특유의 음식문화에 근거한 것이다.[10]

광둥 사람들은 일찍부터 외국과의 교류에 적극적이었고, 자신들의 문화를 유지하면서도 외부 문화에 개방적이었다. 그 덕분에 광둥 요리에는 토마토케첩, 굴 소스 등의 서양 향신료나 서양 채소도 많이 사용되며, "하늘을 나는 것 중에서는 비행기를, 땅 위의 네발 달린 것 중에서는 책걸상, 바닷속에서는 잠수함만 제외하고 모든 것을 먹을 수 있다"라는 표현이 맞을 정도로 다양한 식재료를 사용한다.[11]

광둥 요리는 간을 싱겁게 하고 기름을 적게 사용하면서 식재료의 고유한 맛을 살리는 것이 특징으로, 중국 요리의 보석으로 꼽는 디엔신은 대표적인 광둥 요리(粤菜)이다.

한편 '얌차(飮茶, 음차)는 차를 마신다'라는 뜻으로, 식당에서 '디엔신(點心, 점심)'이라 부르는 간식과 함께 차를 즐기는 것을 말한다. 디엔신은 대개 60여 가지가 넘게 나오며 큰 식당에서는 아침 7시부터 밤 11시까지 식사시간과 번갈아 가며 얌차를 제공한다. 아침 7~11시까지 얌차, 오후 2시까지 점심, 오후 2~5시 사이에 다시 오후 얌

---

10) 강정애, 2010, 『광저우(廣州) 이야기』, 37~39.

11) 중국의 4대 요리 가운데 광둥 요리는 그 맛이 담백하며, 시원한 탕이 처음 곁들여 나오는 것이 특징이다. 식사 시작과 함께 시원한 탕이 곁들여 나오고 전체적인 맛이 담백한 것은 그 기원을 포르투갈 음식의 맛 문화가 식민지 지배시대에 마카오(澳門)를 통해 광둥으로 들어와 현지 음식문화와 소통되고 정착한 결과라고 설명하기도 한다. 한편 오래전부터 개방된 이 지역은 다문화사회였고, 여러 문화가 어우러진 가운데 여러 가지 다양한 식재료를 바탕으로 독특한 광둥 요리, 즉 월채(粤菜)가 발달했을 가능성이 크다.

차를 제공하는 식이다. 광저우의 얌차 역사는 100년이 넘었는데, 최근 몇 년 사이 얌차 수요가 줄어들자 정부에서는 얌차 전문 식당을 지원하고, 식사시간에 얌차 주문을 받는 식당들도 많아지고 있다.[12]

'양차(凉茶)'는 광저우 사람들이 특히 즐겨 마시는 음료수로 몸에 열을 내리는 한약재를 다려 만든 것이다. 광저우처럼 고온 다습한 지역에서 맵고 짠 음식을 과하게 섭취하면 구강이나 비강에 염증이 생기거나 대변이 견고해지는 '상화(上火)' 증세가 나타난다. 이 때문에 광저우에는 고대부터 체내 열기를 다스리는 음료가 민간 비법으로 전승되어 왔고, 청나라 때인 1828년에 광동 사람 왕택방(王澤邦)이 '왕노길(王老吉)'이란 가게를 시작하면서 양차는 광저우의 독특한 문화로 자리 잡았다. 오늘날에도 광저우에는 수십 개의 민간 량차 전문점이 성업 중이다.[13]

월극(粵劇)은 광동 지방 고유의 민간 곡조가 장쑤(江蘇, 강소)성 일대에 성행했던 전통극인 곤곡(崑曲)의 영향을 받아 만들어진 것으로 2009년 유네스코 비물질 문화유산에 등재됐다. 전통 악기 반주에 맞추어 노래와 대화, 춤과 추상적인 동작 등을 선보이는데, 일반적으로는 월어로 진행되는 극을 통틀어 월극이라 한다. 광저우 팔화회관(八和會館)은 '월극의 고향'이라고 불리는 곳으로, 청나라 때인 1889년에 문을 열었다. 화교들은 진출하는 세계 여러 도시마다 팔화회관을 지어 월극을 선보이고 또한 회관 내에 숙박시설을 만들어 고향 사람들을 위한 교류의 장으로 활용했는데 이러한 문화는 오늘날에도 이어지고 있다. 한편, 월극에 사용되는 부드러운 곡조의 '월곡'은 감미로

---

12) 강정애, 2010, 『광저우(廣州) 이야기』, 40.

13) 강정애, 2010, 『광저우(廣州) 이야기』, 41.

운 현악기나 타악기를 사용하며 풍부한 감성을 자아내는 것이 특징이다. 월곡은 민간 애호가들도 많아서 광저우의 공원이나 식당에서는 동호인들이 모여 소품을 연주하는 모습을 흔히 볼 수 있다.

3) 진나라 시대의 광저우

진시황은 기원전 221년 북방의 여섯 제후국을 정복하며 최초로 중국을 통일한 뒤, 다음 정복지로 영남을 점찍었다. 춘추 전국 시대에도 오(吳)나라, 월나라, 초나라가 영남지방과 인접해 있었지만, 그들은 누구도 영남 정복에 나서지 않았다. 영남이 해상 교통의 요지이긴 했지만 내륙을 오가기도 어렵고 수시로 전염병도 창궐했던 데다 미개인이라 여기던 영남인들을 통치하기도 쉽지 않았던 까닭이다. 하지만 진시황은 생각이 달랐다. 그는 정벌을 시작하기도 전에 이미 행정구역까지 구상해 둘 정도로 물산이 풍부한 영남 땅에 집착했다.

북쪽에서 육로를 이용해 영남 땅으로 진입하려면 남북을 가로막고 있는 오령 산길을 넘어서야 했다. 험난한 산길로 병력의 이동과 군량을 실어 나르는 일은 불가능하다고 판단한 진시황은 육로 대신 수로를 이용했다. 그는 창장(長江, 양쯔강)의 수계인 샹강(湘江, 상강)과 영남 주장(珠江)의 수계인 리장(灘江, 이강)을 잇기 위해 운하 개척에 들어갔고, 3년 후인 기원전 218년(진시황 29년), 총 길이 34km의 운하, '영거(靈渠)'를 완성했다.

운하가 완성되자 진시황은 장군 도휴(屠睢)와 부장군 조타(趙佗)가 이끄는 50만 대군을 영남에 파병했다. 진나라 군대는 광시성 창강(長江)에서 배를 띄워 운하를 타고 주장(珠江)까지 진입한 뒤, 거기서부터는 기존 수로를 이용해 영남으로 들어갔다. 영남지방 토착 세력인 백월족들은 거세게 저항했다. 그들은 깊은 골짜기와 삼림이 무성한 지역으로 진나라 군대를 유인한 뒤 그들이 지치면 반격하기를 거듭하며 3년을 싸웠고, 결국 장군 도휴와 수만 명의 병사들을 사살하며 진나라 50만 대군을 막아냈다.

1차 정벌 실패 이후 진시황은 다시 장군에 임효(任囂)를, 부장군에 조타를 임명하여 영남 2차 정벌에 나섰다. 이번에는 무력 대신 월인들이 초나라 사람들과 관계가 좋다는 것을 이용했다. 군사 가운데 초나라 사람들을 뽑아 백월족들의 근거지로 잠입시킨 뒤, 영남에 들어온 군대는 진나라가 아니라 조타의 사람들이라는 소문을 냈고, 이에 백월족들은 무장을 풀고 숲에서 나왔다. [광동통지(廣東通志)]에 따르면 임효는 이러한 방법으로 번우(광저우)까지 진입하여 영남 장악에 성공했다.

진시황은 영남을 남해군(南海郡), 계림군(桂林郡), 상군(象郡)으로 나누어 진나라 행정구역에 편입하고 임효를 남해군위(南海郡尉)에 임명했다. 부장군의 신분으로 두 차례 영남 정벌에 참여했던 조타는 남해군 용천의 현령이 되었다. 당시 용천에는 남하한 한족과 원주민인 백월족을 포함해 여러 부족이 섞여 살았는데, 지금도 이곳에는 218평방 킬로미터 면적에 197개의 다른 성씨들이 함께 살고 있다.[14]

진시황은 왕명을 어긴 지식인들부터 시작해 죄수, 농민, 기술자, 상인 등을 대거 영남 땅으로 보냈다. 정벌에 나섰던 병사들은 계속 영남에 주둔시킨 뒤 북방에서 만 오천 명의 여자를 내려보내 그들과 혼인 후 정착하도록 했다. 임효와 조타는 원주민이던 백월족을 인정

---

14) 강정애, 2010, [광저우(廣州) 이야기], 53

하고 그들의 도움을 받으며 통치했고, 백월족들 또한 발달한 기술과 문화를 받아들이며 한족과 융화됐다. 조타가 통치하던 용천현(지금의 허위안시 롱천현)은 훗날 남월국을 세운 조타를 기념해 '타성(佗成)'이라고도 불린다.

4) 남월국 시대 광저우

기원전 210년, 진시황이 49세로 갑자기 사망하자 진나라는 순식간에 분열되었고 지방 곳곳에서 부역에 시달렸던 백성들의 불만이 터져 나왔다. 기원전 209년 농민이던 진승(陣勝)과 오광(吳廣)이 진나라에 반기를 들며 봉기했고, 지방 호걸들은 서로 중원의 패자가 되고자 각축전을 벌였다. 특히 유방(劉邦)과 항우(項羽)의 초한 전쟁으로 북방 일대가 혼란에 휩싸인 사이 영남에는 새로운 나라가 들어섰다. 영남 최초의 봉건 국가인 남월국(南越國, 기원전 203~111)의 등장이었다.

영남 정복 후에 그곳에 정착한 임효는 남해군위의 신분으로 영남의 실질적인 지배세력이 됐다. 전국 시대의 귀족이었던 임효는 중앙의 진시황 사망과 북방 제후국들이 진나라에 반기를 들었다는 소식에 접하자 때가 왔다고 생각하며 진나라에 항거해 나라를 세우고자 하였다. 그러나 뜻을 세우기도 전에 중병이 든 그는 심복이던 조타에게 자신의 계획을 맡겼고 남해군위의 직위를 위임한다는 조서를 쓴 뒤 얼마 후 사망했다.

임효의 뒤를 이은 조타는 북으로 통하는 길목마다 군사를 배치해 북방 침입에 대비하고 진나라가 임명한 관리들은 법을 어겼다는 죄목으로 사형시킨 뒤 자신의 사람으로 요직을 채웠다.

5) 청나라의 문호 개방과 광저우

중화사상과 선민의식으로 무장한 중국인들에게 무역이란 세계만방에 자신들의 앞선 문화를 알리고 시혜를 베푸는 일이었다. 하지만 청나라 때 광저우를 통해 서구 기독교 문화가 유입되고 두 차례의 아편 전쟁과 뒤이은 청일전쟁을 겪으면서 2천 년 전제 정치는 그 실상을 드러냈고, 중화사상은 크게 흔들렸다. 오랑캐라고 무시하던 서구 열강은 이제 본받을 대상이 됐고 중국대륙은 개혁에 대한 열망으로 출렁거렸다. 광저우를 중심으로 이루어진 "캔톤(Canton) 무역"은 근대국가의 태동을 품은 씨앗이었다.

중국 황실의 해외 무역은 자신들을 세상의 중심이라 여기는 공고한 중화사상 위에서 발전했다. 이는 외국 무역선을 '조공을 바치러 온 배'라는 뜻의 '공박(貢泊)'이라고 부른 것에서도 잘 나타난다. 1842년 제1차 아편 전쟁에서 패한 청나라가 영국과 난징조약(南京條約)을 맺고, 개항장을 확대하기 전까지 모든 무역은 외국 국가들이 중국에 조공을 바치는 형태로 진행되었다. 다음 내용은 1793년 건륭제(乾隆帝, 1711~1799)가 무역항을 늘려달라는 영국 사절단에게 한 대답이다.

> "천조(天朝)는 물산이 풍부하여 없는 것이 없다. 원래 외이(外夷, 외국 오랑캐란 뜻으로 외국인을 업신여겨 이르던 말)의 물건이 필요하지 않지만 청조에서 생산된 차, 도자기, 견비단은 서양 여러 나라와 너희에게 필요한 물건이기 때문에 은혜를 베풀어 아오먼(澳門, 마카오)에 양행(洋行)을 개설하고 일용품을 공급해 주며 혜택을 보도록 하는 것이다. 지금 너희 나라 사람들은 이러한 규례를 벗어나 많은 것을 요구하고 있다. 천조는 멀리 있는 자에게까지 은혜를 베풀고 주위의 미개국에도 자비를 베풀려고 한다. 영국

만 광둥에서 무역을 하는 것이 아닌데 만약 모든 나라가 이런 나쁜 일을 본받아 어려운 일을 부당하게 요구하면 우리 천조는 어떻게 하는가?"

이상의 내용을 통해 당시 중국인들의 세계관을 여실히 알 수 있다. 1730년대에 이르자 중국 최초의 해관인 광저우 월해관(粵海關)의 무역 수입은 각종 해관 경비를 제하고도 매년 은 50만 냥을 조정에 바칠 정도로 막대했다. 그러나 한편으로는 통관 과정에서 부정부패가 발생하고 지방 관리들이 엄청난 수입을 착복하는 등 해관 질서가 문란해지면서 외국 상인이 월해관의 비리를 조정에 고발하는 사태도 발생했다. 1757년 11월, 청조는 서구 문물 유입을 통제하고 오로지 광저우 황포항에서만 통상을 허락하는 "일구통상(一口通商, 1757~1842)" 정책을 발표했고 이후 광저우는 전 세계와의 무역을 독점하며 국제적인 무역항구로 성장했다.

일구통상을 관장하던 곳은 광저우 십삼행(十三行)이었다. 이는 상인조합과 그 조합에 가입한 외국 상관(商館)들을 통칭하던 말로 '양화행(洋貨行)'이라고도 불렀다. 청나라 조정은 외국 상인들과 중국 상인들의 직접 접촉을 막기 위해 일정한 지역에서, 그리고 허가 받은 상인들에게만 무역 거래를 허락했다. 공행(公行)이라 불리던 이들은 외국 상선이 황포항에 들어오면 조정을 대신해 관세를 부여하고 통역을 고용해 상인들과 접촉하면서 수출입 상품을 독점했다. 1757년부터 아편 전쟁이 발발하기 전까지 약 80년간 십삼행의 무역 수입은 청조에 막대한 부를 안겨주었고, 황실은 사치품이나 진귀한 물품뿐 아니라 필요한 서양의 인재들도 십삼행을 통해 충당했다.

광저우 사람들은 십삼행에서 활동하는 외국 상인을 '오랑캐 귀신'

이란 뜻의 '번귀(番鬼)'라 불렀다. 청조는 이들을 관리하기 위해 여러 규정을 마련했지만 현실성 없는 규정은 위법을 부추길 뿐이었다. 그리고 십삼행에서 무역을 관장하던 공행들은 대부분 지방 재력가들로, 황포항의 수출입 상품을 독점하고 중국 상인들과 외국 상선 사이에서 중개 역할을 하며 세계적인 갑부로 성장했다.[15]

2. 광둥성의 성도 광저우 시, 해상 비단길 기점

1) 광저우 시

약칭은 수(穗), 일명 양성(羊城)이다. 주강 삼각주 북부에 있다. 중국 연해 개방 도시의 하나이며, 국가 수준의 역사 문화 도시이다. 경방직 공업을 중심으로 대부분의 산업 분야에 걸쳐 비교적 선진적인 공업생산체계를 갖추고 있다. 화남지역 공업 중심으로서 주요 제품으로 강, 강재, 선반, 선박, 화학비료, 시멘트 등이 있다. 특히 가정용 전기제품과 식료품, 복장, 일용 화학공업, 침면직품이 유명하다.

광둥성의 성도인 광주는 주강 유역 하구에 입지하며 북경, 상해와 함께 중국의 3대 도시에 속한다. 총면적 7,435평방 킬로미터이며, 인구 1,004만 명(2007년)이다. 약 2,000년의 역사를 가진 도시로서 동북부와 중부는 산지와 구릉 지대이고 서남부는 평원지대이다. 행정구역은 8개의 구와 4개의 시(市)로 나뉜다.[16]

---

15) 특히 반(潘), 노(爐), 오(伍), 엽(葉) 씨 성을 가진 네 명의 공행들은 그 수입이 청조의 국고 수입을 능가했다.

16) 8개의 구(區) - 夢崗區, 越秀區, 海珠區, 天河區, 白云區, 離灣區, 黃埔區, 番禺區. 4개 시 - 花都市, 南沙市, 總化市, 增城市

북회귀선이 지나는 위도에 인접한 광주는 연평균 기온 섭씨 21.8
도, 1월 평균 기온 13.3도, 7월 평균 기온 28.4도이다. 연 평균 강수
량은 1,694mm이다. 일찍이 한(漢)나라 때부터 외국무역을 시작하였
고, 당(唐)과 송(宋) 대에 급속히 발전하여 페르시아와 아라비아와도
교역하였다. 명(明) 말 청(淸) 초에는 다시 유럽 각국으로 교역을 확대
하여 광주부 정사, 광주부치(廣州府治)를 세우고 중국 최대의 무역항
으로 번영하였다.

1921년에 시(市)로 승격하였고, 1842년의 아편 전쟁 후 상해의 개
항과 홍콩의 할양으로 항구의 기능과 세력이 쇠퇴하였으나 중국의
근대화 과정에서 빈번히 중대한 혁명적 사건의 발상지가 되어 전통
적인 혁명의 도시가 되었다. 신해혁명(辛亥革命) 전야의 황화강사건(黃
花岡事件)이 일어났고, 신해혁명 뒤 광둥정부가 자리했으며, 북벌의
기점이 되었다.

2) 해상 실크로드의 출발점

주강 삼각주의 세 하천(西江, 北江, 東江)이 합쳐지는 곳에 자리한 광
저우는 2,200년의 긴 역사를 가진 도시로 중국 화남지방의 행정과
경제, 문화의 중심지이다. 주강의 삼각주는 땅이 기름지고 차가운
겨울이 없는 아열대 기후로서 농산물과 해산물이 풍부하여 일찍이
고대로부터 번영한 도시이다. 18세기 중엽 쇄국정책을 펼치던 청조
(淸朝)가 서양 열강에 유일하게 개항했던 곳으로 오늘날에도 중국의
남대문 역할을 하는 곳이다. 이와 같은 고대로부터 번영한 역사와
근현대사를 발판으로 오늘날 광저우에는 기계, 화학섬유, 조선, 전자
공업 등이 발달한 공업 도시로 성장하고 있다.

3) 혁명의 도시, 최초의 개항 도시

근대화 과정에서 광저우는 중대한 혁명적 사건의 발상지가 되었다. 1911년 신해혁명의 단초를 제공한 황화강사건(黃花岡事件; 황흥 등이 청조 정부에 반발하여 무장봉기한 사건)이 이곳에서 일어났다. 또한 중국 근대사의 개막이라고 할 수 있는 1842년 아편 전쟁은 임칙서가 영국 상선의 아편을 몰수해서 소각함으로써 발단이 된 것으로 반식민지 투쟁의 불꽃이 피어오른 곳이다. 아편 전쟁 이후 상하이의 개항과 홍콩의 할양으로 세력이 약화되긴 하였지만 1,400여 년에 달하는 대외 무역의 역사를 자랑하는 곳이다.

중국 최초의 개항장에서 세계의 시장으로 발달하게 된 광저우의 토대는 청조대로 거슬러 올라간다. 1685년 중국은 영국의 끈질긴 통상요구로 마침내 외국과의 무역을 위해 광저우를 개방했다. 이로써 중국에서 유일하게 외국에 개방된 항구로 서양과 만나는 창구 노릇을 했다. 중국 최초의 개항장으로 서구 근대문물을 가장 먼저 받아들인 곳이다.

한편, 광저우는 중국과 서구가 대결하는 장소이기도 했다. 광저우가 근대 이후 숱한 혁명의 발상지가 된 것도 이 때문이다. 중국 근대사의 위기를 가장 먼저, 가장 절실하게 체험한 광저우 일대에서는 청나라를 타도하고 새로운 중국을 만들려는 혁명운동이 끊임없이 시도되었다. 이곳에서 홍수전(洪秀全)은 중국 전통사상과 기독교를 결합한 태평천국운동을 시작했고, 손 문(孫文)은 공화제 혁명을 일으켰다. 서구의 침략으로 인해 시작된 위기 속에서 저마다 다른 방식의 개혁실험이 광저우 시민들에 의해 이루어졌다. 광저우에서 싹튼 근대 개혁과 혁명의 씨앗들은 속속 내지로 옮겨져 상해와 북경에서 그 열매를 맺게 되었다.

3. 주강(珠江) 델타 광저우 항만의 지위

1) 광저우 항의 성장

2005년과 2006년을 기준으로 보면 남중국 주강 델타의 광저우 항만은 연간 40% 이상의 초고속 성장세를 보였다. 광저우 항만집단(GPG)의 4개 컨테이너 터미널은 총 660만 TEU를 처리하고 있다. 이 가운데 특히 2004년에 개장한 난사(南沙) 컨테이너 터미널은 2005년에 108만 TEU, 2006년에 230만 TEU를 처리함으로써 처리율에서 100% 이상의 성장세를 기록하며 광저우 항만 전체의 고속 성장을 견인하고 있다.

광저우 항만 당국에서는 이 같은 성장세가 계속 이어져 현재 중국 내 5위에서 머지않아 3대 컨테이너 처리 항만으로 부상할 것을 기대했다. 이와 같은 광저우 항만의 부상하는 원인에는 여러 설명이 가능하나 주강 델타 서안의 난사 항 개발과 광저우시 당국의 집중적인 항만 육성책에 따른 것이라 할 수 있다. 수심이 낮은 광저우시 인근 지역보다는 대형 선박의 접안이 가능한 난사 항을 개발한 것이 주효했다. 난사 항을 개발한 데에는 이 지역 출신 홍콩 사업가의 기금 출연도 한몫을 한 것으로 평가되고 있다. 광저우 항만의 고속 성장을 이끄는 난사 항(터미널)은 주강 델타 배후 권역에서 발생하는 물동량을 흡수하면서 국제 허브 항만으로 성장하고 있다. 난사 항은 입지 조건이 뛰어날 뿐 아니라, 배후 물동량이 지속적으로 증가하고

있어 안정적 성장이 기대된다. 난사 항 반경 100km 이내에는 중산
시와 푸산 등 주요 도시 14개가 위치하여 지역 화물 창출에 매우 유
리한 점이 뒷받침되기 때문이다.

<표 19> 세계 20대 컨테이너 처리 항만(2006년 기준)

(단위: TEU, %)

순위	항만	2006년	2005년	증감률	증감량
1(1)	싱가포르	24,792,400	23,192,200	6.9	1,600,200
2(2)	홍콩	23,230,000	22,427,000	3.6	803,000
3(3)	상하이	21,710,000	18,084,000	20.1	3,626,000
4(4)	선전	18,468,000	16,197,173	14.0	2,271,727
5(5)	부산	12,030,000	11,843,151	1.6	186,849
6(6)	카오슝	9,774,670	9,471,056	3.2	303,614
7(7)	로테르담	9,600,482	9,300,000	3.2	300,482
8(9)	두바이	8,923,465	7,619,222	17.1	1,304,243
9(8)	함부르크	8,861,545	8,087,545	9.6	774,000
10(10)	로스앤젤레스	8,469,853	7,484,624	13.2	985,229
11(13)	칭다오	7,702,000	6,307,000	22.1	1,395,000
12(11)	롱비치	7,290,365	6,709,818	8.7	580,547
13(15)	닝보/저우산	7,608,000	5,208,000	35.7	1,860,000
14(12)	엔트워프	7,018,799	6,482,061	8.3	536,738
15(18)	광저우	6,600,000	4,685,000	40.9	1,915,000
16(14)	포트클랑	6,320,000	5,543,527	14.0	776.473
17(17)	뉴욕/뉴저지*	5,128,430	4,792,922	7.0	335,508
18(16)	톈진	5,900,000	4,801,000	22.9	1,099,000
19(19)	탄중펠레파스	4,770,000	4,177,121	14.2	592,879
20(22)	브레멘/브레머하벤*	4,450,000	3,735,574	19.1	714,426

주: 1) *는 1~11월의 실 컨테이너 증가율로 산출
   2) 괄호 안은 2005년 순위
출처: KMI 해양수산 현안분석(2007-07, 1)

광저우 항만의 성장이 가속화 됨에 따라 선전이나 홍콩 등 주강
델타 지역에 있는 항만 간의 경쟁 심화를 우려하기도 한다. 광저우

항만의 성장이 계속되고 있는 가운데, 인근의 선전 항이나 홍콩항만의 성장세는 크게 둔화 추세를 보이기도 했다. 홍콩항의 경우 2005년에 세계 1위 자리를 싱가포르에 내준데 이어 2006년에도 처리율의 증가는 3.6%에 그쳤다. 선전항은 2002년에 50%의 성장률을 보인 이후 매년 10% 포인트씩 하락세를 보이다가 2006년에는 중국 평균보다 낮은 14% 증가에 머물렀다. 주강 델타의 3대 항만(광저우, 선전, 홍콩)은 근래에 중장기 확장 계획과 경쟁력 확보전략 등 화물을 유치하기 위한 다양한 방안을 모색하고 있다. 광저우 항만의 경우 2011년까지 5년간 36억 달러를 투입하여 항만을 대대적으로 확장할 계획이며, 선전항은 다찬 만 지역을 중점적으로 개발하면서 같은 기간 매년 컨테이너 3개씩 건설하기로 했다. 홍콩항 또한 행정청 주도로 항만 경쟁력 확보전략을 추진하고 국제공항이 있는 난타우 지역에 항만을 건설하는 방안을 검토하고 있다.

광저우 항만은 주강 델타 지역을 중심으로 크게 4개의 항만 군으로 이루어져 있다. 광저우의 근처에 있는 내항 항구와 황푸(신, 구 항만), 신사 항만, 그리고 2004년 10월에 개장한 용혈도의 난사 항이 그것이다. 이들 항만의 연간 처리능력은 528만 TEU에 달하는데, 비교적 규모가 큰 신사 항과 난사 항에서 주로 원양 및 근해 물동량을 처리하고 있다.

구분	선석	야드(m2)	처리능력(만 TEU)	접안 능력	서비스 범위
내항 항	-	41,000	13	소형 바지선	홍콩, 마카오
황푸 항	3	265,000	140	800TEU 바지선	연안과 홍콩, 마카오
신사 항	3	250,000	135	3,000 TEU	근해, 연안
난사 항	10	1.820,000	380	8,000~10,000TEU	원양

출처: KMI 해양수산 현안분석(2007-07, p.4)

난사 항의 경우 3단계 6개 선석의 컨테이너 터미널을 추가로 개
발하기 위해 타당성 조사를 거쳐 중앙정부에 신청했다. 항만 당국은
이 지역을 컨테이너 터미널뿐만 아니라 자동차와 석유 및 철광석 등
을 종합적으로 처리하는 다목적 항만으로 개발할 계획이다. 그 밖에
8,000 TEU가 넘는 초대형 선박이 어려움 없이 드나들 수 있도록 진
입 수로를 15.5m 폭으로 준설하기로 했다.

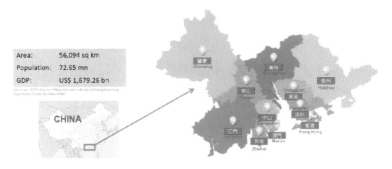

＜그림 35＞ 광저우 항만과 인근 도시들
출처: Hong Kong Trade Development Council (HKTDC). 2019

한편, 항만 당국의 집중적인 지원에 따라 광저우 항만에서 처리하
는 컨테이너 물동량이 늘어나고 있으며, 2005년에 광저우 항만도

480만 TEU에 달하는 컨테이너 물동량을 처리했으나 2006년에는 41% 급증한 660만 TEU를 처리했다.

시 정부의 정책적 의지 못지않게 광저우 항만이 고속 성장하고 있는 이유는 탁월한 지리적 입지와 든든한 배후 물동량이라 할 수 있다. 광저우 항만의 핵심이 되는 난사 터미널은 주강 델타 서쪽에 입지하고 있는 이점을 살려 배후도시로부터 비롯되는 물동량을 집중적으로 흡수하고 있다. 난사 항 반경 100km 이내에 산업화가 급속히 진행되고 있는 크고 작은 도시 14개가 입지해 있는 것도 매우 유리한 장점으로 작용한다.

광둥성의 수출입 총액(2006년 기준 5,419억)이 중국 전체의 31%를 차지하여 이 지역은 중국의 핵심교역지역으로 성장하고 있다.

<사진 10> 港珠澳大橋(Hongkong_Zhuhai_Macao를 연결, 2017년 7월 개통)

* 우측 다리 끝 부분은 바닷속에 잠겨 큰 선박이 통과한 후 다시 연결하는 장치로 만들어져 있다.

광저우 항만의 고속 성장을 견인하는 또 다른 원인의 하나는 배후도시와 항만을 연결하는 내륙 도로망을 거의 완벽하게 구축하고 있다는 점이다.

<표 21> 중국의 10대 컨테이너 항만

순위	항만	2006년	2005년	증감률
1(1)	상하이 항	2.171,000	1,808.40	20.10
2(2)	선전 항	1,846.89	1619.70	14.03
3(3)	칭다오 항	770.20	630.70	22.11
4(4)	닝보.저우산 항	706.80	520.80	35.70
5(6)	광저우 항	660.00	480.10	40.94
6(5)	텐진 항	595.00	468.30	23.93
7(7)	샤먼 항	401.87	334.23	20.22
8(8)	다롄 항	321.20	265.50	21.20
9(10)	롄윈강 항	130.23	107.59	30.00
10(9)	중산 항	117.34	100.53	9.06

난사 터미널 개장에 맞춰 화물의 원활한 흐름을 촉진하기 위해 광저우 시에서 난사까지 전용 고속도로(72km)를 건설하는 한편, 난사 항이 입지해 있는 용혈도와 내륙 지역을 연결하는 신룽대교를 2004년 7월에 완공했다. 이후 항만의 교통인프라를 촉진하기 위해 난사 항까지 직접 이어지는 다리 3개를 더 건설했고 푸저우 대교 완성 이후 후먼대교를 통해 주강 서쪽의 화물유치에 크게 도움이 되었다.

4. 결론

중국의 3대 대도시 베이징, 상하이, 광저우 지역민 각 5백 명을 대상으로 지역성 존재 여부를 살피기 위해 이들 세 지역이 추구하는 발전 전략에 대한 선호의 차이가 있는지 카이 제곱 교차분석을 통해 조사한 연구 결과(주창환·이동영, 2007)는 지역성 파악에 시사점을 준다. 즉, 베이징에서는 국유기업 중심의, 상하이에서는 외자기업 중심의, 광저우에서는 홍콩·마카오·타이완 기업 중심의 발전 전략을 선호하는 것으로 나타났다. 광둥 지역 광저우와 선전시의 발달과 오늘날의 위상 유지에는 결국 홍콩과 마카오, 그리고 타이완 등의 자본을 발판으로 지역 발전 전략을 추진 전개하여 왔다는 뒷받침의 연구 결과로 볼 수 있다.

지정학적 각도에서 보면, 미국이 태평양 너머에서 한반도와 동아시아에 작용하는 '부재하는 현존'이라면 한반도에 접해있는 중국은 '동아시아의 범위를 넘어서면서도 동아시아의 일원이기도 한 양면성을 가졌다'. 한국의 근·현대화 과정에서 서유럽과 미국의 문화가 주요한 지위를 차지하면서 '우리 것에 대한 최소한의 자부심마저 허락하지 않는' 식민지적 상황을 초래했는데, 그것을 반성하고 우리 것에 대한 공부를 하다 보면 그 심층에 자리 잡고 있는 중국 고전과 만나게 된다. 그러므로 우리 시대의 비판적 지식인들은 '감옥에서 자신을 반성하는 계기로 동양 고전에 대해 관심을 가지기 시작하기도 하고, 회통(會通)의 네트워크를 구축하기 위해 동방의 길을 모색하기도 했다. 이처럼, 중국 나아가 동양은 신자유주의와 세계화로 대변되는 작금의 세계체제에 대해 '사회와 인간, 그리고 인간관계에 관한 근본적 담론'을 담지하고 있을 뿐만 아니라 '21세기의 새로운 문명과 사회구성 원리'를 재조직할 가능성을 가지고 있다. 이러한 맥락에서 보면 여러 면에서 중국 세 번째의 대도시로서 영향력을 가지고 있는 광저우를 북경 또는 상해에 비해 등한시한 감이 분명히 있다. 깊고 넓은 역사를 지닌 광저우를 필자가 보고 느낀 바는 많다.

중국 광저우(廣州) 바이윈(白雲) 공항에서 시내로 오는 길은 산뜻하게 정비되어 중국의 세 번째 도시 광저우의 이미지 변신을 대변해

준다. 광저우는 연평균 기온이 22도인 아열대 기후이기 때문에 도로
변에는 야자수가 도열해 있으며, 2010년 아시안 게임이 개최된 시기
인 11월에 접어들어서야 우리나라 초가을 같은 날씨를 보인다. 도심
으로 들어가면 고층 빌딩들이 즐비하다. 주강(珠江) 지류의 작은 섬
하이신사(海心沙) 양편에는 600미터 높이의 광저우타워와 103층 국
제금융센터(IFC)가 마주 서 있어 광저우 이미지 건물로 위용을 자랑
한다. 광저우시는 이 일대를 '주장신청(珠江新城)'이라 부르며 심혈을
기울여서 개발하고 있다.

　베이징(北京), 상하이(上海)와 함께 중국 3대 도시로 꼽히는 광저우
는 2010년 11월 아시안 게임 개최를 준비하면서, "격정적으로 성대
히 대회를 치러 아시아의 조화에 이바지하자(激情成會, 和皆亞洲)"라는
슬로건을 내세우고 도시 정비에 혼신의 노력을 기울였다.

　그런데도 이러한 국제적 행사의 유치에 이르기까지 변신을 도모
하고 있는 중국의 세 번째 도시인 광저우는 외양은 번듯하지만 여전
히' '60, '70년대 문화혁명 당시의 낙후한 질서의식 수준에서 못 벗
어난 모습들을 많이 보여주고 있다. 지하 전철 좌석에서 카드놀이를
하는 젊은 청년들이 있는가 하면, 호텔 로비에 불붙은 담배를 휙 내
던지는 신사가 있다. 그리고 거리를 걸어가며 담배를 태우는 사람들
이 여기저기 눈에 띈다. 또한 상점 탈의실을 옆에 두고 아무 데서나
웃통을 훌렁 벗는 남성들, 사람이 건너고 있는 횡단보도에 돌진하는
차량이 부지기수이다. 시민들의 사회적 성숙도는 선진 시민사회의
그것과는 여전히 거리가 있다.

　오늘날 베이징이나 상하이보다 잊혔던 광저우는, 사실상 중국사
뿐 아니라 세계사의 주요 도시에 드는 곳이다. 당송(唐宋) 시대에 폐

르시아, 아라비아와 교역했던 '해상 실크로드'의 출발점이었다. 청(淸)대까지 최대 무역항이었으며, 1842년 영국과의 아편 전쟁의 무대가 되기도 했다. 이후 140년 동안 잠자던 광저우는 '80년대 개방 바람을 타고 부활했다. 포브스지 중국판은 이 도시를 '상하이와 선전을 제치고 중국에서 가장 상업화된 도시'로 평가했다. 광저우는 여전히 '세계의 공장'이며 돈이 쏟아져 들어오는 도시이지만 글로벌 스탠다드와는 거리가 있는 도시이다. 치안은 불안한 요소가 상존하고, 강물의 수질은 여전히 개선의 손길을 기다리고 있다.

2010년 11월 아시안 게임을 개최하면서 도시환경 개선과 시민의식을 개조하기 위해 노력을 경주하였다. 도심에 29개 검문소를 만들어 매연을 내뿜는 차량을 퇴출했다. 30개 대형 화학 공장들을 찾아 문을 닫게 했다. 공기를 조금이라도 깨끗하게 만들기 위해 아시안 게임이 개최되는 11월의 첫날부터는 양고기 꼬치를 구워 파는 노점 장사마저 금지했다. 486억 위안을 121개 주강(珠江) 지류의 물을 정화하는 데 사용했다. 공중 화장실도 대대적으로 정비하고, 개막 1주일 전부터는 도심 운행 차량을 대상으로 세차하고 다니기 운동을 벌였다.

예부터 다른 문물에 포용력 있고 화교(華僑) 거점이었던 광저우가 2010년 아시안 게임을 계기로 세계에 자신을 알리기 시작했다.

12

한인(韓人)에 의한
연변 미작농 정착과
조선족 동포들의 의식변화

    중국 동북지방(만주)은 일찍이 이주해 온 중국 북방지역의 한인(漢人)들이 조생종 밭작물을 위주로 재배하면서 개발되기 시작하였다. 19세기 중엽 벼농사 전통과 도작기술(稻作技術)을 지닌 이주 조선인들은 만주의 혹독한 추위 등 열악한 환경을 극복하면서 선주 한인(先住漢人)들이 할 줄 몰랐던 벼를 성공적으로 재배하고 보급하는 데 성공하여 만주에서의 발전 기반을 마련하였다. 대체로 벼농사의 정착 및 확대는 하천 변을 중심으로 한 저지대로부터 시작되어 관개시설의 개선과 함께 확대 발전되었다.

    생활력이 강한 이곳 이주 한인들(조선족)은 억척스럽게 살림을 일으켰고, 높은 교육열을 바탕으로 자녀들을 성공시키기까지 하였다. 오늘날 조선족은 교육열도 높고 비교적 잘 사는 소수민족으로 인정받고 있다. 초기의 이주민들이 보였던 강한 생활력이나 투철한 의식 등은 부분적으로 희석되기도 한 반면, 현실 적응의 모습으로서 동북지방을 벗어나 중국 전역과 주변국, 서방세계 등지로 삶의 터전을 넓혀 다양한 삶의 형태에 대처해 가는 세계화의 변화된 모습으로 나타나기도 한다.

1. 서론

1910년에 한일병탄 이후 1930년대와 40년대 중반의 광복을 맞기까지는 시대적으로 미국, 구소련, 중국 등 외국으로 망명하거나 이주한 우리의 애국지사들과 동포들이 항일독립운동을 활발하게 펼치던 때이다.

특히 중국에서는 동북지방을 중심으로 항일독립운동이 활발하게 전개되었다. 이 시기에 우리나라에서 중국 동북지방으로 이주해 간 동포들은 그곳에 정착하면서 그들이 익히 알고 있는 벼농사를 지리적 환경이 생소한 그곳에 이식시키는 데 성공하였다. 강한 생활력을 바탕으로 옥수수, 감자 등 현지의 작물 농사도 빠르게 익혀 적응해 나아갔다.

본 연구에서는 이와 같은 시대 배경 하에 이 지역에서의 한민족에 의한 대표적인 미작 농경이 형성 발전하게 된 과정을 밝혀봄으로써 민족 농경문화(미작 농경)의 확산과 발전, 그리고 이후 조선족 동포들의 생활과 의식의 변화 등을 주목해 보는 데에 연구목적과 의의를 둔다.

구체적으로 첫째, 중국 동북지방으로 조선 본토의 이주민들이 이주해 간 시대적 배경(1930년대를 전후하여), 둘째, 이주민들의 특성 및 미작 농경의 이식과 확산을 가능케 했던 지리환경, 셋째, 한인(韓人)에 의한 이 지역 미작 농경 정착의 어려웠던 상황, 넷째, 시대적 배경과 역경을 초월한 한인(韓人)의 미작 농경문화 정착과 성공적 발전, 다섯째, 오늘을 살아가는 동북지방 동포들의 의식구조 등을 알아보는 것이다.

한편, 연구의 제한점으로는 설문조사의 대상을 동북지방 일정 지역 현지의 주민을 대상으로 하는 것이 바람직하겠지만 현실적으로 연구 시점에서 어려운 실정이었기에 한국에 나와 있는 조선족 동포들(유학생 포함)을 대상으로 조사하는 방법을 택하였다.

연구방법은 다음과 같다. 첫째, 중국 동북지방 미작 농경 정착에 대한 문헌 조사, 둘째, 미작 문화가 뿌리내리게 된 시대적 배경 및 지리환경에 대한 문헌 조사, 셋째, 한국에 나와 있는 중국 동포들을 통한 조선족 주민들의 생활의식 설문조사, 넷째, 선별적인 현지 관련 인사와의 면담 등이다.[1] 문헌 조사에서는 연변지역의 한 마을을 사례지역으로 삼은 경우를 실제적 예로 들었다.[2] 이들 내용을 종합하여 조선족 동포들 사회에서의 미작 농경이 어떠한 시대적 배경 하에 어떤 과정을 거쳐 정착되었는가를 정리하고 오늘날의 조선족 동포들은 초기의 정착에 애를 썼던 선조 어른들과 당시 상황에 대해 어떻게 생각하고 있는지 조사하였으며, 일정 인사와의 면담을 통해

---

1) 설문조사 기간은 2005년 9월 28일부터 10월 1일까지 집중적으로 행하였다. 직접 방문하여 설문지를 돌리고 2·3일의 말미를 준 후 직접 재방문하여 수합하였다. 설문조사 대상은 서울시 구로구 가리봉동 일대의 중국 동포 타운의 조선족 동포들을 대상으로 하였다. 아울러 한국에서 공부를 마친 사람과 현재 유학 중인 사람 중 현지 사정에 매우 밝고 집안 내력을 들려줄 인사와의 면담을 병행하였다.

2) 연변 자치주 화룡현(和龍縣) 연안촌(延安村) 마을이 이에 해당한다. 이 마을에 대한 연구로는 김병철, 「중국 연변 조선족 자치주 정착과정에 관한 연구」, 1997, 한국교원대학교 석사학위 논문이 대표적이고 미작농의 정착, 확대 과정의 실례를 많은 부분 참조하였다.

그들의 오늘날 성공이 있기까지 삶의 이야기를 경청하여 정리하였다. 이상의 내용을 종합하여 요약과 결론에 대신하였다.

2. 동북지방 벼농사의 시작과 이주 조선인

중국 동북지방 벼농사의 시작에 대한 명확한 문헌 기록은 찾을 수 없지만 이 지역의 도작(稻作)의 역사는 상당히 길었다. 1988년에 발행된 중국고고연감(中國考古年鑑)에 의하면 대련만 대취자(大連灣大嘴子) 유적지에서 출토된 탄화된 벼의 연대는 최소 2400년 이상이 된다고 한다.3) 이것이 이 지역 벼에 관한 가장 빠른 기록이다. 이 유적지의 도작은 화북 지방의 초기이민 혹은 조기 고구려인과 관련될 것으로 보인다.4)

신당서(新唐書) 219권 중의 '발해전(渤海傳)'에 발해국 시기(698~926) '노성지도(盧城之稻)'를 당시 발해국의 명산물 가운데 하나로 중국인과 거래했다는 기록이 있다. '노성(盧城)'이 어느 지방인가에 대하여는 여러 가지 견해가 있지만 이 지역 경내인 것만은 분명하다. 도(稻)가 명산물 중의 하나였다는 것은 당시 이미 상당한 양이 생산되었고, 특산물로 자리 잡았다는 뜻이다. 그런데 이 도(稻)를 수도(水稻)로 해석하는 학자도 있다. 동북지방 벼농사의 시작은 발해국부터라는 견해이다.5) 조선반도와의 교류가 빈번했고, 비교적 좋은 자연조건을

---

3) 遼寧省, 『中國考古學年鑑』, 1988(金穎, 「근대 만주 벼농사 발달과 이주 조선인」, 『한국사연구총서』, 47, 국학자료원, 2004, 31. 재인용).
4) 金穎, 「근대 만주 벼농사 발달과 이주 조선인」 『한국사연구총서』 47, 국학자료원, 2004, 31쪽.
5) 金穎, 위의 논문, 31.

구비한 송화강 상류, 백두산 부근에 가장 먼저 수도(水稻)가 도입되었을 가능성은 충분하였다. 이상의 내용이 확실한 것이라면 동북지방의 벼농사도 상당히 오랜 역사를 가지고 있다고 할 수 있다.

조선왕조실록에 의하면 후금(청)이 1637년에 한반도에 침입하여 '병자호란'을 일으킨 후 조선이 후금의 요구에 따라 적지 않은 '종도(種稻)'를 후금에 보냈다고 하나 이 종도를 동북지방에 심었다는 기록은 없다. 청조가 세워진 후 봉금 정책이 계속되었고 '심양상계(瀋陽狀啓)'에 의하면 조선 왕자가 체류한 '심양관(瀋陽館)'에서 조선의 농민을 불러들여 농사를 지었지만 수전(水田)을 경작했는지 여부는 모르고 1644년에 귀국한 후 경작도 끊어졌다.[6] 종래 수도(水稻)와 경쟁적 관계에 있던 육도(陸稻)가 수도보다 더 오랜 역사를 가지고 중국인들 사이에 널리 재배되고 있었으며 일반인들이 먹을 수 없는 고급 식량으로 소중히 취급되었다는 점과 조선 북부 및 동북지방의 벼농사 경위와 벼 도입의 경로를 고려할 때 위에서 말하는 것은 육도를 가리킨다고 판단해야 할 것이다. 동북지방에는 벼농사(水稻作)가 없었다고 보아야 할 것이다.

근대에 와서 동북지방 벼농사의 시원을 19세기에 두는데 두 가지의 통설이 있다. 첫째는 1845년 평안북도 초산군 지방의 80여 호 농민이 삼림을 벌채하기 위해 동북지방으로 들어와 혼강 유역의 관전(寬甸)현 下漏河, 太平哨 등지에 수도(水稻)를 심었던 것이 근대 동북지방 수전개발의 효시라는 설이다.[7] 다른 하나는 1875년 압록강 상

---

6) 金穎, 앞의 논문, 32.

7) 中村城助, 國立農事試驗場熊岳城支場 『南滿二於ケル水稻作ノ研究』, 1941. 滿洲農學會, 『滿洲水稻作研究』, 1943, 9(金穎, 「근대 만주 벼농사 발달과 이주 조선인」 『한국사연구총서』 47, 국학자료원, 2004, 33쪽 각주 재인용).

류 지방에 이주한 조선인이 혼강을 따라 통화지역에 들어가서 上甸子, 下甸子에서 수도(水稻)를 시작하여 성공함으로써 이곳이 유명한 벼 재배지역이 되었다는 것을 이유로 1875년 동북지방 벼농사의 시점으로 삼는 경우이다.8)

여하튼, 중국의 청 정부는 1860년대에 이르러 압록강 대안지역의 봉금을 점차 폐지하기 시작하였으므로 그 이전의 봉금 시기에 정착생활을 전제로 하는 벼농사가 있을 가능성은 희박한 것으로 판단된다.

3. 1930년대 전후 연변 이주민의 답(畓)지 개간과 환경적응

1) 사례지역의 지역개관 : 연변을 중심으로

연변은 동북대평원의 동쪽 말단부에 있으며 산지가 78%를 차지할 만큼 산지의 비중이 크다. 서북, 서남, 북동쪽이 높고 남동쪽이 낮다. 연변의 주요 산지로는 백두산(장백산)을 비롯하여 북서쪽의 장광재령과 할바령, 북동쪽의 노야령 그리고 남쪽의 남강산맥 등이 있으며 일부 산지들을 제외한 일반적인 산지 배열은 동북-서남 방향의 주향이 탁월하다. 이곳 하천들은 두만강 수계, 수분하 수계, 그리고 송화강 수계의 3개 수계로 구분될 수 있으며 이 중 가장 규모가 크고 논농사에서도 높은 비중을 가지는 것은 두만강 수계이다. 두만강 수계의 주요 하천으로는 훈춘하, 가야하, 홍기하, 부르하통하 등이

---

8) 石津半治之, 『滿洲의 水田』, 滿洲地方部勸業課, 1921, 1(金穎, 「근대 만주 벼농사 발달과 이주조선인」 『한국사연구총서』 4·7, 국학자료원, 2004, 33. 각주 재인용).

다. 이들 하천유역은 모두 논이 집중되어 있는 지역이다. 한국인들에게 귀에 익은 해란강 유역은 조선인들이 연변에서 벼 재배를 시작한 곳인 만큼 그 역사가 깊다.

기후는 한국과 마찬가지로 계절풍이 탁월하며 여름은 고온다우, 겨울은 한랭하다. 연변의 북서쪽에 있는 장광재령, 할바령, 위호령 등의 높은 산지가 북풍을 막아주고 남동쪽은 바다와 접해 있어 같은 위도상의 다른 지역들과 비교해 볼 때 겨울 기온이 다소 높은 편이다. 연변의 기후환경에서 적산온도(積算溫度)가 섭씨 2,400도 이상이면 일반적으로 벼농사가 가능하며 섭씨 2,400~2,600도이면 중생종을, 2,800도 이상이면 만생종을 재배할 수 있다. 연변의 평균 적산온도는 섭씨 2,200~2,800도를 보이므로 만생종을 재배하는 경우는 드물다. 연변에서의 벼 종자는 대개 중생종이나 중조생종 등이 채택된다.

연변의 평균 강수량은 500~700mm이므로 한국보다 작으며 벼농사에는 충분한 조건이 아니다. 그러나 백두산 주변의 강수량이 연간 1000~1400mm나 되기도 하므로 지형의 영향을 크게 받아 강수량의 지역 차를 보이기도 한다.[9] 연변의 강수는 6, 7, 8월의 여름에 집중하고, 이 3개월간의 강수량이 연 강수량의 60% 이상을 차지한다. 지역별 강수량 분포는 중부와 북동부가 적고 서부와 남동의 바다와 면한 지역이 큰 편이다.

---

9) 일반적으로 벼농사에 적합한 강수량은 연 1,000mm 이상을 들고 있다.

2) 조선인의 연변 이주와 벼농사 전개

조선총독부는 1931년 만주사변이 있기 전까지는 조선인의 이민을 대체로 하나의 자연현상으로 보고 방관하는 자세를 취했다.[10] 그러나 만주사변 후, 이 지역을 조선과 같이 통치하기 쉬운 지역으로 하려 했던 일본인의 이민정책이 실패로 끝나자 이 지역에 대해서 조선 농민의 이민을 중시하기 시작했다. 이에 따라 조선총독부는 종래의 방관적인 입장에서 조선인 이민을 이 지역 개발계획의 일익으로 삼으려는 입장으로 선회하여 이민을 적극 추진, 집행하였다.[11]

조선총독부가 이민사업을 실시함에 가장 중요시했던 기준은 두 가지였다. 첫째, 간도로의 이민은 되도록 억제하려는 것이었고, 두 번째는 북부지방보다 남부지방으로부터의 이민을 장려하는 편이었는데, 이는 동양척식회사가 농토침략의 거점으로 삼고 있는 곳이 남부지방이었기 때문이다. 1939년에 3,000호의 조선 농민을 동북지방으로 이주시키면서 지역 할당표가 작성되었다.[12] 북부지방에는 1호도 할당되지 않았고 경상북도에서 750호(25%)로 가장 많았다. 이러한 할당은 당시 조선 남부지방의 토지수탈을 위한 목적 외에도 동북지방의 농업을 대두(大豆) 중심의 밭농사 위주에서 논농사 중심으로 전환을 꾀하기 위해 상대적으로 벼 재배의 높은 기술 수준을 지닌

---

10) 고승제, 「간도 이민사의 사회경제적 분석」『백산학보』, 제5호, 1968, 227.

11) 고승제, 위의 논문, 227.
    한편, '조선인의 만주 집단 이민'은 '일본인 이민정책의 실패'에서 비롯된 것이 아니라, 중일 전쟁이 발발한 이후 일본인 보충 수단의 일환으로 시행한 것이라는 견해도 있는데, 이렇게 보는 시각 저변에는 1930년대 중반(1936년)에 일본인 이주 계획을 세운 후에 일본인과 조선인(당시 만주국 시기에 재만 조선인은 법적으로 '만주국 국민'이라고 하였지만 어떤 측면에서는 '일본 제국 신민'으로 자리매김 하고 있었다는 견해도 있음)을 집단적으로 개척 이민으로 이주시킨 것으로 보는 것이다.

12) 충북 450호(15%), 충남 300호(10%), 전북 600호(20%), 전남 450호(15%), 경북 750호(25%), 경남 300호(10%), 강원 150호(5%).

남부 지방민을 중시하는 이유도 있었다.[13]

한편, 조선총독부의 강권에 의한 집단 이주 외에도 생계유지와 독립군 활동 같이 전시기에 작용했던 조선인의 이주요인은 이 시기에도 꾸준히 작용한다. 특히 1941년 태평양전쟁이 발발하면서 일본은 '출하세', '양곡관리법' 등을 발표하여 조선인들을 가혹하게 착취하였기에 많은 수의 조선인들이 조선을 떠나 연변으로 이주하였다. 또 연길에서도 일본의 탄압이 상대적으로 심한 두만강의 대안지역 조선인들은 발달한 철도교통을 이용하여 북쪽으로 이주하였다. 이로 인해 조선인의 분포지역은 북으로 더욱 확대되었고 오늘날의 흑룡강성에는 조선인의 인구가 증가하기 시작했다.

한때 북간도라 불렀던 연변지방에 조선인이 이주하기 시작한 것은 매우 오랜 역사를 갖고 있으나 현재의 거주지 형성과 관련되는 보다 집단적이고 지속적인 이주의 역사는 그리 오래지 않다.[14] 여러 문헌에 의하면 이러한 이주는 대체로 1860년대부터 시작된 것으로 보이며 따라서 그 역사는 약 130여 년 정도이다.[15] 그러나 이 짧은 기간에 작용한 이주요인은 무척 복잡하다. 조선 내의 어려운 사정과 더불어 청나라의 연변 정책, 러시아의 연변침략과 뒤이은 일본의 강점, 그리고 조선과 연변에서 행해진 일본의 정책 등은 조선인의 이주에 영향을 미친 가장 대표적인 요인들이라 할 수 있다. 이 요인들은 시기를 달리하며 독자적으로 혹은 둘 이상의 요인들이 복합적으

---

13) 고승제, 「간도 이민사의 사회경제적 분석」『백산학보』제5호, 1968, 234.

14) 대체로 북간도라 지칭할 때는 두만강 대안의 연길, 왕청, 화룡, 훈춘 등 네 현과 더불어 흑룡강성의 영안현과 동녕현 일부 지역까지를 포함한다.

15) 이에 관해서는 고승제, 「만주 농업 이민의 사회사적 분석」, 『백산학보』제10호, 1971, 175; 박경수, 『연변 농업 경제사』, 연변인민출판부, 1988, 24쪽; 심혜숙, 『중국 조선족 취락 지명과 인구분포』, 연변대학출판사 & 서울대학출판부, 1994, 322 ; 한상복·권태완, 『중국 연변의 조선족』, 서울대학교출판부, 1993, 25. 등에서 관련 내용을 찾을 수 있다.

로 조선인의 이주에 영향을 미쳐왔다. 1910년 한일병탄 이전까지 조선인의 이주는 조선 내의 어려운 식량 사정에 주로 기인한 것이었다. 조선 북부의 평안도, 함경도는 첩첩산령이 잇닿아 있고 땅이 메마르며 해마다 재해가 들어 농업이 어려웠다. 따라서 조선인들은 끊임없이 몰래 양국의 국경선을 넘어 들어가 인삼 등 산약재를 채집하고 황무지를 개간하였다. 조선과 청나라에서 실시한 봉금 정책(조선에서는 변금정책으로 부름)은 이러한 조선인의 이주에 영향을 미친 대표적인 요인으로 꼽을 수 있다.[16] 17세기 중반 이후부터 압록강과 두만강 이북지역에 대한 조선인의 이주가 금지되면서 조선인들은 봉금정책의 강약에 따라 이주형태의 큰 변화를 보였다. 봉금정책이 엄격하게 시행되면 조선인의 이주는 개별적이고 산발적으로 이루어지다가 다소 완화되거나 묵인이 되면 집단적이고 지속적인 형태로 일어났다.[17] 이주한 조선인의 분포도 봉금정책이 엄격하면 국경 멀리 산골짜기로 숨어들다가 다소 완화되면 점차 국경 근처와 평원에 집중하는 경향을 보인다. 청과 조선의 봉금정책은 대체로 함풍제(1851~1856)까지는 매우 엄격하게 시행되다가 동치 연간(1857~1874)에는 다소 묵인하는 경향을 보인다.[18]

청의 함풍제까지는 봉금 정책(조선에서는 변금정책)이 대체로 매우 엄격하게 시행되고 있었기에 조선인들의 이주도 개별적이고 산발적인 경향을 띠었다. 조선 북부지방의 백성들은 회령, 무산, 종성 등지

---

16) 이 당시 청나라에서는 봉금정책(封禁政策)이라 불렸지만 조선에서는 변금정책(邊禁政策)으로 불렸다.

17) 이주형태의 변화가 반드시 봉금정책(조선에서는 변금정책)의 강약에 따른 것으로만 볼 수는 없으나 대체로 이주형태의 변화와 봉금정책의 변화는 일치하는 경향을 보인다.

18) 심혜숙, 朝鮮族의 延邊 移住와 그 分布特性에 關한 小考『문화역사지리』제4호, 1992, 321~331. 한편, 동치 황제의 재위 기간을 1862~1874년으로 보는 견해도 있다.

로부터 아침이면 강을 건너 농사를 짓고 저녁이면 집에 돌아오다가 나중에는 봄이면 농기구를 갖고 월경하여 씨를 뿌리고 가을이면 몰래 가서 걷어갔다. 청나라와 조선의 엄격한 봉금정책은 이주한 조선인의 분포에서도 잘 나타난다. 봉금 정책이 엄격하게 시행된 함풍제 이전까지의 조선인들은 국경인 두만강과 멀리 떨어져 평지를 피하고 산골에 주로 분포하였으며 해란강 지류의 하나인 육도하 상류는 가장 많은 조선인들이 집중 분포하는 곳이었다. 한편 수직적인 분포를 본다면 대체로 하곡 평야보다는 대지나 구릉, 혹은 저산지에 집중하는 경향이 두드러진다.[19)]

봉금 정책은 청의 동치제 때부터 다소 완화되어 조선인의 이주를 대체로 묵인하는 경향을 보인다. 조선인들의 이주형태가 보다 집단적이고 지속적으로 변하는 것도 이때부터이다. 더구나 1860년대부터 조선 북부에는 해마다 수재와 한재가 들면서 대규모 흉작이 발생하였고 이는 조선인의 이주를 더욱 촉진하였다. 조선인들은 살길을 찾아 밤이면 무리를 지어 대량으로 국경을 넘어 은거하기 쉬운 산간 분지에 정착하고 마을을 세웠다. 함풍년에 두만강 북안에 세워진 마을은 6개인데 반해 동치 5년(1866)에 세워진 마을은 19개였다. 또 그 이후에 세워진 마을 수는 이보다 더 증가했다.

이 시기 동안 조선인의 분포를 보면 여전히 전 시기와 같이 육도하 상류 부분에 집중하고 있지만 두만강 연안에도 그 분포가 늘고 있었다. 이는 함풍제 때와는 달리 조선인의 이주에 대해 변화된 청 조정의 태도와 큰 관련이 있음을 알 수 있다. 한편 수직적인 분포를

---

19) 이에 대한 연구는 심혜숙, 『중국 조선족 취락 지명과 인구분포』, 연변대학출판부 & 서울대학 출판부, 1994; 심혜숙, 「조선족의 연변 이주와 그 분포 특성에 관한 소고」 『문화역사지리』 제4호, 1992, 321~331쪽을 참조.

보면 여전히 하곡 평야나 단구 면보다는 대지나 구릉, 저산지에 집중되고 있다. 이는 청 조정의 태도가 비록 묵인하는 경향을 보이나 여전히 공식적으로는 봉금 정책이 시행되고 있기 때문으로 판단된다. 또 당시의 농업이 주로 밭농사였고 조, 감자, 옥수수, 보리, 밀, 콩, 녹두, 수수 등의 주요 재배작물 가운데 조와 감자 등은 습기가 많은 땅에서는 자랄 수 없기 때문인 것으로도 볼 수 있다. 1909년 이전까지 재배작물 가운데 조가 차지하는 파종면적은 80% 이상이었다.[20]

1880년대에 들어오면서 청나라는 변화하는 국제정세에 대처하고자 봉금령을 폐지하고 이민을 적극 받아들이는 한편 이들로 하여금 황무지를 개간토록 권장하였다. 청의 이러한 정책변화에 호응하여 조선도 1883년 서북경략사 어윤중이 6진을 시찰할 때 변금령을 폐지했다. 이로 인해 조선인의 이주는 1880년대 들어 새로운 국면을 맞게 되었다.

청과 조선의 봉금령(변금령)이 폐지되면서 조선인의 분포도 변화되었는데 초기에는 주로 숨어 살 목적으로 육도하 상류에 몰려 살았지만 점차 청나라 조정이 이주를 묵인하면서부터는 두만강 연안에도 조금씩 분포하는 경향을 보이다가 봉금령 폐지 이후 두만강 중, 하류와 그 지류들에 집중 분포하는 형태를 보인다. 또 러시아의 침략과 철도건설로 인해 연변의 북쪽과 흑룡강성까지 조선인들의 분포가 확산하여 갔다. 수직적으로도 분포양상이 달라지기 시작한다. 초기 정착민들이 주로 대지나 구릉, 저산지로 이주하던 형태에서 일부이지만 하곡 평원에도 자리를 잡기 시작했다.[21] 이것은 벼 재배가

---

20) 심혜숙, 『중국 조선족 취락 지명과 인구분포』, 연변대학출판부 & 서울대학출판부, 1994, 4·5.

일부에서 행해지기 시작했음을 알 수 있는 지표가 된다. 그러나 당시 연변에서 경작되는 작물의 80%는 여전히 조가 차지하고 있었다.

1910년 한일병탄 이후 조선인의 이주는 종래와 매우 다른 양상으로 진행된다. 이주하는 조선인들은 수적으로 크게 증가했을 뿐만 아니라 출신 도별분포에 있어서도 종전의 함경도, 평안도 위주에서 전국적으로 확대되는 경향을 보였으며 특히 경상도와 전라도의 이민자가 크게 증가하였다. 이러한 변화는 조선인의 개인적인 의사뿐만 아니라 조선총독부의 정책과 밀접한 연관을 갖고 있다.

한일병탄 후 만주사변 이전까지 조선인 이민에 영향을 준 요인으로는 한일병탄이라는 정치적 이유와 함께 조선총독부의 경제적 수탈, 그리고 1918~1919년에 발생한 조선 남부의 흉작을 들 수 있다. 경제적 수탈은 전국적으로 행해졌으며 특히 경상도와 전라도가 심했다. 특히 조선총독부의 토지조사사업은 소작농의 비율을 크게 증가시킴으로써 소작농의 지위를 불안정하게 하고 소작조건을 악화시켜 많은 수의 유민을 발생시키는 주요 원인이 되었다.[22]

1910년부터 1926년 사이에 평안도와 함경도의 이주인구가 많은 것은 척박한 자연조건과 지리적 근접성으로 인한 이주 외에 삼림령의 발표로 인한 화전민들의 대량이주도 원인으로 볼 수 있다.[23]

한편 수적으로 평안북도 다음으로 많은 이주인구를 기록한 경북과 이를 포함한 조선 남부의 많은 이주인구는 바로 토지조사사업으

---

21) 심혜숙, 위의 책, 4~5.

22) 자작농 비중이 1913년에 22.8%이던 것이 토지조사사업이 종료된 1918년에 19.7%로 감소하였다. 순수 소작농 비율은 36.0%(1915) → 37.8%(1918) → 51.1%(1932) → 53.8%(1942)로 증가하였다(신용하, 「조선왕조 말·일제하 농민의 사회적 지위와 경제적 상태」, 『한국사 시민강좌』, 제6집, 1990, 107쪽).

23) 고승제, 「만주 농업 이민의 사회사적 분석」, 『백산학보』, 10호, 1971, 177쪽.

로 인해 남부지방 특히 경상도의 농민들이 가장 큰 피해를 보았기 때문이며 1918년과 1919년의 흉작으로 인한 이주도 상당수 포함되어 있을 것으로 보인다.

이 시기에 이주한 조선인들은 해란강 중, 하류에 집중 분포하는 경향을 보였다. 지역적으로는 연길현에 가장 많은 수가 집중하였고 이와 비슷하게 훈춘과 화룡현에 집중하였다. 수직적으로는 하천범람원과 단구 상에 분포밀도가 높아졌다. 이는 봉금령 하의 이주자들이 처음 숨어 살기 위해 대지와 구릉, 저산지에 많이 분포하던 양상에서 봉금령이 폐지된 후 숨어 살 이유가 없어졌고 재배작물에서도 벼가 점차 중요해지면서 관개가 용이한 지역에 거주하려는 경향을 보였기 때문으로 해석된다.

4. 농업 경관의 변화; 延邊 朝鮮族自治州 和龍縣 延安村을 사례로

1) 연안촌 개관

화룡현 연안촌은 해란강과 해란강의 지류인 장인하가 합류하는 곳에 위치한다. 해란강은 동북-서남 방향으로 흐르며 장인하는 이와 거의 직각에 가까운 방향으로 합류한다. 해란강과 장인하는 범람이 잦고 이로 인해 과거 하도의 변경이 여러 차례 있었다. 주변 범람원에는 1970년대까지만 해도 습지와 연못이 여러 곳에 존재했었다. 현

---

24) 본 장(章)의 내용은 김병철, 「중국 연변 조선족 자치주 정착과정에 관한 연구; 연변 조선족 자치주 화룡현 연안촌을 중심으로」, 미간행, 1997. 논문에서 관련 절의 개략을 발췌한 것임.

재의 하도 형태는 해란강의 경우 망상(그물 모양)에 가깝고 두 하천 모두 유량에 비해 하곡의 폭과 범람원이 넓은 편이다. 배후에는 구릉들이 발달하고 있다. 주변 산지들은 고도 300~400m의 잔구성 구릉들이며 하천의 주향을 따라 동북-서남 방향과 이에 직각인 방향으로 발달하였다. 구릉들의 기반암은 사암으로 구성되어 있어 상당히 완만하면서도 고도의 기복 차가 작다.25)

연안촌은 현재 행정구역상으로는 연변 조선족 자치주 화룡현 두도진에 속한다. 조선인이 많이 밀집되어 있는 용정시와 화룡의 중간 지점에 위치하며 진(鎭) 정부가 위치한 두도(頭道)에서 남서로 약 2km 거리에 있다. 주요 재배작물은 벼이다. 논은 전체 경지 면적의 63.2%, 밭은 29.7%를 차지하나 최근 들어 밭 비율이 높아지고 있다. 밭작물로는 콩, 조, 옥수수 등을 주로 심어왔으나 요즘은 한국과 계약재배 형식으로 호박과 해돌도 많이 심는다. 마을 인구는 1995년 현재 1,028명인데 이 중 조선인은 약 800여 명으로 절대다수를 차지한다.

2) 단계별 논의 경관 변화

(1) 논 개간 초기 단계(1860~1936)

연안촌에는 한(漢)족이 먼저 정착하였다. 1900년경 연안촌에는 한족만 5~6호가 살았다.26) 조선인이 연안촌에 이주한 시기는 1908년 ~1910년경이었다. 당시 조선인 3~4호가 연안촌에 이주해 와서 현

---

25) 이곳 구릉들의 기반암은 백악기에 형성된 사암으로 구성되어 있다.

26) 장OO 씨(연안촌 8대, 76)와의 면담. 김병철(1997)의 「중국 연변 조선족의 정착과정에 관한 연구: 연변조선족자치주 화룡현 연안촌을 중심으로」, 62쪽 각주 재인용.

재 연안 9대 근처에 정착했다고 한다. 현재 이곳 정착지 주변에는 사람이 살았던 흔적은 거의 찾아볼 수 없다. 주변은 전부 논으로 개간되었고 일부에는 갈대만 무성했다. 정OO 씨가 최초의 정착지라고 하는 곳은 갈대가 무성한 지점을 중심으로 사방 50m 정도의 평지이다. 이 지점은 장인하의 단구 면이 발달한 곳이고 초기 조선인들이 이곳에 정착한 이유는 식수의 구득과 농업용수 확보에 용이한 곳이었기 때문으로 판단된다.

연안촌에 가장 먼저 정착을 한 성씨는 정 씨, 여 씨, 김 씨였고, 정 씨가 가장 오래된 집안이다. 함북 명천이 고향이라는 정 씨는 이주 동기를 묻는 질문에, "못살아서 왔지"라며 당연하고 명쾌한 답을 했다. 본관이 경주인 김 씨는 연안촌이 살기 좋다는 말을 왕청에서 친척으로부터 듣고 왔다. 여 씨는 처음 세련하에서 임시 정착했다가 친척으로부터 연안촌이 살기 좋다는 말을 듣고 이주해 온 경우이다. 조선인의 이주가 이어지면서 연안촌의 조선인 수는 계속 증가하였다. 1932년에 연안촌으로 이주한 김OO(연안 1대, 76) 씨에 의하면 당시 마을 규모는 조선인이 40호, 한족이 30호 정도였다고 한다. 논은 조선인들이 정착한 곳을 중심으로 개간되었는데 장인하의 높은 범람원 상에 위치한다. 장인하로부터 물을 대기가 상대적으로 쉬운 곳으로 개간이 용이한 곳이었다.

1937년 이전까지 논은 17호 규모인 고신평 마을에서만 개간되었다.[27] 인근 마을인 명신촌이나 용호촌까지는 장인하 지류로부터 200m가 떨어져 물이 흐르지 않았기 때문이며 고신평에서 개간된 논도 1937년까지 1쌍을 넘지 않았다고 한다(장OO 씨와의 면담, 연안 8

---

27) 정OO 씨(연안 6대, 74)와의 면담내용.

대, 76세).

(2) 높은 범람원과 단구 면의 개간단계
(1937~1950년대 중반)

만주사변이 끝난 후 연안촌의 인구는 매우 빠른 증가추세를 보였다. 1937년 경 조선인은 약 70호(명신촌 28호, 용호촌 20여 호, 고신평 20여 호)의 규모를, 한족은 40여 호 정도였다.[28] 해방 이후 만주의 조선인들 가운데 40%가 조국으로 귀환하였다. 그러나 이주역사가 상대적으로 오랜 연변의 조선인들은 이주 비율이 낮았고, 연안촌에서 귀국길에 오른 경우는 한 명도 없다고 한다. 당시 연안촌의 조선인들은 어렵게 정착한 이곳을 떠나 고생했던 땅으로 다시 돌아가기를 원치 않았다고 한다.

중일 전쟁을 전후해서 연안촌에는 논을 확대하려는 움직임이 일었다. 연안촌에는 이때까지만 해도 장인하의 분류 한 갈래의 자연적인 물길을 이용한 자연 관개 외에 인공적인 관개시설이 없었으나 논을 확대하려는 움직임과 함께 비로소 인공 관개시설을 건설하려는 노력을 시작했다. 고신평과 용호촌에서는 논을 확대하기 위해 '2호돌'이라 불리는 길이 약 3.5km에 달하는 수로를 건설했다. 이는 마을의 서쪽에 위치한 용지촌에서 장인하에 설치한 보(洑)의 물을 끌어오는 방법이었다. 논의 확대는 고신평에서부터 2호돌을 따라 용호촌 쪽으로 진행되었는데, 이는 만주에서 조선인들이 논을 개간할 때 수로를 따라가면서 논을 개간했던 것과 동일한 방식이다.

---

28) 이는 1932년의 40여 호와 비교하면 5년 동안 약 30호가 증가한 것이다. 한족(漢族)은 같은 기간 동안 10여 호 정도 증가하였다.

수백 미터나 떨어진 장인하 분류로부터 물을 끌어오기에는 역량이 부족했던 명신촌은 고신평과 용호촌에서 사용하는 장인하의 분류와 이 두 마을에서 나오는 퇴수를 이용하는 수로인 '장인하돌'을 건설했다. 최초의 논 개간 이후 명신촌에서는 수로를 연장해서 수로 좌우에 계속 논들을 개간하였으나 물의 양이 충분치 못해 어려움을 겪었다. 이러한 문제점은 장인하가 아닌 해란강을 이용하게 됨으로써 해결되었다. '해란강돌'은 이웃 마을인 용명촌과 명성촌에서 건설한 수로를 명신촌으로 연장한 것이다.29) 약 1년이 걸린 공사가 성공하면서 명신촌은 해란강으로부터 올라오는 충분한 물을 이용할 수 있게 되었다. '해란강돌'로 인해 명신촌은 수로를 따라 연안 1대와 2대 사이의 넓은 면적의 논을 개간할 수 있게 되었다.

'2호돌'과 '해란강돌'의 건설은 연안촌의 논 경관을 크게 변화시켰다. 고신평과 용호촌에서 대약진 직전까지 2호돌과 자연 관개에 의해 관개되는 논 면적은 약 30쌍이나 되었다.30)

해방 직전 장인하는 홍수로 인해 큰 범람을 하였고 이로 인해 장인하는 하도가 변경되었다. 새 하도는 기존의 하도로부터 약 200m 정도 용문촌 쪽으로 이동하였다. 장인하의 본류로부터 멀어짐으로써 연안촌은 장인하 쪽으로의 개간 가능한 토지면적이 많이 늘어나게 되었다. 장인하는 이후 1950년대 초반에 다시 한번 범람을 하여 용문촌에 더 가까워지게 되었다. 장인하의 하도 변경은 1950년대 후반 이후 연안촌의 논 면적 확대에 중요한 영향을 미친 요인이다.31)

---

29) '해란강 수로' 또는 '해란강돌'이란 명칭은 정식으로 쓰이는 것은 아니다. 여기서 '–돌'은 물을 이용하는 수로라는 의미로 부르는 임의적인 명칭이다.

30) 김○○ 씨(연안 1대, 1996년 당시 76세)와의 면담자료.

31) 김병철, 「중국 연변 조선족 자치주 정착과정에 관한 연구: 연변 조선족 자치주 화룡현 연안촌을 중심으로」, 한국교원대학교 석사학위 논문, 1997, 69쪽.

5. 동북지방 조선족 동포들의
    오늘날의 생활과 의식구조

중국 동북지방에 거주하는 조선족 동포들은 일찍이 한국의 여러 지역으로부터 이주해 들어왔던 사람들이다.[32] 전국 각지에서 들어온 이들은 결혼한 가족이 이주하기도 했고, 또는 연변에서 만나 결혼하여 자녀를 키웠다. 현재 조선족 학생들은 전 세계 각지에 유학을 하고 있지만 한국이나 가까운 일본에서 공부하는 학생들이 많은 편이다. 한일병탄 이전과 이후, 그리고 광복을 맞기까지 조선족 동포들이 연변으로 이주해간 시기도 매우 다양하다.[33]

필자와 10여 년 이상 교분을 맺고 있는 조선족 S 씨의 경우를 보자.

> "강원도 울진군 OO 면(지금은 경상북도 행정소속)이 아버님 고향이라는 S 씨는 삼촌이 먼저 만주지역으로 이주해 살았었다고 한다. 할아버지께서는 큰아들인 S 씨의 아버지로 하여금 동생(S 씨의 삼촌)을 찾아보도록 만주에 보냈다. 이때가 1944년이었으며 당시 두 살짜리 딸(S 씨의 누님, 현재 대구광역시에 거주)을 할아버지께 맡겨두고 고향을 떠난 S 씨의 부모는 연변조선족자치주 화룡현 어느 마을에 도착해 삼촌(S 씨의 작은 아버지)을 찾았고, 이

---

32) 중국의 오늘날의 동북지방은 당시 간도, 만주, 연변 등으로 불리던 곳이다. 간도는 흔히 연길, 왕청, 화룡, 훈춘 등 네 현을 포함하는 지역을 지칭하는 곳이다(따라서 엄밀하게 말하면 오늘날 연변 조선족 자치주에 속하는 안도현과 돈화는 간도에 포함되지 않던 곳이다). 북간도라 지칭할 때에는 두만강 대안의 연길, 왕청, 화룡, 훈춘 네 현과 흑룡강성의 영안현, 동녕현의 일부 지역까지를 포함한다.

33) 1900년대 이전, 1910년대, 1920년대, 1930년대, 1940년대 등 다양한 기간에 걸쳐 이주를 했으며, 1950년대에도 연변으로 이주한 한국인(1950년대는 북한에서 이주한 조선 교민을 의미)들이 있음을 설문을 통해 확인할 수 있다. 설문에 답한 것을 보면, 평북 신의주, 경상도, 전라도, 충남, 경북 경주, 전북 전주, 함경북도, 강원도, 부산, 전북 정읍, 평북 선천, 경남 김해, 평남, 충북 청주, 경북 포항, 전남 광주, 서울, 전남 고흥, 경북 영양 등 다양한 곳으로부터 할아버지 및 아버지 대에 이주해 왔음을 알 수 있다.

듬해 함께 고향에 돌아가기로 하였으나 그곳에서 해방을 맞고 눌러앉게 되었다. 급변하게 된 환경 속에 돌아오는 길이 여의치 않게 되었고 차일피일 미루다가 화룡현에 머물고 말게 되었다. 그곳에 남게 된 S 씨 부모님은 그곳에서 S 씨를 비롯하여 4남매를 낳아 키웠다. 4남매 중 셋째인 S 씨는 연변에서 역사학부를 공부했으며 한국에 나와 박사학위를 취득하고 연변의 대학에서 교수로 있으면서 한국과 일본 등을 수시로 드나들며 활발한 학문 활동과 함께 성공적인 삶을 살고 있다. 그곳에서 태어난 4남매 가운데 형과 누나는 모두 대학을 졸업했으며, 형은 연변에서 기술직 공무원으로, 여동생 둘은 결혼하여 가정을 꾸려 살고 있다."

S 씨의 경우를 통해 우리는 여러 가지를 짐작해 볼 수 있다. 여러 가지 이유로 인해 일제 강점하 해방 직전의 어수선한 시기에 흩어진 가족을 찾기 위해 아버지의 명을 받고 만주 어딘가에 가 있는 동생을 찾아 떠나는 S 씨의 부모를 통해 기구한 시대상의 단면을 볼 수 있다. 동생을 찾긴 찾았으나 그곳에서 이듬해 갑작스러운 해방을 맞아 차일피일 미루다 돌아오지 못하고 연변에서 정착하여 S 씨를 포함하여 4남매를 두고 키우게 된 아버지의 삶은 한 편의 드라마이다. 그곳에서 S 씨의 부모님이 보여준 한국 사람 특유의 강한 교육열과 생활력으로 4남매 가운데 셋을 대학공부를 시켰고, 부모님의 뜻을 받들고 본인이 노력한 끝에 S 씨의 경우는 한국으로의 유학 생활을 겪었고, 피나는 고생 끝에 박사학위를 취득하여 대학교수로 성공적인 삶을 사는 S 씨의 인생을 통해 우리 민족만이 겪을 수밖에 없었던 삶의 한 단면을 그대로 보여준다.

다음은 J 씨의 경우이다. J 씨는 과거 동북지방의 사회과학원 연구원으로서 역사전공자이다. 현재 한국에 나와 유학 중에 있다. 본인의 말을 충실하게 옮겨보았다.

"부친은 평안남도 신안 주 씨로서 1915년에 장남으로 태어나셨는데 함자는 龍字 一字를 쓰신다. 아버님 아래로 여동생과 남동생이 각각 한 명씩 있었다. 동북지방으로 이주하기 전에는 함경북도 명천군 새별(=경원)에서 살았고 글공부도 하였으며 황소도 사육하고 경작지도 있었다고 하니 가정 형편도 괜찮았으리라고 본다. 그리하여 중국에서 계급 신분을 가를 때 중농으로 되었다.

18세에 부친보다 연상인 南 씨라는 여자와 결혼을 하여 자식 둘을 보았으나 자식은 모두 요절하고 남 씨도 병으로 인하여 세상을 떠났다고 한다. 아마 이러한 일련의 일들이 부친에게 정신적 타격을 주었으리라고 본다. 그런 일이 있었던 후 부친께서는 25살 때인 1941년에 홀로 두만강을 건너 만철(滿鐵)에 와서 취직하였다고 한다. 얼마 후 한마을에 살았던 장인(후실의 부친, 가정 형편이 좋지 않았다고 함)의 소개로 11살 연하인 지금의 어머님을 만나 1943년에 결혼하셨고 슬하에 자식 4남 3녀를 두었으며 이 중 본인은 아버님이 51세 되시던 해에 막내로 태어났다. 여섯째와 막내인 본인 사이에 둘이 요절하였다. 어머님은 가정주부로 지내었고, 큰형은 2005년에 돌아가셨다. 아버님은 1995년에 81세로 돌아가셨고, 현재 어머님은 81세이다. 자식이 많은 관계로 생활이 항상 어려웠다. 1967년도에 북한에 있는 할아버지와 할머니, 큰 어머님을 移葬하여 왔다. 이들의 묘소는 길림성 용정시 조양천 남산에 모셔져 있다."

S 씨의 경우는 남한의 경북 울진이 원적이지만, J 씨의 경우는 평안남도 신안이 원적인 셈이다. 아버님의 파란만장한 삶의 모습을 읽을 수 있다. 신안에서 결혼하여 성가(成家)하였지만, 처와 자식을 모두 잃었으니, J 씨 말대로 그 충격은 대단하였을 것이다. 만주철도회사에 취직하기 위해 동북지방으로 건너 오셨다는 대목은 역사의 한 대목에 몸담아 고생하며 사셨던 분임을 알 수 있다. 만주철도회사에서 일하면서 한 마을의 아는 분이 자기 딸을 소개하여 새로 가정을 일구고 4남 3녀를 두었지만 당시 시대적인 환경과 여건이 안 좋아 자식 둘을 여의었다. 평안남도 신안에서 상처하고 자식을 잃은 후

새 가정을 꾸려 식솔을 거느리고 다복하게 사시려는 의지가 절절하였을 것으로 보이며, 자식들을 잃을 때마다 가슴에 슬픔의 멍을 새겼을 것으로 여겨진다. 천만 다행스럽게도 고생하신 아버님이 장수하셨고, 어머님 또한 현재 81세로 건강히 장수하시니 J 씨에게는 더할 수 없는 복이라 할 수 있다.

S 씨와 마찬가지로 주인공 J 씨 또한 학문적 열정이 대단한 사람으로 볼 수 있다. 올해 마흔인 J 씨는 동북지방의 고향과 한국의 사회 모두를 매우 귀중히 생각하면서 공부하고 있다. 동북공정 이후 한중간에 빚어지는 갈등을 어떻게 조화롭게 해결하며 서로 도울 수 있는 방안이 없을까를 고민한다고 한다.

다음 내용은 2005년 9월 말에서부터 10월 초에 걸쳐 서울의 구로구 가리봉동 소재 중국 동포타운의 조선족 동포를 대상으로 집중 설문 조사한 결과를 분석한 것이다.

집안 어른들이 한국을 떠나와 중국의 동북지방(간도, 만주, 연변 등)에 정착하게 된 이유를 묻는 설문에 대해 무응답(33%) 다음으로 '새로운 땅에 대한 개척을 목적으로'라고 답한 경우가 27%로 가장 많았다. 각각 6%에 그쳤지만 조상들의 이주 원인을 '일제 강점하의 정치적 핍박이 싫어서'와 '일제 강점하에 항일독립운동으로 쫓기는 몸을 피신하기 위해'라고 답을 한 것을 합치면 정치적 이유로 이주한 경우도 12%나 되어 분명한 이주 동기가 됨을 알 수 있다.[34] 기

---

34) 무응답이 가장 많은 33%를 차지한 것은 할아버지나 아버지, 또는 친인척 어른들로부터 집안의 내력이나 과거에 대해 들을 기회가 없어서, 또는 무관심하게 바쁘게 살다 보니 들은 바가 없어서 모르기 때문이라는 대답이 의외로 많았고, 이런 경우가 모두 무응답 반응을 보였기 때문이다. 한편, 무응답을 제외하고 대답한 비율 순으로 보면, '새로운 땅에 대한 개척을 목적으로'(27%), '기타 다른 이유'(5%), '일제 강점하에 농지를 빼앗겨서'(12%), '일제 강점하의 정치적 핍박이 싫어서'(6%), '일제 강점하에 항일독립운동으로 쫓기는 몸을 피신하기 위해'(6%) 등으로 나타난다.

타 다른 이유가 있으면 적으라는 설문에 대해 '일제 강점 하에 강제로 이주', '만철 회사에 취직하기 위해', '일제의 만행을 피해', '가난 때문에' 등으로 답했다. 이러한 답 가운데에서 '강제로 이주'라는 답은 함축적인 의미를 부여할 수 있는 대답으로 판단되고, '일제의 만행을 피하기 위해'는 정치적 핍박을 피하기 위한 이유에 들 수 있는 경우이다.

중국의 동북지방에 정착하는 과정에서 생계를 위해 가장 먼저 시작한 농경 활동이 무엇인가를 묻는 설문에 대해, '농지 개간으로 논을 만들어 벼농사를 시작했다'가 48%로서 가장 많았고, '밭을 일구어 밭작물을 심었다'가 9%를 차지했다.[35] 기타란에 표시하거나 무응답인 경우를 합해서 39%를 차지했는데 이는 농경 활동 외에 다른 일에 손을 댔음을 의미한다.

한편 중국 동북지방의 거주하는 지역에서 가장 많이 농사짓고 있는 농작물이 무엇인가를 묻는 설문에 대해, 벼, 감자, 기장, 옥수수, 수수, 담배와 콩, 기타 순이었다.[36] 문헌 조사의 결과에서 보여주는 것이나 설문조사의 결과에서 나타나는 것이나 생산순위에서 수위를 차지하는 공통되는 작물이 '벼'라는 점이다. 동북지방의 기후와 풍토에는 맞지 않는 작물임에도 불구하고 조선족(인)들이 거주하는 지역에서는 벼농사(30%)가 으뜸이라는 사실이다. 특정 작물에 대한 농사기술을 지닌 농부들의 이주를 통한 농업문화의 확산 내지 확대를 의미한다고 할 수 있다. 이에 대한 좀 더 구체적인 답을 유도하기 위해 '정착 시기부터, 또는 나중에 벼농사를 시작했다면 그렇게 하게

---

35) 감자, 수수 등의 밭작물을 들었다.
36) 벼(30%), 감자(16%), 기장(14%), 옥수수(12%), 수수(7%), 담배, 콩, 기타 순이었다.

된 가장 중요한 이유는 무엇인가'라는 설문에 대해, 응답이 51%, 무응답이 49%를 보였다. 여기서 무응답은 생계 경제활동으로 농사를 짓지 않는 경우들로 볼 수 있다. 51%의 응답자는 집안에서 농사를 짓는다는 증거이며 아울러 여러 가지 작물들 중에 벼농사를 으뜸으로 여긴다는 뜻도 된다. 벼농사에 대해 응답한 내용만을 좀 더 자세히 보면 다음과 같다.

· 고국을 떠나기 전부터 벼농사가 가장 중요한 농사라는 것을 믿었고, 벼농사 기술에 자신이 있었다. (39%)
· 집안 농사전통이 쌀농사였고, 가장 쉽다고 생각했다. (22%)
· 우리 집에서는 벼농사를 지어 주식으로 밥을 먹는 것을 당연시했다. (6%)
· 다른 작물에 대한 농사도 알고 있지만, 쌀농사가 제일 낫기 때문이다. (33%)

네 가지의 답은 내용이 구별되기도 하지만 공통점은 "미작을 농경작물 가운데 가장 으뜸으로 생각하고 있고, 그래서 가장 친숙하며 농사짓는 기술에 있어서도 자신이 있다"라는 점이다. 이와 같은 해석이 무리가 없는 것이라면 이는 곧, 이주자로서의 조선인들이 미작 농경의 기능보유자로서 미작 농경문화의 전달 및 확산자로서의 역할을 톡톡히 해냈고, 하고 있다는 증거가 된다.

현재 재배하고 있는 벼의 품종과 '왜 그 품종을 택하게 되었는가'를 묻는 질문에 대해서는 올벼(조생종)인 '북해도'와 '127호'라고 답했다. 특히 '127호'에 대해서는 수확량이 많기 때문이라고 답하고 있다.

'오늘날 거주지역에서 기르고 있는 가축이 무엇인가'라는 설문에 대해서는 소, 돼지, 닭, 오리 등을 들었다.

연변지역의 동포들 중 현재 한국에 나와 공부하고 있거나 일하고 있는 조선족을 대상으로 해서 정착 이후 집안의 어른들이나 식구들 가운데 항일독립운동 또는 그와 관련된 교육사업에 관여했던 적이 있었는가를 묻는 설문에 대해 할아버지(외할아버지) 또는 아버지(삼촌)께서 직접 관여했다고 답하는 경우는 적은 편이었다. 한편, 직접 관여했다고 답한 사람 중에 그 일에 대해 어떻게 생각하고 있는가를 묻는 질문에 대해 당시 집안 어른들이 항일독립운동에 몸을 바쳐 고생한 것이 지금 우리에게 무슨 도움이 되었는지 후회스러운 감도 있다는 대답이 한 명에 불과했지만 이 대답 뒤의 숨은 뜻은 함축적인 의미를 지니고 있음을 알 수 있다.

집안의 친인척들이 직접 관여했다는 말은 못 들었지만, 조선족 동포들의 집안 어른들 가운데 항일독립운동에 관여하거나 관련 교육사업 또는 기타 유관된 일에 활동했음에 대해 "당시 생활이 매우 어려웠고, 지금도 어려운 점이 있지만 동포사회의 우리는 우리 어른들이 자랑스럽다"라고 답한 경우는 자주 눈에 띈다. 또한 조선족 동포들이 지금 열심히 공부하는 것도 동포사회의 어른들 가운데 항일독립운동 및 관련 교육사업 등에 활동하던 정신을 이어받은 것으로 자긍심을 느낀다고 답하는 경우는 매우 건강하고 반듯한 인식에 터하고 있음을 알 수 있다.

6. 결론

중국 동북지방의 벼농사 역사는 유구하다. 화북 지방으로부터 들어 온 한인(漢人)들은 육도(陸稻) 재배를 일찍이 시작한 기록도 보인다. 그러나 정작 오늘날 주요 식량 작물로, 그리고 나아가 환금성에서도 경쟁력을 보이는 이 지역의 수도작(水稻作)은 19세기 후반부터 이주한 조선인들에 의해 주도된 것으로 확인할 수 있다.

이 지역 자연환경 측면에서 보면 수도작에 결코 유리한 점을 찾기 어려운 곳이지만, 이주 조선인들이 지닌 고도의 벼농사 기술과 환경 개척 정신 및 의지, 강한 생활력 등이 뒷받침된 것으로 볼 수 있다. 수도작의 전개과정은 하천 변을 중심으로 한 저습지 내지 평지에서 시작되어 점차 수리 관개시설이 양호해지면서 관개 수로 변을 따라 벼농사 지역의 확산이 이루어졌음을 알 수 있다.

이 지역에 정착한 초기 이주 조선인들은 그 생활력과 삶의 의지, 개척정신이 투철했다. 물론 이들 각자의 이주 원인은 매우 다양했다. 일제 강점의 탄압을 피해 고향의 농경지를 빼앗긴 후 새 삶의 터를 찾아 들어간 경우도 있고, 정치적 박해를 피해 독립운동의 기반을 삼고자 들어간 경우도 있다. 현재 조선족들의 뿌리가 되는 초기 이주 조선인들은 강한 생활력을 바탕으로 척박한 환경의 이곳에 그들만의 농경문화를 이식했으며, 벼농사의 정착과 확산은 그 가운데 대표적이라 할 만한 것이다. 자녀들의 성공적인 미래 삶을 열어주기 위해 교육에도 많은 힘을 쏟은 결과 이 분야에 대체로 많은 성공을 거두었다.

오늘날 중국의 조선족은 소수민족 가운데 대단히 교육열이 높고 비교적 잘사는 민족에 속한다. 아마도 대다수의 이들은 선조들의 정신적 물질적 자산을 이어받아 열심히 살아가는 바람직한 모습을 보여주고 있다고 판단된다. 세월이 흐르고 시대 상황이 변하면서 의식적 측면에서는 과거 부모 세대들이 보여주었던 억척스러운 생활력과 삶의 의지를 불태우는 강인한 자세는 경우에 따라 희석되어가고 있음도 부인할 수 없다. 대신 다양한 모습으로 현실에 적응하면서 중국 국내와 일본, 한국, 그리고 서방세계로 삶의 터전을 넓혀가는 모습도 보여준다. 중국의 동북지방에 동포들이 군집하여 삶으로써 생성되었던 동포문화의 진한 색채가 다양한 측면에서 엷어지고 있지 않은가 하는 우려도 있지만, 동전의 앞뒷면과도 같은 세계화의 몸살을 이곳에서도 앓고 있는 것은 분명하다.

제 <6> 장

주변국 교과서의 시대적 관점

13

중국 지리 교과서의 변화[*]

본 연구는 80년대, 90년대, 2000년대 세 시기에 발행된 중국 중·고등학교 지리교과서의 변화를 살핀 것이다. 결과는 다음과 같다.

첫째, 지리교육 목표에서 추구하는 인간상은 사상이 투철한 전문인→환경을 사랑하고 보호하며 실사구시적인 인간→세계화, 현대화, 미래화를 추구하는 인간으로 단계적 변화를 보인다. 둘째, 교과서의 외형은 4*6판 흑백→흑백적→칼라(고교는 A4칼라)로 변화되었다. 셋째, 본문은 줄어들고, 난이도는 하향추세이며, 교과서의 편집 양식과 교수, 학습 방법은 다양화되었다. 넷째, 점차 지역지리(regional geography)의 비중은 약해지고, 계통지리(general geography) 내용이 강화된다. 다섯째, 인문지리 내용의 주제는 농업 및 공업의 내용에서 점차 물류, 환경, 정보 등 시대상을 반영하여 변화되고 있다.

---

[*] 본 글은 한국학중앙연구원의 연구보고서(손용택,형기주, 2004, 중국지리교과서의 변천과 한국 관련내용: 1987년 이후 중고교 지리교과서를 중심으로)에서 순수 연구내용만을 추려 한편의 논문으로 정리한 것임.

1. 서론

한국과 중국은 같은 문화권에 속하면서 오랫동안 형제의 우의를 간직하여 왔으나 광복 이후 양국의 수교(1992)가 재개될 때까지 약 반세기 동안은 죽의 장벽이 가로 놓여 서로가 모른 채 살아왔다. 수교 이후, 양국 간의 경제 교류는 크게 확대되었으나 다른 체제와 지리적 환경 속에서 살아가는 모습을 이해하기란 결코 쉽지만은 않다. 이러한 상황에서 간접적이긴 하나 학생들이 배우는 교과서는 상호 체제와 정책 향방을 가늠할 매우 훌륭한 메신저 역할을 한다. 그 가운데에서도 지리와 역사 교과서는 국제이해와 협력의 기초를 다지는 데 더없는 훌륭한 도구라고 생각된다.

일찍이 1930년대 영국의 역사지리학자 G. East는 지리와 역사와의 관계를 "역사 없는 지리는 누워있는 시체와 같고, 지리 없는 역사는 떠돌아다니는 유랑자와 같다고 하였다.[2] 학생들이 지리를 올바르게 배우는 것은 땅을 떠나서 사람이 살 수 없고, 사람을 떠나서는 일이 있을 수 없기 때문이다. 땅 위에서 전개되는 사람의 일을 '지리'라 하고, 시간 속의 사람들에 관한 학문을 '역사'라고 한다.[3] 지리는 역사를 만들어가는 초석임과 동시에 그것 자체가 현대사이다. 따라서 지리를 올바르게 공부한다는 것은 곧 현대사를 올바르게 공부하고 만들어간다는 의미도 된다. 특히, 서로 이웃하고 있는 한·중·일 동양 3국의 지리와 역사를 잘 이해하는 일은 곧 이웃 간의 우의와 협력을 다지는 일로서 초·중·고교의 교과서에서부터 강조

---

2) East G., *The Geography Behind History*, London, 1938, Chap 1.

3) Bloch, M., *Appologie pour L'histoire ou Metier d'historien*, Paris Arman Colin(고복만 역, **역사를 위한 변명**), 1949, 51.

되어야 한다.

이러한 뜻에서 본 연구는 중국의 중고등학교 지리 교과서에 한해서 1980년대 이후 2000년대 초에 이르기까지 그것이 어떻게 변하여 왔는지를 살피면서 교육의 목적, 교과서 편찬의 형식, 내용의 조직 등의 측면에서 분석하려는 것이다. 편의상 글의 전개 순서는 처음에 중국의 교육개혁이 전개된 과정을 서술하고 중학교(=초급중학) 교과서, 고등학교(=고급중학) 교과서 순으로 분석하되 시기 구분은 1980년대, 1990년대, 2000년대 초의 3기로 나눈다. 중국에서 교과서를 생산하는 유력한 출판사는 인민교육출판, 북경사대출판, 화동사범출판, 상해출판 등 여러 개가 있다. 시장 점유율로 볼 때 이 가운데 인민교육출판사가 압도적이다. 과거의 비중은 더욱 뚜렷하였고 현재에 이르러서도 여타 출판사의 영향력보다 훨씬 우위를 점한다. 분석대상으로 삼은 교과서는 이들 중 점유율이 가장 큰 인민교육출판의 교과서 초급중학(=중학교) 지리 교과서 21책, 고급중학(=고등학교) 교과서 13책이다.

<표 22> 중국의 초급중학(=중학교)용 지리 교과서(분석대상 21책)

책명	간행 수		학년	쪽수	색	판형	출판사	기타
	초판	재판						
① 세계지리(상)	'87	'88(4차)	초급중	126	흑백	4*6	인민교육	정본
② 세계지리(하)	'87	'89(4차)	초급중	126	흑백	4*6	인민교육	정본
③ 지리 1	'89	'92(3차)	초급중 3,4년제	176	흑백	4*6배판	인민교육	실험본
④ 지리 1	'92	'93(1차)	초급중 4년제	129	흑백	4*6배판	인민교육	심사시용
⑤ 지리 1	'92	'93(1차)	초급중 3년제	129	흑백적	4*6배판	인민교육	심사시용

책명	간행 수		학년	쪽수	색	판형	출판사	기타
	초판	재판						
⑥ 지리 1	’95	’96(1차)	초급중 3년제	123	흑백적	4*6배판	인민교육	심사시용
⑦ 지리 2	’01	’03(2차)	초급중 3년제	113	흑백적	4*6배판	인민교육	심사시용
⑧ 지리 2	’90	’90(1차)	초급중 3,4년제	116	흑백	4*6배판	인민교육	실험본
⑨ 지리 2	’93	’94(1차)	초급중 3,4년제	152	흑백적	4*6배판	인민교육	심사시용
⑩ 지리 2	’95	’96(2차)	초급중	130	흑백적	4*6배판	인민교육	심사시용
⑪ 지리 3	’90	’92(2차)	초급중 3,4년제	105	흑백	4*6배판	인민교육	실험본
⑫ 지리 3	’93	’96(2차)	초급중 3년제	103	흑백적	4*6배판	인민교육	심사시용
⑬ 지리 3	’01	’03(5차)	초급중 3년제	93	흑백적	4*6배판	인민교육	정본
⑭ 지리 4	’01	’02(2차)	초급중 3년제	94	흑백적	4*6배판	인민교육	심사시용
⑮ 지리 4	’91	’92(2차)	초급중 3,4년제	81	흑백	4*6배판	인민교육	실험본
⑯ 지리 4	’91	’92(2차)	초급중 3,4년제	83	흑백	4*6배판	인민교육	실험본
⑰ 지리 4	’94	’96(5차)	초급중 3년제	96	흑백적	4*6배판	인민교육	심사시용
⑱ 지리(상)	’01	’03(6차)	초급중 7년급	96	다색	4*6배판	인민교육	실험본
⑲ 지리(하)	’01	’03(2차)	초급중 7년급	110	다색	4*6배판	인민교육	실험본
⑳ 지리(상)	’01	’03(2차)	초급중 8년급	116	다색	4*6배판	인민교육	실험본
㉑ 지리(하)	’02	’02(2차)	초급중 8년급	90	다색	4*6배판	인민교육	실험본

중국의 인민교육출판사에서는 교과서의 연구, 출판을 일정 기한을 두지 않고 계속 사업으로 연구→출판→수정→연구→출판→수정을 이어서 하고 있다. 따라서 교과서도 실험본, 심사시용본, 정본 등 다양하다. 이에 맞추어 연도별로 교과서를 수집하기란 불가능할 뿐만 아니라 이들 교과서는 기본 골격과 내용에 있어서 큰 차이가 없다. 그러므로 분석에 동원된 교과서들은 정본 여부에 관계없이 활용하는 데 문제가 없다.

교육과정의 요지나 지리교육의 목적, 또는 교과서의 편찬 목적은

<표 23> 중국의 고급중학(=고등학교)용 지리 교과서(분석대상 13책)

책명	간행 수		학년	쪽수	색	판형	출판사	기타
	초판	재판						
지리(상)	'87	'88	고급중	160	흑백	4*6	인민교육	정본(필수)
지리(하)	'87	'88	고급중	196	흑백	4*6	인민교육	정본(필수)
지리(상)	'90	'92(2쇄)	고급중(1년급)	197	흑백	4*6	인민교육	정본(필수)
지리(하)	'92	'93(3쇄)	고급중	178	흑백	4*6	인민교육	정본(필수)
지리(상)	'90	'93(3쇄)	고급중	197	흑백	4*6	인민교육	정본(필수)
지리(하)	'91	'91(2쇄)	고급중	178	흑백	4*6	인민교육	정본(필수)
지리(하)	'92	'93(3쇄)	고급중	178	흑백	4*6	인민교육	정본(필수)
지리	'92	'93(2쇄)	고급중(고3선택)	311	흑백	4*6	인민교육	정본(필수)
지리(1)	'97	'99(2쇄)	고급중 선택	114	다색	4*6	인민교육	실험본
지리(1)	'02	'02	고급중 선택	97	다색	국배판	인민교육	정본
지리(2)	'02	03(2쇄)	고급중 선택	134	다색	국배판	인민교육	정본
지리(1)	'02	'03(1쇄)	고급중 필수	126	다색	국배판	인민교육	정본
지리(2)	'02	'03(1쇄)	고급중 필수	115	다색	국배판	인민교육	정본

인민교육출판사가 펴낸 문헌이나 한·중 교과서 세미나에서 발표된 논문, 그리고 교과서 책머리에 서술된 편찬요지 등을 참고하였다.

2. 중국의 교육개혁과 교과서

1) 교육체제의 개혁

중국에서는 1980년대에 교육개혁을 가장 중요한 국가사업의 하나로 여기고 교육의 낙후성을 탈피하고자 노력하여 왔다. 이것은 문화혁명(1966~1976) 기간에 황폐화된 교육을 다시 일으켜 4대 현대화 건설(공업, 농업, 국방, 과학기술)에 필요한 인재양성의 필요성을 절감했기 때문이다. 1983년 전국 과학대회 개막식에서 덩샤오핑(鄧小平)은 "사회주의 4대 현대화 건설의 관건은 과학과 기술의 현대화에 있으며, 과학과 기술 방면의 인재를 교육을 통해 양성할 수 있다"고 하여 교육이 4대 현대화 성공의 관건임을 강조한 바 있다. 같은 해 북경의 경산학원(景山學院)에서도 "교육은 현대화를 향해, 그리고 세계의 미래를 향해" 개혁되어야 함을 주장한 바 있다.[4]

또한 전 국가교육위원회 주임 하동창(河東昌)은 보다 구체적으로 "초등교육을 보편화하고, 중등교육을 개혁하며, 고등교육을 개편 조정하여 사회주의 4대 현대화 건설의 기초를 튼튼히 하자"고 역설하였다.[5] 중국 정부는 1985년 5월 27일 "교육체제 개혁에 관한 결정"을 제정, 공포하였는데 이 문서에 담고 있는 내용은[6] 첫째, 기초교육을 발전시키며, 단계적으로 9년 의무교육을 실시할 것과 기초교육 발전의 임무를 지방에 맡길 것, 둘째, 고등학교 입학시험과 졸업 후 직장 배치 제도를 개혁하며 고등학교 교장의 경영 실권을 확대할 것, 셋째, 중등교육 구조를 개선하여 직업기술교육을 강화할 것, 넷째, 여러 가지 교육재정의 확대방안을 구체화 할 것과 교육투자를 늘리고, 지방에는 교육부가비를 확대하며, 민간육성 기금에 의한 사학설립, 기부금을 장려할 것 등 네 가지로 요약된다.

그럼에도 불구하고 중국은 워낙 넓은 땅이고 당시 교통 및 통신 인프라가 만족할 수준이 아니었기 때문에 교육체제의 개혁이 전국적으로 빠른 세월에 성공할 수는 없었다.

---

4) 汪學文, 中央敎育評析, 敎育部敎育硏究委員會, 대북, 1987, 311~313.

5) 葉中敏·呂德潤·河東昌, 續中國敎育全景, 香港大公報, 1983.

6) 國家敎育委員會 政策敎育室 編, 敎育體制改革文獻選編, 北京, 敎育科學出版社, 1985, 3~5.

2) 전일제 9년 의무교육

　1980년대부터 중국이 실용주의적 개혁과 개방을 추진하면서 사회주의 이념을 기초로 사회, 경제 개발에 기여할 전문 인력 양성에 중점을 두고 있다. 중국의 국가교육위원회가 발표한 [지리교육대강]을 보면 "지리교육을 통해서 학생들의 애국심 함양과 사회주의 건설에 필요한 지식과 문화, 과학 지식을 익히게 한다"고 되어있다. 또한 지리 교과를 통해 "학생들과 지·덕·체의 전인교육과 발전을 꾀한다"고 교육목표를 정하고 있다.7)

　한국의 중학교 사회과 교육목표를 보면, "사회의 여러 현상을 통합적 시각으로 이해하게 하고, 우리 사회의 문제점 등을 합리적으로 해결하는 데 필요한 기능을 길러, 개인과 국가 및 인류의 발전에 기여할 수 있는 민주시민으로서 기본적 자질을 기르게 한다."고 되어있다.8) 결국, 중국의 경우에는 '사회주의 국가건설'에 필요한 사람을 양성하는 것이 궁극적 목표인 것에 반해서 우리의 경우에는 '민주시민으로서 개인, 국가, 인류발전에 기여할 수 있는 인간을 양성하는 것'이 궁극의 목표이다. 1986년 중국의 의무교육이 법적으로 확립되었다. 중국에 개방의 물결이 밀려오면서 과거 문화혁명 기간에 노, 농, 병(勞·農·兵)이 주축을 이루던 교육현장을 개혁하기 위한 것이다. 이를 위해서 5년제 교원연구기구(敎員硏修學院)가 생기고, 교육투자를 확대하며 기부금과 장학금 제도를 장려하기 시작한다.

　중국의 의무교육은 [9년 의무교육]으로서 당시의 학제, 즉 중학교까지 5-4제 또는 6-3제에 해당하는 초, 중학교까지의 의무교육을 말

---

7) 中國人民共和國 國家教育委員會, 地理教育大綱(試用), 1993, 1~2.

8) 교육부, 중학교교육과정, 대한교과서주식회사, 1992, 60~61.

한다. 의무교육법에 의하면 "아동, 소년들에게 지-덕-체의 전인적 인간 육성에 중점을 두고, 모든 민족의 자질을 제고하기 위하여 이상과 도덕, 문화와 규율이 있는 사회주의를 건설할 인재양성의 토대를 닦는다"고 목표를 정하고 있다. 이 법의 구체적인 내용을 보면, 첫째로 학생들의 지-덕-체 각 방면의 전인적 발전을 꾀하도록 할 것, 둘째로는 중앙공무원(국무원)의 지도를 받아 지방의 자율적 권한으로 학습할 교과서를 정할 것, 셋째로는 사업비의 각종 시설투자 경비에 관한 것인데, 이는 중앙 관리관과 지방정부 책임 하에 확보할 것과 의무교육비는 반드시 정상 재정수입 증가율보다 높게 책정할 것이며, 각 지방정부에서는 교육사업부 주관으로 소요경비를 징수하고, 학교 운영을 위한 기부금 지원을 유도할 뿐 아니라 의무 교육 기간의 학비는 면제할 것, 넷째로는 교사의 학력은 사범학교나 고등사범학교 졸업생 수준을 능가할 것과 교사자격 심사제를 실시하고 교사의 사회적 지위와 처우를 개선할 것, 다섯째로는 의무교육 학제 6-3제, 5-3제 모두 전일제(全日制)를 채택할 수 있도록 하고 각 지역의 수준에 맞게 다양한 수준을 적용하도록 했다.

중국은 국토가 워낙 넓고 지역에 따라 생활 수준이 크게 다르므로 9년 전일제 의무교육을 일시에 전국적으로 시행할 수 없다. 따라서 경제적으로 발전된 중국의 연해지역과 내륙의 몇몇 지역에서는 중학교 단계까지 보편화되어 있으므로 1990년 경까지 9년제 의무교육을 실시할 수 있도록 하며, 전 인구의 50%를 점하는 중국 대륙의 중간 발전 수준의 중, 소도시와 농촌은 우선 초등학교급의 의무교육이 보편화 된 후 1995년 경에 중학교 단계까지 의무교육이 보편화될 수 있도록 계획하였다.9) 그리고 인구의 25%를 점하고 있는 낙후

지역은 반일제, 격일제 등 다양한 방식으로 추진하되, 지역 실정이 다르므로 다양한 수준으로 초등학교 교육을 보편화한 후, 중학교 단계의 의무교육을 1990년대 말까지 추진한다는 방침을 정해 실시하고 있다.[10]

3) 교과서의 편찬제도

개방 이전에 중국의 초, 중, 고교 교과서는 대체로 '인민교육출판사'에서 편집하여 출판한 교과서가 일률적으로 공급되어 왔다. 9년제 의무교육을 시행하면서 교과서 편찬의 주체가 각 지역, 대학교, 과학연구단체 등 전문적인 자격을 갖춘 전문가, 교수, 교사들로 확대되어 이들이 정부의 지침에 따라 다양하게 개발하고 있다. 따라서 교과서의 내용, 수준, 형식 등이 매우 다양해졌고, 지역의 수준이 다른 만큼 서로 다른 교과서를 선택할 수 있게 되었다. 그럼에도 불구하고 현재 공급되고 있는 중국의 초, 중, 고교의 교과서는 '인민교육출판사'에서 개발한 그것이 여전히 가장 많은 비율을 점하고 있다.

9년제 의무교육을 실시하면서 개발하고 있는 지금의 교과서는 그 개발에서 시작하여 정본이 공급될 때까지 매우 복잡한 심사, 실험 단계를 거치게 된다. 한국의 경우에는 대체로 5년 간격으로 교육과정이 바뀌고 이에 따라서 교과서가 개발되는 데 대해서 중국의 경우에는 개혁의 기간이 약 10년이다.[11] 우리나라는 교육과정 자체의 연

---

9) 이찬희·손용택 외, 중국 역사 지리교과서의 한국관련내용 변화분석, 한국교육개발원 연구보고 RR 94-2-1, 1994, 14.

10) 이찬희·손용택 외, 위의 책, 1994, 14~15.

11) 高俊昌, "최근 중국의 중학지리교과서의 개혁", 한·중 초, 중등 교과서 교류 10주년의 회고와 전망, 한국교육개발원, 연구자료 RM 2002-19, 2002, 53.

구는 여러 연구기관에서 꾸준히 연구되고 있지만 교과서 개편은 새로운 교육과정이 발표되어야 비로소 교과부의 지침에 따라 개발되는데, 집필에 약 1년, 심사와 수정에 약 1년이 소요된다. 중국의 경우에는 교육과정과 교과서의 개혁기간이 경험적으로 볼 때 대체로 10년의 기간이 걸린다는 뜻이지, 구체적인 처리 면에서는 간단없이 계속되고 있는 것이 우리와 다르다. 따라서 교과서의 종류에 있어서도 개발과정에 따라 실험본(實驗本), 시용본(試用本), 사정본(심정본, 審定本), 정본, 수정본 등 다양한 종류의 이름이 붙는다.

실험본을 개발하여 몇몇 성(省) 단위 지역을 통한 실험 기간이 종료되면 그 다음에는 지역을 확대하여 시용본(試用本)을 사용하고, 이 단계를 거치면 심정본을 만들어 국가교육위원회 산하의 초, 중학교 교과서 심정(심사) 위원회의 최종 심사를 받게 된다. 심정본의 심사에 통과한 것이 비로소 정본이 되어 전국적으로 활용된다. 그러므로 중국의 넓은 대륙은 지역에 따라 실험본→시용본→심정본→정본을 사용하는 공간적인 격차가 있고, 전 중국 대륙이 정본으로 대체되는 때에는 약 10년의 세월이 걸리게 된다.[12] 그런데, 이들 실험본, 시용본, 심정본, 정본이 크게 다른 것이 아니고 약간의 수정을 가하였거나 학습의 선후가 바뀌는 수준이어서 설사 실험본이라 하더라도 크게 다르거나 비중이 낮은 것은 아니다.

---

12) 高俊昌, 앞의 책, 2002, 53.

3. 중학교(초급중) 교과서

1) 1980년대 교과서

중국이 의무교육을 제도적으로 실시한 것은 1986년이다. 9년제 의무교육에 기초하여 교과서를 편찬하기 시작한 것은 1987년이다. 1990년에 중국의 일부 지역에서 실험을 거쳐 전국적으로 보급된 것은 1993년이다.[13] 고등학교(고급중학) 지리 교과서는 이후 10년의 격차가 있다.

내용 조직은 '세계 지리'가 저학년, '중국지리'가 고학년에 배정된다. 세계지리의 내용은 대륙과 대양, 세계의 기후, 세계의 민족과 국가 등 전체 개괄적 체제를 인식한 후 각 대륙별 지지(地誌)가 전개된다. 대륙별 지지는 중국에 인접한 아시아, 아프리카, 대양주를 먼저 기술하고 '세계지리' 하권에서 유럽, 북미, 남미, 남극을 취급한다. 끝으로 세계의 자연지리, 세계의 해양계, 세계의 교통체계를 통해서 세계가 하나됨을 인식하도록 기술하였다. 내용 구성의 체계는 총론(계통)→각론(대륙지지)→통합의 형식을 취하고 있으나 대륙별 지지 부분이 많고 총론과 통합 부분이 적다.

'중국지리' 상권에서는 중국의 자연, 민족 구성과 인구 등을 취급한 다음, 각 지역의 지방지를 공부하도록 짜여있다. 하권에서는 중국의 지방지 일부분과 지역 특성 및 지역 차이, 교통과 운수, 자원이용과 환경보전으로 구성되어 있다. 구성 방식(총론→각론→통합)으로 보아서는 이상적이나 지지(각론) 분량이 너무 많아 중학교 수준에서는 소화하기 힘들 정도로 여겨진다. 이는 과거 한국의 5, 6차 교육과

---

13) 高俊昌, 앞의 책, 2002, 45.

정이 경험했던 고민과 흡사하다. 단지 1980년대 '중국지리'에서 주목하는 것은 중국 각 지방의 지방지를 학습한 다음에 지역의 특성과 지역 차이를 연해 지방과 내륙지방, 평야지방과 산지, 농목지구와 도시로 대비하여 이해를 돕도록 하였고, 여기에 지역 지리의 방법과 의미를 강조한 점은 새로운 지지학습의 개발이라는 점에서 의미를 부여할 만하다.

지리 교과서에는 지리학습의 목적과 방법, 연습문제, 생각해 볼 문제, 읽을 거리 등이 실려 있다. 삽화자료는 거의 손으로 그린 것들이며 사진은 없다. 80년대의 교과서 표제는 [세계지리 상, 하], [중국지리 상, 하]로 되어있었지만 90년대의 그것은 [지리] 1, 2, 3, 4 등으로 나뉘어 있다. 이들 교과서에 채워진 내용은 다음과 같다.

· 지리 1책(冊); 지구, 지도, 세계의 육지와 대양, 세계의 기후와 자연지대, 지구상의 자연 자원, 세계상의 인류, 세계의 정치 구분, 동아시아, 동남아시아[14]

· 지리 2책(冊); 남아시아, 중앙아시아, 서아시아와 북아프리카, 사하라이남의 아프리카, 서부유럽, 동부유럽과 북아시아, 북미, 라틴아메리카, 대양주, 남극대륙, 지구상의 인류공동생활[15]

---

14) 초급중학(중학교) 3, 4년을 공용으로 사용할 경우에는 남아시아, 서아시아, 북아프리카가 포함된다.
15) 여기서의 중앙아시아는 우즈베키스탄, 투르크메니스탄, 타지키스탄, 키르키스탄, 그리고 이들 북쪽의 카자흐스탄이 포함된다. 북아시아는 시베리아를 뜻한다.

・지리 3책(冊): 중국의 강역과 행정구역, 중국의 지형, 중국의 기후, 중국의 하천과 호소, 중국의 자연자원과 이용

・지리 4책(冊): 중국의 인구와 민족, 중국의 촌락과 도시, 중국의 교통과 무역 그리고 관광, 중국의 지역지리(6개 사례지역), 세계 속의 중국

1990년대 실험본의 내용조직은 다음 <표 24>과 같이 요약할 수 있다.

첫째, 1980년대의 구 교육과정에서는 총론(계통지리), 각론(지역지리), 통합(계통지리)의 구조였다면 1990년대의 실험본에서는 지리3과 지리4책(중국지리)의 경우, ① 중국의 지리적 환경(주로 자연지리), ② 중국의 인문지리, ③ 중국의 지역지리(지지), ④ 세계속의 중국으로 나뉘어 있다. ①과 ②가 총론(계통지리), ③이 각론(지역지리), ④가 통합에 합당하다. 중국의 지역 지리 부분이 크게 축소되고 계통지리 부분이 강화되어 있다.

둘째, 1990년대 초의 실험본은 흑백에서 3색 인쇄본으로 초급중학 3, 4년제가 공존하기 때문에 여기에 맞는 실험교과서로 개발한 것으로 여겨진다. 셋째, 앞에서 서술한 것처럼 세계지리나 중국지리나 간에 지역 구분을 전통적 방식이 아니고 세계는 문화권을 중시하였고, 중국은 대만, 홍콩, 마카오 등 부속지구를 크게 부각시키고 있다.

<표 24> 중국 초급중학 지리3, 4의 내용 체계(1991년 실험본)

중국의 지리환경	중국의 인문지리	중국의 지역지리
-중국의 강역 -중국의 지형 -중국의 기후 -중국의 하천, 호수	-중국의 자연지리 -중국의 인구, 민족 -중국의 촌락, 도시 -중국의 교통, 무역, 관광	-북부지구 -남부지구 -서북지구 -청, 장 지구 -자치구, 직할시, 촌락 - 대만성 -홍콩과 마카오

2) 1990년대 심사 시용본

1990년대의 심사 시용본은 거의 정본에 가까운 것으로 대체로 3색 본이다. 특히, 그림이 많고 학생들의 활동란(예습 및 복습란)은 색(분홍색)을 넣어서 본문과 구별하였다. 따라서 본문의 문장이 많이 줄고 그림과 도표가 많아서 학생들의 부담은 덜고 흥미는 크게 유발시킬 수 있는 교과서로 바뀌었다.

[지리1]의 내용 조직은 앞에서 소개한 실험본과 크게 다르지 않다. 세계지리를 계통적으로 취급한 내용으로 학습의 분량을 맞추기 위해 지지 부분(동아시아와 동남아시아)이 일부 포함되어 있다. 실험본과 달리 [지리1] 책 첫머리에 "왜 지리를 학습하는가?"라는 학습목적을 "認識人類之家"란 제목으로 서술하고 있다.16)

---

16) 내용 가운데 일부를 보면 다음과 같다; 지구는 인류가 거주하는 집이고, 결국은 지구의 한 부분이다. 중국의 고대 시인이 이르기를, "여산의 진면목을 모르는 것은 오로지 이 몸이 그 산속에 있기 때문이다."고 하였다. 우리는 지구 속에서 생활하고 있다. 지구의 진면목에 대하여 무엇을 알고 있는가? 지리학습은 우리들로 하여금 이러한 문제를 해결하는 데 도움을 준다. 지구를 에워싸고 있는 하늘의 일, 월, 성, 신은 어찌하여 동에서 뜨고 서로 지는가? 어찌하여 어떤 지방의 산은 험준하고 다른 지방의 평야는 평판한가? 어떤 곳에서는 화산이 폭발하고 다른 지방에서는 지각이 함몰하는가? 어찌하여 여름은 덥고, 겨울은 차가울까? 어째서 한지방의 인구는 조밀하고, 다른 지방의 그것은 소밀한가? 어째서 한 지방의 생활은 윤택하고 생산성이 높은데 다른 지방은 생산성이 낮고 곤궁한가? 어째서 한지방의 산수는 산자수명하여 좋은 환경의 아름다움을 보이는 데 반해 다른 지방은 황량하고 오염되어 있는가? 지리학습은 우리의 향토, 국토, 세계의 지리환경을 인식케 하는 데에 도움을 줄수 있고, 인류활동과 지리적 환경과의 관

[지리1]과 [지리2]에 걸쳐있는 세계지지의 지역 구분은 실험본과 다름이 없으나 각 대륙 내에서 사례가 되는 나라는 심사시본(審査試本)의 그것과 약간 다르다. 세계를 문화권으로 나누고 있으며, 실험본에서 다루었던 러시아를 심사시본에서 동부유럽과 북아시아를 포함하여 취급하고 사례국의 지지(地誌)로는 러시아를 선택하고 있다. 또한 실험본에서는 중앙아시아가 광범위하게 러시아에 포함되어 있었으나 심사시본에서는 별도로 설정하여 카자흐스탄을 사례지역으로 취급하고 있다. 그 동안 소련이 붕괴되고 여러 민족 국가가 독립한 때문이다. 취급한 사례 국가들도 조금씩 다르다. 사하라 이남의

<표 25> 실험본과 심사시본의 세계 지역구분(1990년대)

실험본		심사시본	
지역 구분	사례 국가	지역 구분	사례 국가
동아시아	일본	동아시아	일본
동남아시아	싱가포르	동남아시아	-
남아시아	인디아	남부아시아	인디아
서아시아와	이집트	서아시아와	이집트,
북아프리카	코트디브아르	북아프리카	사우디아라비아
사하라	영국, 프랑스	사하라 이남아프리카	-
이남아프리카	캐나다, 미국	서부유럽	독일
서부유럽	브라질	북미	미국
캐나다, 미국	오스트레일리아	라틴아메리카	브라질
라틴아메리카	.	대양주	오스트레일리아
대양주	.	동부유럽과 북아시아	러시아
러시아		중앙아시아	카자흐스탄

아프리카에서는 코트디부아르(상아해안)를 사례국으로 택하였으나 심사시본에서는 사례 국을 아예 취급하지 않고 자연환경, 주민과 경제활동을 전체적으로 포괄하여 취급하고 있다. 서부유럽은 영국과 프

계를 인식케 하는 데에 도움을 줄 수 있다···(이하 중략).

랑스를 사례로 삼았으나 독일로 바뀌었고, 동남아시아에서는 싱가포르를 사례국으로 선택하였고 심사시본에서는 취급하지 않았다.

[지리3]과 [지리4] 책에 실려 있는 중국지리 분야는 지역 지리 부분을 많이 줄이고 계통지리 내용을 강화하였다. 이는 실험본이나 심사시본이나 간에 마찬가지다. 다만, 심사시본의 경우에 중국의 인문지리 중 경제활동 부분(농업, 공업)이 강화된 반면에 중국의 촌락과 도시에 관한 내용이 삭제되어 있다. 실험본과 심사시본의 인문지리 내용을 비교하여 볼 때, 실험본에서 취급했던 '중국의 촌락과 도시' 부분이 심사시본에서 '중국의 농업과 공업'으로 바뀐 것은 곧 개방 이후 중국의 약진과 발전상을 사회주의 조국 건설의 승리로 인식시키기 위한 것이다.

3) 2001년의 표준실험본

(1) 실험본 교육과정

2001년 7월에 중국 정부는 [전일제 의무교육 지리과정] 표준 실험원고를 발표하여 지리교육의 목표, 이념, 내용, 지리교육 자원의 관리, 지리교육의 평가 등 여러 방면에 걸쳐서 비교적 거대한 개혁을 실현했다. 2001년 7월에 [표준 실험원고]가 발표되기까지의 과정은 다음과 같다.[17] 2000년 1월에 중국의 교육부는 의무교육과정 표준연구제도 과제를 교육부 직속의 유관 기관인 사범대학과 연구소에 위탁하여 표준안을 마련하도록 하였다. 이 안은 전문가들을 동원

---

17) 高俊昌, "중국 전일제 의무교육 지리과정 표준", 역사·지리교육을 통한 한국과 중국의 상호이해 증진 방안, 연구자료, RM 2001-40, 한국교육개발원, 2001, 55~56.

하여 평가, 심의되었다. 2000년 4월에 여러 개의 표준안을 기초로 북경사범대학, 강소사범대학, 수도사범대학, 과정교재연구소, 동북사범대학, 화동사범대학, 호남사범대학 등 연구단위의 전문가들을 동원하여 공동으로 지리과정 표준의 연구소를 조직하였다.

2000년 4월에서 7월까지는 기초교육의 영향, 국제적 비교, 국내 지리교육과정의 역사적 변화, 학습심리와 지리의 기초교육, 지리과정의 표준구조 등 5개 과제가 집중 연구되었다. 2001년 1월에 초고가 완성되고 이것을 중국 과학원의 연구원, 행정부 공작원, 지리교사, 기업가 등이 심의하여 의견을 수렴했다. 2001년 4월 연구소는 이들 의견을 바탕으로 초고를 수정하였고, 2001년 7월에 최종원고를 마무리하여 [의무교육 초중지리과정] 표준(실험원고)을 완성, 발표하였다. 발표 이후 [실험교과서 7학년 상권]이 흑룡강성, 요녕성, 광동성, 하북성, 귀주성, 사천성의 6개 성급 행정구의 7개 실험지점(시, 현)에서 실험 사용되었다. 2001년 11월에 [실험교과서 7학년 하권]과 [실험교과서 8학년 하권]이 심사를 통과했다. 2003년 9월까지 본교과서는 티베트 자치구 등 일부 성(省)을 제외한 20여 개 성급 행정구역에서 실험과정을, 2005년 가을에는 전국적인 범위로 보급하기로 하였다.18)

(2) 단계별 지리교육과정 구조

초급중학(7~9학년)은 1~12학년 교육단계 중 중간 단계로서 아래로는 초급학교(1~6년), 위로는 고급중학(10~12년) 사이에 있다. 따라

---

18) 楊愛玲, "의무교육 교과과정 실험 지리교과서 편찬, 실험 현황과 미래 개선 방향", 21세기 동아시아 평화를 위한 사회과교육 국제학술세미나, 2003, 3~6.

서 아래의 초급학교 교육과정을 한층 전문화하고, 위의 고급중학 교육의 기초를 확고히 하도록 교육과정이 짜여져야 한다. 중국의 1~12학년 지리교육과정 구조는, 초등소학교(1~6년) 사회/과학 → 초급중학교(7~9년) 역사와 사회/과학/지리 중 선택 → 고급중학교(10학년) 지리필수 → 고급중학교(11~12년) 자연지리/인문지리/지역지리 중 선택하도록 되어 있다.

과거의 [지리교학대강]과는 달리 교육과정에서는 그 목표를 ㉮ 지식과 기능, ㉯ 과정과 방법, ㉰ 감정/태도와 가치관 등으로 뚜렷이 3분하였고, 내용의 표준과 건의 사항 등 논리적이고 다양화시킨 흔적을 엿볼 수 있다. 지리교육의 목표를 3분한 것은 우리의 이해, 기능, 태도와 비슷한 맥락이다. 건의 사항에서 첫째, 교학 건의는 학습 및 교수에 대한 건의이고, 둘째, 평가건의는 학습 달성도의 평가를 어떻게 할 것인가에 대한 건의이며, 셋째, 과정자원은 학습 및 교수에서 필요한 각종 자료를 말한다.

4. 고등학교(고급중) 교과서

1) 1980년대 교과서

(1) 지리교과의 목표

1980년대 고급중학 지리교과서는 1981년에 발표된 [전일제 6년제 중점 중학교학계획 시행초판]에 의거하여 편집하기 시작하여 1987년 국가교육위원회의 [全日制中學地理教學大綱]에 의해 수정되었다. 6년제 중학(중고과정)에서는 고급중(고등학교) 2년급에서, 5년제 중학에서는 고급중 1년급에서 필수로 배우게 되어 있다.

[지리 상권]은 지학(地學)의 성격이 강한 자연지리 분야 내용을 담았고, [지리 하권]은 인문지리 내용이다. 책머리에 설명된 이들 상하권의 교과서 지도 이념은, "인류생활과 지리환경과의 관계"에 착안해서 인류와 밀접한 지리환경의 기초를 인식토록 하고 있다. 학생들로 하여금 어떻게 환경을 합리적으로 이용할 것인가, 어떻게 환경을 합리적으로 개조하고 또한 보호할 것인가, 지리환경을 인류의 생산활동 발전에 유리하게 만드는 길은 무엇인가 등에 대한 기본 인식을 갖도록 하는 것이 지리교육의 이념이자 목표로 설정하고 있다.

(2) 편집형식과 내용조직

고급중학 지리 교과서의 경우 80년대와 90년대 초까지는 재래식 교과서라 할 수 있다. 4*6배판 크기에 흑백인쇄이고 그림은 손으로 묘사한 삽화를 사용했다. 상권의 쪽수는 160쪽, 하권은 196쪽으로 자연지리 내용보다는 인문지리 내용이 많다. 단원의 끝에 '문제와 연습' 난을 두었다. 작은 활자로 주(註)를 달거나 보충설명을 한다. 내용조직을 보면 [지리 상권]은 온전한 자연지리 내지 지학에 속하는 내용들이다. 우리나라의 고등학교 지리 내용 수준보다 훨씬 깊고 전문적인 내용으로서, 그것은 자연지리 내용과 지학 내용을 일정한 볼륨의 교과서에 모두 담아냈기 때문으로 여겨진다. 단원 내용을 적어보면, ① 우주 속의 지구, ② 지구상의 대기, ③ 지구상의 물, ④ 지각과 지각변동으로 나뉘어 있다. '우주 속의 지구'에서는 천체의 전 시스템을 다루고, 태양계, 달과 지구, 지구의 운동을 학습하도록 하였다. '지구상의 대기'에서는 대기의 주성분과 수직적 분포, 대기

의 온도, 대기의 이동, 기상과 기후를 다루었다. '지구상의 물'에서
는 물의 순환과 물의 평형작용, 바다와 육수, 수자원 이용 등을 취급
하였다. '지각과 지각변동'에서는 지각의 내부구조, 지각의 물질적
조성, 지각 운동, 지각에 있어서 판구조, 지각내부의 에너지(지열, 화
산, 지진), 지각변동의 외적작용, 지질시대 등 심층내용까지 접근했다.
[지리 상권] 네 개의 단원을 32시간에 마치도록 되어 있으므로 1단
원에서 8시간, 2단원 9시간, 3단원 6시간, 4단원 9시간으로 각각 배
당된다.

고급중학 [지리 하권]은 제5단원에서 11단원까지 7개 단원으로
구성되었다. 단원 구성을 보면, ① 지구상의 생물과 토양, ② 자연자
원과 자원보호, ③ 에너지 자원의 이용, ④ 농업생산과 식량문제, ⑤
공업생산과 공업단지, ⑥ 인구와 도시, ⑦ 인류와 환경 등이다. 총
32시간의 배당으로 이들 내용을 소화시켜야 하며, 상권에 비해서는
비교적 쉽고 볼륨은 많다.

2) 1990년대 교과서

(1) 이수시간과 내용 조직의 수정

90년대 교과서는 80년대를 지나 새로운 세기로 접어드는 과도기
적 교과서 성격을 지닌다. 80년대의 지리 상하권의 내용이 약간 수
정되어 새천년에 개편되는 신교과서의 탄생을 준비하는 단계이다.
80년대 지리 상권과 하권을 학습하는 총 시간이 64시간에서 90년대
는 96시간이 필수로 확대되었다. 그리고 [지리 하권]에 들어있던
"지구상의 생물과 토양" 단원 내용이 1990년판에는 상권으로 재편

되고 총 이수시간도 상권만으로 32과시(課時)에서 46과시로 확대되었다.19)

내용 조직은 큰 차이 없으나 2단원에서 "대기의 강수"에 관한 내용이 추가되었다. 1990년판에서 "지구상의 생물과 토양" 단원이 상권으로 재편되었기 때문에 그만큼 하권의 면수가 줄은 셈이다.

즉, 지리 교과는 자연환경과 인간 활동의 여러 요소가 서로 어떻게 관계되는가를 배우는 것이고, 궁극적으로 조화로운 인지관계(人地關係)를 정립하는 데 필요한 과목임을 설명한다. 좀 더 구체적으로 설명하면, 우주 속에 지구가 있고 지구의 자연환경을 구성하는 큰 요소는 대기, 물, 지각, 생물이다. 여기에서 얻어지는 에너지 자원이 인류의 활동 즉 농업과 공업, 인구분포와 동태, 취락의 형태와 기능에 서로 연관되어 한편으로는 사회적 발전에 기여함과 동시에 다른 한편으로는 환경문제를 낳는다. 환경문제는 다시 인간과 환경관계의 개선을 통해서 변증법적으로 사회발전에 환류된다는 내용이다. 이러한 구조는 나중 2002년에 통과 보급되는 고등학교 [지리] 필수의 틀 구조로 발전한다.

(2) 선택과목 [지리]

고급중학 [지리 상, 하]가 고 1, 2학년 급에 부과되는 필수 과목이고, 고 3년급에는 선택과목 [지리]를 부과한다. 국가교육위원회는 당시의 [고급중학 교학계획]의 조정의견으로서 고 3년급에 선택 [지리]를 매주 4~6시간 설치하도록 하고, 이를 북경의 인민교육출판사

---

19) 책의 면수도 1987년판 상권은 160쪽이었으나 1990년판 상권은 197쪽으로 확대되었다.

가 개발하여 1990년 가을부터 사용하도록 건의했다. 초급중학에서 지역 지리를 배우고, 고급중학에서 필수로 계통지리를 배운 바탕 위에 정치, 사상교육과 국정교육을 강화하기 위해서 고급중학 3년 급에 [중국지리]와 [세계의 지역지리]를 부과할 필요가 있었다.[20]

여기에는 중국 국정과 관계있는 중국의 지리, 즉 각 지역의 자연, 경제적 차이, 중국적 사회주의 건설을 위해 어떻게 좋은 지역을 만들 것이며, 어떻게 불리한 점을 극복할 것인가의 내용으로 구성된다. 또한, 세계 여러 나라의 지지를 국가별로 상세하게 학습하여 인지관계의 경험적 교훈, 올바른 인지관계의 수립에 도움을 주도록 하고, 학생들로 하여금 국제적 정치, 경제의 현실을 인식시키는 것이 선택과목 [지리]의 설치 목적이다. 선택과목 [지리]의 내용 조직은 중국지리 11개 단원, 세계지리 14개 단원이다. 중국지리의 지역 구분은 대륙을 7개 주요 지역으로 나누어 취급하고, 세계지리는 각 대륙별 주요 국가를 사례로 추출하여 학습하도록 꾀하였다.[21]

1992년판 선택과목 [지리]는 판형이 구식의 4*6판이고, 흑백 인쇄이며 총 쪽수는 311쪽이다. 사진은 없고 손으로 그린 삽화가 대부분이다. 참고자료나 연습문제 등 탐구학습에 필요한 자료는 전무하다. 1992년판 선택과목 [지리]는 다음 절에서 후술하는 바와 같이 1990년대 후반에 여러 차례의 실험본을 거쳐서 2002년 선택과목 정본(正本)으로 출판되는데, 내용이나 형식, 체제로 보아 큰 변혁일 정

20) 인민교육출판사, 地理(高級中學課本), 1992, 1)

21) 고급중학 선택과목 지리 내용(1992년 판); 중국지리-계통지리 내용으로 지리환경, 자연자원, 인구와 민족, 경제발전과 지역의 차이, 중국지방지 내용으로 동북지방, 황하 중하류 지방, 장강 중하류 지방, 남부 연해 지방, 서남지방, 청장지방, 서북내륙지방; 세계지리-일본, 싱가포르, 인디아, 사우디아라비아, 이집트, 나이지리아, 영국, 프랑스, 독일, 러시아, 캐나다, 미국, 브라질, 오스트레일리아 등을 다룬다.

도로 한국의 7차 교육과정에 의한 칼라판 교과서와 흡사하게 제작
되었다.

(3) 선택과목 [지리]의 개혁

2003년 고급중학의 선택과목 [지리] 상, 하권 정본(正本)이 나오기
까지 실험본으로 출판된 것이 1997년의 선택 [지리] 책이다. 4*6배
판 천연색으로 우리의 7차 교육과정에 의한 교과서를 많이 닮았다.
1992년판 4*6판의 흑백 인쇄본에 비하면 내용이나 편집체제에서 커
다란 개혁이라 할 만하다. 편찬자가 책머리에 해설한 선택과목 [지
리]의 임무에 대한 일부 내용을 인용하면 다음과 같다.

> "지리의 사물(사상, 事象)은 지역성, 종합성의 양대 특성이 있습니
> 다. 지구의 표면은 각 지역이 자연과 인문현상이 다르기 때문에
> 같을 수는 없습니다. 한 지역에 존재하는 한 가지 요소가 규칙적
> 인 변화를 나타낸다고 해서 이것이 다른 지역에서도 완전히 똑같
> 이 나타날 수는 없습니다. 이와 같은 자연현상과 인문현상의 공간
> 적 분포의 각기 다른 특징이 지리학연구에서 "지역성"을 결정합니
> 다. 지금까지 수행하여온 지리학 연구의 주제는 "지역연구"이며
> 이것이 연구의 핵심으로서 "지역성"을 결정하는 일입니다. 이것은
> 다른 과학이 대체할 수 없습니다."

선택과목 [지리]는 우리의 [인문지리]와 흡사한 내용이고 각종 개
념과 이론 및 법칙을 많이 이해하도록 구성되었다. 크게 4단원으로
① 인구와 환경, ② 도시의 지역구조와 각종 모델, ③ 문화와 문화경
관, ④ 국토와 국력으로 나뉘어 있다. 단원 속에 제시된 주요 개념이
나 모델을 뽑아보면 다음과 같다.

- 인구와 환경; 인구성장의 유형, 인구이동의 양식, 인구이동의 요인

- 도시이론; 중심지이론, 도시 지역구조 이론, 도시계획·도시배치 이론

- 문화와 문화경관; 문화와 자연, 문화경관의 개념, 문화의 기원과 확산, 쇄신과 확산, 세계의 종교분포와 그 이동

- 국토와 국력; 정치적 지역개념, 영해와 공해, 국가의 정치 지리적 형태, 국경의 유형, 국가의 동맹 등등이다.

종전에 비하면 이론이나 개념을 많이 다루었고, 이러한 선택과목의 개혁은 계속적인 실험을 거쳐 2002~2003년에 완성된 선택과목 [지리] 상·하권으로 나타난다.

3) 개혁의 2000년대 교과서

(1) 고급중학 필수 [지리]

90년대 후반 이후 수정·실험·연구를 계속해 왔던 고급중학 [지리] 필수과목은 2002년에 심사를 통과하여 2003년에 상·하권으로 출판, 보급되기 시작하였다. 화려한 칼라판 인쇄로서 판형은 국배판 (A4, 210x290mm)으로 바뀌었다. 새로운 교과서를 직접 설계하고 집필하는 데 참여한 인사는 새 교과서의 특색을 다음과 같이 설명하고 있으며[22], 요약하면,

---

22) 高俊昌, 인민교육출판사 역사교실 주임

첫째, 교육특색에 부합한 틀 구조의 체계를 완성하였다.

둘째, 사람과 지역관계를 강조하고, 내용을 간소화하여 난이도를 낮추었다.

셋째, 기본 원리를 중시하고, 현실 사례와의 연관성을 강조하였다.

넷째, 교수방법과 학습방법 및 평가방식의 개혁을 촉진시켰다.

다섯째, 다양하고 재미있는 형식을 구사하였다 등의 내용이다.

여기에서 첫 번째에 강조한 내용을 고급중학 [지리] 필수는 계통적인 면을 강조하면서 자연과 인문의 양대 과제가 하나의 목표, 즉, "인류가 당면한 환경문제와 지속가능한 발전"에 향할 수 있도록 설계하였다.[23] 둘째로 강조한 것은, 전통적인 지리과정의 내용과 새로 첨가되는 내용을 모두 흡수하기에는 지리과목의 시간 배당이 너무 적기 때문에 전통적으로 많이 취급하던 천문, 기상, 기후, 지질, 물에 관한 것과 농업과 공업 등에 관한 내용은 많이 간소화하였다. 그럼에도 불구하고 실제 출판된 교과서의 내용 조직은 결국 [지리 상권]은 자연지리, [지리 하권]은 인문지리 양대 분할 체제로 나타난다. 셋째로 강조된 점은 지리의 理이다. 쓸모없는 암기 내용을 지양하고 고등학교급에서는 주요 개념과 현실 사례를 많이 접목해야 한다는 요지다.

넷째로 강조된 것은 교수방법과 학습방법의 변화 요구이다. 교과서 본문은 주지(key note)만을 간략하게 소개하고, 나머지 공간은 학생

---

23) 고급중학 [지리] 필수의 내용 구성은, 인류생존의 자연환경으로서 우주, 대기, 해양, 육지 환경을 공부하고, 인류의 생산 및 생활 활동으로서 생산활동, 거주활동의 지리환경과 인류활동의 지역 관계를 공부한다. 마지막 단원에서는 인류가 당면한 전 세계의 환경문제와 지속가능한 발전을 공부한다.

들이 스스로 생각하고 작업하며, 실험할 수 있는 많은 자료를 제공할 수 있도록 한 교과서를 지향했다.

요컨대, 2000년대 교과서를 1987년~1990년에 출판된 교과서와 비교하면 다음의 차이점이 나타난다. 첫째, [지리 상권]이 자연지라 내용인 것은 같으나 종전과 달리 자연자원과 재해문제를 상권에 편성하였다. 둘째, 단원 첫머리에 도입문이 있고 말미에 "自學遠地"란 제목의 예습과 복습활동이 있다. 이것은 열독(閱讀), 기능, 연습 등 3개 항으로 분류된다. '열독'은 읽을거리를 제시한 것이고 '기능'은 지리자료를 만들거나 도표를 그리고 만드는 등의 작업훈련이며, '연습'은 문제풀이의 과정을 말한다. 넷째, '80년대와' 90년대의 교과서는 농업, 공업생산을 각각 별도의 단원으로 설정했지만, 2000년대 교과서는 "생산활동과 환경", 특히 환경문제라는 시각에서 강조하였다. 다섯째, 종전에는 '인구문제'를 도시문제와 함께 다루었지만 여기서는 제외시켰고 대신에 '인류 활동의 지역연계'라는 새단원이 편성되었다. 운수, 교통, 상업, 무역, 전자통신 등의 내용을 포괄한다. 신교과서가 '지역 연계'를 강조한 것은 현대생활에서 물류, 금융, 전자통신의 중요성이 급증하기 때문이다. 한편, 제외된 '인구문제'는 고급중학 선택 [지리]에서 편성하였다. 일곱째, 종전의 교과서에도 환경문제를 다루었지만 '지속가능한 발전'의 측면은 새로이 추가된 것으로 이점 또한 큰 변혁이다.

한국의 제7차 교육과정의 교과서가 종전에 비해 탐구학습을 강조하고 학생들의 자체활동을 유도하는 개혁적인 교과서로 평가되지만, 우리의 사회과 교과서가 '민주시민을 양성한다'는 큰 이념과 통합사회과의 우산 밑에서 지리, 역사, 일반사회의 다양한 요구에 부응하려다 보니 정작 세계화 시대가 요구하는 실용적 내용을 담기에 어려운 면도 없지 않다.

5. 결론

중국은 개방정책을 펴면서 무엇보다도 먼저 문화혁명으로 황폐화된 교육을 재건하려 노력하여 왔다. 9년 의무교육 실시를 비롯한 중고등학교 교과서의 개편은 이러한 맥락의 일환으로 볼 수 있을 것이다. 1980년대 이후 2002년에 이르기까지, 지리 교과서의 변화를 보면 다음과 같이 요약할 수 있다.

1) 중학교(=초급중학) 지리 교과서

첫째, 교육의 목표를 보면, 중국이 교육을 통해서 달성하고자 하는 인간형은 예나 지금이나 사회주의 국가 건설의 일꾼이다. 그러나 보다 구체적으로 보면 1980년대에는 사상이 투철한 홍(紅) 인간과 전문인(專)을 요구하였고, 1990년대에는 환경을 사랑하고 보호할 수 있는 실사구시의 인간을 요구하고 있다. 2000년대에 들어서는 세계화, 현대화, 미래화를 지향하는 인간을 요구하고 있다.

둘째, 교과서 외형을 보면, 1980년대의 4*6판 흑백 인쇄에서 1990년대는 4*6배판 3색 인쇄로 변했다가 2000년대에는 4*6배판 칼라 인쇄로 바뀌고 있다. 1980년대 이후 급속한 변혁, 발전을 확인할 수 있는 부분이다.

셋째, 본문 위주의 교과서에서 다양하게 구조화된 교과서로 변하였다. 본문과 기타 참고자료 등의 비율이 1980년대에는 8:2였지만 1990년대는 대체로 5:5, 2000년대 초는 2:8로 바뀌었다. 본문 외에 선명한 사진과 그림, 각종 읽을거리, 참고자료를 포함하여 예습과 복습 문제도 교과 목표의 세 방면 지향을 충분히 고려해 짜여졌다.

넷째, [세계지리]를 [중국지리]보다 먼저 배우는 학습체제는 변함이 없고, [세계지리]는 이웃나라에서 먼 나라 순으로 접근하고 있다. 초급중학 7년에서 [세계 지리 상·하]권, 8학년에서 [중국 지리 상, 하]권을 배우도록 되어 있는데 전반적으로 지역 지리의 비중이 약화되고 있는 반면, 계통지리 내용이 강화되고 있다.

다섯째, [세계지리]나 [중국지리]나 중고등학교 수준에서 지역의 실상을 상세히 취급하기는 어렵다. 이런 점을 중국의 필자들은 현명하게 처리하고 있다. 즉, [세계지리]에서는 대륙별로 개괄한 다음 주요 사례 국가를 발췌하여 다루고, [중국지리]에서는 남북비교, 동서비교를 통해 특성을 파악한 다음, 지역의 규모별로 특성 있는 지역을 발췌하여 다룬다.

2) 고등학교(=고급중학) 지리 교과서

첫째, 교육을 통해 길러내려는 인간상은 초급중학의 서술내용과 같다. 즉 사회주의 국가를 건설하는 일꾼으로서 지·덕·체를 갖춘 전인적 인간을 지향한다. 1990년대에는 환경문제의 조화로운 인지관계(人地關係)에서 2000년대 초에는 현대화, 세계화, 미래화를 지향하는 인간상을 강조하고 있다. 지리교육의 목표를 지식, 기능, 태도의 3면 분할하여 설정한 것도 고급중학교 2000년대 초 교육과정 및 교과서에 나타난 괄목할 만한 부분이다.

둘째, 교과서 외적 양식의 변화도 중학교 그것과 같다. 단지, 중학교 교과서는 4*6배판 컬러판인 데 대해서 고등학교의 그것은 A4 크기 컬러판이다.

셋째, 고등학교 지리과정의 편제는 필수와 선택으로 양분되고, 이들 각각이 상권과 하권으로 구성된다. 필수과목 지리 상권은 자연지리이고, 하권은 인문지리로서 1980년대 이후 변함이 없다. 선택과목 [지리]는 1990년대 중반까지 중국지리와 세계지리의 지지(地誌) 내용을 담고 있었으나 그 이후에는 인문지리와 응용지리의 내용을 일부 담고 있다. 고등학교를 마치고 사회의 현장에 뛰어들 학생을 위한 배려로 보여진다.

넷째, 필수 [지리] 상권의 자연지리 내용에는 큰 변화가 없으나 하권의 인문지리 내용에서는 시대의 흐름을 반영하는 내용으로 크게 바뀌었다. 즉 종전에는 농업과 공업 활동을 많이 다루었으나 2000년대 초의 교과서에서는 물류체계, 환경문제 등을 크게 취급하고 있기 때문이다.

다섯째, 이밖에도 중국의 고등학교 지리 교과서의 큰 변화로는 내용의 간소화, 난이도의 하향화, 편집형식의 다양화 등은 물론이려니와 교수 방법이나 학습평가의 방법 등에 있어서도 개혁이 모색되고 있는 점을 들 수 있다.

70년대 이전은 물론이고 80년대까지 한국의 교과서 개발 및 정책은 일본의 그것을 모델로 삼는 경향이 짙었다. 그러나 오늘날에는 일본의 방식을 찾아볼 수 없을 정도로 다각적인 변화를 가져왔다. 어떤 면에서는 유럽이나 서양의 방식을 지향한 것 아닌가라는 의문을 제기할 수 있지만 역시 그것과도 다르다. 그야말로 우리의 교과서 다운 방식과 개성을 지니게 되었다고 볼 수 있다. 지질이나 인쇄 기법, 천연색의 이용, 내용 구성의 다양화 등에서 어떤 측면에서는 일본과 유럽 또는 신대륙의 교과서를 앞지른 면도 없지 않다.

그런데, 본 글에서 살핀 것처럼 중국의 교과서 변화 변혁은 우리의 그것을 따라잡는 속도 면에서 가히 놀라울 정도로 빠르고 크다. 이는 급속히 변화해 가는 중국의 사회상을 반영한다. 교과서라는 도구는 국가의 정책 방향을 교육의 잣대와 눈높이에 맞추어 여실히 드러낸 기재이기 때문이다. 우리의 교과서나 중국의 교과서가 급속히 변화·발전하고 있는 것은 양국의 경제발전 과정과도 같은 것이다.

이제 2000년대 중반을 바라보고 교과서 정책과 변화발전에서도 한, 중, 일이 경쟁을 벌일 것 같다. 이제부터는 서로 모델로 삼아 발전하려는 단계는 지났고, 각국의 정책 기조와 교육제도, 지역 특성 등을 반영한 개성 있는 교과서를 개발해 갈 것으로 보인다. 동부아시아 3국이 아시아의 중심으로 떠올랐으며 나아가 세계가 주목하는 지역으로 발돋움하는 만큼 교과서 체제나 내용에서도 위상을 맞출 것은 확실히 기대할 수 있기 때문이다.

14

일본 사회과 교과서 내용의 전범국 회귀[*]

1. 서론

'자신의 나라에 대한 긍지를 갖게 하는 교육'에 대해서 독일의 노르트라인 베스트팔렌 주의 역사 교과서 검정관 오스톨 크라우스는 휘준숙자(暉峻淑子) 기옥(埼玉) 대학 명예교수가 질문한 '교과서 안에서 자기 나라에 대한 긍지를 갖게 하는 배려를 하는가?'에 대해 다음과 같이 이야기했다. "자기 나라에 대한 긍지를 갖게 한다는 슬로건은 독일에서는 우익의 슬로건이다. 교육의 장소에서는 자국의 역사를 사실에 기초해서 인식하고 판단력을 훈련하는 것에 무게가 실린다. 어린이들이 정체성을 갖게 해주는 '헌법'이어야 하며, 과거의 역사를 잘못이 없는 것으로 자랑해서는 안 된다. 역사를 왜곡함으로써 긍지를 갖게 하는 것은 곧바로 전쟁을 범하게 할(뛰어들게 할) 위험을 안고 있다. 전쟁을 막는 방법은 과거의 사실을 정확히 알게 함으로써 전쟁을 부정하는 신념을 갖게 하는 것이다."[1]

---

* 본 논문은 2004년 6월 4일~7일까지 한국정신문화원(=현재의 한국학중앙연구원)에서 개최된 제 1회 남북한 공동학술대회에서 발표했던 내용을 일부 고쳐 정리한 것임.

이 견해는 이에나가 교과서 재판 제3차 소송 최고 재판소 판결(오노대야 판결, 1997년 8월)에서 오노 마사오 재판장이 쓴 다음의 의견과도 서로 통하는 것이다. "특히 근현대의 역사를 기술할 때는 자국의 발전과 이해라는 관점에서만 서서 역사적 사상의 취합 선택이나 평가를 해야 할 것이 아니라 …… 교육적 관점을 생각한다면 차라리 세상 사람을 깨우치는 다음과 같은 말에 마땅히 유의해야 할 것이다. '교과서에 거짓을 쓰는 – 특히 극히 최근에 일어난 일을 바꾸어 엉터리로 쓰는 – 나라는 머지않아 무너지게 된다(시바료타로 司馬遼太郎, '對談集 – 東과 西-').' 근현대에 일본이 주변 여러 나라 민중에게 입힌 피해를 교과서에 기술하는 것은 특수한 일방적인 선택이 아니며, 또한 자국의 역사를 욕보이는 것이 결코 아니다."

이러한 말에는 어린이의 정체성 확립 – 자신에 대해 긍지를 갖도록 하기 위한 교육은 과거의 잘못된 역사를 은폐, 개찬해서 가르침으로써 배양되는 국가주의적인 '자국에 대한 긍지'가 아니라 헌법 즉 기본적 인권과 민주주의 및 평화주의에 의해 이루어져야 한다는 것이 명확하게 지적되어 있다.

자기 나라 역사의 잘못된 점에 대해 올바른 인식을 배양시키는 것이야말로 '어린이의 정체성 확립'에 필수불가결한 것이라 할 수 있다. 과거 역사의 개찬, 어린이들의 눈을 속이는 정치가나 역사 개찬파의 언동, 정치가의 직무 남용과 부패야말로 자국에 대한 긍지를 갖지 못하게 하는 것이다.[2] 과거의 침략 전쟁과 전쟁 범죄 사실을

---

1) 暉峻淑子, 2001, '교과서 검정, 나의 체험,' Advantage Serverrks, 1994년 7월. 타와라 요시후미, 위험한 교과서(일본교과서바로잡기운동본부 옮김), 서울: 역사넷, 155쪽에서 재인용.

2) KSD 의혹으로 체포된 오야마다키오小山孝雄 참의원은 '젊은의원모임'의 간사장 대리로서 국회에서 교과서를 공격하는 질문을 여러 번 하였다.

왜곡하여 길러진 '자국에 대한 긍지'는 새로운 국가주의와 배외주의를 양성하고 재차 과오를 범하는 인간을 육성하게 되리라는 것은 불을 보듯 명확하다.3)

이상의 내용과 맥을 같이하는 우려의 목소리가, 일본 내의 양식 있는 학자들을 통해 반복해서 개진되고, 언론에도 칼럼으로 보도되지만, 현재 점점 강도 높게 급부상하고 있는 일본 내 우익들에 의해 언제나 무시되거나 위협받고 있는 실정이다.

돌아보면, 1945년 2차 대전이 연합군의 승리로 일단락되고 일본 천황의 무조건 항복과 맥아더 사령관 앞에 수차례나 무릎 꿇고 목숨을 구걸할 때 연합국 사령관 측에서는 심사숙고한 끝에 남하하는 러시아 세력을 견제하고 동북아의 안전을 꾀한다는 생각으로 일본 천황의 목숨을 살려주고 대신 미국식 '사회과 교육(Social Studies)'을 반드시 실시할 것을 약속받는다. 당시 미국의 '사회과 교육'을 권고받은 나라는 일본뿐만 아니라 한국과 대만의 경우도 마찬가지였다. 대만과 미군정 하의 한국에서는 '사회과 교육'이 제대로 시행된 반면, 일본에서는 대외적으로는 사회과 교육을 실시하는 척했지만 수면 밑에서는 지금껏 여전히 가미카제의 군국주의 전범교육을 은밀히 실시해 왔다.4) 맥아더 사령관 앞에 그렇게 여러 번 무릎 꿇어 목숨을 구걸한 일본 천황을 용서하고 대신 주문하여 약속을 받아낸 '사회과 교육'은 무엇인가. 오늘날의 미국을 있게 한 국민통합의 힘은 전 세계로부터 아메리칸 드림을 안고 몰려온 이민자들을 미국식 용광로(Melting Pot) 교육으로서 '미국 정신'을 불러일으키는 통합적 '사

---

3) 타와라 요시후미, 2001, 위험한 교과서(일본교과서바로잡기운동본부 옮김), 서울: 역사넷, 156~157.
4) 안천, 2019, 한국의 교과서 전쟁사, 경기 성남: 나무미디어, 22~29, 118~242.

회과 교육'으로 본 것이다. 즉, 미국식 '사회과 교육'을 매우 중요한 교육 기제로 삼아 미국시민 양성에 성공을 가져왔다. 미국의 시민교육과 위대한 민주주의 정신적 모태는 바로 미국의 '사회과 교육'이 담당했던 것이며, 미국의 교과교육 중 사회과의 순서는 맨 앞이다. 이를 본받아 성공한 한국의 경우는 '국어과' 다음 2순위에 '사회과'를 둔다. 일제강점기 동안 나라말을 잃을 뻔한 우리에게 '국어' 교육은 목숨줄과도 같이 중요한 것이며, 민주주의를 꽃피우게 만든 '사회'과는 두 번째에 두는 이유다. 어쨌든 한국과 대만에서는 '사회과 교육'이 성공적으로 뿌리를 내려 민주주의가 성장하게 되었다. 그러나 일본은 지금까지(1945~1980년 초) '사회과 교육' 실시의 약속을 저버리고 은폐한 가운데 물밑으로는 천황을 중심으로 한 가미카제 군국주의, 제국주의 교육의 밑그림을 그려왔다. 이는 전범국으로서 국제사회에 대한 약속위반이며 배신행위이다. 이와 같이 일본의 은밀한 전범국 회귀 교육이 노골화되기 시작한 1981년부터 2004년까지의 일본 교과서 변화 추이를 분석하려는 것이 본 논문의 초점이다.

2. 일본의 전범국 교과서 사관

'역사교과서,' '역사왜곡' 문제를 둘러싸고 한국과 일본, '가깝고도 먼' 두 나라 사이의 긴장이 한껏 고조되었다. 일본의 기존 7종의 역사교과서5) 외에 '새로운 역사 교과서를 만드는 모임'(이하 '만드는 모임')에서 만든 [새로운 역사교과서](扶桑社 출판)가 검정을 통과하면

---

5) 동경서적(東京書籍), 대판서적(大阪書籍), 교육출판(敎育出版), 일본서적(日本書籍), 일본문교출판(日本文敎出版), 청수서원(淸水書院), 제국서원(帝國書院)

서부터(2001. 4. 3.) 긴장과 갈등은 이미 예고되고 있었다.

한국 정부에서는 35개 항목에 걸친 교과서 왜곡 수정안을 제출했으며(2001. 5. 8.), 그에 대해 일본 정부는 재수정 요구를 사실상 거부하는 입장을 공식적으로 통보해 왔다(2001. 7. 9.). 교과서 문제가 처음 불거졌을 때, 지나치게 신중하고 미온적이라고 비판을 받던 정부도 그 통보를 받은 후 강경 노선으로 선회하였다. 방한했던 연립여당 간사장들의 청와대 예방을 거부한 데 이어, 일본 문화 추가개방 연기, 고위급 교류의 중단, 일본의 유엔안전보장이사회 상임이사국 진출 반대 등 모든 가능한 수단을 동원하여 단계별 대응하였다.

당시 강경 대응은 정부 차원에만 그쳤던 것이 아니었다. 학술단체들이 역사 교과서 왜곡에 항의하는 성명서를 발표하고, 학술대회를 개최하는 일 등은 불붙는 시작 단계의 서막이었다. 곧이어 '역사왜곡 규탄 서명', '일본 역사교과서 왜곡 특별 수업', '일본침략 역사왜곡 전', '일본 제품 불매운동', '일본 역사교과서 수정을 위한 한국 국민운동', '초등학교 학생들의 항의 편지 보내기' 등 다양한 항의 운동들이 전개되었다. 그동안 아무 탈 없이 잘 진행되어 오던 한일 간의 지방자치단체와 도시 간의 교류, 학생과 교사들의 한일 교류, 순수 공연예술, 문화교류 같은 분야에서조차 관계가 줄줄이 중단되고, 냉랭하게 식어가는 사태로 이어졌다.[6]

주의해서 보면, 역사교과서나 야스쿠니 신사 참배 문제는 일본의

---

6) 당시 일본의 지식인 중에는 와다 하루키(和田春樹) 동경대학 명예교수, 미즈노 나오키(水野直水) 교토대학 교수, 노벨상 수상작가 오에 겐자부로(大江健三郞)처럼, 소수이긴 하지만 교과서 문제에 일본내에서 비판적인 태도를 취하는 학자들도 있다. 그리고 '교과서에 진실과 자유를' 연락회, '어린이와 교과서 전국네트 21,' '역사와 진실을 찾는 모임' 등의 시민단체도 있다. 이들과의 시민연대를 모색하고 활성화시켜 나가는 것과 국제 시민사회를 구축해 나가는 것 역시 대단히 중요한 일들이다.

'국내정치'와 긴밀하게 상황이 얽혀 있다는 것을 알 수 있다. '성역 없는 구조개혁' 슬로건을 내걸고 집권한 고이즈미 총리는 80% 안팎의 명실상부한 내각 지지율을 기록하고 있다. 포퓰리즘적인 정책을 추진하는 그에게 있어서 교과서 재수정 거부, 야스쿠니 신사 참배 등은 자연스러운 귀결 같아 보이기도 한다. 이러한 맥락은 냉전 종식과 사회주의 몰락으로 특징 지워지는 '탈냉전' 시대를 맞으면서 일본 사회가 새롭게 모색해야 할 돌파구였는지도 모른다. 즉, 일본 국가진로와 밀접하게 연결되어 있는 상황이라고나 할까.

그동안 일본에서 견제 역할을 해오던 진보주의 및 사회주의 진영은 거의 반사적으로 영향력과 입지를 잃어가고 있다. 이러한 추세는 결국, 일본 사회 전체 특히 이념의 보수화 내지 우경화를 가속화시키는 요인이 되고 있다. 이시하라 신타로(石原愼太郎)의 도쿄도지사 당선, 히노마루와 기미가요를 국기(國旗), 국가(國歌)로 법제화한 것, 평화헌법의 개정문제를 다루기 위한 헌법조사회의 설치, 각료들의 야스쿠니 공식 참배 논의, PKO를 통한 자위대의 해외파견, 신 가이드라인 책정과 주변사태법 제정 등이 바로 그러한 징후들이라 할 수 있다.

비슷한 맥락에서 "지금이야말로 세계사를 보는 새로운 패러다임이 필요"하며, "확실한 국가의식과 긍정적 역사교육을 위한 새로운 역사관과 연구가 필요한 시대"라는 주장이 제기되었다. 이른바 '자유주의 사관' 내지 '역사 수정주의'로 불리는 것이 그것이다.[7] 이에 대한 대표적인 논객은 동경대학 교육학부 교수인 후지오카 노부가

---

7) '교과서에 진실과 자유를' 연락회 엮음, 2001, 철저비판 일본 우익의 역사관과 이데올로기(김석근 옮김), 서울: 바다출판사, 7~11.

츠(藤岡信勝)를 꼽을 수 있는데, 그에 의하면 2차 대전 이후 일본의 근현대사 교육은 지극히 역사에 대한 긍지가 결여되어 있고, 미래를 전망하는 지혜와 용기가 결핍되어 있는 암흑사관과 자학(自虐)사관에 근거하고 있다는 것이다.

'자유주의 사관'에 공감하는 사람들은, 1995년 1월 '자유주의 사관 연구회'를 결성하고 회보(월간)와 기관지 [근현대사의 수업개혁] (계간)을 간행하기 시작했다. 이어서 1996년 1월부터 산케이신문에 '교과서가 가르쳐주지 않는 역사'를 연재, 역사 재평가 운동에 대한 관심을 환기시켜 왔다.8) 그것은 곧 현장 교사들에게 영향을 미치기 시작했고, 사회적 이슈로까지 부각되었다. 바로 그러한 상황에서 연구회를 이끌어 오던 후지오카 노부가츠, 니시오 간지(西尾幹二) 등이 '새로운 역사교과서를 만드는 모임'을 결성했고(1997년 1월), 이들이 만들어 검정에 통과되었고 물의를 빚은 후소사(扶桑社) 간행의 중학교 역사-공민 교과서는 바로 이들에 의해 잉태된 것이었다.

3. 일본 교과서 제도의 개악, 최근 동향

일본의 정부 여당은 이번 정기국회에 교육기본법 '개정' 법안을 제출하지 않기로 했다. 자민당과 공명당 사이에 '애국심', '종교교육'을 둘러싼 의견이 조정되지 않았기 때문이라고 언론은 보도하고 있다. 일본 정부가 이번 국회에 법안 상정을 단념한 것은 기실 이 이유

---

8) 매달 주제를 정하고 회원들이 주제마다 17회 정도 집필했다. 그들 연재 내용들은 교과서가 가르쳐주지 않는 역사 시리즈(4권)로 계속 출간되었다. '교과서에 진실과 자유를' 연락회 엮음, 2001, 철저비판 일본 우익의 역사관과 이데올로기 (김석근 옮김), 서울: 바다출판사, 11쪽 각주 재인용.

에서뿐만이 아니라 12.23. 전국집회가 성공리에 개최되어 개악에 반대하는 세론이 높아져 가고 있기 때문이다.9) 하지만 자민당과 공명당은 '여당교육기본법에 관한 협의회', '교육기본법에 관한 검토회'의 명칭에 의도적으로 '개정'이라는 단어를 추가하여 '여당교육기본법개정에 관한 협의회', '교육기본법개정에 관한 검토회'로 개칭하였다.10) 게다가 현행 교육기본법 부분 수정이 아닌 전문을 포함한 전면 개악을 새로운 법안으로서 국회에 상정할 것을 합의하고 주 1회 회합을 열기로 하였다. 가을 임시국회에 개악법안이 등장할 것임에 틀림없다.

한편, "만드는 모임"의 활동이 활발해지고 있다. 지난 2004년 4월 13일에 신정판(新訂版) [새로운 공민 교과서], 4월 19일에는 개정판(改訂版) [새로운 역사교과서]를 문부성에 검정, 신청하였다. 최근 일본에는 "만드는 모임"을 지지하는 유사단체가 다수 생겨나고 있는데, 정부의 강력한 후원 하에 '교육기본법 개악'을 시작으로 '교과서 제도 개악,' '헌법 개정'에까지 범위를 확대시켜 나가고 있다.11) 그들은 이러한 일련의 활동들을 일본인으로서 자각을 갖게 하고 애국심을 함양시켜 국가를 위해서 목숨을 바칠 수 있는 일본인 육성을 위

---

9) 1223 전국집회: 2003년 12월 23일 '어린이와 교과서 전국네트21'이 중심이 되어 교육기본법 '개정'반대를 위한 대규모의 전국집회가 개최되었다.

10) 이상의 내용에 대한 출처는 '어린이와 교과서 전국네트21'에서 내는 뉴스지 Vol. 34(2004.2)에 의함.

11) 최근 결성된 "만드는 모임"의 지지 및 유사단체는 다음과 같다.
   *民間教育臨調 - 2003년 1월 26일에 결성, 교육현장에서의 '교육개혁'을 담당.
   *敎科書改善連絡協議會(改善協) - '만드는 모임'과 일심동체 성격의 모임.
   *日本前途와 歷史敎育을 생각하는 소장파의원들의 모임-1997년 2월 27일 결성, 105명의 회원으로 구성.
   *敎育基本法改正促進委員會-2004년 2월 25일 결성. 자민당과 민주당 유지(有志)에 의한 초당파 의원동맹(최고 고문은 모리 前 일본총리)
   *全日本敎職員聯盟(全日敎連)-우파교사로 구성된 교직원조합

한 교육개혁의 일환으로 보고 있다. 많은 학교에서 후소샤(扶桑社) 역사-공민 교과서가 채택될 수 있도록 모든 방법을 동원하려 하고 있다.12)

또한, 교육기본법개악을 둘러싼 국회, 지방의회 등의 움직임도 심상치 않다. 일본 국회는 지난 3월 24일 여당인 자민당을 중심으로 한 '여당교육기본법개정에 관한 검토회'를 개최하였고 대표 야당인 민주당 또한 '교육기본문제조사회'를 재개하여 독자적인 교육기본법 개정안을 정리하는 작업에 착수하고 있다. 정부는 전국을 순회하며 '교육개혁 추진과 교육기본법 개정'을 주제로 시 단위의 회합을 개최하며 교육기본법 개정에 대한 여론을 형성해 나가고 있다.

현(懸) 의회의 움직임으로는 자민당의 '국민운동으로 개정을 추진하는 여론 만들기'의 방침을 수용하여 현 의회에서의 '개정촉진' 의견서 채택도 증가하고 있다. 3월 현재, 47개 도도부현(都道府懸) 가운데 15개 현에서 '개정' 촉진 의견서를 채택하고 있다.13)

그리고 '동경도(東京都) 교육위원회'가 '히노마루(日章旗)', '기미가요(日本國歌)'에 대한 충성을 강요하는 등의 내셔널리즘으로의 일색을 더해가고 있다. 도(都) 교육위원회는 지난 3월 31일 도립(都立)학교 졸업식에서 '기립하지 않았다. 일본 국가(國歌)를 제창하지 않았다. 피아노 반주를 하지 않았다' 등의 이유로 176명의 교사에게 경고 또는 해고 조치를 취했다. 이러한 도(都)교육위원회의 돌발적인 징계 조치는 이후 각지로 파급될 가능성을 충분히 내포하고 있다.

---

12) '어린이와 교과서 전국네트21'의 뉴스 Vol. 35(2004. 4).

13) 2004년에 들어서 3개월 동안에만 6개 현에서 채택했다.

4. 일본 교과서 내용의 왜곡, 개악 실태

(1) '역사는 과학이 아니다' 주장하며 역사학의 연구성과 무시

'만드는 모임' 역사교과서(扶桑社 간행)에는 첫 구절에 '역사를 배운다는 것은'이라는 제목의 서문이 있다. 그 내용의 골자는 '역사는 과학이 아니다'를 단언하며 강조하고 있다. '역사를 배운다는 것은 과거의 사실을 아는 것이 아니고 과거 사실에 대해서 과거 사람이 어떻게 생각했는가를 배우는 것이다.'라고 적고 있다. 이 말은 예를 들어 과거에 '조선을 식민지로 한 것에 대해서 당시 사람들(이토 히로부미 등)은 정당하며 합법적이었다고 생각했기 때문에 식민지 지배는 아무런 문제가 없는 정당한 것으로 배우게 되는 것과 같은 논리이다.

중국과의 전쟁에 대해서는 횡포한 중국을 응징하기 위한 것으로 생각했기 때문에 침략이 아닌 것이며, 일본의 아시아 침략 전쟁에 대해서도 당시 사람들은 침략이 아니라 자존자위(自存自衛)의 아시아 해방 전쟁이라고 생각했기 때문에 침략전쟁이 될 수 없다는 논리이다. '역사를 배우는 것은 과거 사실을 아는 것이 아니다'라고 주장하는 이유는 '과거 사실을 엄밀하게 그리고 정확하게 알 수는 없기 때문'이라는 식의 불가지론을 전개하고 있다. '역사를 배우는 것은 지금 시대의 기준으로 봐서 과거의 부정이나 불공평을 판가름하거나 고발하는 것이 아니며, 과거 각 시대에는 각 시대 특유의 선과 악이 있으며 특유의 행복이 있었다.'고 주장한다. 이 논리를 이토히로부미에 적용하면 이토는 일본에서는 위인, 한국에서는 식민지화의 중심인물이 되는데 그것을 현재의 기준으로 판단해서는 안 된다고 보는 것이

며 당시의 선과 악으로 봐야 정당하다는 것이다.[14)]

(2) '전쟁 자체를 긍정'하는 태도

후소사(扶桑社) 간행의 중학교 역사교과서('만드는 모임'의 교과서)에 '대동아 전쟁' 부분의 마지막에 다음과 같이 쓰고 있다.

> "전쟁은 비극이다. 그러나 전쟁에 선악을 부여하기는 어렵다. 어느 쪽이 정의이고 어느 쪽이 정의가 아니라고 할 수는 없다는 말이다. 나라와 나라 사이에 서로의 국익이 걸려있을 때 정치적으로는 결론이 나지 않고 최후 수단으로 행하는 것이 전쟁이다. 미군과 싸우지 않고 패배하는 것을 당시 일본인은 선택하지 않았던 것이다."

여기서 전쟁하는 것을 '선택한다'는 것은 당시 일본인 전체가 아니라, 천황 및 군부, 정부가 어전회의에서 결정하여 전쟁할 것을 선택한 것이 밝혀졌다. 전쟁에 반대하면 비국민으로 탄압받았던 것이다. 어쨌든 일본의 이와 같은 논리는 19세기부터 20세기 초까지 주장되어 오던 낡은 '전쟁론' 또는 '전쟁 긍정 사관'의 입장이며, 오늘날에는 국제적으로도 부정되고 있는 논리이다.

(3) 검정 중인 역사 교과서에 '종군 위안부' 삭제

1996년 2월에 검정을 완료하고 1997년 4월부터 사용하고 있는 일본의 중학교 역사교과서는 모두 '종군 위안부'에 관련된 내용을 기술하였다.[15)] 이처럼 '종군 위안부'에 관한 기술은 현행 7개사가

---

14) 타와라 요시후미, 2001, 위험한 교과서(일본교과서바로잡기운동본부 옮김), 서울: 역사넷, 25~26.

모두 게재하고 있는데, 백표지본(=출판 직전의 검정본)에서는 3개사로
줄어들었다. '만드는 모임'의 교과서를 포함하면 전체 8개사 중에
'위안부' 문제를 취급한 것은 3개 사에 불과한 셈이다.[16]

대판서적(大阪書籍)의 교과서에서는 '여성을 위안부로서 종군시키
고 심한 취급을 했다'라는 현행 기술을 '한국 등 아시아 각지에서
젊은 여성이 강제적으로 소집되어 일본 병사의 위안부로서 전장에
보내졌다'로 바꾸고, 전후 처리 항에서 '해당 위안부 여성이나 난징
사건의 희생자들이 일본 정부에 대해서 사죄와 보상을 요구하고 있
으며, 잇달아 소송을 제기하고 있다'는 것을 추가하고 있는데, 이 부
분이 유일하게 개선되었다고 볼 수 있는 곳이다.

청수서원(淸水書院) 간행의 교과서는 현행의 '한국이나 대만 여성
중에는 전쟁터의 위안 시설에서 일한 사람도 있었다'는 것을 '비인

<hr />

15) 정재정, 1998, 일본의 논리: 전환기의 역사교육과 한국 인식, 서울: 현음사, 256~258.
　　일본의 각 출판사별 중학교 역사교과서의 관련 내용을 발췌해 보면 다음과 같다.
　　大阪書籍: "전쟁의 피해와 민중"-그 위에, 조선으로부터는 약 70만, 중국으로부터도 약 4만 인
　　을 강제적으로 일본에 연행하여 광산 등에서 일을 시켰습니다. 또, 조선 등의 젊은 여성들을 위
　　안부로서 전장에 연행하고 있습니다. 더욱이 대만, 조선에도 징병령을 실시하였습니다.
　　教育出版: "욕심부리지 않습니다. 이길 때까지는… 전쟁과 민중"-노동력 부족을 메우기 위해,
　　강제적으로 일본에 연행된 약 70만 인의 조선인과 약 4만 인의 중국인은 탄광 등에서 중노동
　　에 종사하게 되었다. 더욱이, 징병제 아래에서 대만과 조선의 많은 남성이 병사로서 전장에 내
　　보내졌다. 또, 많은 조선인 여성 등도 종군위안부로서 전지(戰地)에 내보내졌다.
　　清水書院: "점령지의 사람들과 국민의 생활"-조선과 대만 등의 여성 중에는 전지의 위안부 시
　　설에서 일하게 된 자도 있었다. 더욱이, 일본의 병력 부족에 즈음하여 조선과 대만의 사람들에
　　대해서도 징병제를 실시하고 전장에 동원되었다. 전후, 전범으로 되어 처형된 사람들도 있다.
　　東京書籍: "전쟁의 장기화와 중국, 조선"-또, 국내의 노동력 부족을 보충하기 위해, 다수의 조
　　선인과 중국인이 강제적으로 일본에 끌려와서, 공장 등에서 가혹한 노동에 종사하도록 되었다.
　　종군위안부로서 강제적으로 전장에 내보내진 젊은 여성도 다수 있었다.
　　帝國書院: "조선인에의 황민화 정책"-전쟁에도 남성은 병사로, 여성은 종군 위안부 등으로 몰
　　아내고, 견디기 어려운 고통을 주었습니다.
　　日本書籍: "전시 하의 국민생활"-전국(戰局)이 나빠지자, 지금까지 징병이 면제되고 있던 대학
　　생도 군대에 소집되게 되었다. … 조선, 대만에도 징병제를 실시하고, 많은 조선, 중국인이
　　군대에 넣어졌다. 또, 여성을 위안부로 종군시켜, 혹독한 취급을 했다.
　　日本文教出版: "전시하의 국민생활"-식민지의 대만과 조선에서도, 징병이 실시되었다. 위안부
　　로서 전장의 군에 수행(隨行)시켜진 여성도 있었다.
16) 타와라 요시후미, 2001, 위험한 교과서(일본교과서바로잡기운동본부 옮김), 서울: 역사넷,
　　53~55.

도적인 위안 시설에는 일본 여성뿐 아니라 한국이나 대만 등의 여성도 있었다'로 바꾸고 있다. 이는 위안부 문제 피해자의 초점을 식민지나 점령지의 여성으로부터 딴 곳으로 돌리는 것으로서 본질의 희석이며, 개악된 내용이다.

제국서원(帝國書院) 간행의 교과서에서는 현행 교과서의 중일전쟁 부분에서 '여성을 종군위안부 등에 동원하여 참을 수 없는 고통을 주었다.' 전쟁에 관한 결론 부분인 '지금도 남아있는 전쟁의 상처'에서 '이들 지역의 출신자 중에는 종군 위안부였던 사람들이… 현재 개인에 대한 사죄와 보상을 요구하고 있다'라고 쓰여져 있다. 이것이 백표지본에서는 중일 15년 전쟁, 아시아태평양 전쟁에서의 기술은 삭제하고 전후 보상 부분의 '주(注)'에서 '전쟁 중 위안시설로 보내진 사람들이나… 등의 보상 문제가 재판소까지 가게 되었다.'라고 기술하고 있다.

'위안부'라는 용어를 사용하고 있는 것은 D사뿐이고 다른 곳은 '위안 시설'로 되어 있다. 2개 사는 애써 흔적만을 남기면서 내용적으로는 후퇴 내지, 본질을 희석시킨 기술이다.

(4) '동해'를 일본해로 표기하는 문제에 대해

현재 국제적으로 통용되고 있는 대부분의 세계 지도책에는 우리의 동해 명칭이 거의 '일본해(Sea of Japan)'로 표기되어 이에 대한 시급한 시정이 요구되고 있다. 역사적으로 볼 때 우리나라에서는 BC 59년 이래 문헌상에서 동해로 불러왔으며, 광개토왕릉비(411)를 비롯하여 삼국사기(1145)와 삼국유사(1284)에서도 수많은 기록을 찾아볼 수 있다. 더군다나 현존하는 고지도인 신증동국여지승람(新增東國輿地

勝覽, 1530)의 '팔도총도(八道叢圖)'에도 '동해'라고 표기하고 있다. 18세기 중엽에 편집된 관찬지도(官撰地圖)인 여지도(輿地圖)에도 역시 동해라 표기하여 범국가적으로 동해 명칭을 통용하여 왔음을 증명하고 있다.[17]

동해 표기문제를 둘러싼 한국과 일본의 분쟁과 관련해 유엔이 '양자 및 다자적 해결책 마련'을 권장했다. 미국 뉴욕의 유엔본부에서 열린 제22차 유엔 지명전문가회의는 보고서를 통해 동해 명칭에 대해 서로 다른 의견이 개진되었다는 지적과 함께 '이 문제에 대해 양자 다자적 해결책을 마련할 것을 권고한다'고 밝혔다.[18]

금번, 동해 표기에 관한 한국과 일본 간의 이견의 존재와 해결책 마련의 필요성을 유엔이 처음으로 공식 인정함으로써 앞으로 한국 측이 최소한 동해와 일본해가 병기되어야 한다는 주장을 펼치기에 이르렀고 그러한 방침의 유리한 환경이 조성된 것으로 판단할 수 있다.

독일의 '슈피겔' 지는 독일 지도 전문 출판사 코베르 큅멀리 프라이(KKF)가 동해와 일본해를 병기한 지도를 펴냄으로써 독일 땅에서 한일 양국 간의 '기묘한 분쟁이 가열되고 있다'고 밝혔다.[19] 그리고 미국의 세계적인 지도책인 '월드 애틀라스(World Atlas)'에 한국과 일본 사이의 바다이름이 '동해(East Sea)'와 '일본 해(Sea of Japan)'로 병기하게 되었다. 미국을 방문했던 한국의 동해연구회 회장(金鎭炫)은 월드 애틀라스 제작사인 내셔널 지오그래픽 소사이어티가 올해 11월 발간하는 세계지도책 월드 애틀라스 8판에 동해와 일본해를 병기하기로 한 것을 확인하고 돌아왔다.[20]

---

17) 손용택.김광재, 1998, 한국 관련 오류, 무엇이 잘못 쓰여지고 있는가, 43.

18) 동아일보(2004.5.1.), 유엔 "東海표기 韓日간 협의하라."

19) 연합뉴스 FOCUS (2004. 5. 17).

한편, '민간인 외교사절단'을 자임하는 반크(VANK, Voluntary Agency Network of Korea)의 박기태 대표는 '동해 병기'를 세계에 요구하면서 성과를 올리고 있다. 1999년 겨울 세계적으로 유명한 미국 내셔널 지오그래픽 홈페이지에서 서비스되는 세계지도에 일본해만 표기돼 있다는 신고가 접수되어 바로 항의서한을 보냈고, 2000년 8월 15일 부터는 회원 4,500명이 집중적으로 서한을 보내 2주일 뒤, '동해를 병기하겠다'는 답신을 받아내는 쾌거를 이루었다. '바다 명칭에 분쟁이 있으므로 합의될 때까지 병기하여야 한다'는 논리가 학계, 언론계 등에 어필하게 된 쾌거였다. 이러한 활동은 더욱 확대되었고, 그 결과 '자체 조사를 하겠다'고 답장을 보내온 미국의 CNN 방송, '계속 문제를 지적해 달라'며 고마움을 표시한 미국 PBS(공영교육방송), '저자들에게 내용을 전달했다'는 미국의 대형 교과서 출판사 BJU 프레스 등 이들은 모두 일본해라고만 표기하다가 반크의 항의를 받은 뒤 동해를 병기했다.[21] 이렇게 시정을 하나씩 받아 낸 것이 2002년부터 2년간 267곳을 바로잡았고, 그 작업은 계속되고 있다.

일본 정부가 세계 각국 주재 일본 대사관을 통해 동해를 '일본해'로 표기하려는 노력을 한층 강화하고 있으므로, 우리 정부도 적극적으로 대처해야 한다고 유엔 지명전문가회의에 참석하고 돌아온 이기석 교수(서울대 지리교육과)는 지적했다.[22]

1991년 유엔에 가입한 한국 정부는 1992년 유엔지명전문가회의(UNGEGN)에서 동해 표기문제 시정을 처음 요청하고, 2년 뒤인 1994년 한국대표단을 처음 파견했다.

---

20) 동아일보(2004.4.26.), 세계지도 '월드 애틀라스' 東海·일본해 함께 쓰기로.

21) 동아일보(2004.5.4.), 동해·일본해 표기 싸움 가열, 해도 주권 되찾기 이번이 마지막 기회.

22) 조선일보(2004.5.1.), "日, 일본해 표기 노력 강화, 정부 차원서 적극 대처해야"

(5) 독도를 일본령 또는 무국적지로 서술

독도(獨島)는 북위 37도 14분 18초와 동경 131도 59분 22초의 지점, 동해의 가운데에 있는 작은 바위섬이다. 한국영토인 울릉도에서 49해리 떨어져 있고, 일본의 오키시마(隱岐島)에서 86해리 떨어져 있다. 독도는 조선왕조 때인 15세기에 우산도(于山島)라고 불렸으며, 1883년부터 '독도(獨島, 石島)'라 불렸다. 독도는 울릉도의 한 부속도서로서 고대에는 독도와 울릉도를 합해 '우산국(于山國)'이라 불렸던 해상왕국을 형성하고 있었다.

독도는 울릉도와 함께 서기 512년(신라 지증왕 13년) 신라 영토의 일부가 되었다. 그 이후 한국의 고유영토가 되었음이 '삼국사기(三國史記)'에 기록으로 남는다. 그 후 '세종실록지리지(世宗實錄地理志)', '고려사지리지(高麗史地理志)', '숙종실록(肅宗實錄)'을 비롯한 다수의 고문헌에 우산도(于山島, 獨島)가 신라의 영토가 되었다고 기록하였다. 즉, 독도는 서기 512년부터 한국의 고유영토가 되어 계속 이어져 내려오고 있는 것이다.[23]

일본 정부에 의하면 일본 고문헌 자료 가운데 최초로 독도(松島로 기록)의 이름을 기록한 문헌은 1667년에 편찬된 '인슈시쵸가키(隱州視聽合記)'이다. 이 책에서도 독도와 울릉도를 고려(한국)에 속한 영토라 쓰고, 일본의 서북쪽 경계는 오키시마(隱岐島)로 밝히고 있다. 독도를 기록한 일본 고문헌에서조차 독도를 한국영토로 기록하고 있는 것이다.

그렇다면 왜 일본이 지금에 와서 독도는 일본영토라고 억지 주장

---

23) 손용택, 김광재, 1998, 한국 관련 오류 무엇이 잘못 쓰여지고 있는가, 공보처 위탁연구자료집, 47~48.

을 하는가? 이는 일제 강점 기간 동안 외교권을 박탈당하여 독도는 일본영토로 되어 있다가 1945년 8월 15일 일본이 제2차 세계대전에서 무조건 항복하고 한국이 해방되면서 상황이 변하였다. 연합국 최고사령부는 1946년 1월 29일 지령(SCAPIN) 제 677호로써 독도를 한국의 영토라고 인정하여, 한국에 반환하였다. 또한 1946년 6월 22일 지령 제1033호로서, 일본 어선과 선박 등이 독도로부터 12해리 이내에 접근하는 것을 금하였다. 독도는 한국의 영토로서 완전히 수복된 것이다.

그 후 일본 정부는 대한민국의 평화선 선포에 항의하면서 1952년 1월 28일 한국에 보낸 외교문서에서 독도에 대한 영유권을 주장하기 시작하여 한국과 일본 사이에 '독도 영유권 논쟁'이 시작되었다. 그러나 일본 측의 증거가 없는 주장은 단순히 주장일 뿐이므로, '분쟁'이 성립되는 것은 아니고, 단순히 '논쟁'이 전개되고 있을 뿐이다. 역사적으로나 국제법상으로나 독도는 서기 512년부터 오늘날까지 변함없이 한국의 고유영토임이 명백한 것이다.

(6) 일본의 '기술과 자본투자가 한국 경제발전의 철저한 밑거름'이 된 것처럼 기술

1965년 한일 협정이 체결된 이후 한국의 정부나 민간기업에서는 외자도입을 적극 추진하였다. 특히, 재일교포의 한반도 투자를 적극 권장한 바 있다. 그 결과 일본과 미국의 기술, 자본이 많이 도입된 것은 부인할 수 없다. 우선, 포항제철만 하더라도 초기에 '신일본제철'과 제휴하여 시작한 것이므로 경제 개발 초기에 노동집약형 소비재 산업이나 수입대체산업으로 일본의 기술과 자본에 의해서 많은 공장이 한국에 세워졌다. 그러나 개발 초기에는 일본의 단기 상업 차관이 많았고, 기술이전 문제도 대일무역역조와 함께 항상 한일간의 현안으로 등장하고 있었다. 일본의 기술과 자본이 한국경제발전에 대한 여러 가지 요인 중의 하나는 될 수 있을지언정, 그것이 전적으로 기초가 되었다고 단정하는 것은 무리다.

일본의 제국주의적 강점의 만행은 은폐하면서, 그리고 한일간의 무역역조가 오래도록 지속되는 것은 아무렇지 않게 생각하면서, 한국의 경제발전 초기의 투자에 대해 대부분의 교과서는 모두 생색을 낸다. 일본 정부의 얄팍한 상업적 속셈을 눈으로 보는 것 같다.

(7) 식민지 지배와 수탈의 은폐

식민지 지배와 수탈에 관한 일본 교과서의 은폐에 관해서는 오래전부터 우리의 관심사였으나, 1982년 검정 교과서 이후 역사적 사실을 점차 솔직하게 서술하는 교과서가 있기도 하다. 예를 들어 동경서적(東京書籍) 간행의 1997년 [지리A]와 [지리B]에는 어느 책에도 식민지 수탈의 역사가 실려 있지 않았다. [지리A]에는 1960년 이후의 한일 교류가 중심내용으로 되어있을 뿐이고 [지리B]에는 지리조사의 사례로서 한국이 간략하게 소개되어 있기 때문이다. 그러나 2002년 검정판에서는 지리 A, B 모두가 20세기 전반의 '고난의 역사'라는 제목으로 비교적 솔직하게 서술하고 있다.

그러나 제국서원(帝國書院) 간행의 2002년 판 [고교생의 지리A]에도 과거의 한일관계가 전혀 서술되지 않았다, 그것은 이 책이 화보와 각종 자료로 구성된 색다른 책이기 때문이다. 그리고 이궁서점(二宮書店)이 간행한 1997년 판 [고교생의 지리B], 2002년 판 [신지리A]

와 [신지리B]는 모두가 상당한 지면을 할애했음에도 불구하고 제국주의 침탈의 역사는 전혀 언급이 없다. 근본적으로 말썽의 소지를 없앤 분명한 속뜻이 있을 것으로 보인다.

(8) 신구 지리교과서의 비교, 예상되는 문제와 실재

1995년 한국교육개발원의 연구보고서(RR95-21)에서 대상으로 했던 교과서는 1981년 검정본과 1994년 검정본을 비교한 것이다. 그리고 1981년부터 2002년 검정본이 나오기까지는 약 20년의 세월이 흘렀다. 외형상으로는 흑백 인쇄에서 칼라판 호화인쇄로 바뀌었다.

한국과 관련한 내용의 서술량은 평균적으로 조금씩 꾸준히 늘었다.[24] 남한과 북한 관련 서술의 균형을 보면 1981년 판은 북한 관련 내용에 비중이 실려 있고, 때로는 자력갱생의 북한을 찬양하는 서술도 있었으나 2002년 판에는 북한 관련 내용은 거의 사라진 반면, 남한 관련 내용에서 특별히 경제발전에 많은 비중을 두어 서술하였다.

그러나 남한 경제의 고도 성장에 관해서 1981년 판이나 2002년 판이나 공히 성장의 밑바탕에는 일본의 기술과 자본에 크게 힘입어 외세 의존적인 경제발전임을 암시하는 서술 태도를 취하고 있다.[25]

호칭이나 지명의 표현에 있어서는 1981년의 그것에 비해서 사용빈도가 많이 감소하였으나 아직도 조선왕조를 '이씨조선'으로, 동해를 '일본해'로 환동해권 경제를 '환일본해 경제권'으로 표기하고 독도를 '죽도(다케시마)'로 적고 있다. 임진왜란은 도요토미의 '조선출

---

24) 제국서원 간행 교과서는 3.1쪽에서 5.0~8.0쪽으로, 교육출판사 간행 교과서는 3.5~5.5쪽에서 4.0~6.0쪽으로, 동경서적 교과서가 6.5쪽에서 6.0~8.0쪽으로 서술량이 증가하였다.

25) 형기주, 2002, 일본 고등학교 지리 교과서 한국 관련 내용 분석(2002년도 교육인적자원부 위탁연구과제 결과보고서), 52~53.

병'으로 적고 있다.

한국의 고대문화가 일본에 전파된 사실에 대해서는 구체적인 내용이 거의 없고, 특히 '도래인(渡來人)'과 백제문화의 관계에 대해서 취급하지 않고 있다. 어떤 교과서는 중국의 문화를 한국이 일본에 전파했다고 서술하는 경우도 있고, 또 어떤 교과서는 한국문화와 중국문화가 각각 일본에 전파되었다고 서술하고 있다. 여기서 '도래인'이란 문자 그대로 바다를 건너 일본에 들어온 사람들이란 뜻이지만 이러한 용어에는 본질을 은폐하고 호도하려는 깊은 음모가 들어있다. 임진왜란 당시 조선의 뛰어난 활자인쇄술이나 도자기 굽는 기술 그리고 뛰어난 작품들을 가리지 않고 기술을 보유한 사람들과 함께 강제로 수탈하고 끌고 가 일본 문화 문명 발전의 초석으로 삼았다. 이러한 사실들을 은폐할 목적으로 중국인을 포함한 뜻을 내포하여 조선에서 강제 끌고간 사람들을 '도래인'으로 희석시키는 표현이다. 조선에서 강제로 끌고 간 사람들이 주종임에도 그것을 희석시키는 용어이다. 그리고 마치 대륙에서 자발적으로 바다를 건너 일본에 들어온 사람들이라는 본말 전도의 숨은 뜻마저 내포한 음흉한 의도를 담고 있다. 본질을 희석시키려는 점잖게 포장한 상투적 용어의 대표적인 경우이다.

일제강점기의 식민통치에 관해서 1981년 판은 상세한 내용이 거론되지 않았으나 2002년 판에는 비교적 상세히 서술하고 있다. 특히 토지수탈, 식량과 원료의 수탈, 창씨개명, 일본어 강제사용, 노동자와 위안부의 강제 연행 등 비교적 솔직하게 서술한 교과서도 간혹 있다. 재일한국인의 차별문제에 대해서도 있는 그대로 정상적으로 서술한 교과서도 있다.

한편, 예상되는 오류와 2002년 판 교과서의 실상을 간단히 대조해서 정리하면 다음과 같다. 첫째, 국호나 지명의 표현은 아직 시정되지 않은채 사용되고 있다. 둘째, 남북한의 비교에 있어서 북한을 다룬 교과서가 거의 없어지고 있다. 셋째, 한국의 근대화 문제에 대한 언급에서 1960년대 이후 경제성장을 크게 취급하고 있다. 넷째, 국제적 분쟁 소지의 지명표기 문제가 되는 것으로 동해를 '일본해,' 독도를 '죽도(다케시마)'로 표기하고 있다. 다섯째, 한국인의 생활 문화에 대해서 편견은 없으나 강한 유교적 뿌리의 관행에서 서서히 바뀌고 있는 측면을 서술했다.26) 여섯째, 재일동포에 대한 차별대우를 하고 있음에도 그렇지 않은 것처럼 힐난하고 있다. 일곱째, 한글은 표음문자로서 문화보급에 큰 역할을 한 것으로 평가한다. 여덟째, 일본으로의 한반도 문화 전파 등 문화 역사적 사실과 그 흐름에 대해서는 의도적으로 언급이 없는 편이다. 아홉째, 일제 강점기에 대한 내용 왜곡 및 수탈상의 은폐 태도는 여전히 변함이 없다.27)

4. 결론

어느 국가나 민족이든지 나라 사랑과 민족애가 강하고 그것을 후손들에게 교육하고 싶은 욕구를 가지고 있다. 특히 자라나는 세대가 선조를 외면한 채 외래문화 추종에 빠져있는 모습은 어느 나라나 정도

---

26) 한국인의 조상숭배, 연장자 존경, 부계혈통중심 등이 유교적 전통에서 비롯되었고 이러한 전통이 기독교나 서구사상의 유입으로 점차 평등주의, 민주주의, 개인주의, 여성참여 확대, 핵가족 등의 현상으로 바뀌고 있음을 기술.

27) 1997년 판에서는 동경서적B, 이궁서점 A와 B, 제국서원 B가 강점기 사실을 완전은폐, 2002년 판에서는 이궁서점 A와 B, 제국서원 A와 B가 강점기 사실을 완전히 은폐하고 있다.

의 차이는 있으나 마찬가지고, 기성세대들은 그러한 모습이 참을 수 없을 만큼 가볍게 느껴져 속상해 하기도 한다. 그래서 때로는 자기 나라만의 자랑스러운 역사만을 가르치고 싶다는 유혹을 받게 된다. 그러나 교과서에 담아내는 내용은 절대 국수적이거나 자국 중심의 서술에 빠져서는 안 되며 있는 사실을 진실되고 진솔하게 서술하여야 한다. 이를 배우는 2세들의 국가와 민족에 대한 올바른 신념체계를 만들어 주어야 하기 때문이다. 그것이 올바른 교과서의 역할이다.

2001년도 일본 중학교 역사교과서(扶桑社 간행) 파동이 일고 한국 정부에서는 수정요구사항을 만들어 목록을 전달했으며, 예상대로 일본 정부는 냉정하게 거절했다. 일본 정부에서는 의당히 그렇게 나오겠지만, 이 일은 일본 열도를 달구었고 그 여파로 더 이상의 왜곡이 확산되는 것을 막을 수 있었다. 문제의 해당 교과서는 대단히 저조한 채택률을 보이게 되었다. 일본 정부에서는 교과서가 완성되기도 전 검정단계에 있던 교과서의 내용이 흘러나간 것만을 탓하면서 전혀 반성의 빛을 보이지 않았다.

본 논문에 '일본 사회과 교과서 내용의 전범국 회귀' 제목을 단 것은 그만큼 많은 우려를 담고 있기 때문이다. 일본의 군국주의 회귀는 전범국으로서의 반성 없이 그동안 조용히 숨죽이며 은폐하고 잠재력을 키워온 군국주의 전범국으로 다시 재무장하겠다는 천명이나 마찬가지다. 1980년대 초부터 드러낸 이러한 경향은 계속 강화될 것이다. 이러한 우려가 증폭되는 가운데, 그럼에도 불구하고 현시점에서 미래를 내다보고 한반도에서 그리고 동부 아시아에서 나아가 범아시아 차원에서 우리들이 바라보아야 할 미래지향적 대안은 무엇일 것인가.

첫째, 일본 교과서의 우경화를 방지하고 우리의 민족자존을 굳게 세우기 위한 첫 번째 절차는 이에 대한 남북공조의 굳건한 기초를 마련해야 한다는 점이다. 남한이나 북한 어느 한쪽의 일방적인 노력만으로 효과를 거두기는 대단히 어렵다. 불법 부당한 외세의 논리를 막아내어 한반도의 역사를 세우고 올바른 지리적 사실을 확보하여 전 세계에 바르게 알리는 일에 남과 북이 따로 있을 수 없다.

둘째, 동부 아시아의 평화를 위해서 한(남북한)-중-일이 함께 협력해야 한다는 점이다. 여기서 일본 측 협조그룹은 양식 있는 일본 내의 시민단체, 학자, 교사 단체 등이 중심이 되어야 한다. 이들과 연대하는 동시에 이들이 더욱 강하게 결집하도록 도와주고 내부에서 힘을 쓸 수 있도록 협력해야 한다. 이념이 다르고 정책 기조가 상이하며 어둡고 불편한 과거 역사의 그림자를 종식시키는 일은 현실적으로 지난하다. 반성할 줄 모르고 군국주의로 회귀하려는 일본 내의 흐름을 간과할 수 없고, 북한은 경제난을 타개해야 하는 과제를 안고 있으며, 거대한 대륙국가 중국은 개방경제를 추구하여 14억 국민을 살려야 하는 동시에 소수민족들을 안정화 시켜야 할 과제를 안고 있다. 그리고 한국은 오랫동안 정체되어 가고 있는 경제공황의 늪에서 벗어나야 하는 과제를 안고 있다. 산적해 있는 많은 난제를 뛰어넘어 대동단결의 방법론을 모색하여 협력의 길을 터야만 한다. 상호 간에 동부 아시아의 평화 구축을 위한 마당으로 끌어들여야 한다. 그리하여 궁극적으로 한(남북한)-중-일이 협력해야 한다.

셋째, 한 걸음 더 나아가 한-중-일이 아세안(ASEAN)과 협력하여 범 '아시아 공동체(가칭)'를 결성하는 일이다. 기존의 '아세안(ASEAN) + 3'이 있으나 느슨하다. 아시아의 유익을 창조하고 선린관계를 극대화시키는 일에 한-중-일이 협력해야 한다. 협력하여 공동체를 이루어낼 때 아시아는 세계무대에 중심세력으로 떠오를 수 있다. 각국이 따로 중심국이 되기는 어렵지만 한-중-일이 협력하여 아시아를 리드하고 세계의 무대를 끌고 가는 일은 그만큼 가능성이 배증되는 일이다. 그러한 날이 속히 오기를 고대한다. 약간의 색깔 차이는 있으나 동일한 한자 문화권에 동양적 사상기반을 공유한 문화공동체인 세 나라가 합심하면 어려운 일이 무엇이겠는가. 유럽에는 유럽연합(EU)이 있고 아메리카에는 미주기구(NAFTA)가 있다. 유럽에서는 유로머니가 통용되고 미주에는 아메리카머니가 이야기되고 있다. 아시아머니의 사용은 언제 가능한 일인가? 전 세계 인구의 1/3 이상이 사는 아시아에, 생활력이 강하고 우수한 두뇌의 동양인들이 사는 아시아에, 지리적 근접성과 문화적 동질성의 결집력을 끌어내고 극대화하여 아시아의 유익을 창출해 낼 리더십은 언제 어떻게 출현하고 앞당길 수 있을 것인가를 진지하게 고민해 볼 때다. 과거 서세동점(西勢東漸)의 세계사적 흐름의 정점은 찍었고 이제는 동양의 문화와 정신이 충진되어 거꾸로 동세서점(東勢西漸)이 되도록 동방의 나라들이 협력할 때다. 지금부터 노력하여 금세기 내에 완성의 정점을 찍도록 노력을 경주해야 할 때다.

동부 아시아의 세 나라가 어두운 과거사에 묶여 한 걸음도 진일보하지 못한다면 세계화로 치닫는 지구촌의 경쟁사회에서 아시아의 밝은 앞날은 요원하다. 이웃한 국가들 간에 서로 돕고 양보하며 이해하고 협력하여 함께 유익을 창출하고 나누는 경제 블록화 현상이 두드러지는 것이 작금의 지구촌 사회다. 한반도가 살아야 하고, 동부 아시아가 함께 잘되며 평화를 구축해야 한다. 나아가 세계무대에서 아시아가 우뚝 서도록 함께 노력해야 한다. 여전히 어려운 난제들이 첩첩이 쌓여있고, 다소 늦어지고 있지만, 진지하게 생각해 보아야 할 시점에 우리는 함께 서 있다. 동부 아시아의 3국이 앞다투어 손을 먼저 내밀어 사과할 것은 사과하고 용서할 것은 용서하며, 협력의 길에서 선(善)을 이룰 그날이 올 수 있기를 기대해 본다.

참고문헌

제1장 우리 고장의 지역 특산

01 삼림자원의 시장화 성쇠: 봉화군 춘양목을 사례로

강원대학교박물관, 1986, '麟蹄뗏목'.
봉화군청, 1983, 우리 고장의 전통.
──, 2002, 봉화군사.
──, 2002, 봉화군 중기 발전계획.
──, 2004, 봉화군 통계연보.
──, 2004, 문화유적지 및 테마별 관광자원 개발계획.
辛鍾遠, 1995, 강원도의 禁標·封標, 博物館誌 第2號, 江原大學校博物館.
이을호(역), 1980, 牧民心書, 玄岩社.
임경빈, 1995, 소나무, 빛깔 있는 책들 301-21, 대원사.
숲과 문화연구회, 1992, '숲과 문화', 1권 2호.
장정룡, 1994, '三陟地名由來誌.
최광식, 1994, "최근 발견된 蔚珍 召光里 黃腸封界 標石 판독문과 그 내용",
　　　제37회 전국 역사학 대회 발표요지.
한글학회, 1967, '한국지명총람 2, 강원 편.

봉화군청 홈페이지 www.bongwha.go.kr
춘양목 홈페이지 www.cs.invil.org

02 지역특산 고흥석류와 그 시장화: 사회과교육의 관점에서

강춘기, 1990, 우리나라 과실류의 역사적 고찰, 한국식생활문화학회지, 5권 3
　　　호, 301~312.

권병선, 임준택, 1999, 남부지역에서의 유자 재배 및 출하실태, 순천대학교 논문집, 제18권 제1호, 167~175.

김광식, 안우엽, 이건만, 김은식, 김동관, 최덕수, 오환중, 김명환, 허길현, 1997, 새로운 유자 재배, 고흥유자시험장 발행.

김미혜, 정혜경, 2013, 담양 관련 음식 고문헌을 통한 장수 음식 콘텐츠개발, 한국식생활문화학회지, 28권 3호, 261~271.

이기웅, 이상호, 2014, 고흥석류산업과 연계한 관광상품 개발방안, 동북아 관광 연구, 10권 3호, 137~154.

이수정, 신정혜, 강민정, 정창호, 주종찬, 성낙주, 2010, 산지별 유자의 이화학적 특성, 유리당 및 향기 성분, 한국식품영양과학회지, 제39권 1호, 92~98.

임형철, 최영상, 윤영복, 2018, 석류재배매뉴얼(고흥군농업기술센터), 전라남도농업기술원, 비매품.

정요근, 2014, [역사마당] 역사기행-내일을 여는 역사. 고흥반도의 옛 유적들을 찾아서, 283.

주요농수산물 수출현황(2017.12), 고흥군 경제유통과 농업축산과.

제2장 농촌의 변화

03 경기도 농업구조의 변화(1970~1980)

논문

길용현, 1966, "한국 작물결합지역의 연구", 지리학총, 제1호, 경희대학교 문리과대학 지리학과, 5~18.

김건석, 1977, "경기도 지역 원예농업의 특성과 구조분석", 지리학총, 제3호, 경희대학교, 1~15.

──────, 1979, "한국 시설원예 농업지역의 특성과 산지 형성 동향", 지리학총, 제7호, 경희대학교, 19~33.

김종은, 1983, '농업적 토지이용에 관한 지리학적 연구', 지리학연구, 제8집, 한국지리교육학회, 71~97.

Dege, E. 1975, "지역계획을 위한 수단으로서의 사회경제적 연구-한국의 농업지역을 예로 하여-", 지역개발논문집, 6집, 경희대학교, 53~69.

박복선, 1971, "서울 근교의 낙농 지역에 관한 연구", 지리학총, 제2호, 경희
　　대학교, 61~74.

전성대, 1968, "도시농업에 대한 지리학적 연구: 도시권을 중심으로", 지리학,
　　제3호, 대한지리학회, 19~29.

서찬기, 1962, "경영 면에서 본 남한의 농업지역 구분", 경북대학교 논문집,
　　제6권, 327~381.

――――, 1975, 한국 농업의 지역 구조에 관한 연구, 경북대학교 대학원 박사
　　학위 논문.

――――, 1971, "한국 농업의 지역 구조에 관한 연구-입지분석을 중심으로-",
　　학술연구보고, 3권, 문교부, 3~5.

――――, 1958, 경상북도 농업지역 연구, 경북대학교 대학원, 대구.

이상석, 1985, 농작물의 지역적 특화에 관한 판별분석, 전남대학교 석사학위
　　논문, 72.

이정면, 1966, 한국 농업지역 설정에 관한 연구(상), 지리학, 제2권, 대한지리
　　학회, 1~13.

이학원, 1973, 서울을 중심으로 한 낙농 지역, 서울대 교육대학원 지리교육학
　　전공.

――――, 1974, "서울을 중심으로 한 낙농 입지에 관한 연구", 지리학, 제10호,
　　대한지리학회, 61~81.

최창조, 1974, 한국 농업의 작물특화지역 분류에 관한 방법론적 고찰, 서울대
　　학교 석사학위 논문, 26.

허신행, 1984, 지역농업과 복합영농, 한국농촌경제연구원, 133~138.

허우긍, 1973, 지방 도시근교의 원예농업 지역 특성과 지역분화-김해평야 사
　　례연구, 서울대학교 석사학위 논문.

幸田清喜久一, 1966, "日本工業分化의 地域的 類型", 東京敎育大學 硏究報告
　　X, 17~65.

土井喜久一, 1963, "大都市周邊의 地域構造", 人文地理, 人文地理學會, 15(6),
　　622.

――――, 1970, "Weaver 組合의 分析法 再檢討와 修正", 人文地理, 22(5/6), 502
　　~585.

Aereboe, P. F. 1932, Kleine Landwirtschaftliche Betriebalehre, Berlin. (永又繁雄
　　譯, 農業經營學, 地球出版社, 東京, 1953).

Bradford, M.G. and Kent, W.A. 1978, Human Geography, Hutchinson, 39.

Buck, J.L. 1937, Land Utilization in China, p.183.

Blaikie, P.M. 1971, "Organization of Indian Village", Transaction of I.B,G. No. 52, 15.

Chisholm, M. 1967, Rural Settlement and Land Use, Hutchinson, 47~48.

————, M. 1967, Rural Settlement and Land Use, John Willey and Sons, 54 ~56.

Coppock, J. T. 1964, "Crop, Livestock, and Enterprise in England and Wales", Economic Geography, Vol. 40, 65~81.

Engelbrecht, Th. H. 1883, Der Standort Landwirtschaftweige in Nortamerika, Landwirtschaftliche Jahrbücher, Berlin, 459~509.

Hofstee, E.W. 1957, maps 10 and 11 in his book, Rural Life and Rural Welfare in the Netherlands.

Horvath, R.J. 1969, "Von Thünen isolated land and the area around Addis-Ababa", Annals of A.A.G. 59, 308~323.

International Journal of Agrarian Affairs, 1952, The consolidation of farms in six countires of Western Europe, 18.

James, P.E. and Jone, C. F. 1954, *American Geography: Inventory and Prospect*, Syracuse University Press, Chapter 10.

Müller–Wille, W. 1936, Die Ackerflulen in Landesteil Birkenfeld(dissertation), Bonn.

Morill, R.L. 1970, The Spatial Organization of Society, Wadsworth Pub. Co. Belmont, 30~31.

Prothero, R.M. 1957, "Land Use at Soba, Zaria Province, Northern Nigeria", *Economic Geography*, Vol. 33, 72~86.

Peet, J.R. 1969, "The spatial expansion of commercial agriculture in the nineteenth century; a Von Thünen interpretation", *Economic Geography*, 45, 33~39.

Rafiulla, S.M. 1965, A new approach to Functional Classification of Towns, The Geographer, Aligar Muslim University, Geographical Society, India, 40 ~53.

Sinclair, R. 1967, "Von Thünen and Urban Sprawl", Annals of A.A.G. 57, 72~87.

Tidswell, V. 1976, Pattern and Process in Human Geography, 金仁 譯, 79.

Thomas, D. 1963, Agriculture in wales during the Napoleonic Wars, University of Wales Press, Cardiff.

Whittlesey, D. 1954, The Regional Concept and The Regional Method, *Amer. Geogra.; Inventory and Prospect*, 19~70.

Weaver, J. C. 1954, "Crop-Combinations in the Middle West", *Geographical Review*, Vol. 44, 175~200.

통계자료

1970년 농업센서스 보고서, 농림부.

1980년 농업조사, 농수산부.

지적통계, 1985, 내무부, 228~231.

04 여주의 경제지리 변화(1991~2001): 토지이용, 주민 생활, 생활공간의 입지변화를 중심으로

경기도 여주군 지적과, 2003, 지적공부등록지현황.

농정연구센터, 2002, 계간 농정연구, 겨울호(통권 4호).

박석두·황의식, 2002, "농지 소유 및 이용구조의 변화와 정책과제", 한국농촌경제연구원 연구보고 R442.

손용택, 1996, "대도시 주변 농업 공간의 구조변화: 수도권을 사례로", 동국대학교 박사학위 논문, 미간행.

여수상공회의소, 1998, 여수대도시권 구축을 위한 여수시 삶의 질과 도시발전.

여주군지편찬위원회, 1989, 여주군지.

여주군, 1997, 제 37회 여주통계연보(1997).

여주군, 2002, 제 42회 여주통계연보(2002).

05 농촌 마을 젠트리피케이션 연구: 구례군 광의면 온당리 당동 예술인 마을을 사례로

김봉원 외, 2010, 삼청동 길의 젠트리피케이션 현상에 대한 상업화 특성분석, 한국지역경제연구, Vol. 15, 83~102.

김준우, 2018, 신포동 젠트리피케이션 현상에 대한 연구, 인천학연구, Vol. 29, 303~320.

김필호, 2015, 강남의 역류성 젠트리피케이션, 도시연구, No. 14, 87~123.

김희진 외, 2016, 문화특화지역의 상업적 젠트리피케이션 과정과 장소성 인식변화의 특성, 국토계획, Vol. 51, No. 3, 97～112.

문동규, 2011, "지리산신제"에 대한 철학적 숙고-하이데거 사유를 중심으로, 범한철학, (50)2, 143～165.

박경환, 2017, 역도시화인가 촌락 젠트리피케이션인가?: 개념적 적합성에 관한 고찰, 한국도시지리학회지, Vol. 20, No. 1, 87～107.

박새롬 외, 2016, 신개발 젠트리피케이션 관점에서 주택재개발사업에 따른 장소 애착, 공동체 의식 및 주거만족도에 관한 연구, 한국지역개발학회지, Vol. 28, No. 5, 45～70.

박지혜, 2015, 전원주택 짓기 가이드북; 나만의 집을 꿈꾸는 사람들을 위한 A to Z, 투데이북스, 54～67.

박태원 외, 2016, 한국의 젠트리피케이션, 도시정보, No. 413, 3～14.

신현방, 2016, 발전주의 도시화와 젠트리피케이션, 그리고 저항의 연대, 공간과 사회, Vol. 57, 5～14.

신현준 외, 2016, 동아시아 젠트리피케이션의 로컬화; 네 도시의 대안적 어바니즘과 차이의 생산

윤윤재 외, 2016, 상업용도 변화 측면에서 본 서울시의 상업 젠트리피케이션 속도 연구, 서울도시연구, Vol. 17, No. 4, 17～32.

정은상, 2016, 서울시 젠트리피케이션 종합대책, 도시정보, No. 413, 15～19.

조현수 외, 2016, 성남시 젠트리피케이션의 발생 및 대응방안, 한국지역경제연구, Vol. 33, 5～23.

최명식, 2017, 도시 재생과 젠트리피케이션 대응 방향, 한국정책학회 동계학술발표논문집, 29～43.

최종석 외, 2018, 서울시 젠트리피케이션에 관한 시론적 연구, 지방정부 연구, Vol. 22, No. 2, 341～360.

황인욱, 2016, 전주 한옥마을의 젠트리피케이션 현상과 지역 갈등, 지역사회연구, Vol. 24, No. 1, 69～90.

허흥식, 2001, 조선 초 산천단묘의 제정과 위상, 단군학연구, 4

──, 2006, 한국 신령의 고향을 찾아서, 집문당

Berry, B. 1976, Urbanization and Counterurbanization, Beverly Hills: Sage.

Hoggarrt, K. 1990, "Let's do away with rural", Journal of Rural Studies 6, 234～257.

Mormont, M. 1990, "Who is rural? Or, How to be rural: Towards a sociology of the rural", in Rural Restructuring: Global Processes and Their Response, eds.

T. Marsden, P. Lowe and S. Phillips D. and Williams, A. 1984, Rural Britain: A Social Geography, Oxford: Blackwell.

Phillips, M. 1998, "The Restructuring of social imaginations in rural geography", Journal of Social Studies 14(2), 121~153.

──, 2005, "Differential productions of rural gentrification illustrations from North and South Norfolk", Geoforum, 36, 477~494.

──, 2010, "Counterurbanisation and rural gentrification", Population, Space and Place, 16, 539~558.

Woods, M. 2009, "Rural geography: blurring boundaries and making connections", Progress in Human Geography, 33(6), 849~858.

제3장 근대화의 감지, 타자의 시선

06 19세기 한국 유학의 근대성: 최한기의 '지구전요'에 나타난 세계지리 인식을 중심으로

권오영, 1999, [최한기의 학문과 사상연구], 집문당

금장태, 1980, "인정해제", 국역 [인정], 민족문화추진회

──, 1987, [한국실학사상연구], 집문당

──, 1998, [조선 후기의 역사 사상}

김용옥, 1999, [속기학설], 통나무

노혜정, 2005, [지구전요]에 나타난 최한기의 지리 사상, 한국학술정보(주)

손병욱, 1994, "혜강 최한기 氣學의 연구", 고려대학교 박사학위 논문

양보경, 1996, "최한기의 지리 사상", [진단학보] 81, 진단학회

──, 2000, "전통시대의 지리학", [한국의 지리학과 지리학자], 제29차 세계지리학대회 조직위원회, 한울아카데미

윤사순, 1979, "기측제의 해제", 국역 [기측제의], 민족문화추진위원회

이면우, 1999, "[지구전요]를 통해 본 최한기의 세계 인식", 계간 [과학사상] 30, 범양사

이우성, 1990, "혜강 최한기의 사회적 처지와 서울 생활", [제4회 동양학 국제학술회의 논문집], 성균관대학교 대동문화연구원

이원순, 1992, "최한기의 세계지리 인식의 역사성", [문화역사지리] 4호, 문화역사지리학회
이현구, 1999, "최한기의 기학과 근대과학", 계간 [과학사상] 30, 범양사
채석용, 2008, 최한기의 사회 철학, 한국학술정보(주)
최영준, 1992, "조선 후기 지리학 발달의 배경과 연구전통", [문화역사지리] 4호, 문화역사지리학회
최원석, 1996, "최한기의 기학적 지리관", [실학의 철학], 예문서원
최한기, [氣測體義 I~II](민족문화추진회의 국역본, 1977~1982)
──, [氣學](손병욱 옮김, 여강출판사, 1992)
──, [기학](손병욱 역주, 통나무, 2004)
──, [明南樓全集 一~三](여강출판사 영인본, 1986)
──, [心器圖說](서울대 규장각 소장본, 규12467)
──, [人政 I~V](민족문화추진위원회 국역본, 1977~1982)
──, [지구전요](국립중앙도서관 소장본, 고261-3-1-7)

07 타자의 눈에 비친 근대한국의 지리와 역사: 'Korean Repository' 내용을 중심으로

1차 자료

H.G.Appenzeller(Editor), Jas. S. Gale(Subscriber), What is the Population of Korea?, Korean Repository(1892, 4), 제1권, 112~115.
저자 미상, Data on the Population of Korea, The Korean Repository (1892, 10), 제1권, 312~314.
Editorial Department, The Population of Korea, The Korean Repository (1898, 1), 제5권, 28~31.
──, The Real Korea, The Korean Repository(1895, 9), 제2권, 345~350
──, Korean Civilization, The Korean Repository(1896, 6), 제3권, 159~161.
──, Korea's new responsibility, The Korean Repository(1898, 4), 제5권, 146~148.
H. N. Allen, Places of interest in Seoul–with history and legend, the Korean Repository(1895, 4), 제2권, 127~133.
──, Places of Interest in Seoul – Temples, the Korean Repository(1895, 5) 제2권, 182~187.

————, Places of Interest in Seoul – Palaces, the Korean Repository(1895, 6) 제2권, 209~214.

C. F. Reid, A week in the country between Seoul and Songdo, the Korean Repository(1897, 11), 제4권, 417~422.

Editorial Department, What is Seoul?, the Korean Repository(1897, 12), 제4권, 27~29.

J. S. Gale, To the Yaloo ans beyond 1, The Korean Repository(1892, 1), 제1권, 17~24.

————, To the Yaloo ans beyond 2, The Korean Repository(1892, 2), 제1권, 51~56.

————, To the Yaloo ans beyond 3, The Korean Repository(1892, 3), 제1권, 75~85.

————, A trip across northern Korea, The Korean Repository(1897, 3), 제4권, 81~89

H. Goold-Adams, A trip to the Mont Blang of Korea 1, The Korean Repository(1892. 8), 제1권, 237~244.

————, A trip to the Mont Blang of Korea 2, The Korean Repository(1892. 9), 제1권, 273~277.

————, A trip to the Mont Blang of Korea 3, The Korean Repository(1892. 10), 제1권, 300~307.

J. Hunter Wells, A trip into Whang Hai Do, The Korean Repository(1895. 8), 제2권, 307~309.

————, Pyong Yang, The Korean Repository(1897. 2), 제4권, 57~59.

F.S. Miller, In the Diamond Mountains, The Korean Repository(1896. 3), 제3권, 7~13.

————, From the Diamond Mountains to Wonsan, The Korean Repository(1896. 5.), 제3권, 100~104.

G.L. Gilford, Place of interest in Korea, The Korean Repository(1895. 9), 제2권, 187~281.

W.B. Scranton, The fifty three Buddhas and the nine dragons, The Korean Repository(1897. 9), 제4권, 321~324.

H. Goold Adams, A trip to the Mont Blang of Korea 1(1892. 8. 237~244), 2(1982. 9. 273~277), 3(1892. 10. 300~307).

J. Hunter Wells, A trip into Whang Hai DO, The Korean Repository(1895. 8),

제2권, 307~309.

―――, Pyong Yang, The Korean Repository(1897. 2), 제4권, 57~59.

Daniel L. Gifford, A visit to a famous mountain, The Korean Repository (1892. 2), 제1권, 41~45.

F. H. Mörsel, Woolungdo, The Korean Repository (1895. 11), 제2권, 412~413.

―――, Chinampo and Mokpo, The Korean Repository (1897. 9), 제4권, 334~338

NAW, My Host, The Korean Repository (1898. 1), 제5권, 22~25.

Viator, Korea Formasa, The Korean Repository (1892. 7), 제1권, 212~216.

H.B. Hullbert, the Geomancer, the Korean Repository(1896, 10) 제3권, 293~297.

H. N. Allen, Some Korean Customs–The Mootang(1896. 4), 제3권, 68~71.

X, the Bird Bridge, the Korean Repository(1895. 2), 제2권, 62~67.

Caesar, Tai Poram Nal – A Koran public holiday, The Korean Repository (1896. 4), 제3권, 67~68.

2차 자료

강재언/이규수(역), 『서양과 조선 그 이문화 격투의 역사』, 학고재, 1998.

김교빈, 「동아시아 근대성 담론에 대한 비판적 검토」, 『시대와 철학』, 제21권 제4호, 2010, 69~96.

김승우, 「한국시가(詩歌)에 대한 구한말 서양인들의 고찰과 인식- James Scarth Gale을 중심으로」, 『어문논집』 제 64권, 2011, 5~41.

나일성, 『서양 과학의 도입과 연희전문학교』, 연세대학교출판부, 2004.

류대영, 「국내 발간 영문 잡지를 통해 본 서구인의 한국 종교 이해, 1890~1940」, 『한국기독교와 역사』 제 26권, 2007, 141~175.

세실 허지스 외/안교성(역), 『영국 성공회 선교사의 눈에 비친 한국인의 신앙과 풍속』, 살림, 2011.

유영렬. 윤정란, 19세기 말 서양 선교사와 한국사회: The Korean Repository를 중심으로, 2004, 서울; 경인문화사,

이만열 편, [아펜젤러: 한국에 온 첫 선교사]

이순예, 「근대성, 합리와 비합리성의 변증법」, 『담론 201』, 제 13권 제1호, 2010, 5~33.

이지양, 「17세기 조선의 한문학에 나타난 음악과 무용 풍속-別曲, 胡舞, 項莊

舞를 중심으로-」,『한문학보』 제 17권, 우리한문학회, 2007, 81~110.

이향순, 미국 선교사들의 오리엔탈리즘과 제국주의적 확충, 선교와 신학 12호, 2004, 209~255.

정용화, 한국인의 근대적 자아 형성과 오리엔탈리즘, 정치사상연구 10호, 2004. 5월, 33~54.

정진농, 오리엔탈리즘의 두 얼굴: 세속적 오리엔탈리즘과 구도적 오리엔탈리즘, 동서비교문학저널 창간호, 1999, 233~251.

조강석, 「근대 초기 외국인 방문기에 나타난 세 가지 시선」,『한국학연구』 제 37권, 2015, 609~36.

조르주 뒤크로/최미경(역),『가련하고 정다운 나라, 조선』, 눈빛, 2001.

조현범, 「종교와 근대성 연구의 성과와 과제」,『종교문화연구』, 제6호, 2004, 124~29.

──, 프랑스 선교사, 오리엔탈리즘, 그리고 19세기 조선, 2017년 10월 30일, 한국학중앙연구원 제 70회 장서각 콜로퀴움 발표원고, 1~8.

──, [문명과 야만: 타자의 시선으로 본 19세기 조선]

윌리엄 E. 그리피스, Corea: The Hermit Nation, 신복룡 역, [은자의 나라 한국](서울: 집문당, 1999[1907])

한주성, [인구지리학], 한울 아카데미, 2007.

J. S. 게일, Korea in Transition, 신복룡 역, [전환기의 조선](서울: 집문당 1999)

Brother Anthony(ed), Discovering Korea at the Start of the Twenties Century, Seongnam: The Academy of Korean Studies Press, 2011.

Weems, C.N. Hulbert's History of Korea, New York: Hillary House Publishers, 1962.

제4장 풍수설화와 지리학 연구 동향

08 한국의 풍수 설화와 사회과교육

원전 자료

남사고의 [격암유록]

한국학중앙연구원 (2013). [증편 한국구비문학대계 6-13, 전라남도 구례 편], 385~386, 오산은 자라가 섬진강을 마시는 형국

————, (2014). [증편 한국구비문학대계 2-12, 강원도 홍천군 편],

————, (2014). [증편 한국구비문학대계 2-13, 강원도 고성군 편], 379~380.

————, (2014). [증편 한국구비문학대계 1-10, 경기도 김포시 편], 467.

————, (2014). [증편 한국구비문학대계 8-16, 경상남도 함양군 편], 345.

————, (2014). [증편 한국구비문학대계] 1-12.

단행본 및 논문

박시익 (2001). 도시의 입지; 명당과 강물, 建築士, (1), 76~82.

————, (2005). 풍수지리로 본 피라미드와 그리스 건축미술의 기하학과 철학
(1), 建築士, (11), 82~89.

사라 로스바하 저 (1992). 터 잡기의 예술. 최창조 편역. 서울: 민음사.

윤홍기 (2013). '우물을 못 파게 하는 민속'에 대하여, 문화역사지리, (25)1, 1
~20.

————, (2001). 한국 풍수지리설과 불교 신앙과의 관계, 역사민속학, (13),
125~158.

————, (2009). 풍수지리설의 한반도 전파에 대한 연구에서 세 가지 고려할
점, 한국고대사탐구, (2), 95~124.

————, (2001). 한국 풍수지리 연구의 회고와 전망, 한국사상사학, 17, 11~
61.

————, (2001). 왜 풍수는 중요한 연구주제인가?, 대한지리학회지 (36)4, 343
~355.

————, (1994). 풍수지리설의 본질과 기원 및 그 자연관, 한국사 시민강좌
(Vol. 14), 일조각, 187~204.

윤홍기 (1995). 풍수지리의 기원과 한반도로의 도입 시기를 어떻게 볼 것인
가?, 한국학보(Vol. 21, No. 2), 일지사, 229~239.

————, (1987). 한국적 Geomentality에 대하여, 지리학논총, 14, 185~191.

이도원·최원석 (2012). 전통생태와 풍수지리 = 소통의 지혜 지속가능성의
열쇠, 서울: 지오북GEOBOOK.

최원석 (2008). 지리산권 지리지 선집 : 官撰 및 私撰地理誌 篇. 진주: 경상대
학교 경남문화연구원.

————, (2004). 한국의 풍수와 비보 : 영남지방 비보 경관의 양상과 특성, 서
울: 민속원.

————, (2014). (사람의 산) 우리 산의 인문학 : 그토록 오래 주고받은 관계의
문화사, 파주: 한길사.

———, (2011). 한국의 산 연구전통에 대한 유형별 고찰, 역사민속학 36, 221
～250.

———, (2010). 한국의 水景觀에 대한 전통적 상징 및 지식체계, 역사민속학
32, 273～298.

———, (2011). 서양 풍수 연구사 검토와 전망, 문화역사지리 43, 42～54.

———, (2011). 山誌의 개념과 지리산의 山誌, 문화역사지리 44, 29～47.

———, (2009). 조선 시대의 명산과 명산 문화, 문화역사지리 37, 207～222.

———, (2009). 한국 풍수론 전개의 양상과 특색, 문화역사지리 37, 695～
716.

———, (2016). 조선 시대 설악산 자연지명의 역사지리적 분석」, 대한지리학
회지 172, 127～142.

崔昌祚 (1992). 땅의 논리, 인간의 논리, 서울: 民音社.

———, (1993). 풍수, 그 삶의 지리 생명의 지리, 서울: 푸른나무.

———, (1993). 한국의 풍수지리, 서울: 민음사.

———, (1984). 韓國의 風水 思想, 서울: 民音社.

———, (1994). 청오경·금낭경, 서울: 민음사.

———, (1993). 좋은 땅이란 어디를 말함인가, 서울: 서해문집.

———, (1997). 한국의 자생풍수, 서울: 민음사.

———, (1991). 韓國風水思想의 歷史와 地理學, 『정신문화연구』, 42, 123～
150.

洪 憙 (2004). 중국 소수민족의 원시종교, 東文選(문예신서 269)

09 경제지리학 연구동향(광복 전후～2007.6.까지)

곽철홍, 2003, '벨지움 Liege 지방의 산업단지 연구', 한국경제지리학회지,
6(1), 79～98.

김기혁, 1991, 한국농업지대의 변화에 관한 연구, 서울대학교 대학원 박사학
위 논문.

———, 2001, '인문지리학의 연구과제', 제29차 세계지리학대회 조직위원회,
'한국의 지리학과 지리학자', 서울: 한울아카데미, 214～215.

김선배, 2001, '산업의 지식집약화를 위한 혁신체제 구축방안', 한국경제지리
학회지, 4(1), 61～76.

———, 2004, '도시발전과 지역혁신체제: 기능적 관점의 지역 발전 이론과
사례', 한국경제지리학회지, 7(3), 345～358.

김소연·이금숙, 2006, '시간 거리 접근성 카토그램 제작 및 접근성 공간구조 분석', 한국경제지리학회지, 9(2), 149~166.

김시중, 2005, '문화관광축제 개최지의 서비스 품질 및 장소 애착심과 충성도에 관한 인과관계연구', 한국경제지리학회지, 8(2), 315~330.

김유미·이금숙, 2001, '문화 산업의 입지적 특성분석: 음반 산업을 중심으로', 한국경제지리학회지, 4(1), 37~60.

김은경·변병설, 2006, '문화 도시의 충족조건: 인천 남구의 문화환경정책을 중심으로', 한국경제 지리학회지, 9(3), 441~458.

김은호, 1990, '논공단지 입주기업의 입지 결정에 관한 연구: 충청남북도를 중심으로', 지리교육논집, 23, 29~58.

김학훈, 2002, '충북지역 벤처산업의 입지적 특성', 한국경제지리학회지, 5(1), 49~68.

김형주, 2005, '미국 대학과 기업 간 연계의 발전과정', 한국경제지리학회지, 8(1), 51~70.

남기범, 2003, '서울 산업집적지 발전의 두 유형: 동대문시장과 서울벤처밸리의 산업집적, 사회적 자본의 형성과 제도화 특성에 대한 비교', 한국경제지리학회지, 6(2), 45~60.

――――, 2005, '지역산업 군집의 혁신환경: 대전 생물벤처산업과 부천 조립금속산업을 대상으로', 한국경제지리학회지, 8(1), 1~16.

류주현, 2005, '서울시 사업서비스업의 공간적 분포 특성', 한국경제지리학회지, 8(3), 337~350.

문남철, 2003, '동아시아 역내 직접투자 흐름의 계층성', 한국경제지리학회지, 6(2), 355~375.

――――, 2005, '동아시아 국제 분업의 재구조화: 직접투자와 무역을 중심으로', 한국경제지리학회지, 8(3), 367~382.

――――, 2006, 'EU의 지역적 확대와 자동차 생산체계의 지리적 재구조화', 한국경제지리학회지, 9(2), 243~260.

――――, 2007, 'EU 확대와 노동이동', 한국경제지리학회지, 10(2), 182~196.

박삼옥, 1996, '한국 경제지리학 반세기: 연구 성과와 과제', 대한지리학회지, 31(2).

――――, 2002, '경제지리학', [한국의 학술연구: 인문지리학], 서울: 대한민국학술원.

박종수·이금숙, 2007, '대용량 교통카드 트랜잭션 데이터베이스에서 통행패턴 탐사와 통행 형태의 분석', 한국경제지리학회지, 10(1), 44~63.

배준구, 2006, '프랑스 로렌지역 지역혁신 정책상의 거버넌스 구조: 혁신 주체 간 협력 관계를 중심으로', 한국경제지리학회지, 9(1), 81~96.

변필성, 2006, '지역 발전을 위한 향토자원 상품화의 사례로서 보령시 머드 화장품 사업에 대한 고찰', 한국경제지리학회지, 9(1), 7~22.

──, 2007, 'EU의 구조기금(Structural Funds): 2007~2013', 한국경제지리 학회지, 10(1), 81~91.

서위연·이금숙, 2007, '진료 전문과목별 개원의원의 공간적 분포 특징', 한국 경제지리학회지, 10(2), 153~166.

서찬기, 1992, '겸업 농업의 지역분화', 지리학, 27(1), 1~20.

──, 1989, '한국에 있어서 농업 공간의 발전유형(1960~80): 작물의 다각 화도 분석', 지리학, 39, 1~14.

손용택, 1996, '대도시 주변 농업 공간의 구조변화: 수도권을 중심으로', 동국 대학교 박사학위 논문.

──, 2005, '목민심서(牧民心書)의 경제지리', 한국경제지리학회지, 8(1), 171~188.

──, 2005, '삼림자원의 시장화 성쇠: 봉화군 춘양목을 사례로', 한국경제 지리학회지, 8(3), 447~463.

──, 2004, '여주의 경제지리 변화: 토지이용, 주민 생활실태, 생활공간의 입지변화를 중심으로', 한국경제지리학회지, 7(2), 283~296.

신동호, 2004, '독일 도르트문트시의 지역혁신체제: 첨단산업단지 중소기업 지원기관을 사례로', 한국경제지리학회지, 7(3), 385~406.

──, 2006a, '문화 활동을 통한 지역 활성화: 일본 시가현(滋賀懸) 나가하 마 이야기', 한국경제지리학회지, 9(3), 431~440.

──, 2006b, '독일 루르 지역의 지역혁신정책 거버넌스 연구: 혁신 주체 간 협력 관계를 중심으로', 한국경제지리학회지, 9(2), 167~180.

안영진, 2004, '대학 신입생의 특성과 취학권: 전남대학을 사례로', 한국경제 지리학회지, 7(3), 481~502.

──, 2003, '대학의 지식 및 기술이전과 지역 발전: 전남대학을 사례로', 한 국경제지리학회지, 6(1), 171~192.

──, 2007, '대학의 지역사회 봉사: 전남대학을 사례로', 한국경제지리학회 지, 10(1), 64~80.

──, 1999, '독일의 실업 문제와 지역 노동시장 정책', 한국경제지리학회 지, 2(1, 2), 83~102.

──, 2006, '독일의 여가 및 관광지리학: 발전과정과 연구 동향', 한국경제

지리학회지, 9(1), 123~137.

――――, 2002, '사무 입지에 관한 도시, 경제 지리학적 연구 동향과 과제', 한국경제지리학회지, 5(2), 229~248.

――――, 2001, '전남대학교 졸업생의 취업구조와 지역 발전', 한국경제지리학회지, 4(2), 37~56.

――――, 2005, '대학과 지역 간의 교류 및 협력 방안에 관한 연구', 한국경제지리학회지, 8(1), 71~90.

안재섭, 2002, '중국 경제 개발구의 설치와 운영시스템에 관한 연구', 한국경제지리학회지, 5(1), 89~104.

안종현, 2007, '주민참여에 의한 농촌관광 마을 만들기: 장흥군 진목마을을 사례로', 한국경제지리학회지, 10(2), 197~210.

양동선, 1995, '공장 자동화가 지역 노동시장의 노동력 구조에 미치는 영향: 광주 및 구미의 전기, 전자기기 제조업을 사례로', 지리학논총, 25, 81~102.

여필순・이철우, 1998, '중국 연변조선족자치주 향진기업(鄕鎭企業)의 입지특성과 존립기반', 한국경제지리학회지, 1(2), 43~70.

우연섭, 2005, '일본 국민 보양 온천의 지역 특성화 관광에 관한 연구', 한국경제지리학회지, 8(2), 301~314.

우찬복, 2003, '웹사이트 평가지표에 기초한 지역축제 웹사이트 분석', 한국경제지리학회지, 6(1), 193~210.

이경옥・이금숙, 2006, '문화경제의 발현과 확산의 공간적 특징: 북촌의 창의적 소매업을 중심으로', 한국경제지리학회지, 9(1), 23~38.

이금숙, 1998, '의료서비스시설 입지문제', 한국경제지리학회지, 1(2), 71~84.

――――, 2005, '출판물류센터 입지분석', 한국경제지리학회지, 8(3), 351~366.

――――, 1998, '지하철 접근성 증가의 공간적 파급효과 산출모형 개발', 한국경제지리학회지, 1(1), 137~150.

――――, 2000, '세계화 경제에서 국제교역 흐름의 변화: 기업 내 교역의 증가와 그의 국제교역 흐름에 미치는 영향', 한국경제지리학회지, 3(1).

이금숙・박종수, 2006, '서울시 대중교통 이용자의 통행패턴 분석', 한국경제지리학회지, 9(3), 379~395.

이기석・황만익・이혜은, 1986, '중공 심천 경제특구의 구조적 특성에 관한 연구', 사대논총, 33 (서울대학교), 61~83.

이승철, 2007, '전환 경제하의 해외직접투자기업의 가치사슬과 네트워크: 대베트남 한국 섬유, 의류산업 해외직접투자 사례연구', 한국경제지리학회지, 10(2), 93~115.

――――, 2004, '혁신 클러스터에서 일괄지원 시스템으로써의 중심연계기관의 역할: 일본 카나가와 사이언스 파크 사례연구', 한국경제지리학회지, 7(1), 45~64.

이원호, 2005, '1990년대 중국 사영기업의 성장과 지역발전', 한국경제지리학회지, 8(2), 285~299.

――――, 2000, '경제개혁 이후 중국의 노동시장 역동성과 지역경제발전: 지역 격차 변화 이해에 대한 함의', 한국경제지리학회지, 3(2), 23~42.

이정록, 2007, '광주, 전남 공동혁신도시 입지선정과 지역 발전 효과', 한국경제지리학회지, 10(2), 223~238.

――――, 2005, '문화관광축제의 공간 확산에 관한 연구', 한국경제지리학회지, 8(3), 431~445.

――――, 2006, '문화관광축제의 성립과 전개과정: 함평나비축제를 중심으로', 한국경제지리학회지, 9(2), 197~210.

――――, 2003, '함평나비축제 관광객의 행태적 특성: 제4회 축제를 사례로', 한국경제지리학회지, 6(2), 339~354.

이정록·안종현, 2004, '지역축제의 방문자 만족에 관한 연구: 곡성 심청 축제를 중심으로', 한국경제지리학회지, 7(3), 503~518.

이정식, 1987, '기업가 정신과 지역 개발: 한국의 경우', 지역연구, 3, 11~20.

이정연, 1990, '기업 부설 연구소의 분포 특성에 관한 연구', 지리교육논집, 24, 68~85.

이정협·김형주, 2005, '동아시아 글로벌 생산네트워크의 변화와 혁신 클러스터의 대응', 한국경제지리학회지, 8(3), 383~404.

이종호, 2003, '지역혁신체제 잠재성 향상의 조건: 기업의 혁신 활동을 중심으로', 한국경제지리학회지, 6(1), 61~78.

이종호·윤세영, 2005, '대도시 유통업체의 농식품 구매 및 거래 관계의 공간적 특성', 한국경제지리학회지, 8(1), 131~152.

이준선, 1989, '한국 수전 농업의 지역적 전개과정', 지리교육논집, 22, 45~68.

이철우·이종호, 2004, '지방 대도시 벤처생태계의 제도적 및 문화적 환경: 대구지역을 사례로', 한국경제지리학회지, 7(1), 1~28.

이철우·이종호·김명엽, 2003, '지역혁신체제에 있어 지역개발기구의 역할: 이탈리아 에밀리아 로마냐 지역개발기구(ERVET)를 사례로', 한국경제지리학회지, 6(1), 1~20.

이학원, 1981, '한국 낙농 지역의 분포에 관한 연구', 지리학, 28, 46~65.

정병순·박래현, 2005, '대도시 사업서비스업 클러스터의 공간적 특성에 관한 연구', 한국경제지리학회지, 8(2), 195~216.

정성훈, 1999, '유럽연합(EU) 내 한국 가전 대기업들의 진입과 퇴출', 한국경제지리학회지, 2(1.2), 145~168.

정준호·김선배, 2005, '우리나라 산업집적의 공간적 패턴과 구조분석: 한국형 지역혁신체제 구축의 시사점', 한국경제지리학회지, 8(1), 17~30.

조영국·박창식·전영옥, 2002, '농촌 어메니티 인식의 구조와 의미', 한국경제지리학회지, 5(2), 157~174.

최영출, 2006, '영국 케임브리지 지역혁신 정책상의 거버넌스 구조: 혁신 주체 간 협력 관계를 중심으로', 한국경제지리학회지, 9(1), 61~80.

최운식, 1998, '수도권 지역의 토지이용 변화', 한국경제지리학회지, 1(2), 5~20.

최윤정·이금숙, 2005, '한국 도시의 경제 문화 사회 복지적 기회 잠재력의 지역적 격차', 한국경제지리학회지, 8(1), 91~106.

최정수, 2003, '생태관광과 로컬 거버넌스', 한국경제지리학회지, 6(1), 233~248.

──, 2002, '테마파크 에버랜드의 혁신시스템', 한국경제지리학회지, 5(2), 277~292.

최지훈, 2000, '벤처기업집적시설의 현황과 문제점 및 개선방안에 관한 연구: 서울시 관악구 벤처타운 사례를 중심으로', 한국경제지리학회지, 3(2), 82~96.

최진배·김태훈·민재현, 2004, '지역 금융시장에서 지역농협의 역할에 대한 실증적 연구: 부산 경남지역을 중심으로', 한국경제지리학회지, 7(3), 433~460.

최홍봉·윤성민, 2004, '벤처기업의 지역적 특성에 관한 연구: 수도권과 지방의 비교분석을 중심으로', 한국경제지리학회지, 7(1), 29~44.

추명희, 1998, '이벤트 관광의 성장 과정과 활성화 방안', 한국경제지리학회지, 1(2), 103~124.

한주성, 2007, '전문학회 소개 칼럼: 한국경제지리학회', <대한지리학회 뉴스레타> 제94호.

현기순·이금숙, 2004, '소매 유통업체의 입지적 특성과 소비자 이동 행태에 대한 분석: 제주도 서귀포시를 사례로', 한국경제지리학회지, 7(1), 97~115.

형기주, 1998, '경제지리학, 혼돈과 도전', 한국경제지리학회지, 1(1), 7.

───, 1992, [농업지리학], 서울: 법문사.

홍명표, 1993, '한국 모험자본회사의 공간적 투자패턴과 그 특성에 관한 연구: 중소기업 창업 투자회사의 투자를 중심으로', 지리학논총, 22, 77~91.

Kamiya Hiroo, 2006, 'Youth unemployment and labor policy in contemporary Japan', 한국경제지리학회지, 9(3), 396~409.

10 한국학으로서의 지리학 연구동향과 과제

손동원, 2002, 「사회 네트워크 분석」, 경문사

마누엘 카스텔, 김묵한 등 역, 2003, 「네트워크 사회의 도래」, 한울아카데미

윤병수, 채승병, 2005, 「복잡계 개론」, 삼성경제연구소

민병원, 김창욱, 2006, 「복잡계 워크숍」, 삼성경제연구소

김용학, 2007, 「사회연결망 이론」, 박영사

───, 2011, 「사회연결망 분석」, 제3판, 박영사

이수상, 2013, 「네트워크 분석방법론」, 논형

한국연구재단 한국학술지인용색인, 2014.01.10. kci.go.kr

네이버 전문정보, 2014.01.10. http://academic.naver.com

꼬꼬마 한글 형태소 분석기(버전 2.0), 2014.01.10. http://kkma.snu.ac.kr

넷마이너(netminer) 4.1, http://www.netminer.com

제5장 중국 광동과 연변지역의 변화와 의식세계

11 중국 광저우(廣州)시의 변화와 발전: 지리적 관점에서

村 衛, 2004, "19세기 중엽 화남 연해질서의 재편", 東洋史研究 63-3, 131~148.

李善愛, 2004, "국민혁명기(1923~1927년) 광동의 여성운동", 史叢 58, 157~192.

姜抮亞, 2004, "1930년대 중국의 금융통일과정에서 본 중앙과 지방; 광동성의 지방화폐 정리과정(1936~1938)을 중심으로", 中國學報 第四十六輯,

315~336.

───, 2004, "1930년대 金融改革에서 나타난 國家權力과 民間金融; 廣東省 汕頭의 事例", 中國 近現代史研究 第16輯.

강상목·김문희, 2009, "지역 환경 생산성 분석; 중국의 성(省)을 대상으로", 한국경제지리학회지, 제12권, 제2호, 215~233.

김영진, 2004, "개혁기의 중국에 있어서 중앙정부에 대한 지방간 차별적인 재정 관계의 전개; 상해시와 광동성을 예로", 韓國政治學會報, 29輯 3號, 607~629.

신동윤, 2003, "中國 廣東地域을 中心으로 한 초기 中國革命의 展開", 中國學研究, 第25輯, 1~30.

───, 2004, "廣東地域 社會變遷 過程의 歷史的 考察; 南越에서 淸代까지", 中國學研究 第26輯, 3~29.

박장재, 2004, "광동의 화교 경제와 중국-홍콩 간 CEPA 체결의 영향", 中國學研究, 第26輯, 31~45.

李學魯, 2003, "廣州의 鴉片問題와 許乃濟의 弛禁論", 中國史研究, 第26輯, 153~189.

───, 2001, "1830年代 中國의 鴉片 密輸地域과 流通路線", 中國史研究, 第22輯, 133~173.

朴基水·金鍾星·權宅癸, 2004, "梁方仲 誕生100周年 中國社會經濟史 國際學術討論會 및 廣東 省 歷史遺蹟踏査에 關한 報告", 明淸史研究, 第31輯, 243~297.

박종식, 2006, "중국무역의 엔진 광동성, 내수로 활로 모색; 지역경제의 88%를 수출에 의존하는 산업구조 고민", 중국실물경제척도 광동성의 오늘, 43~45.

禹政夏, 2004, "중국 각 성(省)에 대한 연구분석", 중국학논총, 제25집, 5~47.

정홍열, 2009, "中國의 時代別 地域開發政策과 地域 간의 所得隔差에 대한 研究", 東北亞經濟研究, 第21卷 第1號, 95~125.

최재선·박문진, 2007, 남중국 광저우(廣州) 항만 초고속 성장의 비밀, KMI 해양수산 현안분석, 한국해양수산개발원, 1~14.

김진경, 2005, 심천과 홍콩 및 인천과 개성의 전략적 역할 비교연구, 인천발전연구원(IDI 연구보고서 2005-10)

안치영·조영남·백승욱·이일영, 2002, 중국 대도시에서의 국가-사회관계의 역동성과 다양성, 동향과 전망, 68호, 236~270.

장진희, 2010, 라이프스타일에 따른 중국 관광객 여행상품 선택 속성; 중국 광저우시민을 대상으로, 한양대학교 석사학위 논문, 미간행.

최재우, 2008, 중국 대도시의 도시철도와 도시발전, 地理學論究, 第27號, 75
～89.

주장환 · 이동영, 2007, 중국 대도시 지역성에 관한 실증연구; 베이징, 상하이,
광저우 지역민의 발전 전략 선호비교, 中國研究, 第47卷, 521～541.

강정애, 2010, 『광저우 이야기』, 수류산방

리궈룽, 2008, 『제국의 상점』, 소나무 출판사

12 한인(韓人)에 의한 연변 미작농 정착과
   조선족 동포들의 의식변화

高承濟, 「間島移民史의 社會經濟的 分析」, 『白山學報』, 第5號, 1968, 215～
241.

─── , 「滿洲農業移民의 社會史的 分析」, 『白山學報』, 第10號, 1971, 171～
191.

─── , 「東拓移民의 社會史的 分析」, 『白山學報』, 第14號, 1978, 197～231.

김기혁, 「朝鮮時代農業地帶의 變化에 關한 研究」, 『地理學』, 第26號, 1991,
109～125.

김상호, 『朝鮮 前期의 水田農業研究』, 문교부학술연구조성비에 의한 연구보
고, 1969.

金 穎, 『근대 만주 벼농사 발달과 이주 조선인』, 한국사연구총서 47, 국학자
료원, 2004.

김용섭, 『朝鮮 初期의 勸農政策, 東方學誌 42』, 延世大 國學研究院, 1984.

金秉喆, 「中國 延邊 朝鮮族의 定着過程에 關한 研究; 延邊 朝鮮族 自治州 和
龍縣 延安村을 中心으로」, 한국교원대학교 석사학위 논문, 미간행,
1997.

대륙연구소, 『東北地域 民族關係史』, 대륙연구소 출판부, 1993.

류제헌, 『韓國近代化와 歷史地理學』, 한국정신문화연구원, 1994.

朴京洙, 『延邊農業經濟史』, 延邊人民出版社, 1988.

朴昌一 外, 『벼 · 옥수수 · 콩 재배기술』, 延邊人民出版社, 1993.

신용하, 「朝鮮王朝末 · 日帝下 農民의 社會的 地位와 經濟的 狀態」, 『한국사
시민강좌』 제6집, 1990.

심혜숙, 「朝鮮族의 延邊 移住와 그 分布特性에 關한 小考」, 『문화역사지리』
제4호, 1992, 321～331.

— , 『中國 朝鮮族 聚落地名과 人口分布』, 연변대학출판사&서울대학출판
부, 1994.

오세창, 「在滿 韓人의 社會的 實態(1910-1930) ; 中國의 對韓人 政策을 中心
으로」, 『白山學報』, 第9號, 1970, 99~163쪽. 연변조선족자치주개황
집필소조, 『중국의 우리 민족』, 도서출판 한울, 1988.

이준선, 「韓國水田農業의 地域的展開過程」, 『地理教育論集』, 第22號, 1989,
45~68.

한상복·권태환, 『중국 연변의 조선족』, 서울대학교출판부, 1993.

제6장 주변국 교과서의 시대적 관점

13 중국 지리 교과서의 변화

강준영, 중국의 정체성, 서울; 살림지식총서 057, 2004

경철화(朴倉培 역), 중국인이 쓴 高句麗史 上·下, 서울; 고구려연구재단, 2004

고구려연구재단 편, 중국의 동북변강 연구 동향분석, 서울; 고구려재단, 2004

— , 다시 보는 고구려사, 서울; 고구려연구재단, 2004

— , 중국의 고구려사 연구 동향분석, 서울; 고구려 연구재단, 2004

— , 중국의 발해사 연구 동향분석, 서울; 고구려연구재단, 2004

— , 북한의 최근 고구려사 연구, 서울; 고구려연구재단, 2004

김경일-임상선-정혜경, 일본 역사교과서의 한국관련 내용 조사 분석 및 시정
자료개발, 성남; 한국정신문화연구원, 2003

馬大正 외(曹世鉉 역), 중국의 국경-영토인식-20세기 중국의 변강사 연구, 서
울; 고구려연구재단, 2004

馬大正(李永玉 역), 중국의 동북변강 연구, 서울; 고구려연구재단, 2004

문명대-이남석-V. I. Boldin 외, 러시아 연해주 크라스키노 발해시원지 발굴보
고서, 서울; 고구려연구재단, 2004

문현선, 무협, 서울; 살림지식총서 062, 2004

손용택-형기주, 중국 지리교과서의 변천과 한국관련 내용; 1987년 이후 중고
교 지리교과서를 중심으로, 성남; 한국학중앙연구원, 2004

송철규, 경극, 서울; 살림지식총서 064, 2004

오만석 외, 주변국가의 한국관련 교육과정 및 교과서 정책 연구-미국, 일본,
중국, 러시아, 북한을 중심으로, 성남; 한국정신문화연구원, 2003

은기수-정대연, 외국인의 한국관 조사연구; 일본-중국-말레이시아-베트남-인
　　도네시아-태국, 서울; 고구려연구재단, 2003

임계순, 우리에게 다가 온 조선족은 누구인가, 2004

임대근, 중국영화 이야기, 서울; 살림지식총서 063, 2004

장범성, 중국인의 금기, 서울; 살림지식총서 061, 2004

장진석, 중국의 문화코드, 서울; 살림지식총서 058, 2004

장현근, 중국사상의 뿌리, 서울; 살림지식총서 059, 2004

정성호, 화교, 서울; 살림지식총서, 060, 2004

정영순-손용택-최재성, 일본 외 지역(세계 각국) 교과서의 한국 관련 내용 조
　　사분석 및 시정자료 개발, 성남; 한국정신문화연구원, 2003

중국사회과학원, 중국변강사지연구 제3호, 2003

최광식, 중국의 고구려사 왜곡, 서울; 살림지식총서 056, 2004

한국정신문화연구원 국제한국문화홍보센타-독일게오르그에케르트국제교과서
　　연구소, '동서양 식민지 역사 서술과 민족주의'(2004 아시아-유럽 교
　　과서 세미나), 2004

중국사회과학원 홈페이지 http://www.cass.net.cn

중국사회과학원 중국변강사지연구중심 홈페이지
　　http://www.chinaboderland.com/home/cn/index.htm

뉴스위크지(한국판) 홈페이지 http://n자.joins.com/newsweek/program

(한국) 동아일보 홈페이지 http://www.donga.com

14 일본 사회과 교과서 내용의 전범국 회귀

논문, 연구보고서, 논평

'교과서에 진실과 자유를' 연락회 엮음, 2001, 철저비판 일본 우익의 역사관과
　　이데올로기 (김 석근 옮김), 서울: 바다출판사.

김경일 외 2인, 2003, 일본 역사교과서의 한국관련 내용 조사분석 및 시정자
　　료 개발 (한국정신문화원의 교육인적자원부 위탁 연구과제결과보고
　　서).

이찬희-손용택-정영순, 1999, 일본, 중국 중등학교 역사교과서의 한국관련 내
　　용분석 (한국교육개발원 연구보고 RR 99-7).

이찬희-임상선, 2002, 일본 중학교 역사교과서의 한국관련내용 변화분석 (한
　　국교육개발원 수탁 연구 CR 2002-35).

————, 2002, 일본 고등학교 역사교과서의 한국관련내용분석 (한국교육개발원 수탁연구 CR 2002-31).

일본교과서바로잡기운동본부(엮음), 2004, 일본 '새로운 역사교과서를 만드는 모임'의 역사관, 교육관, 한국관, 일본 우익의 논리, 서울: 역사비평사.

일본역사교과서바로잡기운동본부(엮음), 2002, 한·중·일 역사인식과 일본 교과서, 서울: 역사비평사

일본역사교과서바로잡기운동본부.역사문제연구소(엮음), 2002, 화해와 반성을 위한 동아시아 역사인식, 서울: 역사비평사.

손용택.김광재, 1998, 한국관련 오류, 무엇이 잘못 쓰여지고 있는가 (1997년 공보처 수탁 자료집), 43.

안천, 2019, 한국교과서 전쟁사, 경기도 성남: 나무미디어

정재정, 1998, 일본의 논리; 전환기의 역사교육과 한국 인식, 서울: 현음사, 256~258.

타와라 요시우미, 2001, 위험한 교과서 (일본교과서바로잡기운동본부 옮김), 서울: 역사넷.

한국교육개발원, 2002, 역사인식과 동아시아 평화포럼 남경대회 보고서 (한국교육개발원 연구자료 RM 2002-12).

형기주, 2002, 일본 고등학교 지리교과서 한국관련 내용분석 (한국교육개발원의 2002년도 교육인적자원부 위탁연구과제 결과 보고서).

신문류

동아일보 (2004. 5. 1), 유엔 "東海표기 韓日간 협의하라."

————, (2004. 4. 26.), 세계지도 '월드 애틀라스' 東海-일본해 함께 쓰기로.

————, (2004. 5. 4.), 동해-일본해 표기 싸움 가열, 해도(海圖) 주권 되찾기 이번이 마지막 기회.

연합뉴스 FOCUS (2004. 5. 17).

조선일보 (2004. 5. 1.), "일, 일본해 표기 노력 강화, 정부차원서 적극 대처해야."

손용택(孫龍澤)

경기도 포천에서 태어나 연천에서 어린 시절을 자랐다. 동국대학교 지리교육과를 졸업했으며 동국대학교 대학원 문학석사, 문학박사 학위를 취득했다. 교육방송원(EBS) 기획국 연구원으로 중등의 지리프로그램을 개발했고, 교육개발원 연구위원으로 재직하며 교과서 국제비교연구에 다년간 몰두했다. 현재 한국학중앙연구원 한국학대학원 인문지리학과(경제지리전공) 교수로 재직 중이다.

영국 서섹스대학교 방문학자, 독일 게오르그에켈트 연구소 방문학자, 중국 광저우 중산대학교 해외파견 교수 경험이 있다.

주요 저서로는『조선의 학자 땅을 말하다』,『손 교수의 길라잡이 교과서연구』,『성호사설의 세계: 역사적 사유와 지리적 해석(공저)』등이 있다. 주요 연구 관심사는 농촌지리와 농촌문화, 땅에서의 논리와 섭리 등의 주제에 두고 있다.

땅과 사람

관계와 질서의 변화

초판인쇄 2021년 12월 30일
초판발행 2021년 12월 30일

지은이 손용택(글), 남상준(그림)
펴낸이 채종준
펴낸곳 한국학술정보㈜
주소 경기도 파주시 회동길 230(문발동)
전화 031) 908-3181(대표)
팩스 031) 908-3189
홈페이지 http://ebook.kstudy.com
전자우편 출판사업부 publish@kstudy.com
등록 제일산-115호(2000. 6. 19)

ISBN 979-11-6801-276-9 93980